"十三五"职业教育系列教材

高等数学

（第三版）

主　编　张明智

副主编　张　慧　刘秀红　徐红英

编　写　赵　军　文邦云　陈　渊　廖　臻

主　审　王　菊

U0260828

中国电力出版社

CHINA ELECTRIC POWER PRESS

内 容 提 要

本书为"十三五"职业教育系列教材。

本书共分十一章，主要内容包括极限与连续、导数与微分、导数的应用、不定积分、定积分及其应用、微分方程、级数、拉氏变换、行列式和矩阵、概率论初步、向量和复数。本书注重数学理论和实际应用的结合，在例题、习题搭配上，前后呼应，通过练习巩固所学知识。书后还附有练习题答案，便于学生自行检查及自学。

本书可作为高职高专院校工科学生高等数学课程教材，也可作为读者学习高等数学的参考书。

图书在版编目（CIP）数据

高等数学/张明智主编 . —3 版 . —北京：中国电力出版社，2017.8（2024.8 重印）

"十三五"职业教育规划教材

ISBN 978－7－5198－0874－7

Ⅰ.①高…　Ⅱ.①张…　Ⅲ.①高等数学－高等职业教育－教材　Ⅳ.①O13

中国版本图书馆 CIP 数据核字（2017）第 145196 号

出版发行：中国电力出版社
地　　址：北京市东城区北京站西街 19 号（邮政编码 100005）
网　　址：http://www. cepp. sgcc. com. cn
责任编辑：冯宁宁（010－63412537）
责任校对：朱丽芳
装帧设计：王英磊　左　铭
责任印制：吴　迪

印　　刷：北京雁林吉兆印刷有限公司
版　　次：2007 年 8 月第一版　2008 年 9 月第二版　2017 年 8 月第三版
印　　次：2024 年 8 月北京第十八次印刷
开　　本：787 毫米×1092 毫米　16 开本
印　　张：20.75
字　　数：504 千字
定　　价：42.00 元

前 言

为进一步加强高职高专院校教育教材建设，本书在第二版教学使用的基础上进行了修订。在学生学完初等数学以后，根据高职高专的学生对数学的需求，为把学生培养成有较强应用能力的高素质人才，本书针对高职高专的教学实际，在吸收国内优秀教材的基础上，对传统的教材内容与体系进行了适当调整，使本书颇具特色。首先在保证教材内容完整性的前提下，恰当地选取教材内容；其次安排由浅入深的内容次序及简捷直观的理论体系，这样就降低了教材难点部分研究的抽象性与复杂性，并通过增加例子来化解理论难点。本书编写注重数学理论和实际应用的结合，其目的就是加强学生在相关专业课学习中运用数学的能力。本书在例题、习题搭配上，前后呼应，通过练习巩固所学知识。每章结尾都有基本要求、常用公式，以期望通过章节的提纲挈领，利于学生掌握重点、难点。书后还附有练习题答案，便于学生自行检查及自学。

本书由四川电力职业技术学院张明智担任主编，张慧、刘秀红、徐红英担任副主编。第三章、第五章、第九章由张明智编写，第六章、第十一章由张慧编写，第十章由刘秀红编写，第七章由徐红英编写，第一章由赵军编写，第八章由文邦云编写，第二章由陈渊编写，第四章由廖臻编写。同时，刘毅、朱清泉也参与了本书的编写。

本书由成都信息工程学院王菊担任主审，并提出宝贵意见。同时，本书在编写过程中，得到许多同行的帮助，也引用、借鉴了相关专家的著作，在此一并致谢。

限于编者水平，加之时间仓促，不足之处在所难免，恳请读者批评指正。

编者

2017 年 4 月

目　录

第一章 极 限 与 连 续

极限是学习微积分的理论基础. 连续函数则是微积分研究的主要对象. 本章讨论函数的极限与函数的连续性.

第一节 初 等 函 数

一、基本初等函数

在初等数学中已经学过函数的定义，讨论了函数的单调性、奇偶性、周期性和有界性等几何特性. 为了学习方便，下面首先复习一下函数的有关知识.

设 D 是一个数集，如果对属于 D 的每一个数 x，按照某个对应关系 f，y 都有唯一确定的值和它对应，则 y 就称为定义在数集 D 上的 x 的函数，记为 $y=f(x)$，x 称为自变量，数集 D 称为函数的定义域.

在函数 $y=f(x)$ 中，如果 x 在定义域 D 中取定某一个数值 x_0 时，与之对应的 y 的数值 $y_0=f(x_0)$ 称为 $y=f(x)$ 在 $x=x_0 (x_0 \in D)$ 时的函数值. 当 x 取遍 D 中的一切实数值时，与它对应的函数值的集合 M 称为函数的值域.

幂函数、指数函数、对数函数、三角函数和反三角函数这五类函数统称为基本初等函数. 为了便于应用，将它们的定义域、值域、图像和主要性质回顾如下：

1. 幂函数 $y=x^u$

函 数	$u=1, 3$	$u=2$	$u=\dfrac{1}{2}$	$u=-1$
图 像	$y=x^3$，$y=x$	$y=x^2$	$y=\sqrt{x}$	$y=\dfrac{1}{x}$
定义域	$(-\infty, +\infty)$	$(-\infty, +\infty)$	$[0, +\infty)$	$(-\infty, 0)\cup(0, +\infty)$
值 域	$(-\infty, +\infty)$	$[0, +\infty)$	$[0, +\infty)$	$(-\infty, 0)\cup(0, +\infty)$
奇偶性	奇函数	偶函数	非奇非偶	奇函数
单调性	单调增	在$(-\infty, 0]$内单调减 在$[0, +\infty)$内单调增	单调增	在$(-\infty, 0)$和$(0, +\infty)$ 内分别单调减

2. 指数函数 $y=a^x$ 与对数函数 $y=\log_a x$ （$a>0$ 且 $a\neq1$）

函　数	$a>1$	$0<a<1$	$a>1$	$0<a<1$
图　像	$y=a^x$ $(a>1)$	$y=a^x$ $(0<a<1)$		
定义域	$(-\infty,\ +\infty)$	$(-\infty,\ +\infty)$	$(0,\ +\infty)$	$(0,\ +\infty)$
值　域	$(0,\ +\infty)$	$(0,\ +\infty)$	$(-\infty,\ +\infty)$	$(-\infty,\ +\infty)$
单调性	单调增	单调减	单调增	单调减

3. 三角函数

	函　数	$\sin x$	$\cos x$	$\tan x$	$\cot x$
	图　像				
	定义域	$(-\infty,\ +\infty)$	$(-\infty,\ +\infty)$	$\left(k\pi-\dfrac{\pi}{2},\ k\pi+\dfrac{\pi}{2}\right)$ $(k\in\mathbf{Z})$	$(k\pi,\ (k+1)\ \pi)$ $(k\in\mathbf{Z})$
	值　域	$[-1,\ 1]$	$[-1,\ 1]$	$(-\infty,\ +\infty)$	$(-\infty,\ +\infty)$
	奇偶性	奇函数	偶函数	奇函数	奇函数
	周期性	$T=2\pi$	$T=2\pi$	$T=\pi$	$T=\pi$
单调性	$\left(0,\ \dfrac{\pi}{2}\right)$	单调增	单调减	单调增	单调减
	$\left(\dfrac{\pi}{2},\ \pi\right)$	单调减	单调减	单调增	单调减
	$\left(\pi,\ \dfrac{3\pi}{2}\right)$	单调减	单调增	单调增	单调减
	$\left(\dfrac{3\pi}{2},\ 2\pi\right)$	单调增	单调增	单调增	单调减

4. 反三角函数

函　数	$\arcsin x$	$\arccos x$	$\arctan x$	$\text{arccot}\,x$
图　像				

续表

函 数	$\arcsin x$	$\arccos x$	$\arctan x$	$\operatorname{arccot} x$
定义域	$[-1,\ 1]$	$[-1,\ 1]$	$(-\infty,\ +\infty)$	$(-\infty,\ +\infty)$
值 域	$\left[-\dfrac{\pi}{2},\ \dfrac{\pi}{2}\right]$	$[0,\ \pi]$	$\left(-\dfrac{\pi}{2},\ \dfrac{\pi}{2}\right)$	$(0,\ \pi)$
单调性	单调增	单调减	单调增	单调减

表示函数通常用表格、图像和解析式三种方法.

我们不仅要会从函数的解析式出发,列表、描点作函数图像,会从解析式、数表认识事物的变化规律,也要会从图像认识事物的变化规律,提高识图能力.

二、复合函数

在实际问题中,常常遇到由几个简单函数构成一个较复杂函数的问题. 例如,设质量 m 的物体以初速度 v_0 竖直上抛,在不考虑空气阻力的前提下,求动能与时间 t 的函数关系.

由物理学可知,如果物体的运动速度为 v,则其动能 E 与速度 v 之间的函数关系为

$$E = \frac{1}{2}mv^2 \tag{1-1}$$

而竖直上抛运动物体的速度 v 与时间 t 之间的函数关系为

$$v = v_0 - gt \tag{1-2}$$

其中 g 为重力加速度,将式(1-2)代入式(1-1)得

$$E = \frac{1}{2}m(v_0 - gt)^2, \quad t \in \left[0,\ \frac{v_0}{g}\right] \tag{1-3}$$

定义 1 设函数 $y=f(u)$,而 u 是 x 的函数 $u=\varphi(x)$,若 $\varphi(x)$ 的函数值全部或部分在 $f(u)$ 的定义域内,此时 y(通过 u 的联系)也是 x 的函数,称此函数为由函数 $y=f(u)$ 和 $u=\varphi(x)$ 复合而成的函数,简称复合函数,记为 $y=f[\varphi(x)]$,其中 u 称为中间变量.

【例1】 将函数 y 表示成 x 的复合函数.

(1) $y=e^u$, $u=\sin v$, $v=3+x$;   (2) $y=\ln u$, $u=2+v^2$, $v=\sec x$.

解 (1) $y = e^u = e^{\sin v} = e^{\sin(3+x)}$,即 $y=e^{\sin(3+x)}$;

(2) $y = \ln u = \ln(2+v^2) = \ln(2+\sec^2 x)$,即 $y=\ln(2+\sec^2 x)$.

【例2】 指出函数的复合过程,并求其定义域:

(1) $y=\sqrt{x^2-3x+2}$;   (2) $y=\lg(2+\tan^2 x)$.

解 (1) $y=\sqrt{x^2-3x+2}$ 是由 $y=\sqrt{u}$, $u=x^2-3x+2$ 两个函数复合成的. 要使函数有意义,只需 $x^2-3x+2 \geqslant 0$,解此不等式得函数的定义域为 $(-\infty,\ 1] \cup [2,\ +\infty)$.

(2) $y=\lg(2+\tan^2 x)$ 是由 $y=\lg u$, $u=2+v^2$, $v=\tan x$ 这三个函数复合而成的. 当 $x=k\pi+\dfrac{\pi}{2}$ $(k \in \mathbf{Z})$ 时,$\tan x$ 不存在;当 $x \neq k\pi+\dfrac{\pi}{2}$ 时,$2+\tan^2 x>0$. 因此,$y=\lg(2+\tan^2 x)$ 的定义域为

$$\left\{x \middle| x \neq k\pi+\frac{\pi}{2},\ k \in \mathbf{Z}\right\} \text{或} \left(k\pi-\frac{\pi}{2},\ k\pi+\frac{\pi}{2}\right),\ k \in \mathbf{Z}$$

由[例1]、[例2]可见,分析一个复合函数的复合过程时,每个层次都应是基本初等

函数或常数与基本初等函数的四则运算式；当分解到常数与基本初等函数的四则运算式（称为简单函数）时，就不再分解了.

三、初等函数

定义2　由基本初等函数和常数经过有限次四则运算和有限次复合运算构成的函数称为初等函数.

由于基本初等函数都是用一个式子表示的，所以由基本初等函数与常数经过有限次四则运算和有限次复合运算所得的初等函数能用一个式子表示.

例如，函数 $y=3\sin(x^2-1)$，$y=3^{2x}\ln x$，$y=\sqrt{\sqrt{\mathrm{e}^{2x}}\cos^2(3x+2)}$，$y=\sqrt{x}+\sec 2x$ 等都是初等函数. 初等函数是最常见的函数，它是微积分研究的主要对象.

四、建立函数关系举例

运用数学工具解决实际问题时，往往需要先把变量之间的函数关系表示出来，才方便进行计算和分析.

【例3】　如图 1-1 所示，电源的电压为 E，内阻为 r，负载电阻为 R，试建立输出功率 P 与负载电阻 R 的函数关系.

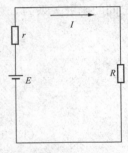

图 1-1

解　设电路中的电流为 I，由电学知 $P=I^2R$，根据闭合电路的欧姆定律有 $I=\dfrac{E}{R+r}$，代入上式得 P 与 R 的函数关系为

$$P=\left(\frac{E}{R+r}\right)^2 R \quad (R>0)$$

建立实际问题的函数关系，首先应理解题意，分析问题中的已知量和未知量，找出常量、变量，选定自变量，根据问题所给的几何特性、物理规律或其他知识建立变量之间的等量关系，整理化简得函数，然后根据题意写出函数定义域.

实际问题的函数关系，就是该实际问题的一个数学模型. 建立实际问题的函数关系，就是为了用函数方法解决实际问题. 一般地，用数学方法解决实际问题，首先要对问题的实际背景进行深入了解，弄清楚问题的规律，并用数字、图表、公式等表示出来，就得到数学模型. 数学模型只是对显示事物的某种属性的一种模拟，需不断验证修改，才能使其与实际情况拟合得更好. 根据数学模型，就可以对问题进行分析讨论. 数学模型是多种多样的，函数关系只是数学模型的一种.

习　题 1-1

1. 判断题：

(1) $y=2\sqrt{x}$ 是基本初等函数；　　　　　　　　　　　　　　　　　　　　　　（　）

(2) $y=a^{-x}$ 不一定是初等函数；　　　　　　　　　　　　　　　　　　　　　　（　）

(3) $y=\arcsin u$，$u=1+\mathrm{e}^x$ 的复合函数是 $y=\arcsin(1+\mathrm{e}^x)$；　　　　　　　　（　）

(4) 所有的函数都是初等函数.　　　　　　　　　　　　　　　　　　　　　　　　（　）

2. 讨论下列函数的定义域：

(1) $y=(x^2+1)^3+\arccos(x+4)$；

(2) $y=\arcsin\sqrt{\dfrac{x-a}{b-a}}$ （$b>a$）；

(3) $y=\sqrt{\dfrac{3-x}{3+x}}$；

(4) $y=\begin{cases}\sin(x-0.5\pi), & -\pi\leqslant x<0 \\ -1, & x=0 \\ 1-x^2, & 0<x<2\end{cases}$；

(5) $y=\mathrm{e}^{\ln x}$；

(6) $y=\tan\left(3x+\dfrac{\pi}{7}\right)$.

3. 判定函数的奇偶性：

(1) $y=x(x-4)(x+7)$；

(2) $y=x^2+4\cos 2x$；

(3) $y=\ln(x+\sqrt{x^2+1})$；

(4) $y=\dfrac{\mathrm{e}^x+\mathrm{e}^{-x}}{\mathrm{e}^x-\mathrm{e}^{-x}}$；

(5) $y=\begin{cases}3x^7-1, & x>0 \\ 0, & x=0. \\ 1-3x^7, & x<0\end{cases}$

4. 已知函数 $f(x)=\dfrac{1-x}{1+x}$. 求 $f(-x)$，$f\left(\dfrac{1}{x}\right)$，$f(x+1)$，$f[f(x)]$ 的表达式.

5. 作函数 $y=\begin{cases}x-1, & x>0 \\ 3, & -1<x\leqslant 0 \text{ 的图像，求 } f(-2)，f(0)，f(a^2+1)， \\ 1-x^2, & x\leqslant -1\end{cases}$

$f\left[f\left(-\dfrac{1}{2}\right)\right]$ 的值.

6. 将 y 表示为 x 的函数：

(1) $y=\sqrt{u}$，$u=4x+3$；

(2) $y=\ln u$，$u=\cos v$，$v=x^3-1$；

(3) $y=\mathrm{e}^u$，$u=v^4$，$v=\tan x$；

(4) $y=\arcsin u$，$u=\sqrt[3]{v}$，$v=\dfrac{x-a}{x-b}$.

7. 将下列函数分解成简单函数：

(1) $y=(x+3)^7$；

(2) $y=\arctan\left(x+\dfrac{\pi}{7}\right)$；

(3) $y=\dfrac{1}{\sqrt[3]{4-x^2}}$；

(4) $y=\mathrm{e}^{5\csc 3x}$；

(5) $y=\ln(x^2+\sqrt{x})$；

(6) $y=(1+\arccos x^2)^3$.

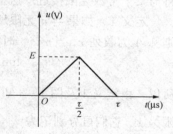

图 1-2

8. 已知一个单三角脉冲电压，其波形如图 1-2 所示，建立电压 $u(\mathrm{V})$ 与时间 $t(\mu\mathrm{s})$ 之间的函数关系式.

第二节 函 数 的 极 限

极限的概念是学习微积分的基础，因此必须掌握好. 下面首先讨论数列（整标函数）$x_n=f(n)$，$n\in\mathbf{Z}^+$ 的极限，然后讨论函数 $y=f(x)$（当 $x\to\infty$ 或 $x\to x_0$ 时）的极限.

一、数列 $x_n=f(n)$ 的极限

考察几个数列，当 n 无限增大时，x_n 的数值的变化趋势：

(1) 1，$-\dfrac{1}{2}$，$\dfrac{1}{3}$，$-\dfrac{1}{4}$，$\cdots$，$(-1)^{n-1}\dfrac{1}{n}$，$\cdots$；

(2) $\dfrac{1}{2}$，$\dfrac{2}{3}$，$\dfrac{3}{4}$，$\dfrac{4}{5}$，$\cdots$，$\dfrac{n}{n+1}$，$\cdots$；

(3) 1，-1，1，-1，$\cdots$，$(-1)^{n+1}$，$\cdots$；

(4) 1，2，4，8，$\cdots$，2^{n-1}，$\cdots$.

为清楚起见，把这四个数列的前 4 项分别在数轴上表示出来（见图 1-3）.

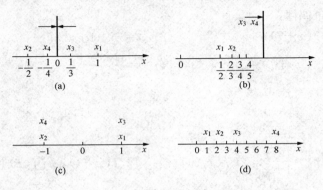

图 1-3

四个数列反映出的数列变化趋势大体分为两类：当 n 无限增大时，一类是 x_n 的数值无限接近于某一个常数；另一类则不能保持与某个常数无限接近. 数列（1）、（2）属于前一类，从图 1-3 中可以看出，当 n 无限增大时，数列 $x_n=(-1)^{n-1}\dfrac{1}{n}$ 无限地靠近点 $x=0$；数列 $x_n=\dfrac{n}{n+1}$ 无限地靠近点 $x=1$. 数列（3）、（4）则属于后一类，当 n 无限增大时，数列（3）的数值在 $x=1$ 与 $x=-1$ 之间来回跳动；数列（4）的数值则无限增大，它们都不能保持与某个常数无限接近. 这里主要讨论前一类，对此有定义.

定义 1　如果当 n 无限增大时（记为 $n\rightarrow\infty$），数列 x_n 无限接近于一个确定的常数 A，则称 A 为数列 x_n 当 $n\rightarrow\infty$ 时的极限，记为

$$\lim_{n\to\infty}x_n=A \quad 或 \quad x_n\rightarrow A(当\,n\rightarrow\infty\,时)$$

所以，由定义 1 及图 1-3 知，当 $n\rightarrow\infty$ 时，数列 $x_n=(-1)^{n-1}\dfrac{1}{n}$ 的极限为 0，$x_n=\dfrac{n}{n+1}$ 的极限为 1. 它们可分别记为

$$\lim_{n\to\infty}(-1)^{n-1}\dfrac{1}{n}=0 \quad 与 \quad \lim_{n\to\infty}\dfrac{n}{n+1}=1$$

如果 $n\rightarrow\infty$ 时，x_n 无限接近的常数 A 不存在，则 x_n 的极限不存在. 例如 $\lim\limits_{n\to\infty}(-1)^{n+1}$ 不存在.

应当指出，"数列 x_n 无限接近于一个确定的常数 A" 是指它们之间的距离无限小，可以小到任意的程度，即 $|x_n-A|<\varepsilon$（ε 是任意小的正数）.

【例 1】　考察数列的变化趋势，写出它们的极限：

(1) $x_n=2+\dfrac{(-1)^n}{n}$；　　(2) $x_n=-\dfrac{1}{2^{n-1}}$.

解 （1）当取 $n=1$，2，3，4，…时，数列 $x_n=2+\dfrac{(-1)^n}{n}$ 的各项依次为 1，$\dfrac{5}{2}$，$\dfrac{5}{3}$，$\dfrac{9}{4}$，…，若把它们表示在数轴上，则如图 1-4（a）所示．由图形及此数列的特点可知，当 n 无限增大时，$x_n=2+\dfrac{(-1)^n}{n}$ 无限接近于 2，所以由数列极限的定义得

$$\lim_{n\to\infty}\left(2+\frac{(-1)^n}{n}\right)=2$$

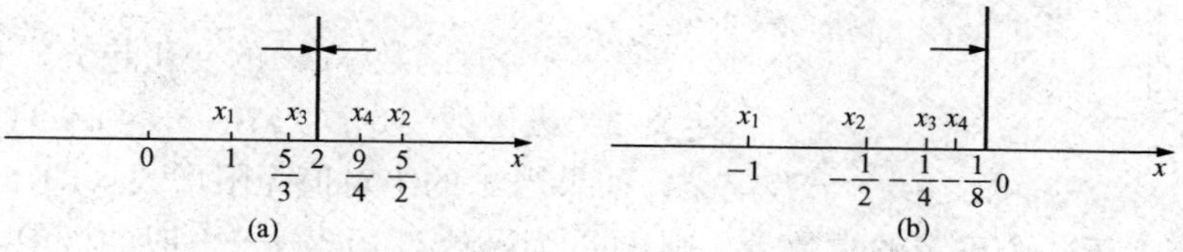

图 1-4

（2）当取 $n=1$，2，3，4，…时，数列 $x_n=-\dfrac{1}{2^{n-1}}$ 的各项依次为 -1，$-\dfrac{1}{2}$，$-\dfrac{1}{4}$，$-\dfrac{1}{8}$，…，若把它们表示在数轴上，则如图 1-3（b）所示．由图形及此数列的特点可知，当 n 无限增大时，$x_n=-\dfrac{1}{2^{n-1}}$ 无限接近于 0，所以由数列极限的定义得

$$\lim_{n\to\infty}\left(-\frac{1}{2^{n-1}}\right)=0$$

【例2】 （1）0 是不是等比数列 $x_n=q^n(\,|q|<1)$ 的极限？

（2）-2 是不是数列 $x_n=-2$ 的极限？

（3）数列 $x_n=2^{n-1}$ 有无极限？

解 （1）因 q 是公比，则 q 不为 0．当 n 无限增大时，数列 $x_n=q^n$ 无限接近于 0．因此 0 是数列 $x_n=q^n$ 的极限，即

$$\lim_{n\to\infty}q^n=0$$

（2）由于 $x_n=-2$，即不论项数 n 为何值，数列 x_n 恒等于 -2，所以当 $n\to\infty$ 时，x_n 与 -2 完全相同，因此 $\lim\limits_{n\to\infty}(-2)=-2$．

一般地，任何常数数列的极限都是这个常数本身，即

$$\lim_{n\to\infty}C=C \quad （C 为常数）$$

（3）由图 1-3（d）及数列 $x_n=2^{n-1}$ 的特点可以看出，当 $n\to\infty$ 时，x_n 也无限增大，它不趋于某个确定的常数．因此数列 $x_n=2^{n-1}$ 没有极限．

二、函数 $y=f(x)$ 的极限

上面讨论了数列的极限．数列 $x_n=f(n)$，$n\in\mathbf{Z}^+$ 是函数 $y=f(x)$ 的特例．由于 $y=f(x)$ 的定义域各式各样，因此其自变量 x 的变化复杂．下面仅就自变量 x 的两类变化过程讨论函数的极限．

1. 当 $x\to\infty$ 时，函数 $f(x)$ 的极限

$x\to\infty$ 表示自变量 x 的绝对值无限增大．为了区别起见，把 $x>0$ 且无限增大，记为 $x\to$

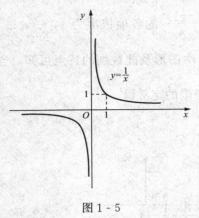

图 1-5

$+\infty$；$x<0$ 且绝对值无限增大，记为 $x\to-\infty$．下面考察 $x\to\infty$ 时，函数 $y=\dfrac{1}{x}$ 的变化趋势．

从图 1-5 可以看出，当 $x\to+\infty$ 时，函数 $y=\dfrac{1}{x}$ 的值无限趋近于 0；当 $x\to-\infty$ 时，函数 $y=\dfrac{1}{x}$ 的值也无限趋近于 0．这就是说，当 $x\to\infty$ 时，函数 $y=\dfrac{1}{x}$ 无限接近于 0．像这种 $x\to\infty$ 时函数 $f(x)$ 的变化趋势，有如下定义．

定义 2　设函数 $y=f(x)$ 在 $(-\infty,a)\bigcup(b,+\infty)$ 内有定义，如果当 x 的绝对值无限增大（即 $x\to\infty$）时，函数 $f(x)$ 无限接近于一个确定的常数 A，则称 A 为函数 $f(x)$ 当 $x\to\infty$ 时的极限，记为

$$\lim_{x\to\infty}f(x)=A\quad\text{或}\quad f(x)\to A\quad（\text{当}\ x\to\infty\ \text{时}）$$

由定义 2 知，当 $x\to\infty$ 时，函数 $y=\dfrac{1}{x}$ 的极限为 0，可记为

$$\lim_{x\to\infty}\frac{1}{x}=0\quad\text{或}\quad\frac{1}{x}\to 0\quad（\text{当}\ x\to\infty\ \text{时}）$$

【例3】　讨论极限 $\lim\limits_{x\to\infty}\dfrac{1}{1+x^2}$．

解　如图 1-6 所示，当 $x\to\infty$ 时，函数 $f(x)=\dfrac{1}{1+x^2}$ 的值无限接近于 0，即 $\lim\limits_{x\to\infty}\dfrac{1}{1+x^2}=0$．

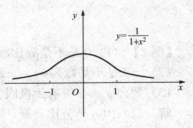

图 1-6

$x\to\infty$ 包含 $x\to+\infty$ 与 $x\to-\infty$，有时只需要考察 $x\to+\infty$（或 $x\to-\infty$）时，函数的变化趋势，对此有定义．

定义 3　设函数 $f(x)$ 在 $(a,+\infty)$（或 $(-\infty,b)$）有定义，如果当 $x\to+\infty$（或 $x\to-\infty$）时，函数 $f(x)$ 无限接近于一个确定的常数 A，则称 A 为函数当 $x\to+\infty$（或 $x\to-\infty$）的极限，记为

$$\lim_{\substack{x\to+\infty\\(x\to-\infty)}}f(x)=A\quad\text{或}\quad f(x)\to A\quad（\text{当}\ x\to\infty(x\to-\infty)\ \text{时}）$$

由图 1-5 可以看出，对于函数 $y=\dfrac{1}{x}$，有 $\lim\limits_{x\to+\infty}\dfrac{1}{x}=0$，$\lim\limits_{x\to-\infty}\dfrac{1}{x}=0$．

一般地，如果 $\lim\limits_{x\to\infty}f(x)=A$，则 $\lim\limits_{x\to+\infty}f(x)=\lim\limits_{x\to-\infty}f(x)=A$；反之，如果 $\lim\limits_{x\to+\infty}f(x)=\lim\limits_{x\to-\infty}f(x)=A$，则 $\lim\limits_{x\to\infty}f(x)=A$．即

$$\lim_{x\to\infty}f(x)=A\Leftrightarrow\lim_{x\to+\infty}f(x)=A=\lim_{x\to-\infty}f(x)$$

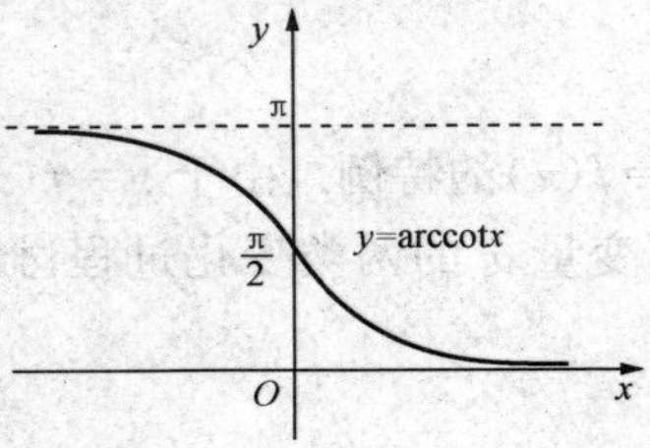

【例4】　讨论当 $x\to\infty$ 时，函数 $y=\operatorname{arccot}x$ 的极限．

解　如图 1-7 所示，$\lim\limits_{x\to+\infty}\operatorname{arccot}x=0$，$\lim\limits_{x\to-\infty}\operatorname{arccot}x=\pi$，$\lim\limits_{x\to+\infty}\operatorname{arccot}x$ 和 $\lim\limits_{x\to-\infty}\operatorname{arccot}x$ 虽然都存在，但它们不相等，所以 $\lim\limits_{x\to\infty}\operatorname{arccot}x$ 不存在．

图 1-7

【例5】 讨论当 $x \to \infty$ 时，函数 $y = \cos x$ 的极限.

解 当 $x \to \infty$ 时，观察函数 $y = \cos x$ 的变化趋势，例如，令 $x = 2k\pi (k \in \mathbf{Z})$，当 $k \to \infty$ 时，$x \to \infty$，此时 $\cos x \to 1$；同理令 $x = (2k+1)\pi (k \in \mathbf{Z})$，当 $x \to \infty$ 时，$\cos x \to -1$；令 $x = k\pi + \dfrac{\pi}{2}(k \in \mathbf{Z})$，当 $x \to \infty$ 时，$\cos x \to 0$. 所以，当 $x \to \infty$ 时，$y = \cos x$ 不趋于某一固定常数，因此 $\lim\limits_{x \to \infty} \cos x$ 不存在.

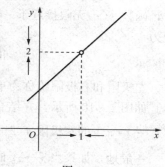

图 1-8

同理 $\lim\limits_{x \to \infty} \sin x$ 不存在.

2. 当 $x \to x_0$ 时，函数 $f(x)$ 的极限

$x \to x_0$ 表示 x 以任何方式从 x_0 的左右两侧无限趋近于 x_0.

下面考察当 $x \to 1$ 时，函数 $f(x) = \dfrac{x^2-1}{x-1}$ 的变化趋势. 如图 1-8 所示，当 x 无限趋近于 1 时，函数 $f(x) = \dfrac{x^2-1}{x-1}$ 无限趋近于 2. 对于这种变化趋势有如下定义.

定义4 设函数 $y = f(x)$ 在点 x_0 的左、右近旁有定义〔在点 x_0 处，函数 $f(x)$ 可以没有定义〕，如果当 x 无限接近于 x_0 时，对应的函数 $y = f(x)$ 的值无限接近于一个确定的常数 A，则称 A 为函数 $y = f(x)$ 当 $x \to x_0$ 时的极限，记为

$$\lim\limits_{x \to x_0} f(x) = A \quad 或 \quad f(x) \to A \quad (当 x \to x_0 时)$$

由定义4有

$$\lim\limits_{x \to 1} \frac{x^2-1}{x-1} = 2 \quad 或 \quad \frac{x^2-1}{x-1} \to 2 \quad (当 x \to 1 时)$$

极限 $\lim\limits_{x \to x_0} f(x)$ 刻画了函数 $f(x)$ 在 x 趋于点 x_0 时的变化趋势，而不是在点 x_0 处的性态.

【例6】 讨论函数 $f(x) = x^2 (x \geqslant 0)$ 在 $x \to 2$ 时的极限.

解 如图 1-9 所示，当 $x \to 2$ 时，函数 $f(x) = x^2$ 无限接近于 4，所以 $\lim\limits_{x \to 2} x^2 = 4$.

由极限定义并借助于函数的图像，可以确定一些常见函数的极限：

$$\lim\limits_{\substack{x \to x_0 \\ (x \to \infty)}} C = C (C 为常数); \qquad \lim\limits_{x \to x_0} x = x_0; \qquad \lim\limits_{x \to 0} \sin x = 0;$$

$$\lim\limits_{x \to \frac{\pi}{2}} \sin x = 1; \qquad \lim\limits_{x \to 0} \cos x = 1; \qquad \lim\limits_{x \to \frac{\pi}{2}} \cos x = 0.$$

3. 当 $x \to x_0$ 时，函数 $f(x)$ 的左极限与右极限

在 $x \to x_0$，$f(x) \to A$ 的极限定义中，x 既从 x_0 的左侧无限趋近于 x_0（记为 $x \to x_0 - 0$ 或 $x \to x_0^-$），同时也从 x_0 的右侧无限趋近于 x_0（记为 $x \to x_0 + 0$ 或 $x \to x_0^+$）. 在实际问题中，有时只需要考虑 x 从 x_0 的一侧向 x_0 无限趋近时，函数 $f(x)$ 的变化趋势.

定义5 如果函数 $f(x)$ 在 (a, x_0) 内有定义，并且当 $x \to x_0 - 0$ 时，函数 $f(x)$ 无限接近于一个确定的常数 A，则称 A 为函数 $y = f(x)$ 当 $x \to x_0$ 时的左极限，记为

$$\lim\limits_{x \to x_0^-} f(x) = A \quad 或 \quad f(x_0 - 0) = A$$

如果函数 $f(x)$ 在 (x_0, b) 内有定义，并且当 $x \to x_0 + 0$

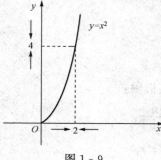

图 1-9

时，函数 $f(x)$ 无限接近于一个确定的常数 B，则称 B 为函数 $y=f(x)$ 当 $x \to x_0$ 时的右极限，记为

$$\lim_{x \to x_0^+} f(x) = B \quad \text{或} \quad f(x_0+0) = B$$

左极限和右极限统称为单侧极限.

如图 1-10 所示，并结合其函数特性可知 $\lim\limits_{x \to 2}(2x+1)=5$，同时注意到，当 $x \to 2$ 时，$f(x)=2x+1$ 的左极限 $f(2-0)=\lim\limits_{x \to 2^-}(2x+1)=5$；右极限 $f(2+0)=\lim\limits_{x \to 2^+}(2x+1)=5$.

一般地，如果当 $x \to x_0$ 时，函数 $f(x)$ 的极限存在，则当 $x \to x_0$ 时，函数 $f(x)$ 的左、右极限存在且相等；反之，结论也成立. 即

$$\lim_{x \to x_0} f(x) = A \Leftrightarrow f(x_0+0) = A = f(x_0-0)$$

【例7】 讨论函数 $f(x) = \begin{cases} x, & x \geqslant 0 \\ -1, & x < 0 \end{cases}$ 当 $x \to 0$ 时的极限.

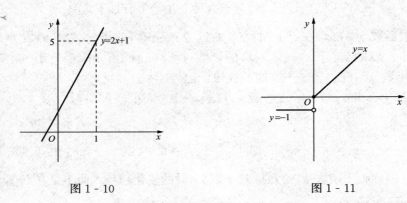

图 1-10　　　　　　　　　　　　　图 1-11

解 如图 1-11 所示，$f(0+0)=\lim\limits_{x \to 0^+} x = 0$，$f(0-0)=\lim\limits_{x \to 0^-}(-1)=-1$. 因为 $f(0+0) \neq f(0-0)$，所以 $\lim\limits_{x \to 0} f(x)$ 不存在.

习 题 1-2

1. 判断题：

(1) 任何数列的极限都存在；　　　　　　　　　　　　　　　　　　　（　）

(2) 当 $x \to 0^+$ 时，函数 $\ln x$ 的极限不存在；　　　　　　　　　　　（　）

(3) 若 $f(x)$ 在 x_0 无定义，则 $\lim\limits_{x \to x_0} f(x)$ 不存在；　　　　　　　　　（　）

(4) 当 $x \to \left(\dfrac{\pi}{2}\right)^-$ 时，函数 $\tan x$ 的极限不存在.　　　　　　　　　（　）

2. 观察数列当 $n \to \infty$ 时的变化趋势，若存在极限，则写出其极限：

(1) $x_n = 2 - \dfrac{1}{3n}$；　　　(2) $x_n = (-1)^n \dfrac{1}{n}$；　　　(3) $x_n = \dfrac{4n}{2n+1}$；

(4) $x_n = \dfrac{n+3}{n-2}$；　　　(5) $x_n = \dfrac{1}{e^n}$；　　　(6) $x_n = \dfrac{3}{n^2} + 7$；

(7) $x_n = 3n$;　　　　　　(8) $x_n = \cos n\pi$.

3. 利用函数图像考察函数的变化趋势，并写出其极限：

(1) $\lim\limits_{x \to 2}(3x+2)$;　　(2) $\lim\limits_{x \to 3}(x^3-14)$;　　(3) $\lim\limits_{x \to \infty}\left(2+\dfrac{1}{x}\right)$;　　(4) $\lim\limits_{x \to 1}\dfrac{x^2-1}{x-1}$;

(5) $\lim\limits_{x \to 1}\ln x$;　　(6) $\lim\limits_{x \to \frac{\pi}{2}}\sin x$;　　(7) $\lim\limits_{x \to -\infty}4^x$;　　(8) $\lim\limits_{x \to \frac{\pi}{4}}\tan x$;

(9) $\lim\limits_{x \to \pi}\cos x$;　　(10) $\lim\limits_{x \to +\infty}\arctan x$.

4. 画出函数 $f(x) = \begin{cases} 1, & x \geqslant 0 \\ x+1, & x < 0 \end{cases}$ 的图像，并求当 $x \to 0$ 时，函数 $f(x)$ 的左、右极限，并判断当 $x \to 0$ 时，函数 $f(x)$ 的极限是否存在.

5. 设函数 $f(x) = \begin{cases} 1, & x \geqslant -1 \\ x^2, & x < -1 \end{cases}$，求 $f(-1+0)$ 和 $f(-1-0)$，并判断 $f(x)$ 在 $x \to -1$ 时极限是否存在.

6. 设 $f(x) = \dfrac{|x-1|}{x-1}$，求 $f(1+0)$ 和 $f(1-0)$，并判断 $f(x)$ 在 $x \to 1$ 时极限是否存在.

第三节　无穷小与无穷大

一、无穷小

在实际问题中，经常遇到极限为零的变量. 例如，单摆离开铅直位置摆动时，由于空气阻力和摩擦力的作用，它的振幅随着时间的增加而逐渐减少，并趋于零. 又如电容器放电时，其电压随着时间的增加而逐渐减少，并趋于零. 对于这样的变量，给出如下定义.

定义 1　如果当 $x \to x_0 (x \to \infty)$ 时，函数 $f(x)$ 的极限为零，即 $\lim\limits_{x \to x_0} f(x) = 0$（$\lim\limits_{x \to \infty} f(x) = 0$），或 $f(x) \to 0$（当 $x \to x_0 (x \to \infty)$ 时），则称 $f(x)$ 为当 $x \to x_0 (x \to \infty)$ 时的无穷小.

例如，由于 $\lim\limits_{x \to 3}(x-3) = 0$，因此函数 $x-3$ 为当 $x \to 3$ 时的无穷小，但当 $x \to 2$ 时，函数 $x-3$ 就不是无穷小. 又如，由于 $\lim\limits_{x \to 0}\sin x = 0$，因此，函数 $\sin x$ 为当 $x \to 0$ 时的无穷小，但当 $x \to 1$ 时，函数 $\sin x$ 就不是无穷小. 所以，若说一个函数 $f(x)$ 是无穷小时，必须指明自变量 x 的变化趋势.

应当指出，常量 "0" 是无穷小，除此之外，任何常量都不是无穷小.

无穷小有如下性质：

性质 1　有限个无穷小的代数和为无穷小；

性质 2　有界函数与无穷小的积为无穷小；

性质 3　有限个无穷小的积为无穷小.

【例1】　求 $\lim\limits_{x \to \infty}\dfrac{\text{arccot}x}{x}$.

解　因为 $\lim\limits_{x \to \infty}\dfrac{1}{x} = 0$，$|\text{arccot}x| < \pi$，由性质 2 得 $\lim\limits_{x \to \infty}\dfrac{\text{arccot}x}{x} = 0$.

【例2】　(1) 已知 $\lim\limits_{x \to 1}(5x-2) = 3$，求 $\lim\limits_{x \to 1}(5x-5)$;

(2) 已知 $\lim\limits_{x \to 1}(5x-5) = 0$，求 $\lim\limits_{x \to 1}(5x-2)$.

解　（1）因为 $\lim\limits_{x\to1}(5x-2)=3$，由极限的定义，当 $x\to1$ 时，函数 $5x-2$ 与常数 3 无限接近，即 $(5x-2)-3=5x-5$ 与零无限接近，因此 $\lim\limits_{x\to1}(5x-5)=0$.

（2）因为 $\lim\limits_{x\to1}(5x-5)=0$，由极限的定义知，当 $x\to1$ 时，函数 $5x-5$ 与常数零无限接近，而 $5x-5=(5x-2)-3$，即当 $x\to1$ 时，函数 $5x-2$ 与 3 无限接近，因此 $\lim\limits_{x\to1}(5x-2)=3$.

从 [例2] 可以看出，如果 $\lim\limits_{x\to1}(5x-2)=3$，则函数 $5x-5$ 为 $x\to1$ 时的无穷小；反之，若 $(5x-2)-3$ 为 $x\to1$ 时的无穷小，则 $\lim\limits_{x\to1}(5x-2)=3$.

一般地，函数、函数的极限与无穷小有如下关系：

定理 1　如果 $\lim f(x)=A$，则 $f(x)=A+\alpha$（其中 $\lim\alpha=0$）；反之，如果 $f(x)=A+\alpha$ 且 $\lim\alpha=0$，则 $\lim f(x)=A$.

其中 $\lim$ 是 $\lim\limits_{x\to x_0}$ 或 $\lim\limits_{x\to\infty}$ 等的略写，表示变量在同一趋势下的极限过程，即如果 $\lim\limits_{x\to x_0}f(x)=A$，则相应的 $\lim\limits_{x\to x_0}\alpha=0$ [如果 $\lim\limits_{x\to\infty}f(x)=A$，则相应的 $\lim\limits_{x\to\infty}\alpha=0$].这个记号不能滥用，一般应用完整的记号.

二、无穷大

首先考察 $f(x)=\dfrac{1}{x}$ 的图像（见图 $1-5$），当 $x\to0$ 时函数 $f(x)$ 的绝对值无限增大.像这种变化趋势有如下定义.

定义 2　如果当 $x\to x_0(x\to\infty)$ 时，函数 $f(x)$ 的绝对值无限增大，则称 $f(x)$ 为当 $x\to x_0$ $(x\to\infty)$ 时的无穷大.

如果函数 $f(x)$ 当 $x\to x_0(x\to\infty)$ 时为无穷大，按通常的意义来说，极限是不存在的，但为了便于描述函数的这一性态，习惯上称"函数的极限是无穷大"，记为

$$\lim\limits_{x\to x_0}f(x)=\infty\left(\text{或}\lim\limits_{x\to\infty}f(x)=\infty\right)$$

如果在无穷大的定义中，对于 x_0 左右近旁的 x 或 $|x|$ 充分大 [例如，$x\in(a,\ x_0)\bigcup$ $(x_0,\ b)$ 或 $x\in(-\infty,\ a)\bigcup(b,\ +\infty)$] 时，对应的函数值都是正的或都是负的，分别记为

$$\lim\limits_{\substack{x\to x_0\\(x\to\infty)}}f(x)=+\infty,\qquad\lim\limits_{\substack{x\to x_0\\(x\to\infty)}}f(x)=-\infty$$

例如，$\lim\limits_{x\to0^+}\ln x=-\infty$，$\quad\lim\limits_{x\to+\infty}\ln x=+\infty$.

应当指出，说一个函数是无穷大时，必须指明自变量变化的趋势；无论多么大的常数，都不是无穷大.

三、无穷小与无穷大的关系

容易知道，当 $x\to5$ 时，$\dfrac{1}{x-5}$ 是无穷大，$x-5$ 是无穷小；当 $x\to\infty$ 时，$\dfrac{1}{x-5}$ 是无穷小，$x-5$ 是无穷大.一般地，有定理 2 成立.

定理 2　如果 $\lim f(x)=\infty$，则 $\lim\dfrac{1}{f(x)}=0$；反之，如果 $\lim f(x)=0$ 且 $f(x)\neq0$，则 $\lim\dfrac{1}{f(x)}=\infty$.

【例 3】　讨论极限 $\lim\limits_{x\to\infty}\dfrac{1}{x^4+7}$.

解 容易看出，函数 x^4+7 当 $x\rightarrow\infty$ 时为无穷大，由定理 2 知 $\lim\limits_{x\rightarrow\infty}\dfrac{1}{x^4+7}=0$.

习 题 1-3

1. 判断题：

(1) 无穷小量是越来越接近于零的量； （ ）

(2) 越来越接近于零的量是无穷小； （ ）

(3) 无穷大与有界变量之积是无穷大； （ ）

(4) 无穷小的倒数是无穷大. （ ）

2. 当 $n\rightarrow\infty$ 时下列数列是否为无穷小？为什么？

(1) $y_n=\dfrac{1+(-1)^n}{2}$； (2) $y_n=\dfrac{1}{3^n}(-1)^{n+1}$；

(3) $y_n=\dfrac{1}{\sqrt[3]{n-1}+1}$； (4) $y_n=\dfrac{3}{n^2+2}$.

3. 当 $x\rightarrow0$ 时，哪些是无穷小？哪些是无穷大？

(1) $1000x^3$； (2) $\dfrac{1}{3}x-x$； (3) $\dfrac{2}{x}$； (4) $\dfrac{x}{0.001}$；

(5) $\dfrac{x}{x^3}$； (6) $\dfrac{x^9}{x^3}$； (7) $7x^3-x$； (8) $\ln x(x>0)$.

4. 求函数的极限：

(1) $\lim\limits_{x\rightarrow\infty}\dfrac{\sin x}{x}$； (2) $\lim\limits_{x\rightarrow0}x\cos\dfrac{1}{x}$； (3) $\lim\limits_{x\rightarrow1}(x-1)\arctan\dfrac{1}{x-1}$.

第四节 函数极限的运算

一、函数极限的四则运算法则

设 $\lim f(x)=A$，$\lim g(x)=B$.

法则 1 两个具有极限的函数的代数和的极限等于这两个函数的极限的代数和，即

$$\lim[f(x)\pm g(x)]=\lim f(x)\pm\lim g(x)=A\pm B$$

法则 2 两个具有极限的函数的积的极限等于这两个函数的极限的积，即

$$\lim[f(x)g(x)]=\lim f(x)\lim g(x)=AB$$

特别地，若 $f(x)=g(x)$，则

$$\lim[f(x)g(x)]=\lim[f(x)]^2=[\lim f(x)]^2=A^2$$

若 $g(x)=c$（常数），则

$$\lim[f(x)g(x)]=\lim[cf(x)]=\lim c\lim f(x)=c\lim f(x)=cA$$

即常数因子可以提到极限符号外面.

法则 3 两个具有极限的函数的商的极限，当分母的极限不为零时，等于这两个函数的极限的商，即

$$\lim\dfrac{f(x)}{g(x)}=\dfrac{\lim f(x)}{\lim g(x)}=\dfrac{A}{B}\quad(B\neq0)$$

法则 1 和法则 2 可以推广到具有极限的有限个函数的情形.

例如，当 n 为正整数时，有

$$\lim[f(x)]^n = [\lim f(x)]^n = A^n$$

下面用法则来求函数的极限.

【例 1】 求 $\lim\limits_{x\to 3}(2x^2 - 5x + 4)$.

解 $\lim\limits_{x\to 3}(2x^2 - 5x + 4) = \lim\limits_{x\to 3}2x^2 - \lim\limits_{x\to 3}5x + \lim\limits_{x\to 3}4$

$$= 2(\lim\limits_{x\to 3}x)^2 - 5(\lim\limits_{x\to 3}x) + 4$$

$$= 2\times 3^2 - 5\times 3 + 4 = 7.$$

【例 2】 求 $\lim\limits_{x\to 0}\dfrac{3x^2 + 7}{3 - 2x}$.

解 由于 $\lim\limits_{x\to 0}(3 - 2x) = \lim\limits_{x\to 0}3 - 2\lim\limits_{x\to 0}x = 3 - 0 = 3 \neq 0$,

$$\lim\limits_{x\to 0}(3x^2 + 7) = 3(\lim\limits_{x\to 0}x)^2 + \lim\limits_{x\to 0}7 = 7$$

因此 $\lim\limits_{x\to 0}\dfrac{3x^2 + 7}{3 - 2x} = \dfrac{7}{3}$.

【例 3】 求 $\lim\limits_{x\to 2}\dfrac{x - 2}{4 - x^2}$.

解 由于 $\lim\limits_{x\to 2}(4 - x^2) = 0$, 不能直接使用法则 3, 又 $\lim\limits_{x\to 2}(x - 2) = 0$, 在 $x\to 2$ 的过程中 $x\neq 2$. 因此, 求此分式的极限时, 应首先考虑化简, 即约去非零因子 $x - 2$. 于是

$$\lim\limits_{x\to 2}\dfrac{x - 2}{4 - x^2} = \lim\limits_{x\to 2}\dfrac{-1}{2 + x} = -\dfrac{1}{4}$$

【例 4】 求 $\lim\limits_{x\to 1}\dfrac{4x + 7}{x^2 - 1}$.

解 由于 $\lim\limits_{x\to 1}(x^2 - 1) = 0$, $\lim\limits_{x\to 1}(4x + 7) = 11$. 因此, 不能使用法则 3, 分子分母又没有非零公因子可约. 此时, 先考察函数倒数的极限, 由于 $\lim\limits_{x\to 1}\dfrac{x^2 - 1}{4x + 7} = \dfrac{0}{11} = 0$, 根据无穷小与无穷大的关系可得

$$\lim\limits_{x\to 1}\dfrac{4x + 7}{x^2 - 1} = \infty$$

【例 5】 求 $\lim\limits_{x\to\infty}\dfrac{2x^4 - 3x^3 - 5}{x^4 - 7x^2 + x - 2}$.

解 由于当 $x\to\infty$ 时, 分子分母都是无穷大, 从而它们的极限都不存在, 不能直接用法则 3. 此时, 用分子、分母中自变量的最高次幂 x^4 同除原式中的分子和分母, 再用法则 3 求极限得

$$\lim\limits_{x\to\infty}\dfrac{2x^4 - 3x^3 - 5}{x^4 - 7x^2 + x - 2} = \lim\limits_{x\to\infty}\dfrac{2 - \dfrac{3}{x} - \dfrac{5}{x^4}}{1 - \dfrac{7}{x^2} + \dfrac{1}{x^3} - \dfrac{2}{x^4}}$$

因为 $\lim\limits_{x\to\infty}\left(2 - \dfrac{3}{x} - \dfrac{5}{x^4}\right) = 2 - 3\lim\limits_{x\to\infty}\dfrac{1}{x} - 5\left(\lim\limits_{x\to\infty}\dfrac{1}{x}\right)^4 = 2,$

$$\lim\limits_{x\to\infty}\left(1 - \dfrac{7}{x^2} + \dfrac{1}{x^3} - \dfrac{2}{x^4}\right) = 1 - 7\left(\lim\limits_{x\to\infty}\dfrac{1}{x}\right)^2 + \left(\lim\limits_{x\to\infty}\dfrac{1}{x}\right)^3 - 2\left(\lim\limits_{x\to\infty}\dfrac{1}{x}\right)^4 = 1$$

所以
$$\lim_{x\to\infty}\frac{2x^4-3x^3-5}{x^4-7x^2+x-2}=\frac{2}{1}=2.$$

［例5］所用的方法称为无穷小分出法. 一般地，如果一个分式函数，当 $x\to\infty$ 时，分子和分母都是无穷大，求此分式函数的极限时，都应用分子、分母中自变量最高次幂去除分子、分母，以分出无穷小，然后再求其极限.

【例6】 求 $\lim\limits_{x\to\infty}\dfrac{7x^2+2}{3x^3+2x-5}$.

解 将分子、分母同除以 x^3 得

$$\lim_{x\to\infty}\frac{7x^2+2}{3x^3+2x-57}=\lim_{x\to\infty}\frac{\dfrac{7}{x}+\dfrac{2}{x^3}}{3+\dfrac{2}{x^2}-\dfrac{5}{x^3}}=\frac{0}{3}=0$$

显然
$$\lim_{x\to\infty}\frac{3x^3+2x-5}{7x^2+2}=\infty.$$

从 ［例5］、［例6］ 可以看出，当 $a_0\neq0$，$b_0\neq0$ 时，有理函数当 $x\to\infty$ 时的极限有如下结果：

$$\lim_{x\to\infty}\frac{a_0x^n+a_1x^{n-1}+\cdots+a_n}{b_0x^m+b_1x^{m-1}+\cdots+b_m}=\lim_{x\to\infty}\frac{a_0x^n}{b_0x^m}=\begin{cases}0, & \text{若 } m>n \\ \dfrac{a_0}{b_0}, & \text{若 } m=n. \\ \infty, & \text{若 } m<n\end{cases}$$

【例7】 某企业获投资 50 万元，这家企业将投资作为抵押商品向银行贷款，得到相当于抵押品的价值 0.75 的贷款. 该企业将此贷款再次进行投资，并将再投资作为抵押品又向银行贷款，仍得到相当于抵押品的 0.75 的贷款，企业又将此贷款再进行投资. 这种贷款—投资—再贷款—再投资如此反复进行，以扩大再生产，该企业共计可获投资多少万元？

解 设 S 表示投资与再投资的总和，a_n 表示每次投资或再投资（贷款），于是得到数列
$$a_1=50,\ a_2=50\times0.75,\ a_3=50\times0.75^2,\ \cdots,\ a_n=50\times0.75^{n-1},\ \cdots.$$
此数列为一等比数列，且公比 $q=0.75$，于是
$$S_n=\frac{a_1(1-q^n)}{1-q}=\frac{50(1-0.75^n)}{0.25}=200(1-0.75^n)$$
显然企业最后可以获得的总投资为所有投资的和.

由第二节 ［例2］ 知，当 $|q|<1$ 时，$\lim\limits_{n\to\infty}q^n=0$，从而 $\lim\limits_{n\to\infty}0.75^n=0$，因此
$$S=\lim_{n\to\infty}S_n=\lim_{n\to\infty}200(1-0.75^n)=200(\text{万元})$$

一般地，称公比 q 满足条件 $|q|<1$ 的无穷等比数列 a_1，a_1q，a_1q^2，$\cdots$，a_1q^{n-1}，$\cdots$ 为无穷递缩等比数列. 该数列所有项之和 S 为它的前 n 项之和 S_n 当 $n\to\infty$ 时的极限，即
$$S=\lim_{n\to\infty}S_n=\lim_{n\to\infty}\frac{a_1(1-q^n)}{1-q}=\frac{a_1}{1-q}\lim_{n\to\infty}(1-q^n)=\frac{a_1}{1-q}$$
这就是无穷递缩等比数列求和公式.

【例8】 将循环小数化成分数：

(1) $0.\dot{2}$；(2) $0.3\dot{1}\dot{5}$.

解 (1) $0.\dot{2}=0.2222\cdots=0.2+0.02+0.002+0.0002+\cdots$

$$= \frac{2}{10} + \frac{2}{100} + \frac{2}{1000} + \frac{2}{10000} + \cdots = \frac{\frac{2}{10}}{1 - \frac{1}{10}} = \frac{2}{9};$$

(2) $0.3\dot{1}\dot{5} = 0.3151515 = 0.3 + 0.015 + 0.00015 + 0.0000015 + \cdots$

$$= \frac{3}{10} + \frac{15}{1000} + \frac{15}{100000} + \frac{15}{10000000} + \cdots = \frac{3}{10} + \frac{\frac{15}{1000}}{1 - \frac{1}{100}}$$

$$= \frac{3}{10} + \frac{15}{990} = \frac{52}{165}.$$

二、两个重要极限

(1) $\lim\limits_{x \to 0} \dfrac{\sin x}{x} = 1$；

(2) $\lim\limits_{x \to \infty} \left(1 + \dfrac{1}{x}\right)^x = e$ （或 $\lim\limits_{y \to 0} (1 + y)^{\frac{1}{y}} = e$）.

【例 9】 求极限 $\lim\limits_{t \to 0} \dfrac{\sin 3t}{t}$.

解 令 $x = 3t$，则 $\dfrac{\sin 3t}{t} = \dfrac{\sin x}{\frac{x}{3}} = 3 \dfrac{\sin x}{x}$，当 $t \to 0$ 时，$x \to 0$，由上面的重要极限可得

$$\lim_{t \to 0} \frac{\sin 3t}{t} = \lim_{x \to 0} 3 \frac{\sin x}{x} = 3 \lim_{x \to 0} \frac{\sin x}{x} = 3 \times 1 = 3$$

【例 10】 求极限 $\lim\limits_{x \to 0} \dfrac{\tan x}{x}$.

解 $\lim\limits_{x \to 0} \dfrac{\tan x}{x} = \lim\limits_{x \to 0} \left(\dfrac{\sin x}{x} \dfrac{1}{\cos x} \right) = \lim\limits_{x \to 0} \dfrac{\sin x}{x} \lim\limits_{x \to 0} \dfrac{1}{\cos x} = 1 \times 1 = 1.$

【例 11】 求极限 $\lim\limits_{x \to \infty} \left(1 + \dfrac{3}{x}\right)^x$.

解 令 $t = \dfrac{x}{3}$，由于当 $x \to \infty$ 时，$t \to \infty$，所以

$$\lim_{x \to \infty} \left(1 + \frac{3}{x}\right)^x = \lim_{x \to \infty} \left[\left(1 + \frac{1}{t}\right)^t\right]^3 = \left[\lim_{x \to \infty} \left(1 + \frac{1}{t}\right)^t\right]^3 = e^3.$$

【例 12】 求极限 $\lim\limits_{x \to 0} (1 - 2x)^{\frac{1}{x}}$.

解 $\lim\limits_{x \to 0} (1 - 2x)^{\frac{1}{x}} = \lim\limits_{x \to 0} [1 + (-2x)]^{\frac{1}{x}} = \lim\limits_{x \to 0} \{[1 + (-2x)]^{-\frac{1}{2x}}\}^{-2} = \lim\limits_{x \to 0} \dfrac{1}{\{[1 + (-2x)]^{-\frac{1}{2x}}\}^2}$

$$= \frac{1}{\{\lim\limits_{-2x \to 0} [1 + (-2x)]^{-\frac{1}{2x}}\}^2} = \frac{1}{e^2} = e^{-2}.$$

三、两个无穷小的比较

前面已讲了两个无穷小的和、差、积仍是无穷小，但两个无穷小的商却会出现不同的情况. 例如，当 $x \to 0$ 时，x，$2x$，x^2 都是无穷小，而 $\lim\limits_{x \to 0} \dfrac{2x}{x} = 2$，$\lim\limits_{x \to 0} \dfrac{x^2}{x} = 0$，$\lim\limits_{x \to 0} \dfrac{x}{x^2} = \infty$. 以上不同的结果，反映了无穷小趋于零的"快慢"程度的不同. 下面仅以 $x \to x_0$ 为例介绍无穷小

阶的概念.

定义　设 α 和 β 是当 $x \to x_0$ 的两个无穷小，若：

(1) $\lim\limits_{x \to x_0} \dfrac{\beta}{\alpha} = 0$，则称当 $x \to x_0$ 时，β 是比 α 高阶的无穷小，记为 $\beta = o(\alpha)(x \to x_0)$；

(2) $\lim\limits_{x \to x_0} \dfrac{\beta}{\alpha} = \infty$，则称当 $x \to x_0$ 时，β 是比 α 低阶的无穷小；

(3) $\lim\limits_{x \to x_0} \dfrac{\beta}{\alpha} = C$，则称当 $x \to x_0$ 时，β 与 α 是同阶无穷小，当 $C=1$ 时，β 与 α 是等价无穷小，记为 $\alpha \sim \beta$.

于是，当 $x \to 0$ 时，x^2 是比 x 高阶的无穷小，x 是比 x^2 低阶的无穷小，x 与 $2x$ 是同阶无穷小.

【例 13】　当 $x \to 1$，比较无穷小 $1 - \sqrt{x}$ 与 $1 - x\sqrt{x}$ 的阶.

解　因为 $\lim\limits_{x \to 1}(1 - \sqrt{x}) = 0$，$\lim\limits_{x \to 1}(1 - x\sqrt{x}) = 0$，$\lim\limits_{x \to 1} \dfrac{1 - x\sqrt{x}}{1 - \sqrt{x}} = \lim\limits_{x \to 1} \dfrac{1 - (\sqrt{x})^3}{1 - \sqrt{x}} =$
$\lim\limits_{x \to 1} \dfrac{(1 - \sqrt{x})(1 + \sqrt{x} + x)}{1 - \sqrt{x}} = \lim\limits_{x \to 1}(1 + \sqrt{x} + x) = 3.$

所以，$1 - \sqrt{x}$ 与 $1 - x\sqrt{x}$ 是同阶无穷小.

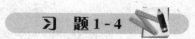

习　题 1-4

1. 判断题：

(1) 两个函数和的极限等于两个函数极限的和；　　　　　　　　　　（　　）

(2) 两个有极限函数的积的极限等于这两个函数极限的积；　　　　　（　　）

(3) 两个无穷大的商为常数.　　　　　　　　　　　　　　　　　　（　　）

2. 设 $f(x) = \dfrac{x^2 - 9}{3 - x}$，求 $\lim\limits_{x \to 0} f(x)$，$\lim\limits_{x \to 3} f(x)$，$\lim\limits_{x \to \infty} f(x)$.

3. 求函数的极限：

(1) $\lim\limits_{x \to 2}(x^2 + 2x - 4)$；

(2) $\lim\limits_{x \to 3} \dfrac{x^2 - 2}{x + 1}$；

(3) $\lim\limits_{x \to 0}\left(7 + \dfrac{1}{x - 1}\right)$；

(4) $\lim\limits_{x \to 2} \dfrac{x^2 - 4}{x - 1}$；

(5) $\lim\limits_{x \to 0} \dfrac{x^4 - 4x^2 + 3x}{x^3 - 7x}$；

(6) $\lim\limits_{x \to 3} \dfrac{4x^2 - 1}{(x - 3)^2}$；

(7) $\lim\limits_{x \to 2} \dfrac{x - 2}{x^2 + x - 6}$；

(8) $\lim\limits_{x \to 1} \dfrac{x^3 - 1}{x^2 + x - 2}$；

(9) $\lim\limits_{t \to \infty}\left(\dfrac{1}{t^2} - \dfrac{2}{t} + 3\right)$；

(10) $\lim\limits_{x \to \infty} \dfrac{2x^2 + 3x - 1}{3x^2 + x + 4}$；

(11) $\lim\limits_{x \to \infty} \dfrac{x^2 + 2x + 12}{x^4 - 5x^2 - 10}$；

(12) $\lim\limits_{x \to \infty}\left(\dfrac{x^2 + 1}{x^2} + \mathrm{e}^{\frac{1}{x}}\right)$；

(13) $\lim\limits_{n \to \infty} \dfrac{(n+1)(n+2)(n+3)}{3n^3}$；

(14) $\lim\limits_{n \to \infty} \dfrac{n^2 + 4n - 1}{2n^4 + n^3 + 4}$；

(15) $\lim\limits_{n\to\infty}\left(\dfrac{1}{2}+\dfrac{1}{2^2}+\cdots+\dfrac{1}{2^n}\right)$;

(16) $\lim\limits_{n\to\infty}\dfrac{1+2+\cdots+n}{2n^2}$;

(17) $\lim\limits_{n\to\infty}\dfrac{e^n-1}{e^{2n}+1}$;

(18) $\lim\limits_{x\to+\infty}e^{-x}\sin x$;

(19) $\lim\limits_{h\to0}\dfrac{(x+h)^3-x^3}{h}$;

(20) $\lim\limits_{x\to-\infty}\dfrac{e^x-e^{-x}}{e^x+e^{-x}}$;

(21) $\lim\limits_{x\to+\infty}\dfrac{e^x-e^{-x}}{e^x+e^{-x}}$.

4. 求无穷递缩等比数列的和:

(1) $1,\ \dfrac{1}{3},\ \dfrac{1}{9},\ \dfrac{1}{27},\ \cdots$;

(2) $1,\ -\dfrac{1}{4},\ \dfrac{1}{16},\ -\dfrac{1}{64},\ \cdots$;

(3) $1,\ -x,\ x^2,\ -x^3,\ \cdots(|x|<1)$.

5. 将循环小数化成分数:

(1) $0.\dot3$;   (2) $0.2\dot7\dot5$;   (3) $1.\dot4\dot2$.

6. 比较下列各对无穷小的之间的关系:

(1) 当 $x\to0$ 时, x^3 与 $100x^2$;

(2) 当 $x\to\infty$ 时, $\dfrac{1}{x^3}$ 与 $\dfrac{1}{x^3+10x^2}$;

(3) 当 $x\to1$ 时, $\dfrac{x-1}{x+1}$ 与 $\sqrt{x}-1$;

(4) 当 $x\to0$ 时, x^2 与 $1-\cos x$.

7. 求函数的极限:

(1) $\lim\limits_{x\to0}\dfrac{\tan3x}{4x}$;

(2) $\lim\limits_{x\to0}\dfrac{\sin mx}{\sin nx}\ (n\ne0)$;

(3) $\lim\limits_{x\to\infty}\left(1-\dfrac{3}{x}\right)^x$;

(4) $\lim\limits_{x\to0}(1+2x)^{\frac{1}{x}}$.

第五节 函 数 的 连 续 性

自然界中有许多现象, 如气温的变化、河水的流动、植物的生长等, 都是随着时间连续不断变动的, 这些现象在数学中的反映就是函数的 "连续性". 本节讨论的就是函数的连续性.

一、函数的增量

定义 1 设变量 u 从初值 u_1 变到终值 u_2, 终值与初值的差 u_2-u_1 称为变量 u 的增量 (或改变量), 记为 Δu, 即

$$\Delta u = u_2 - u_1$$

注意: (1) 增量 Δu 并不表示某个量 Δ 与变量 u 的乘积, 而是不可分割的整体记号.

(2) 增量 Δu 可以是正数也可以是负数.

在函数 $y=f(x)$ 中, 自变量的增量为 $\Delta x=x_2-x_1$, 相应地, 函数的增量为 $\Delta y=f(x_2)-f(x_1)$.

若函数 $y=f(x)$ 点 x_0 处及其近旁有定义, 当自变量从 x_0 变到 $x_0+\Delta x$ 时, 函数的增量为 $\Delta y=f(x_0+\Delta x)-f(x_0)$.

【例 1】 设 $y=f(x)=2x^2+1$, 在下列条件下求自变量 x 的增量和函数 y 的增量:

(1) 当 x 从 1 变到 1.5 时；(2) 当 x 从 1 变到 0.5 时；(3) 当 x 从 x_0 变到 x_1 时.

解 (1) $\Delta x = 1.5 - 1 = 0.5$，$\Delta y = f(1.5) - f(1) = 5.5 - 3 = 2.5$；

(2) $\Delta x = 0.5 - 1 = -0.5$，$\Delta y = f(0.5) - f(1) = 1.5 - 3 = -1.5$；

(3) $\Delta x = x_1 - x_0$，即 $x_1 = x_0 + \Delta x$，
$$\Delta y = f(x_1) - f(x_0) = f(x_0 + \Delta x) - f(x_0)$$
$$= [2(x_0 + \Delta x)^2 + 1] - (2x_0^2 + 1) = 2\Delta x(2x_0 + \Delta x).$$

二、函数的连续性

1. 函数 $y = f(x)$ 在点 x_0 的连续性

从函数图像来考察在给定点 x_0 处及其近旁函数的变化情况. 如图 1-12 所示，曲线在点 x_0 处没有断开的特性，可以用函数增量来刻画. 当 x_0 保持不变，而让 Δx 趋近于零时，曲线上的点 M 沿着曲线趋近于 N，这时 Δy 也趋近于 0. 下面给出函数在点 x_0 处连续的定义.

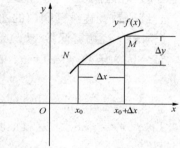

定义 2 设函数 $y = f(x)$ 在点 x_0 处及其左右近旁有定义，如果当自变量 x 在点 x_0 的增量 Δx 趋于零时，函数 $y = f(x)$ 的相应增量 $\Delta y = f(x_0 + \Delta x) - f(x_0)$ 也趋于零，即 $\lim\limits_{\Delta x \to 0} \Delta y = 0$，则称函数 $y = f(x)$ 在 x_0 处连续.

【例2】 证明函数 $y = \mathrm{e}^x$ 在点 x_0 处连续.

证 函数的定义域为 $(-\infty, +\infty)$. 设自变量在点 $x = x_0$ 处有增量 Δx，则函数相应增量为

图 1-12

$$\Delta y = \mathrm{e}^{(x_0 + \Delta x)} - \mathrm{e}^{x_0} = \mathrm{e}^{x_0}(\mathrm{e}^{\Delta x} - 1)$$

于是 $\lim\limits_{\Delta x \to 0} \Delta y = \lim\limits_{\Delta x \to 0} \mathrm{e}^{x_0}(\mathrm{e}^{\Delta x} - 1) = \mathrm{e}^{x_0}(\lim\limits_{\Delta x \to 0} \mathrm{e}^{\Delta x} - \lim\limits_{\Delta x \to 0} 1) = \mathrm{e}^{x_0}(1 - 1) = 0$，因此函数 $y = \mathrm{e}^x$ 在点 x_0 处连续.

在定义 2 中，如果把 Δx 改写成 $x - x_0$，$x = x_0 + \Delta x$. 则
$$\Delta y = f(x_0 + \Delta x) - f(x_0) = f(x) - f(x_0)$$
$\Delta x \to 0$，就是 $x \to x_0$；$\Delta y \to 0$，就是 $f(x) \to f(x_0)$. 因此函数在 x_0 处连续的定义又可叙述为：

定义 3 设函数 $y = f(x)$ 在点 x_0 处及其左右近旁有定义，如当 $x \to x_0$ 时，$f(x)$ 的极限存在，且等于它在 x_0 处的函数值，即 $\lim\limits_{x \to x_0} f(x) = f(x_0)$，则称函数 $y = f(x)$ 在点 x_0 处连续.

定义 3 表明了函数 $f(x)$ 在点 x_0 处连续必须满足以下三个条件：

(1) 函数 $f(x)$ 在点 x_0 处及其左右近旁有定义；

(2) 极限 $\lim\limits_{x \to x_0} f(x)$ 存在；

(3) 函数 $f(x)$ 在 $x \to x_0$ 时的极限值等于在点 x_0 处的函数值.

【例3】 证明函数 $f(x) = 3x^2 - 1$ 在点 $x = 2$ 处连续.

证 因为 $f(x)$ 的定义域为 $\mathbf{R}$，故 $f(x)$ 在点 $x = 2$ 处及其近旁有定义，又因为
$$\lim_{x \to 2} f(x) = \lim_{x \to 2}(3x^2 - 1) = 11，且 f(2) = 3 \times 2^2 - 1 = 11$$
所以函数 $f(x) = 3x^2 - 1$ 在点 $x = 2$ 处连续.

【例4】 画出函数 $f(x) = \begin{cases} 1, & x \geqslant 1 \\ x, & -1 \leqslant x \leqslant 1 \end{cases}$ 的图像，并讨论函数 $f(x)$ 在 $x = 1$ 处的连

续性.

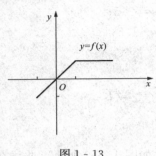

图 1 - 13

解　函数的定义域为 $[-1, +\infty)$. $f(x)$ 的图像如图 1 - 13 所示. 因为

$$f(1-0) = \lim_{x \to 1^-} f(x) = \lim_{x \to 1^-} x = 1$$

$$f(1+0) = \lim_{x \to 1^+} f(x) = \lim_{x \to 1^+} 1 = 1$$

于是有 $\lim_{x \to 1} f(x) = 1$，又 $f(1) = 1$，所以，函数 $f(x)$ 在 $x = 1$ 处连续.

2. 函数 $y = f(x)$ 在区间 (a, b) 内的连续性

定义 4　如果函数 $f(x)$ 在区间 (a, b) 内每一点都是连续的，则称 $f(x)$ 在区间 (a, b) 内连续，(a, b) 称为 $f(x)$ 的连续区间.

连续函数在连续区间内的图像是一条连绵不断的曲线.

【例 5】　证明幂函数 $f(x) = x^n (n \in \mathbf{Z}^+)$ 是 $(-\infty, +\infty)$ 内的连续函数.

证　因为函数 $f(x) = x^n$ 的定义域为 $(-\infty, +\infty)$，设 x_0 为 $(-\infty, +\infty)$ 任意点，于是

$$\lim_{x \to x_0} f(x) = (\lim_{x \to x_0} x)^n = x_0^n, \text{且 } f(x_0) = x_0^n$$

因此 $\lim_{x \to x_0} f(x) = f(x_0)$，这就证明了 $f(x)$ 在点 x_0 处连续. 由 x_0 的任意性知，函数 $f(x) = x^n$ 是区间 $(-\infty, +\infty)$ 内的连续函数.

可以证明：一切基本初等函数在其定义区间内都是连续的.

定理 1　设函数 $f(x)$ 和 $g(x)$ 在点 x_0 处连续，则函数

$$f(x) \pm g(x), f(x)g(x), \frac{f(x)}{g(x)} \quad (g(x_0) \neq 0)$$

在点 x_0 处连续.

定理 2　设函数 $u = \varphi(x)$ 在点 x_0 处连续，$\varphi(x_0) = u_0$，函数 $y = f(u)$ 在点 u_0 处连续，则复合函数 $y = f[\varphi(x)]$ 在点 x_0 处连续.

由初等函数定义和定理 1、定理 2 可以证明：一切初等函数在其定义区间内都是连续的.

这个结论相当重要，因为今后讨论的主要是初等函数，因此求初等函数的连续区间就是求其定义域区间. 关于分段函数的连续性，除按上述结论考虑每一段函数的连续性外，还必须讨论分段点的连续性.

3. 用函数的连续性求极限

如果函数 $f(x)$ 是初等函数，且 x_0 是它的定义域区间内的点，则 $f(x)$ 在点 x_0 处连续，即有

$$\lim_{x \to x_0} f(x) = f(x_0)$$

因此在求 $f(x)$ 当 $x \to x_0$ 时的极限时，只需要计算 $f(x_0)$ 的值就可以了.

【例 6】　求函数的极限：

(1) $\lim_{x \to \frac{\pi}{2}} \ln \sin x$；　　　(2) $\lim_{x \to 0} \frac{\ln(1+x^2)}{\cos x}$；　　　(3) $\lim_{x \to 4} \frac{\sqrt{x+5}-3}{x-4}$.

解 (1) 函数 $f(x)=\ln\sin x$ 的定义域为 $(2k\pi,(2k+1)\pi)(k\in\mathbf{Z})$. 而 $\dfrac{\pi}{2}\in(0,\pi)$, 因此 $\lim\limits_{x\to\frac{\pi}{2}}\ln\sin x=\ln\sin\dfrac{\pi}{2}=\ln 1=0$.

(2) 函数 $f(x)=\dfrac{\ln(1+x^2)}{\cos x}$ 的定义域为 $\left(k\pi-\dfrac{\pi}{2},k\pi+\dfrac{\pi}{2}\right)(k\in\mathbf{Z})$. 而 $0\in\left(-\dfrac{\pi}{2},\dfrac{\pi}{2}\right)$, 因此

$$\lim_{x\to 0}\frac{\ln(1+x^2)}{\cos x}=\frac{\ln(1+0)}{\cos 0}=0$$

(3) 虽然 $x=4$ 不是 $f(x)=\dfrac{\sqrt{x+5}-3}{x-4}$ 定义域区间内的点, 不能用函数连续性将 $x=4$ 代入函数计算, 但当 $x\neq 4$ 时, 可将 $f(x)$ 变形为连续函数后, 再用函数连续性求极限, 即

$$\lim_{x\to 4}\frac{\sqrt{x+5}-3}{x-4}=\lim_{x\to 4}\frac{(\sqrt{x+5}-3)(\sqrt{x+5}+3)}{(x-4)(\sqrt{x+5}+3)}$$
$$=\lim_{x\to 4}\frac{1}{\sqrt{x+5}+3}=\frac{1}{\sqrt{4+5}+3}=\frac{1}{6}.$$

*定理 3 如果函数 $u=\varphi(x)$ 当 $x\to x_0$ 时极限存在且等于 a, 即 $\lim\limits_{x\to x_0}\varphi(x)=a$, 而 $y=f(u)$ 在点 $u=a$ 处连续, 则复合函数 $y=f[\varphi(x)]$ 当 $x\to x_0$ 时的极限存在且等于 $f(a)$, 即

$$\lim_{x\to x_0}f[\varphi(x)]=f(a)$$

由于 $a=\lim\limits_{x\to x_0}\varphi(x)$, 则 $\lim\limits_{x\to x_0}f[\varphi(x)]=f[\lim\limits_{x\to x_0}\varphi(x)]=f(a)$. 这表明, 在满足定理的条件下求复合函数的极限时, 极限记号 $\lim$ 和函数记号 f 可以交换运算顺序.

【例 7】 求 $\lim\limits_{x\to 0}\dfrac{\log_a(1+x)}{x}$.

解 $\lim\limits_{x\to 0}\dfrac{\log_a(1+x)}{x}=\lim\limits_{x\to 0}\log_a(1+x)^{\frac{1}{x}}=\log_a\left[\lim\limits_{x\to 0}(1+x)^{\frac{1}{x}}\right]=\log_a\mathrm{e}=\dfrac{1}{\ln a}$. 特别地, 当 $a=\mathrm{e}$ 时, 有 $\lim\limits_{x\to 0}\dfrac{\ln(1+x)}{x}=1$.

【例 8】 证明: (1) $\lim\limits_{x\to 0}\dfrac{\mathrm{e}^x-1}{x}=1$; (2) $\lim\limits_{x\to 0}\dfrac{(1+x)^\mu-1}{x}=\mu$.

证 (1) 令 $\mathrm{e}^x-1=t$, 则 $x=\ln(1+t)$, 且当 $x\to 0$ 时, $t\to 0$. 由 [例 7] 得 $\lim\limits_{x\to 0}\dfrac{\mathrm{e}^x-1}{x}=\lim\limits_{t\to 0}\dfrac{t}{\ln(1+t)}=\lim\limits_{t\to 0}\dfrac{1}{\dfrac{\ln(1+t)}{t}}=1$.

(2) 令 $1+x=\mathrm{e}^t$, 则 $x=\mathrm{e}^t-1$, $t=\ln(1+x)$, 且当 $x\to 0$ 时, $t\to 0$. 于是由 (1) 式得

$$\lim_{x\to 0}\frac{(1+x)^\mu-1}{x}=\lim_{t\to 0}\frac{\mathrm{e}^{\mu t}-1}{\mathrm{e}^t-1}=\lim_{t\to 0}\frac{\dfrac{\mathrm{e}^{\mu t}-1}{\mu t}\mu}{\dfrac{\mathrm{e}^t-1}{t}}=\mu.$$

三、函数的间断点

函数 $f(x)$ 在点 x_0 有下列三种情况之一:

(1) 在 $x=x_0$ 处没有定义；

(2) 在 $x=x_0$ 处有定义，但 $\lim\limits_{x\to x_0}f(x)$ 不存在；

(3) 在 $x=x_0$ 处有定义，且 $\lim\limits_{x\to x_0}f(x)$ 存在，但 $\lim\limits_{x\to x_0}f(x)\neq f(x_0)$.

则称函数 $f(x)$ 在点 x_0 处不连续，x_0 称为 $f(x)$ 间断点或不连续点.

【例 9】 考察函数在指定点的连续性，求其连续区间：

(1) $f(x)=\dfrac{x^2-1}{x-1}$，在 $x=1$ 点；   (2) $\varphi(x)=\begin{cases}x-1, & x<0 \\ 0, & x=0 \\ x+1, & x>0\end{cases}$，在 $x=0$ 点；

(3) $g(x)=\begin{cases}x, & x\neq 1 \\ \dfrac{1}{2}, & x=1\end{cases}$，在 $x=1$ 点；   (4) $h(x)=\begin{cases}\dfrac{1}{x}, & x\neq 0 \\ 1, & x=0\end{cases}$，在 $x=0$ 点.

解 (1) 函数 $f(x)$ 的定义域为 $(-\infty,1)\bigcup(1,+\infty)$，因为它在 $x=1$ 处无定义，所以 $x=1$ 为函数 $f(x)=\dfrac{x^2-1}{x-1}$ 的间断点.

又因为 $f(x)$ 在 $(-\infty,1)\bigcup(1,+\infty)$ 内为初等函数，因此它的连续区间为 $(-\infty,1)$ 与 $(1,+\infty)$.

(2) 函数 $\varphi(x)$ 的定义域为 $(-\infty,+\infty)$，因为 $\varphi(0-0)=\lim\limits_{x\to 0^-}(x-1)=-1$，$\varphi(0+0)=\lim\limits_{x\to 0^+}(x+1)=1$，$\varphi(0-0)\neq\varphi(0+0)$，所以 $\lim\limits_{x\to 0}\varphi(x)$ 不存在，故 $\varphi(x)$ 在 $x=0$ 处间断，$\varphi(x)$ 的连续区间为 $(-\infty,0)$ 与 $(0,+\infty)$.

(3) 函数 $g(x)$ 的定义域为 $(-\infty,+\infty)$，因为 $\lim\limits_{x\to 1}g(x)=\lim\limits_{x\to 1}x=1$，但 $g(1)=\dfrac{1}{2}$，即 $\lim\limits_{x\to 1}g(x)\neq g(1)$. 所以 $g(x)$ 在 $x=1$ 处间断，$g(x)$ 的连续区间为 $(-\infty,1)$ 与 $(1,+\infty)$.

(4) 函数 $h(x)$ 的定义域为 $(-\infty,+\infty)$，因为 $h(0-0)=\lim\limits_{x\to 0^-}\dfrac{1}{x}=-\infty$，$h(0+0)=\lim\limits_{x\to 0^+}\dfrac{1}{x}=+\infty$，所以 $\lim\limits_{x\to 0}h(x)$ 不存在，$h(x)$ 在 $x=0$ 处间断，$h(x)$ 的连续区间为 $(-\infty,0)$ 与 $(0,+\infty)$.

间断点通常分为两类：左右极限都存在的间断点称为第一类间断点，如 [例 9] 中的 (1)、(2)、(3)；非第一类间断点统称为第二类间断点，如 [例 9] 中的 (4)。具体见图 1-14.

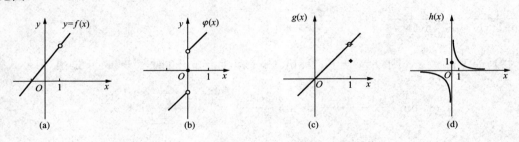

(a)   (b)   (c)   (d)

图 1-14

四、闭区间上连续函数的性质

定义 5   如果函数 $f(x)$ 在区间 $[a,b]$ 上有定义，$f(x)$ 在 (a,b) 内连续，且 $\lim\limits_{x \to a^+} f(x) = f(a)$ [称 $f(x)$ 在 $x=a$ 右连续]，$\lim\limits_{x \to b^-} f(x) = f(b)$ [称 $f(x)$ 在 $x=b$ 左连续] 则称函数 $f(x)$ 在闭区间 $[a,b]$ 上连续.

下面介绍闭区间上连续函数的两个基本性质，并从几何上说明它们的意义.

定理 4（最大值最小值定理）   如果函数 $f(x)$ 在闭区间 $[a,b]$ 上连续，则 $f(x)$ 在闭区间 $[a,b]$ 上有最大值与最小值.

如图 1-15 所示，连续函数的图像在闭区间上一定会有最高点与最低点.

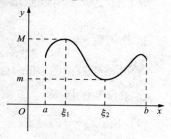

图 1-15

注意：（1）如果不是闭区间而是开区间，定理结论不一定正确；

（2）如果函数在闭区间上有间断点，定理结论也不一定正确.

定理 5（介值定理）   如果函数 $y=f(x)$ 在闭区间 $[a,b]$ 上连续，且在该区间端点处取不同的函数值 $f(a)=A$，$f(b)=B(A<B)$，C 是 A 与 B 之间的一个实数，则在开区间 (a,b) 内至少有一点 $x=\xi$，使得 $f(\xi)=C(a<\xi<b)$.

定理 5 的几何意义如图 1-16 所示，函数 $y=f(x)$ 一定和直线 $y=C$ 相交.

推论（根的存在定理）   如果函数 $f(x)$ 在闭区间 $[a,b]$ 上连续，且 $f(a)$ 与 $f(b)$ 异号，则在开区间 (a,b) 内至少有一点 $x=\xi$，使得 $f(\xi)=0$，即方程 $f(x)=0$ 在 (a,b) 内至少存在一个实根 $x=\xi$（如图 1-17 所示）.

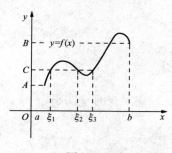

图 1-16

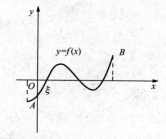

图 1-17

【例 10】   证明三次代数方程 $x^3-4x^2+1=0$ 在区间 $(0,1)$ 内至少有一实根.

证   令 $f(x)=x^3-4x^2+1$，因为 $f(x)$ 是初等函数，它在 $[0,1]$ 上连续，且 $f(0)=1>0$，$f(1)=-2<0$，由定理 5 的推论知，在 $(0,1)$ 内至少有一点 ξ，使得 $f(\xi)=0$，即有

$$\xi^3-4\xi^2+1=0 \quad (0<\xi<1)$$

该等式说明方程 $x^3-4x^2+1=0$ 在区间 $(0,1)$ 内至少有一实根 ξ.

习 题 1-5

1. 判断题：

（1）若自变量的增量 $\Delta x>0$，则函数的增量 Δy 也为正；   （   ）

（2）若 $f(x_0+0)=f(x_0-0)$，则 $f(x)$ 在点 x_0 处连续；　　　　　　　（　　　）

（3）初等函数在定义域区间内连续；　　　　　　　　　　　　　　　　（　　　）

（4）连续函数一定有界.　　　　　　　　　　　　　　　　　　　　　　（　　　）

2. 已知函数 $y=\dfrac{1}{x}$. 试求：

（1）自变量 x 由任意增量 Δx 时，对应的函数改变量 Δy；（2）$\dfrac{\Delta y}{\Delta x}$ 的值.

3. 作函数 $f(x)=\begin{cases}1, & x\leqslant 1\\ x+2, & x>1\end{cases}$ 的图像，试求：

（1）$\lim\limits_{x\to 0}f(x)$；（2）$\lim\limits_{x\to 7}f(x)$；（3）$\lim\limits_{x\to 1}f(x)$；（4）讨论函数在 $x=1$ 处的连续性.

4. 求函数的极限：

（1）$\lim\limits_{x\to 0}\sqrt{x^2-2x+5}$；

（2）$\lim\limits_{x\to -2}\dfrac{e^{-2x}-2}{2x}$；

（3）$\lim\limits_{x\to \frac{\pi}{2}}(\sin 2x)^5$；

（4）$\lim\limits_{x\to \frac{\pi}{5}}\ln(-\cos 5x)$；

（5）$\lim\limits_{x\to 2}x\ln(5-2x)$；

（6）$\lim\limits_{x\to \frac{\pi}{6}}(3-2\sin x)^2$；

（7）$\lim\limits_{x\to 2}\dfrac{\sqrt{x+2}-2}{x-2}$；

（8）$\lim\limits_{x\to \frac{\pi}{4}}\dfrac{\cos 2x}{\cos x-\sin x}$；

（9）$\lim\limits_{x\to 0}\dfrac{2x}{\sqrt{x+9}-3}$.

5. 讨论函数在给定点的连续性，并求其连续区间.

（1）$f(x)=\dfrac{1}{(4-x)^2}$，在 $x=2$ 处；

（2）$f(x)=\dfrac{x^2-1}{x^2-4x+3}$，在 $x=1$ 和 $x=3$ 处；

（3）$f(x)=\begin{cases}x+1, & x\leqslant 1\\ x^2, & x>1\end{cases}$，在 $x=1$ 处；

（4）$f(x)=\begin{cases}x^3, & x\leqslant 0\\ 1-2x, & x>0\end{cases}$，在 $x=0$ 处.

6. 证明：方程 $x^5-2x^2+x+1=0$ 在区间 $(-1,1)$ 内至少有一实根.

本章小结

一、基本要求

（1）掌握复合函数和初等函数的概念.

（2）理解数列的极限，函数的极限以及左、右极限的概念.

（3）理解无穷小与无穷大的概念，掌握无穷小的性质.

（4）能够熟练地运用函数极限的运算法则来求极限，了解两个重要极限.

（5）掌握函数的增量与函数连续的概念，掌握初等函数的连续性，能用函数连续性求初等函数的极限，掌握闭区间上连续函数的最大值与最小值定理，了解函数间断点的概念以及闭区间上连续函数的介值定理.

二、常用公式

1. 极限的四则运算法则 （$\lim f(x)=A$，$\lim g(x)=B$）

代数和：$\lim[f(x)\pm g(x)]=\lim f(x)\pm\lim g(x)=A\pm B$；

积：$\lim[f(x)g(x)]=\lim f(x)\lim g(x)=AB$；

商：$\lim\dfrac{f(x)}{g(x)}=\dfrac{\lim f(x)}{\lim g(x)}=\dfrac{A}{B}$　$(B\neq 0)$．

2. 函数的增量

$$\Delta y=f(x_0+\Delta x)-f(x_0)$$

3. 用函数的连续性求初等函数的极限

$$\lim_{x\to x_0}f(x)=f(x_0)$$

复 习 题 一

1. 判断题：

（1）初等函数是由基本初等函数和常数经过四则运算和复合而构成的；　　　　　　　（　　）

（2）如果 $\lim\limits_{x\to x_0}f(x)=A$，则 $f(x_0)=A$；　　　　　　　（　　）

（3）如果 $\lim\limits_{x\to x_0}f(x)=A$，则 $f(x_0+0)=A$；　　　　　　　（　　）

（4）无穷小的倒数是无穷大；　　　　　　　（　　）

（5）无穷小之和必为无穷小；　　　　　　　（　　）

（6）如果函数 $f(x)$ 在点 x_0 的左、右近旁有定义，且 $\lim\limits_{x\to x_0}f(x)=A$，则 $f(x)$ 在点 x_0 处连续.　　　　　　　（　　）

2. 选择题：

（1）设 $y=f(x)$ 在 (a,b) 内为增函数，且 $[x_0+\Delta x,\ x_0]\subset(a,b)$，则 Δy（　　）；

A. 大于零　　　　　　B. 小于零　　　　　　C. 等于零　　　　　　D. 可正可负

（2）函数 $f(x)=\dfrac{a^x-1}{a^x+1}(a>0,\ a\neq 1)$（　　）；

A. 是奇函数　　　　　　　　　　　　　B. 是偶函数

C. 既是奇函数又是偶函数　　　　　　　D. 是非奇非偶函数

（3）函数 $f(x)=x\sin\dfrac{1}{x}$ 在点 $x=0$ 处（　　）；

A. 有定义且有极限　　　　　　　　　　B. 无定义但有极限

C. 有定义但无极限　　　　　　　　　　D. 无定义且无极限

（4）$\lim\limits_{x\to\infty}\dfrac{\sin x}{x}=$（　　）；

A. 1　　　　　　　B. 0　　　　　　　C. π　　　　　　　D. -1

（5）若 $f(x)=\dfrac{1-x}{1+x}$，则 $f\left(\dfrac{1}{x}\right)=$（　　）.

A. $\dfrac{x-1}{x+1}$　　　　　B. $\dfrac{1-x}{1+x}$　　　　　C. $\dfrac{x+1}{x-1}$　　　　　D. $\dfrac{1+x}{1-x}$

3. 指出下列各复合函数的复合过程：

（1）$y=(ax+b)^3$；　　　　　　　　（2）$y=(\arccos\sqrt{1-x^2})^3$；

(3) $y=\ln\left(\sin\dfrac{1}{\sqrt[3]{x^4+1}}\right)$;

(4) $y=e^{\arctan^2(1+x)}$.

4. 求函数的极限：

(1) $\lim\limits_{x\to2}\dfrac{x^2-3x+2}{x^2+4x-12}$;

(2) $\lim\limits_{x\to2}\dfrac{x^2-4}{\sqrt{x-1}-1}$;

(3) $\lim\limits_{x\to1}\dfrac{\sqrt{4+5x}-3}{\sqrt{x}-1}$;

(4) $\lim\limits_{x\to\infty}\dfrac{\sqrt{2x^2+2}}{3x+1}$;

(5) $\lim\limits_{n\to\infty}\dfrac{(n^2+7)^2}{5n^5-2}$;

(6) $\lim\limits_{\Delta x\to0}\dfrac{\sqrt{x+\Delta x}-\sqrt{x}}{\Delta x}$;

(7) $\lim\limits_{u\to2}\dfrac{u^2-4}{u^3-8}$;

(8) $\lim\limits_{x\to\infty}x(\sqrt{x^2+1}-x)$.

5. 设函数 $f(x)=\begin{cases}1+2x, & x<-1 \\ x^2+1, & -1\leqslant x\leqslant0,\ \text{讨论}\ f(x)\text{在}\ x=-1\ \text{和}\ x=0\ \text{处的连续性.} \\ 1-2x, & x>0\end{cases}$

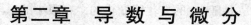

第二章 导 数 与 微 分

微分学是莱布尼兹和牛顿建立的，它的基本概念是导数与微分．导数是描述函数相对于自变量的变化而变化的快慢程度，而微分则是反映函数在自变量有微小改变情况下函数的变化情况．

第一节 导 数 的 概 念

一、问题来源

导数在历史上是从下面两个问题的求解而产生的，一是瞬时速度问题，另外就是曲线的切线问题．下面先讨论这两个问题．

1. 变速直线运动的瞬时速度

如果物体作匀速直线运动时，它在任何时刻的速度公式为

$$v = \frac{s}{t}$$

式中：s 为物体经过的路程；t 为时间．

但物体所作的运动往往是变速的，而上述公式只能反映物体在一段时间内经过某段路程的平均速度，不能反映物体在某时刻的速度．现在就来讨论如何精确刻画物体作变速直线运动时任何时刻的速度及它的计算方法．

先讨论自由落体运动．

设物体在真空中自由下落，其下落的路程 s 与经过的时间 t 之间的函数关系为 $s = \frac{1}{2}gt^2$，其中 g 表示重力加速度．现在来考察物体在 t_0 时刻的速度．

设物体从 O 点开始下落（见图 2-1），经过时间 t_0 落到 M_0 点，这时物体经过的路程为

$$s_0 = \frac{1}{2}gt_0^2 \tag{2-1}$$

当时间由 t_0 变到 $t_0+\Delta t$ 时，物体由 M_0 落到 M 点，物体在 $t_0+\Delta t$ 时间经过的路程为

$$s_0 + \Delta s = \frac{1}{2}g(t_0+\Delta t)^2 \tag{2-2}$$

由式（2-2）减式（2-1），得物体在 Δt 时间内经过的路程为

$$\Delta s = \frac{1}{2}g(t_0+\Delta t)^2 - \frac{1}{2}gt_0^2$$

即

$$\Delta s = gt_0\Delta t + \frac{1}{2}g(\Delta t)^2 \tag{2-3}$$

式（2-3）两端同除以 Δt，得物体在 Δt 时间内的平均速度，用 $\bar{v}$ 表示，就是

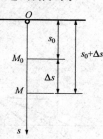

图 2-1

$$\bar{v} = \frac{\Delta s}{\Delta t} = gt_0 + \frac{1}{2}g(\Delta t) \tag{2-4}$$

显然，这个平均速度 $\bar{v}$ 是随 Δt 的变化而变化的. 在很小的一段时间 Δt 内，物体运动的快慢变化不大，可以近似看作是匀速的. 因此当 Δt 很小时，可以用平均速度 $\bar{v}$ 来近似描述物体在 t_0 时刻的运动快慢. 可以想象，Δt 越小，这种描述的精确性就越好. 在 Δt 趋于零的过程中，这种描述越来越精确. 如果当 $\Delta t \to 0$ 时，平均速度 $\bar{v}$ 的极限存在，那么这个极限值就叫作物体在 t_0 时刻的速度（或瞬时速度）.

用 $v(t_0)$ 表示，就有

$$v(t_0) = \lim_{t \to t_0} \bar{v} = \lim_{\Delta t \to 0} \frac{\Delta s}{\Delta t}$$

因此对式（2-4）取极限，得

$$v(t_0) = \lim_{t \to t_0} \left[gt_0 + \frac{1}{2}g(\Delta t) \right] = gt_0$$

这就是自由落体在 t_0 时刻的速度.

在上面的分析中，不但精确刻画了自由落体在运动过程中 t_0 时刻的速度，同时也解决了自由落体运动速度的计算. 现在用同样的方法来讨论一般的变速直线运动的速度.

设物体作变速直线运动，其运动方程（即路程 s 与经过的时间 t 之间的函数关系）为 $s = f(t)$，考察物体在 t_0 时刻的速度.

当时间由 t_0 变到 $t_0 + \Delta t$ 时，物体经过的路程为

$$\Delta s = f(t_0 + \Delta t) - f(t_0)$$

两端同除以 Δt，得物体在 Δt 时间内的平均速度为

$$\bar{v} = \frac{\Delta s}{\Delta t} = \frac{f(t_0 + \Delta t) - f(t_0)}{\Delta t}$$

当 $\Delta t \to 0$ 时，$\bar{v}$ 的极限值就是物体在 t_0 时刻的速度，即

$$v(t_0) = \lim_{\Delta t \to 0} \bar{v} = \lim_{\Delta t \to 0} \frac{\Delta s}{\Delta t} = \lim_{\Delta t \to 0} \frac{f(t_0 + \Delta t) - f(t_0)}{\Delta t}$$

2. 曲线的切线问题

圆的切线定义为"与圆有唯一交点的直线". 如果用同样的方法来定义所有曲线的切线，显然是不正确的. 下面给出切线的定义.

定义 1　设曲线 C，在曲线上点 M 的附近再取一点 M_1，作割线 MM_1，当点 M_1 沿曲线移动而趋向于 M 时，若割线 MM_1 的极限位置 MT 存在，则称直线 MT 为曲线在点 M 处的切线.

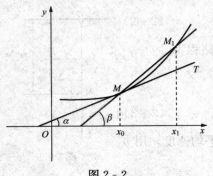

图 2-2

下面来求切线 MT 的斜率 k.

在图 2-2 中，设曲线方程为 $y = f(x)$，割线 MM_1 的倾斜角为 β，切线 MT 的倾斜角为 α，则当点 M_1 沿曲线趋于点 M（即 $\Delta x \to 0$）时，有 $\beta \to \alpha$，从而有 $\tan\beta \to \tan\alpha$，于是

$$k = \tan\alpha = \lim_{\beta \to \alpha} \tan\beta = \lim_{\Delta x \to 0} \frac{\Delta y}{\Delta x}$$

$$= \lim_{\Delta x \to 0} \frac{f(x_0 + \Delta x) - f(x_0)}{\Delta x} \tag{2-5}$$

二、导数的定义

上面讨论的两个问题,虽然分别属于物理学和几何学两个不同领域,但都出现了就某一个函数来施行同一数学运算:求当自变量的改变量趋于零时,函数的改变量与自变量的改变量之比的极限. 这样的情况还有很多,比如质量分布不均匀物体的密度问题、化学反应的速度问题以及电流强度问题等. 由此给出导数的定义.

定义 2 设函数 $y=f(x)$ 在点 $x=x_0$ 处及其左右近旁有定义,当自变量 x 在 x_0 处有改变量 Δx 时,相应的函数有改变量 $\Delta y=f(x_0+\Delta x)-f(x_0)$. 如果 $\lim\limits_{\Delta x \to 0}\dfrac{\Delta y}{\Delta x}=\lim\limits_{\Delta x \to 0}\dfrac{f(x_0+\Delta x)-f(x_0)}{\Delta x}$ 的极限存在,则称函数 $y=f(x)$ 在点 $x=x_0$ 处可导,并称这个极限值为函数 $y=f(x)$ 在点 $x=x_0$ 的导数,记为 $y'|_{x=x_0}$ 或 $f'(x_0)$, $\dfrac{\mathrm{d}y}{\mathrm{d}x}\Big|_{x=x_0}$,即

$$y'\big|_{x=x_0} = \lim_{\Delta x \to 0}\frac{\Delta y}{\Delta x} = \lim_{\Delta x \to 0}\frac{f(x_0+\Delta x)-f(x_0)}{\Delta x} \tag{2-6}$$

如果极限不存在,则称函数 $y=f(x)$ 在点 x_0 不可导. 如果不可导的原因是 $\lim\limits_{\Delta x \to 0}\dfrac{\Delta y}{\Delta x}=\infty$,为了方便起见,往往说函数 $y=f(x)$ 在点 x_0 的导数为无穷大.

比值 $\dfrac{\Delta y}{\Delta x}$ 是函数 $y=f(x)$ 在以 x_0 和 $x_0+\Delta x$ 为端点的区间上的平均变化率,而导数 $f'(x_0)$ 则是函数 $y=f(x)$ 在点 x_0 处的变化率,它反映了函数随自变量而变化的快慢程度.

上面讨论了函数在一点的导数,其值为一个常数. 如果函数 $y=f(x)$ 在一个开区间 (a,b) 的任一点都可导,称函数在开区间 (a,b) 内可导. 这时,函数 $y=f(x)$ 对于每一个 $x \in (a,b)$,都有一个确定的导数值与之对应,这就构成了 x 的一个新的函数,这个新的函数称为函数 $y=f(x)$ 的导函数,简称为导数. 记为 y',$f'(x)$,$\dfrac{\mathrm{d}y}{\mathrm{d}x}$.

$$y' = f'(x) = \lim_{\Delta x \to 0}\frac{\Delta y}{\Delta x} = \lim_{\Delta x \to 0}\frac{f(x+\Delta x)-f(x)}{\Delta x} \tag{2-7}$$

显然,函数 $y=f(x)$ 在点 x_0 的导数 $f'(x_0)$ 就是导函数 $f'(x_0)$ 在点 $x=x_0$ 的函数值,即

$$f'(x_0) = f'(x)\big|_{x=x_0} \tag{2-8}$$

根据导数的定义,两个实例问题可叙述为:

(1) 作变速直线运动的物体在时刻 t_0 的瞬时速度,就是路程 $s=f(t)$ 在 t_0 处对时间 t 的导数,即

$$v\big|_{t=t_0} = \frac{\mathrm{d}s}{\mathrm{d}t}\Big|_{t=t_0}$$

(2) 在直角坐标中,曲线 $y=f(x)$ 在点 $M(x_0,y_0)$ 处的切线斜率,就是纵坐标 $y=f(x)$ 在点 x_0 处对横坐标 x 的导数,即

$$k = y'\big|_{x=x_0} = \frac{\mathrm{d}y}{\mathrm{d}x}\Big|_{x=x_0}$$

三、一些基本初等函数的导数

下面通过导数的定义来计算一些基本初等函数的导数.

【例1】 求常值函数 $f(x)=C$ 的导数.

解 $f'(x) = \lim\limits_{\Delta x \to 0}\dfrac{f(x+\Delta x)-f(x)}{\Delta x} = \lim\limits_{\Delta x \to 0}\dfrac{C-C}{\Delta x} = 0,$

即$(C)'=0$，常数的导数为 0.

【例 2】 求幂函数 $f(x)=x^n$ 的导数.

解
$$f'(x)=\lim_{\Delta x\to 0}\frac{f(x+\Delta x)-f(x)}{\Delta x}=\lim_{\Delta x\to 0}\frac{(x+\Delta x)^n-x^n}{\Delta x}$$
$$=\lim_{\Delta x\to 0}\frac{C_n^1 x^{n-1}\Delta x+C_n^2 x^{n-2}(\Delta x)^2+\cdots+C_n^n(\Delta x)^n}{\Delta x}$$
$$=\lim_{\Delta x\to 0}[C_n^1 x^{n-1}+C_n^2 x^{n-2}\Delta x+\cdots+C_n^n(\Delta x)^{n-1}]$$
$$=nx^{n-1},$$

即$(x^n)'=nx^{n-1}$.

这里讨论的 n 为任意自然数，更一般地，n 为任意非零常数 μ 时，上式都成立，得到幂函数的求导公式为$(x^\mu)'=\mu x^{\mu-1}$.

【例 3】 求余弦函数 $f(x)=\cos x$ 的导数.

解
$$f'(x)=\lim_{\Delta x\to 0}\frac{f(x+\Delta x)-f(x)}{\Delta x}=\lim_{\Delta x\to 0}\frac{\cos(x+\Delta x)-\cos x}{\Delta x}$$
$$=-\lim_{\Delta x\to 0}\frac{2\sin\dfrac{x+\Delta x+x}{2}\sin\dfrac{x+\Delta x-x}{2}}{\Delta x}=-\lim_{\Delta x\to 0}\frac{2\sin\left(x+\dfrac{\Delta x}{2}\right)\sin\dfrac{\Delta x}{2}}{\Delta x}$$
$$=-\lim_{\Delta x\to 0}\sin\left(x+\frac{\Delta x}{2}\right)\lim_{\Delta x\to 0}\frac{\sin\dfrac{\Delta x}{2}}{\dfrac{\Delta x}{2}}$$
$$=-\sin x,$$

即$(\cos x)'=-\sin x$.

同样，可以得到正弦函数的导数$(\sin x)'=\cos x$.

【例 4】 求对数函数 $f(x)=\log_a x$ 的导数.

解
$$f'(x)=\lim_{\Delta x\to 0}\frac{f(x+\Delta x)-f(x)}{\Delta x}=\lim_{\Delta x\to 0}\frac{\log_a(x+\Delta x)-\log_a x}{\Delta x}$$
$$=\lim_{\Delta x\to 0}\frac{1}{\Delta x}\log_a\left(\frac{x+\Delta x}{x}\right)=\lim_{\Delta x\to 0}\frac{1}{\Delta x}\log_a\left(1+\frac{\Delta x}{x}\right)$$
$$=\lim_{\Delta x\to 0}\frac{1}{x}\log_a\left(1+\frac{\Delta x}{x}\right)^{\frac{x}{\Delta x}}=\frac{1}{x}\log_a\left[\lim_{\Delta x\to 0}\left(1+\frac{\Delta x}{x}\right)^{\frac{x}{\Delta x}}\right]$$
$$=\frac{1}{x}\log_a e=\frac{1}{x\ln a},$$

即$(\log_a x)'=\dfrac{1}{x\ln a}$. 特别地，当 $a=e$ 时，$(\ln x)'=\dfrac{1}{x}$.

*四、左、右导数

下面先看个例子.

【例 5】 求函数 $f(x)=\begin{cases}2x, & x>0\\3x, & x\le 0\end{cases}$ 在点 $x=0$ 处的导数（见图 2 - 3）.

解 因为$f'(x_0)=\lim_{\Delta x\to 0}\dfrac{f(x_0+\Delta x)-f(x_0)}{\Delta x}$,

当 $\Delta x>0$ 时，$\lim_{\Delta x\to 0^+}\dfrac{2\Delta x}{\Delta x}=2$,

当 $\Delta x < 0$ 时，$\lim\limits_{\Delta x \to 0^-} \dfrac{3\Delta x}{\Delta x} = 3$.

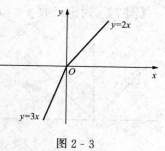

图 2 - 3

由于左、右极限不等，所以在点 $x=0$ 处不可导. 但上面两个极限都有具体的值，和左右极限一样，下面来定义这两个形式的极限.

定义 3 设函数 $y=f(x)$ 在点 $x=x_0$ 处及其附近有定义.

如果极限 $\lim\limits_{\Delta x \to 0^-} \dfrac{\Delta y}{\Delta x} = \lim\limits_{\Delta x \to 0^-} \dfrac{f(x_0 + \Delta x) - f(x_0)}{\Delta x}$ 存在，则称此极

限值为函数 $y=f(x)$ 在点 $x=x_0$ 处有左导数，记为 $f'_-(x_0)$. 同样可以定义右导数

$$f'_+(x_0) = \lim\limits_{\Delta x \to 0^+} \dfrac{\Delta y}{\Delta x} = \lim\limits_{\Delta x \to 0^+} \dfrac{f(x_0 + \Delta x) - f(x_0)}{\Delta x}$$

说明：（1）左右导数的概念可以推广到某区间上的任意一点；

（2）函数在某点处可导的充要条件是函数在该点的左右导数存在并且相等；

（3）如果函数 $y=f(x)$ 在开区间 (a, b) 内可导，并且 $f'_+(a)$ 及 $f'_-(b)$ 存在，则该函数在闭区间 $[a, b]$ 上可导.

五、导数的几何意义

由前面切线的讨论及导数的定义可以知道，函数 $y=f(x)$ 在点 $x=x_0$ 处的导数 $f'(x_0)$ 在几何上表示为曲线 $y=f(x)$ 在点 $(x_0, f(x_0))$ 的切线斜率.

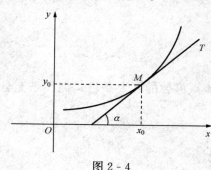

图 2 - 4

如果 $y=f(x)$ 在点 $x=x_0$ 处的导数为 0，则切线平行于 x 轴；如果 $y=f(x)$ 在点 $x=x_0$ 处的导数为 ∞，则切线平行于 y 轴.

如果 $f'(x_0)$ 存在，则曲线 $y=f(x)$ 在点 $(x_0, f(x_0))$ 处的切线方程为 （见图 2 - 4）

$$y - y_0 = f'(x_0)(x - x_0)$$

曲线 $y=f(x)$ 在点 $(x_0, f(x_0))$ 处的法线方程为

$$y - y_0 = -\dfrac{1}{f'(x_0)}(x - x_0) \quad (f'(x_0) \neq 0)$$

【例 6】 求函数 $y=x^2$ 在 $(1, 1)$ 处的切线和法线方程.

解 $y' = 2x$，$y'|_{x=1} = 2$，

则切线方程为 $y - 1 = 2(x - 1)$，即 $y = 2x - 1$；

法线方程为 $y - 1 = -\dfrac{1}{2}(x - 1)$，即 $x + 2y - 3 = 0$.

六、函数可导与连续的关系

定理 如果 $y=f(x)$ 在点 x_0 处可导，则 $y=f(x)$ 点 x_0 处连续.

证 由导数的定义可以知道

$$f'(x_0) = \lim\limits_{\Delta x \to 0} \dfrac{\Delta y}{\Delta x}$$

$\dfrac{\Delta y}{\Delta x} = f'(x_0) + \alpha$，且 $\lim\limits_{\Delta x \to 0} \alpha = 0$，即 $\Delta y = f'(x_0)\Delta x + \alpha \Delta x$.

当 $\Delta x \to 0$ 时，$\Delta y \to 0$，所以函数 $y=f(x)$ 在点 x_0 处是连续的.

注意：函数在点 x_0 处连续，但函数在点 x_0 处不一定可导，如 [例 5].

【**例 7**】　讨论函数 $y=|x|$（见图 2 - 5）在 $x=0$ 处的导数与连续性.

解　由导数的定义有

$$\frac{\Delta y}{\Delta x}=\frac{f(0+\Delta x)-f(0)}{\Delta x}=\frac{|\Delta x|}{\Delta x}$$

当 $\Delta x>0$ 时，$f'_+(0)=\lim_{\Delta x\to 0^+}\frac{\Delta x}{\Delta x}=1$；

当 $\Delta x<0$ 时，$f'_-(0)=\lim_{\Delta x\to 0^-}\frac{-\Delta x}{\Delta x}=-1$.

显然 $f'_+(0)\neq f'_-(0)$，函数 $y=|x|$ 在 $x=0$ 处不可导；但由于 $f(0)=\lim_{x\to 0^+}f(x)=\lim_{x\to 0^-}f(x)=0$，所以函数在 $x=0$ 处连续.

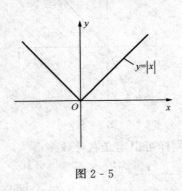

图 2 - 5

【**例 8**】　证明 $f(x)=\sqrt[3]{x^2}$ 在点 $x=0$ 处连续，但 $f(x)$ 在该点不可导.

证　由于 $f(x)=\sqrt[3]{x^2}$ 是基本初等函数，所以它在定义域内连续，所以 $f(x)=\sqrt[3]{x^2}$ 在点 $x=0$ 处连续.

又因为　$\frac{\Delta y}{\Delta x}=\frac{f(0+\Delta x)-f(0)}{\Delta x}=\frac{\sqrt[3]{(\Delta x)^2}}{\Delta x}=\frac{1}{\sqrt[3]{\Delta x}}$，

当 $\Delta x>0$ 时，$f'_+(0)=\lim_{\Delta x\to 0^+}\frac{1}{\sqrt[3]{\Delta x}}=+\infty$；

当 $\Delta x<0$ 时，$f'_-(0)=\lim_{\Delta x\to 0^-}\frac{1}{\sqrt[3]{\Delta x}}=-\infty$.

因此 $f(x)$ 在点 $x=0$ 不可导.

由上面的讨论可以知道，函数在某点连续是函数在该点可导的必要条件，但不是充分条件.

习 题 2 - 1

1. 利用导数的定义求下列函数的导数：

(1) $y=ax+b(a，b$ 都是常数)；　　　(2) $y=x^2+1$.

2. 设 $f(x)=2x^2$，根据导数的定义计算 $f'(0)$.

3. 设 $f(x)=(x-a)\varphi(x)$，其中 $\varphi(x)$ 在 $x=a$ 处连续，根据导数的定义求 $f'(a)$.

4. 物体作直线运动，运动方程为 $s=2t^2+3t-1$，求：

(1) 物体在 $3\sim(3+\Delta t)(\mathrm{s})$ 的平均速度；

(2) 物体在 3s 末的速度；

(3) 物体在 $t_0\sim(t_0+\Delta t)(\mathrm{s})$ 的平均速度；

(4) 物体在 $t_0(\mathrm{s})$ 末的速度.

5. 设有一质量非均匀的细棒，长为 l，试求细棒上各点的线密度.

6. 计算下列各函数的导数：

(1) $y=x^4$；　　　(2) $y=\dfrac{1}{x^2}$；　　　(3) $y=x\sqrt{x}$；

(4) $y=\dfrac{x}{\sqrt[3]{x}}$;　　　　　　(5) $y=\log_3 x$;　　　　　(6) $y=\lg x$.

7. 求曲线 $y=\cos x$ 在点 $x=\dfrac{\pi}{2}$ 处的切线方程.

8. 求曲线 $y=x^2$ 平行于直线 $y=4x+5$ 的切线方程.

9. 设 $y=ax^2$ 与 $y=\ln x$ 相切，求 a 的值.

10. 讨论函数 $f(x)=\begin{cases}x-1,&x\leqslant 0\\2x,&x>0\end{cases}$，在 $x=0$ 处的连续性与可导性.

第二节　函数和、差、积、商的求导法则

第一节中，根据导数的定义，讨论了一些基本初等函数的导数，但对于比较复杂的函数，例如 $y=x\sin x^2$，如果用定义来计算，就比较困难. 下面来讨论函数导数的四则运算法则.

为了书写简单，约定 $u=u(x)$，$v=v(x)$.

一、函数和、差的求导法则

设函数 $y=u+v$，u，v 在点 x 处可导，以下计算 y'.

由定义有：

$$\begin{aligned}y'&=\lim_{\Delta x\to 0}\frac{u(x+\Delta x)+v(x+\Delta x)-u(x)-v(x)}{\Delta x}\\&=\lim_{\Delta x\to 0}\left[\frac{u(x+\Delta x)-u(x)}{\Delta x}+\frac{v(x+\Delta x)-v(x)}{\Delta x}\right]\\&=\lim_{\Delta x\to 0}\frac{u(x+\Delta x)-u(x)}{\Delta x}+\lim_{\Delta x\to 0}\frac{v(x+\Delta x)-v(x)}{\Delta x}\\&=u'+v',\end{aligned}$$

即函数 $y=u+v$ 在点 x 处也可导，并且

$$y'=u'+v'\ \text{或}\ (u+v)'=u'+v'$$

同样，可以得到函数差的导数

$$(u-v)'=u'-v'$$

函数和、差的求导法则：两个可导函数的和（或差）的导数等于它们导数的和（或差）.

这个法则可以推广到有限个函数的和（或差），如

$$(u+v+w)'=u'+v'+w',(u-v-w)'=u'-v'-w'$$

【例1】 设 $f(x)=x^2+x-5$，求 $f'(2)$.

解　$\begin{aligned}f'(x)&=(x^2+x-5)'\\&=(x^2)'+x'-5'\\&=2x+1,\end{aligned}$

所以 $f'(2)=2\times 2+1=5$.

二、函数积的求导法则

设函数 $y=uv$，u，v 在点 x 处可导，由定义有

$$y'=\lim_{\Delta x\to 0}\frac{u(x+\Delta x)v(x+\Delta x)-u(x)v(x)}{\Delta x}$$

$$= \lim_{\Delta x \to 0} \frac{u(x + \Delta x)v(x + \Delta x) - u(x)v(x + \Delta x) + u(x)v(x + \Delta x) - u(x)v(x)}{\Delta x}$$

$$= \lim_{\Delta x \to 0} \left(\frac{u(x + \Delta x) - u(x)}{\Delta x} v(x + \Delta x) + \frac{v(x + \Delta x) - v(x)}{\Delta x} u(x) \right)$$

$$= u'v + uv',$$

即函数 $y = uv$ 在点 x 处也可导，并且

$$y' = u'v + uv'$$

函数积的求导法则：两个可导函数的积的导数等于第一个函数导数乘以第二个函数，加上第一个函数乘以第二个函数的导数.

特殊地，如果 $v = C$（C 为任意常数），则

$$(Cu)' = Cu'$$

【例 2】 设 $f(x) = 3x^2 \sin x$，求 $f'(x)$.

解 设 $u = 3x^2$，$v = \sin x$，则 $f(x) = uv$，所以 $f'(x) = u'v + uv' = 6x \sin x + 3x^2 \cos x$.

三、函数商的求导法则

设函数 $y = \dfrac{u}{v}$，u，v 在点 x 处可导，并且 $v \neq 0$. 由导数的定义有

$$y' = \lim_{\Delta x \to 0} \frac{\dfrac{u(x + \Delta x)}{v(x + \Delta x)} - \dfrac{u(x)}{v(x)}}{\Delta x}$$

$$= \lim_{\Delta x \to 0} \frac{u(x + \Delta x)v(x) - u(x)v(x + \Delta x)}{v(x + \Delta x)v(x)\Delta x}$$

$$= \lim_{\Delta x \to 0} \frac{\dfrac{u(x + \Delta x) - u(x)}{\Delta x}v(x) - \dfrac{v(x + \Delta x) - v(x)}{\Delta x}u(x)}{v(x + \Delta x)v(x)}$$

$$= \frac{u'(x)v(x) - u(x)v'(x)}{v^2(x)} = \frac{u'v - uv'}{v^2},$$

即函数 $y = \dfrac{u}{v}$ 在点 x 处也可导，并且

$$y' = \frac{u'v - uv'}{v^2}$$

函数商的求导法则：两个可导函数的商的导数等于分子的导数与分母的积，减去分子与分母导数的积，再除以分母的平方.

【例 3】 设 $f(x) = \tan x$，求 $f'(x)$.

解 $f'(x) = (\tan x)' = \left(\dfrac{\sin x}{\cos x} \right)' = \dfrac{(\sin x)' \cos x - \sin x (\cos x)'}{\cos^2 x} = \dfrac{(\sin x)' \cos x - \sin x (\cos x)'}{\cos^2 x}$

$$= \frac{\cos^2 x + \sin^2 x}{\cos^2 x}$$

$$= \frac{1}{\cos^2 x} = \sec^2 x.$$

【例 4】 设 $f(x) = \sec x$，求 $f'(x)$.

解 $f'(x) = (\sec x)' = \left(\dfrac{1}{\cos x} \right)' = \dfrac{(1)' \cos x - 1 \cdot (\cos x)'}{\cos^2 x}$

$$= \frac{0-(-\sin x)}{\cos^2 x} = \sec x \tan x.$$

读者可自行推导出下面两个导数公式：$(\cot x)' = -\csc^2 x$，$(\csc x)' = -\csc x \cot x$.

习 题 2 - 2

1. 求下列函数的导数：

(1) $y = x^2 + 3x^3 + 4x^4$；

(2) $y = x^2 - 2\tan x$；

(3) $y = 2^x x^a$；

(4) $y = \frac{x+2}{x-2}$；

(5) $y = x^2 \sin x$；

(6) $y = \frac{x^2}{\sin x}$；

(7) $y = \frac{1}{x} + \frac{1}{x^2} + \frac{1}{x^3}$；

(8) $y = \frac{x+\sin x}{x-\cos x}$；

(9) $y = (x+3)x^2$；

(10) $y = x^2 e^x$；

(11) $y = x^3 \ln x - \frac{1}{4}x^4$；

(12) $y = \frac{x^4 + 3x^2 + 1}{x^2}$；

(13) $s = e^t \sin t$；

(14) $y = \frac{x^2 - 1}{x^2 + 1}$；

(15) $y = x e^x \ln x$；

(16) $y = \frac{x \cos x}{1 + \sin x}$.

2. 求函数在给定点的导数：

(1) 设 $f(x) = \frac{x^3}{3} + \frac{x^2}{2}$，求 $f'(0)$ 和 $f'(2)$.

(2) 设 $y = x^2 \ln x$，求 $y'|_{x=e}$.

3. 求曲线 $y = x - \frac{1}{x}$ 在点 $x = 1$ 处的切线方程.

4. 求曲线 $y = \sin x - x^2$ 在点 $x = 0$ 处的法线方程.

5. 求曲线 $y = x^2 + 2x + 5$ 上有水平切线的点的坐标.

6. 曲线 $y = x^2 + x - 2$ 上哪一点的切线与 x 轴平行，哪一点的切线与直线 $y = 4x - 1$ 平行？

第三节 复合函数、反函数的求导法则

一、复合函数的求导法则

到目前为止，已经知道了一些基本初等函数的求导公式，以及导数的四则运算法则，但对于形如 $y = \sin(x^2 + 1)$ 的复合函数的求导方法还没有讨论.

定理 1（链式法则） 设函数 $u = \varphi(x)$ 在点 x 处可导，函数 $y = f(u)$ 在点 $u = \varphi(x)$ 处可导. 则复合函数 $y = f[\varphi(x)]$ 在点 x 处可导，且有

$$\frac{\mathrm{d}y}{\mathrm{d}x} = f'(u)\varphi'(x) \text{ 或 } \frac{\mathrm{d}y}{\mathrm{d}x} = \frac{\mathrm{d}y}{\mathrm{d}u}\frac{\mathrm{d}u}{\mathrm{d}x}$$

证 由于 $y = f(u)$ 在点 u 处可导，所以

$$\lim_{\Delta u \to 0} \frac{\Delta y}{\Delta u} = f'(u), \frac{\Delta y}{\Delta u} = f'(u) + \alpha$$

这里 $\lim\limits_{\Delta u \to 0} \alpha = 0$，当 $\Delta u \neq 0$ 时

$$\Delta y = f'(u)\Delta u + \alpha \Delta u$$

对上式两边同除 Δx 有

$$\frac{\Delta y}{\Delta x} = \frac{f'(u)\Delta u + \alpha \Delta u}{\Delta x}$$

$$= f'(u)\frac{\Delta u}{\Delta x} + \alpha \frac{\Delta u}{\Delta x}$$

两边再取 $\Delta x \to 0$ 的极限有

$$\lim_{\Delta x \to 0} \frac{\Delta y}{\Delta x} = \lim_{\Delta x \to 0} f'(u) \frac{\Delta u}{\Delta x} + \lim_{\Delta x \to 0} \alpha \frac{\Delta u}{\Delta x}$$

$$= f'(u) \lim_{\Delta x \to 0} \frac{\Delta u}{\Delta x} + \lim_{\Delta x \to 0} \alpha \lim_{\Delta x \to 0} \frac{\Delta u}{\Delta x}$$

这里 $\lim\limits_{\Delta x \to 0} \alpha = \lim\limits_{\Delta u \to 0} \alpha = 0$（当 $\Delta x \to 0$ 时，$\Delta u \to 0$）.

所以有 $\dfrac{\mathrm{d}y}{\mathrm{d}x} = f'(u)\varphi'(x) = \dfrac{\mathrm{d}y}{\mathrm{d}u}\dfrac{\mathrm{d}u}{\mathrm{d}x}$.

【例 1】 设函数 $y = (2x+3)^9$，求导数 $\dfrac{\mathrm{d}y}{\mathrm{d}x}$.

解 $y = (2x+3)^9$ 是由 $y = u^9$，$u = 2x+3$ 复合而成，$\dfrac{\mathrm{d}y}{\mathrm{d}u} = 9u^8$，$\dfrac{\mathrm{d}u}{\mathrm{d}x} = 2$，由复合函数求

导法则得 $\dfrac{\mathrm{d}y}{\mathrm{d}x} = \dfrac{\mathrm{d}y}{\mathrm{d}u}\dfrac{\mathrm{d}u}{\mathrm{d}x} = 9u^8 \times 2 = 18(2x+3)^8$.

【例 2】 求函数的导数：

(1) $y = \mathrm{e}^{2x+3}$；(2) $y = \sin^2 x$；(3) $y = \sqrt{1+x^2}$；(4) $y = \ln\sin 2x$.

解 (1) 因为 $y = \mathrm{e}^{2x+3}$ 是由 $y = \mathrm{e}^u$，$u = 2x+3$ 复合而成，

所以 $\dfrac{\mathrm{d}y}{\mathrm{d}x} = \dfrac{\mathrm{d}y}{\mathrm{d}u}\dfrac{\mathrm{d}u}{\mathrm{d}x} = \mathrm{e}^u \times 2 = 2\mathrm{e}^{2x+3}$.

(2) 因为 $y = \sin^2 x$ 是由 $y = u^2$，$u = \sin x$ 复合而成，

所以 $\dfrac{\mathrm{d}y}{\mathrm{d}x} = \dfrac{\mathrm{d}y}{\mathrm{d}u}\dfrac{\mathrm{d}u}{\mathrm{d}x} = 2u\cos x = 2\sin x\cos x = \sin 2x$.

(3) 因为 $y = \sqrt{1+x^2}$ 是由 $y = \sqrt{u}$，$u = 1+x^2$ 复合而成，

所以 $\dfrac{\mathrm{d}y}{\mathrm{d}x} = \dfrac{\mathrm{d}y}{\mathrm{d}u}\dfrac{\mathrm{d}u}{\mathrm{d}x} = \dfrac{1}{2\sqrt{u}} \cdot 2x = \dfrac{x}{\sqrt{1+x^2}}$.

(4) 因为 $y = \ln\sin 2x$ 是由 $y = \ln u$，$u = \sin v$，$v = 2x$ 复合而成，

所以 $\dfrac{\mathrm{d}y}{\mathrm{d}x} = \dfrac{\mathrm{d}y}{\mathrm{d}u}\dfrac{\mathrm{d}u}{\mathrm{d}v}\dfrac{\mathrm{d}v}{\mathrm{d}x} = \dfrac{1}{u}\cos v \times 2 = \dfrac{2\cos 2x}{\sin 2x} = 2\cot 2x$.

对复合函数的求导方法比较熟练后，就可不写中间变量，只要记住复合过程，由外到内，逐层求导.

【例 3】 求函数的导数：

(1) $y = 2\cos(x^2+3)$；　　　　　　(2) $y = \left(\dfrac{x-1}{x+1}\right)^6$；

(3) $y=\sin^2(3x-2)$; (4) $y=\ln(x+\sqrt{x^2+1})$.

解 (1) $y'=-2\sin(x^2+3)(x^2+3)'=-2\sin(x^2+3)\cdot2x=-4x\sin(x^2+3)$;

(2) $y'=6\left(\dfrac{x-1}{x+1}\right)^5\left(\dfrac{x-1}{x+1}\right)'=6\left(\dfrac{x-1}{x+1}\right)^5\dfrac{x+1-(x-1)}{(x+1)^2}=\dfrac{12(x-1)^5}{(x+1)^7}$;

(3) $y'=2\sin(3x-2)(\sin(3x-2))'=2\sin(3x-2)\cos(3x-2)(3x-2)'$

$\quad=3\sin2(3x-2)$;

(4) $y'=\dfrac{1}{x+\sqrt{x^2+1}}(x+\sqrt{x^2+1})'=\dfrac{1}{x+\sqrt{x^2+1}}\left[1+\dfrac{1}{2\sqrt{x^2+1}}(x^2+1)'\right]$

$\quad=\dfrac{1}{x+\sqrt{x^2+1}}\left(1+\dfrac{2x}{2\sqrt{x^2+1}}\right)=\dfrac{1}{x+\sqrt{x^2+1}}\dfrac{\sqrt{x^2+1}+x}{\sqrt{x^2+1}}$

$\quad=\dfrac{1}{\sqrt{x^2+1}}$.

【例4】 求 $y=\ln|x|$ 的导数.

解 因为 $y=\ln\sqrt{x^2}=\dfrac{1}{2}\ln x^2$,

所以 $y'=\dfrac{1}{2}\dfrac{1}{x^2}(x^2)'=\dfrac{2x}{2x^2}=\dfrac{1}{x}$.

【例5】 求函数的导数:

(1) $y=\dfrac{1}{\sqrt{x^2+1}+x}$; (2) $y=\ln\sqrt{\dfrac{\sin x}{\sqrt{x+\sqrt{x^2+1}}}}$.

解 (1) $y=\sqrt{x^2+1}-x$

$\quad y'=\dfrac{1}{2\sqrt{x^2+1}}\cdot(x^2+1)'-1=\dfrac{x}{\sqrt{x^2+1}}-1$;

(2) $y=\dfrac{1}{2}\left(\ln\sin x-\ln\sqrt{\sqrt{x^2+1}+x}\right)=\dfrac{1}{2}\ln\sin x-\dfrac{1}{4}\ln(\sqrt{x^2+1}+x)$

$\quad y'=\dfrac{1}{2}\dfrac{1}{\sin x}(\sin x)'-\dfrac{1}{4}\dfrac{1}{\sqrt{x^2+1}+x}(\sqrt{x^2+1}+x)'$

$\quad=\dfrac{1}{2}\dfrac{\cos x}{\sin x}-\dfrac{1}{4}\dfrac{1}{\sqrt{x^2+1}+x}\left(\dfrac{2x}{2\sqrt{x^2+1}}+1\right)$

$\quad=\dfrac{1}{2}\cot x-\dfrac{1}{4}\dfrac{1}{\sqrt{x^2+1}+x}\left(\dfrac{x+\sqrt{x^2+1}}{\sqrt{x^2+1}}\right)$

$\quad=\dfrac{\cot x}{2}-\dfrac{1}{4\sqrt{x^2+1}}$.

从［例5］可以看出，在求一个函数的导数时，将原来的函数化简（或形式上的适当转化），使得求导更加方便.

二、反函数求导法则

定理2（反函数求导法则） 设函数 $x=\varphi(y)$ 在某区间单调、可导，且 $\varphi'(y)\neq0$，那么它的反函数 $y=f(x)$ 在对应区间也可导，并且有

$$f'(x)=\dfrac{1}{\varphi'(y)}$$

对本定理不详细给出证明，这里只是做形式推导.

当 $\Delta y \neq 0$ 时，由于函数 $y = f(x)$ 连续，所以 $\Delta x \to 0$ 时，$\Delta y \to 0$，则有 $f'(x) = \lim\limits_{\Delta x \to 0} \dfrac{\Delta y}{\Delta x}$

$$= \lim\limits_{\Delta y \to 0} \dfrac{1}{\dfrac{\Delta x}{\Delta y}} = \dfrac{1}{\lim\limits_{\Delta y \to 0} \dfrac{\Delta x}{\Delta y}} = \dfrac{1}{\varphi'(y)}.$$

【例 6】 求函数 $y = a^x$ 的导数.

解 由第一节［例 4］可知：$(\log_a x)' = \dfrac{1}{x \ln a}$，

函数 $y = a^x$ 的反函数为 $x = \log_a y$，

因为 $\dfrac{\mathrm{d}x}{\mathrm{d}y} = \dfrac{1}{y \ln a}$，

所以 $\dfrac{\mathrm{d}y}{\mathrm{d}x} = \dfrac{1}{\dfrac{\mathrm{d}x}{\mathrm{d}y}} = y \ln a = a^x \ln a.$

【例 7】 求函数的导数：(1) $y = \arcsin x$；(2) $y = \arctan x$.

解 (1) $y = \arcsin x$ 的反函数为 $x = \sin y$.

因为 $\dfrac{\mathrm{d}x}{\mathrm{d}y} = \cos y$，

所以 $\dfrac{\mathrm{d}y}{\mathrm{d}x} = \dfrac{1}{\dfrac{\mathrm{d}x}{\mathrm{d}y}} = \dfrac{1}{\cos y} = \dfrac{1}{\sqrt{1 - \sin^2 y}} = \dfrac{1}{\sqrt{1 - x^2}}.$

(2) $y = \arctan x$ 的反函数为 $x = \tan y$.

因为 $\dfrac{\mathrm{d}x}{\mathrm{d}y} = \sec^2 y$，

所以 $\dfrac{\mathrm{d}y}{\mathrm{d}x} = \dfrac{1}{\dfrac{\mathrm{d}x}{\mathrm{d}y}} = \dfrac{1}{\sec^2 y} = \dfrac{1}{1 + \tan^2 y} = \dfrac{1}{1 + x^2}.$

读者可自行推导另两个导数公式：$(\arccos x)' = -\dfrac{1}{\sqrt{1 - x^2}}$，$(\mathrm{arccot}\, x)' = -\dfrac{1}{1 + x^2}.$

【例 8】 求下列函数的导数：

(1) $y = \arcsin \sqrt{1 - x^2}$；(2) $y = \arctan \sqrt{1 + x^2}$.

解 (1) $y' = \dfrac{1}{\sqrt{1 - (1 - x^2)}} (\sqrt{1 - x^2})' = \dfrac{1}{\sqrt{x^2}} \dfrac{-2x}{2 \sqrt{1 - x^2}} = -\dfrac{x}{\sqrt{x^2 (1 - x^2)}}$；

(2) $y' = \dfrac{1}{1 + (1 + x^2)} (\sqrt{1 + x^2})' = \dfrac{1}{2 + x^2} \dfrac{2x}{2 \sqrt{1 + x^2}} = \dfrac{x}{(2 + x^2) \sqrt{1 + x^2}}.$

习 题 2 - 3

1. 求下列函数的导数：

(1) $y = (x + 2)^8$；

(2) $y = \sin(2x + 2)$；

(3) $y = \sqrt{x + 2}$；

(4) $y = \arcsin x^2$；

(5) $y=\log_3 2x$；

(6) $y=\ln\cos x$；

(7) $y=\ln(x^2+x-1)$；

(8) $y=(\arcsin x)^2$.

2. 求下列函数的导数：

(1) $y=x^2(x+2)^8$；

(2) $y=\dfrac{\sin 2x}{x}$；

(3) $y=e^{2x}\sin 2x$；

(4) $y=\arcsin\dfrac{1}{x}$；

(5) $y=x\ln 2x$；

(6) $y=xe^{2x}$；

(7) $y=\ln(\sin x+\cos x)$；

(8) $y=\sqrt[x]{a}$；

(9) $y=e^{-2x}+x\sin 2x$；

(10) $y=e^{-2x}\sin x$；

(11) $y=\ln\dfrac{x+1}{x-1}$；

(12) $y=\ln\dfrac{1+\sin x}{1-\sin x}$；

(13) $y=\arctan\dfrac{1+x^2}{1-x^2}$；

(14) $y=\dfrac{\sqrt{x+1}-1}{\sqrt{x+1}+1}$；

(15) $y=\ln\sqrt{\dfrac{1+\cos x}{1-\cos x}}$；

(16) $y=\dfrac{x}{2}\sqrt{4-x^2}+2\arcsin\dfrac{x}{2}$.

3. 求函数在给定点的导数：

(1) 设 $f(x)=\dfrac{1}{\sqrt{2\pi}\sigma}e^{-\frac{(x-\mu)^2}{2\sigma^2}}$，求 $f'(\mu)$；

(2) 设 $y=\sqrt{1+\ln^2 x}$，求 $y'\big|_{x=e}$.

4. 求曲线 $y=xe^{-2x}$ 在点 $x=0$ 处的切线方程.

5. 设函数 $f(x)$ 可导，求下列函数的导数 $\dfrac{\mathrm{d}y}{\mathrm{d}x}$：

(1) $y=f(x^2)$；

(2) $y=f(\sin x)$.

第四节 隐函数的导数、由参数方程确定的函数的导数

一、隐函数求导法

函数 $y=f(x)$ 表示两个变量 y 与 x 之间的对应关系，这种对应关系可以用不同方式表达. 前面遇到的函数，例如 $y=\sin x$，$y=e^x+x^2-2$，$y=x+\ln x+3\sin x-2$ 等，这种函数的特点是：等式的左端是因变量的符号，而右端是含自变量的式子. 用这种方式表达的函数称为显函数. 但有时会遇到另一类函数，例如 $2x+3y-5=0$，$x^2+y^2=9$，$x^3+xy+y^2+2x+3y-2=0$，$\ln(x+y)=xy$ 等，函数是由一个二元方程 $F(x，y)=0$ 所确定的. 这种由含 x 和 y 的二元方程 $F(x,y)=0$ 所确定的函数 $y=y(x)$，称为隐函数.

在计算隐函数的导数时，有时可以将它显化，用已经学习过的方法求导，但很多时候不能或者难于显化它，例如 $e^{xy}+x+y=2$，此时就希望有一种计算隐函数导数的方法.

这里给出一种方法，其实质是利用复合函数求导. 对于由 $F(x，y)=0$ 所确定的函数，对方程两边同时关于 x 求导，其中 y 是 x 的函数，即 y 是复合函数 $F[x，y(x)]$ 的中间变量. 下面通过具体的例子来说明.

【例 1】 求由方程 $e^{xy}+x+y=2$ 所确定的隐函数 y 的导数 y'.

解 对原方程两边同时关于 x 求导，即

$$(e^{xy}+x+y)'=(2)'$$
$$e^{xy}(xy)'+1+y'=0$$
$$e^{xy}(y+xy')+1+y'=0$$

从而有 $y'=-\dfrac{ye^{xy}+1}{xe^{xy}+1}$.

【例 2】 求由方程 $y^2+x-y=2$ 所确定的隐函数 y 在点 $(0,2)$ 处的导数 $\dfrac{dy}{dx}\Big|_{\substack{x=0\\y=2}}$.

解 （方法一）对 $y^2+x-y=2$ 两边同时关于 x 求导有

$$2yy'+1-y'=0$$

所以 $\dfrac{dy}{dx}=\dfrac{1}{1-2y}$，则 $\dfrac{dy}{dx}\Big|_{\substack{x=0\\y=2}}=\dfrac{1}{1-4}=-\dfrac{1}{3}$.

本题还可以这样求解：

（方法二）对 $y^2+x-y=2$ 两边同时关于 x 求导有

$$2yy'+1-y'=0$$

代入点 $(0,2)$ 有 $2\times2y'+1-y'=0$，$y'=-\dfrac{1}{3}$，即 $\dfrac{dy}{dx}\Big|_{\substack{x=0\\y=2}}=-\dfrac{1}{3}$.

【例 3】 求曲线 $xy+\ln y=1$ 在点 $(1,1)$ 处的切线方程.

解 对原方程关于 x 求导有

$$xy'+y+\frac{y'}{y}=0$$

可解得 $y'=-\dfrac{y^2}{xy+1}$，$y'\big|_{\substack{x=1\\y=1}}=-\dfrac{1}{2}$.

所以切线方程为 $y-1=-\dfrac{1}{2}(x-1)$，即 $x+2y-3=0$.

二、对数求导法

在求导运算中，常会遇到这样两类函数的求导问题：一类是幂指函数 $y=[f(x)]^{g(x)}$，$f(x)>0$（本书中都这样处理）；另一类是由一系列函数的乘、除、乘方、开方所构成的函数. 可以用对数求导法来求这两类函数的导数. 所谓对数求导法，就是先取对数，然后利用隐函数的求导方法求得结果.

【例 4】 求 $y=(1+x^2)^x$ 的导数 y'.

解 对原函数两边取对数有

$$\ln y=\ln(1+x^2)^x=x\ln(1+x^2)$$

对上式两边求关于 x 的导数

$$\frac{y'}{y}=\ln(1+x^2)+x\frac{2x}{1+x^2}$$

所以 $y'=(1+x^2)^x\Big[\ln(1+x^2)+\dfrac{2x^2}{1+x^2}\Big]$.

【例 5】 求 $y=\sqrt{\dfrac{(x-1)(x+2)}{(x-3)(x+4)}}$ 的导数 y'.

解 对原函数两边取对数有

$$\ln y = \frac{1}{2}\left[\ln(x-1) + \ln(x+2) - \ln(x-3) - \ln(x+4)\right]$$

对上式两边求关于 x 的导数

$$\frac{y'}{y} = \frac{1}{2}\left(\frac{1}{x-1} + \frac{1}{x+2} - \frac{1}{x-3} - \frac{1}{x+4}\right)$$

所以 $y' = \frac{1}{2}\sqrt{\frac{(x-1)(x+2)}{(x-3)(x+4)}}\left(\frac{1}{x-1} + \frac{1}{x+2} - \frac{1}{x-3} - \frac{1}{x-4}\right)$.

【例6】 求由方程 $x^y = y^x$ 所确定的隐函数 y 的导数 $\dfrac{\mathrm{d}y}{\mathrm{d}x}$，这里 $x>0$，$y>0$.

解 对原方程两边取对数有

$$\ln y^x = \ln x^y \Rightarrow x\ln y = y\ln x$$

再对上式两边同时关于 x 求导有

$$\ln y + x\frac{1}{y}\frac{\mathrm{d}y}{\mathrm{d}x} = \frac{\mathrm{d}y}{\mathrm{d}x}\ln x + \frac{y}{x}$$

则 $\dfrac{\mathrm{d}y}{\mathrm{d}x} = \dfrac{y^2 - xy\ln y}{x^2 - xy\ln x}$.

三、由参数方程所确定的函数的导数

在很多实践问题中也经常遇到参数方程，例如在物理学中，研究抛体运动轨迹时，常表示成如下参数方程：

$$\begin{cases} x = v_1 t \\ y = v_2 t - \dfrac{1}{2}gt^2 \end{cases}$$

这里 v_1、v_2 分别表示物体初始时速度在水平和垂直方向上的分量，t 是物体射出时间，x，y 分别表示物体在水平和垂直方向的位置，如图 2-6 所示.

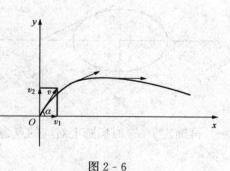

对参数方程 $\begin{cases} x = v_1 t \\ y = v_2 t - \dfrac{1}{2}gt^2 \end{cases}$，消去参变量 t 可

以得到它的显式方程

$$y = \frac{v_2}{v_1}x - \frac{g}{2v_1^2}x^2$$

图 2-6

一般地，x 和 y 的关系由参数方程确定的函数可用下面表达式表示为

$$\begin{cases} x = \varphi(t) \\ y = \phi(t) \end{cases}$$

在由参数方程所确定的函数中，有时很容易消去参变量；但很多时候很难这样做. 怎么求出由参数方程所确定的函数导数呢？下面给出定理.

定理（参数方程求导法则） 设函数由参数方程

$$\begin{cases} x = \varphi(t) \\ y = \phi(t) \end{cases}$$

所确定. 如果 $x=\varphi(t)$，$y=\phi(t)$ 在某区间内关于 t 都可导，并且 $\dfrac{\mathrm{d}x}{\mathrm{d}t}=\varphi'(t)\neq0$. 那么由参数方程确定的函数的导数为

$$\frac{\mathrm{d}y}{\mathrm{d}x}=\frac{\phi'(t)}{\varphi'(t)}=\frac{\dfrac{\mathrm{d}y}{\mathrm{d}t}}{\dfrac{\mathrm{d}x}{\mathrm{d}t}}$$

对本定理只给出形式推导，具体证明读者可以自己完成. 假设 t 为函数的中间变量，由复合函数求导的方法有

$$\frac{\mathrm{d}y}{\mathrm{d}x}=\frac{\mathrm{d}y}{\mathrm{d}t}\frac{\mathrm{d}t}{\mathrm{d}x}=\frac{\mathrm{d}y}{\mathrm{d}t}\frac{1}{\dfrac{\mathrm{d}x}{\mathrm{d}t}}=\frac{\dfrac{\mathrm{d}y}{\mathrm{d}t}}{\dfrac{\mathrm{d}x}{\mathrm{d}t}}$$

【例 7】 求由摆线的参数方程 $\begin{cases}x=a(t-\sin t)\\y=a(1-\cos t)\end{cases}$ 所确定函数的导数 $\dfrac{\mathrm{d}y}{\mathrm{d}x}$.

解 $\dfrac{\mathrm{d}y}{\mathrm{d}x}=\dfrac{\dfrac{\mathrm{d}y}{\mathrm{d}t}}{\dfrac{\mathrm{d}x}{\mathrm{d}t}}=\dfrac{a\sin t}{a(1-\cos t)}=\cot\dfrac{t}{2}.$

【例 8】 已知椭圆的参数方程为 $\begin{cases}x=a\cos t\\y=b\sin t\end{cases}$（见图 2-7），求 $t=\dfrac{\pi}{4}$ 时椭圆的切线方程.

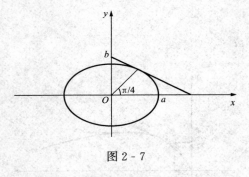

图 2-7

解 先求在 $t=\dfrac{\pi}{4}$ 时切线的斜率，

$$\frac{\mathrm{d}y}{\mathrm{d}x}=\frac{\dfrac{\mathrm{d}y}{\mathrm{d}t}}{\dfrac{\mathrm{d}x}{\mathrm{d}t}}$$

$$=\frac{b\cos t}{-a\sin t}=-\frac{b}{a}\cot t,$$

则 $k=\dfrac{\mathrm{d}y}{\mathrm{d}x}\Big|_{t=\frac{\pi}{4}}=-\dfrac{b}{a}\cot\dfrac{\pi}{4}=-\dfrac{b}{a},$

再确定 $t=\dfrac{\pi}{4}$ 时椭圆上对应的点为

$$\begin{cases}x=\dfrac{a}{\sqrt{2}}\\[2mm]y=\dfrac{b}{\sqrt{2}}\end{cases}$$

$t=\dfrac{\pi}{4}$ 时，椭圆的切线方程为

$$y-\frac{b}{\sqrt{2}}=-\frac{b}{a}\left(x-\frac{a}{\sqrt{2}}\right)$$

即 $y=\dfrac{\sqrt{2}ab-bx}{a}.$

四、相关变化率

在一些问题中，变量 x、y 的变化依赖于另外的变量 t，但变量 x、y 之间存在着某种关系，从而变化率 $\dfrac{dx}{dt}$ 与 $\dfrac{dy}{dt}$ 之间也存在一定的关系. 这样，两个相互依赖的变化率称为相关变化率. 相关变化率问题是研究两个变化率之间的关系，通过其中一个来计算另外一个变化率.

【例 9】 落在平静水面上的石头可产生同心圆形波纹，若最外一圈半径的增大率总是 6m/s，求 2s 末受到扰动的水面面积的增大率.

解 设最外圈波纹半径为 r，扰动水面面积为 S，则 $S = \pi r^2$.

两边同时对 t 求导，得 $\dfrac{dS}{dt} = \pi 2r \dfrac{dr}{dt}$，从而有

$$\frac{dS}{dt}\bigg|_{t=2} = 2\pi r \frac{dr}{dt}\bigg|_{t=2} = 2\pi r\big|_{t=2} \times 6 = 12\pi r\big|_{t=2}$$

又 $\dfrac{dr}{dt} \equiv 6$ 为常数，故 $r = 6t$（类似于匀速直线运动路程与速度、时间的关系），则 $r\big|_{t=2} = 12$，

故有 $\dfrac{dS}{dt}\bigg|_{t=2} = 12\pi \times 12 = 144\pi \, (\text{m}^2/\text{s})$.

因此，2s 末受到扰动的水面面积的增大率为 $144\pi \, (\text{m}^2/\text{s})$.

五、基本初等函数求导公式与法则

1. 基本初等函数求导公式

(1) $(c)' = 0$（c 为常数）；(2) $(x^\mu)' = \mu x^{\mu-1}$ （μ 为实数）；(3) $(a^x)' = a^x \ln a$；

(4) $(e^x)' = e^x$；(5) $(\log_a x)' = \dfrac{1}{x \ln a}$；(6) $(\ln x)' = \dfrac{1}{x}$；(7) $(\sin x)' = \cos x$；

(8) $(\cos x)' = -\sin x$；(9) $(\tan x)' = \sec^2 x$；(10) $(\cot x)' = -\csc^2 x$；

(11) $(\sec x)' = \sec x \tan x$；(12) $(\csc x)' = -\csc x \cot x$；(13) $(\arcsin x)' = \dfrac{1}{\sqrt{1-x^2}}$；

(14) $(\arccos x)' = -\dfrac{1}{\sqrt{1-x^2}}$；(15) $(\arctan x)' = \dfrac{1}{1+x^2}$；(16) $(\text{arccot} x)' = -\dfrac{1}{1+x^2}$.

另外，$(\sqrt{x})' = \dfrac{1}{2\sqrt{x}}$，$\left(\dfrac{1}{x}\right)' = -\dfrac{1}{x^2}$. 这两个式子，在解题过程中经常用到，要求当公式记住，后面的微分和积分相应的作为公式.

2. 函数的四则运算求导法则

(1) $(u \pm v)' = u' \pm v'$； 　　　　(2) $(uv)' = u'v + uv'$；

(3) $(cu)' = cu'$（c 为常数）； 　　(4) $\left(\dfrac{u}{v}\right) = \dfrac{u'v - uv'}{v^2}$（$v \neq 0$）.

3. 复合函数求导法则

设 $y = f(u)$，$u = \varphi(x)$，则复合函数 $y = f[\varphi(x)]$ 的导数为

$$\frac{dy}{dx} = \frac{dy}{du} \frac{du}{dx} \quad \text{或} \quad y' = f'(u)\varphi'(x)$$

4. 参数方程确定的函数的导数

若参数方程 $\begin{cases} x = \varphi(t) \\ y = \phi(t) \end{cases}$ 确定了 y 是 x 的函数，则

$$\frac{dy}{dx} = \frac{\dfrac{dy}{dt}}{\dfrac{dx}{dt}} \text{ 或} \frac{dy}{dx} = \frac{\varphi'(t)}{\phi'(t)}$$

5. 反函数求导法则

设 $y = f(x)$ 的反函数为 $x = \varphi(y)$，则

$$f'(x) = \frac{1}{\varphi'(y)} (\varphi'(y) \neq 0) \text{ 或} \frac{dy}{dx} = \frac{1}{\dfrac{dx}{dy}}$$

习 题 2 - 4

1. 由下列方程所确定的隐函数 y 的导数：

(1) $x^2 + y^2 = 4$；(2) $\sqrt{x} + \sqrt{y} = \sqrt{a}$ $(a > 0)$；(3) $x + y = e^y$；(4) $\dfrac{x^2}{a^2} + \dfrac{y^2}{b^2} = 1$；

(5) $xy = \sin(x + y)$；(6) $2\arctan \dfrac{y}{x} = \ln(x^2 + y^2)$.

2. 求下列参数方程所确定的函数的导数：

(1) $\begin{cases} x = \sin^2 t \\ y = \cos^2 t \end{cases}$；
(2) $\begin{cases} x = t \\ y = t^2 + 1 \end{cases}$.

3. 设 $\begin{cases} x = e^t \cos t \\ y = e^t \sin t \end{cases}$，求 $\dfrac{dy}{dx} \Big|_{t=0}$.

4. 求由 $\sqrt[3]{x} = \sqrt[x]{y}$ 确定的函数 $y = f(x)$ 在点 $(1，1)$ 处的切线方程.

5. 用对数求导法求下列函数的导数：

(1) $y = (\sin x)^x$；
(2) $y^x = 2$；

(3) $y = x + x^x$；
(4) $y = \sqrt{\dfrac{(x-1)\sqrt{x}}{\sqrt[3]{(x+2)}}}$.

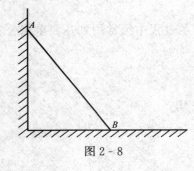

图 2 - 8

6. 线段 AB 长 5m，其两端靠墙（见图 2 - 8），如果 A 端下落的速度是 2m/s，求当 A 的高度为 3m 时，B 端的滑动速度.

7. 有一圆锥形容器，高为 10cm，底半径为 4cm，现以 5cm³/s 的速度把水注入该容器，当水深 5cm 时，求水面上升的速度［注意应求两种情况：（1）圆锥顶点在上；（2）圆锥顶点在下］.

第五节 高 阶 导 数

变速直线运动物体的速度是位移关于时间的变化率，也就是导数，即

$$v(t) = \frac{ds}{dt} \text{ 或} v(t) = s'(t)$$

式中：$v(t)$ 为速度函数；$s'(t)$ 为位移函数.

同样，加速度 a 是速度 v 对时间的变化率，即加速度是速度对时间 t 的导数：

$$a = \frac{\mathrm{d}v(t)}{\mathrm{d}t} \text{ 或 } a = v'(t)$$

显然由上面两式有

$$a = \frac{\mathrm{d}}{\mathrm{d}t}\left(\frac{\mathrm{d}s}{\mathrm{d}t}\right) \text{ 或 } a = (s'(t))'$$

这种导数的导数称为 $s = s(t)$ 对 t 的二阶导数.

一般地，若函数 $y = f(x)$ 的导数 $y' = f'(x)$ 仍然是 x 的函数，则将导数 $f'(x)$ 的导数称为函数 $y = f(x)$ 的二阶导数，记为 y''、$f''(x)$ 或 $\frac{\mathrm{d}^2 y}{\mathrm{d}x^2}$，即

$$y'' = (y')' \text{ 或 } \frac{\mathrm{d}^2 y}{\mathrm{d}x^2} = \frac{\mathrm{d}}{\mathrm{d}x}\left(\frac{\mathrm{d}y}{\mathrm{d}x}\right)$$

类似地，函数的 $n-1$ 阶导数的导数称为 n 阶导数，三阶及三阶以上的导数分别记为

$$y''', y^{(4)}, \cdots, y^{(n)} \text{ 或 } f'''(x), f^{(4)}(x), \cdots, f^{(n)}(x) \text{ 或 } \frac{\mathrm{d}^3 y}{\mathrm{d}x^3}, \frac{\mathrm{d}^4 y}{\mathrm{d}x^4}, \cdots, \frac{\mathrm{d}^n y}{\mathrm{d}x^n}$$

二阶及二阶以上的导数统称为高阶导数，相应地称 $y' = f'(x)$ 为函数 $y = f(x)$ 的一阶导数.

因此，物体运动的速度就是路程对时间的一阶导数，加速度就是路程对时间的二阶导数，即 $v = s' = \frac{\mathrm{d}s}{\mathrm{d}t}$，$a = s'' = \frac{\mathrm{d}^2 s}{\mathrm{d}t^2}$.

【例 1】　求函数的二阶导数：

(1) $y = x\mathrm{e}^{2x}$；(2) $y = x\arccos\frac{x}{2} - \sqrt{4-x^2}$.

解　(1) $y' = \mathrm{e}^{2x} + x 2\mathrm{e}^{2x} = \mathrm{e}^{2x}(2x+1)$，

$y'' = 2\mathrm{e}^{2x}(2x+1) + \mathrm{e}^{2x} 2 = 4\mathrm{e}^{2x}(x+1)$.

(2) $y' = \arccos\frac{x}{2} + x\frac{-1}{\sqrt{1-\left(\frac{x}{2}\right)^2}}\frac{1}{2} - \frac{1}{2}\frac{1}{\sqrt{4-x^2}}(-2x)$

$= \arccos\frac{x}{2} - \frac{x}{\sqrt{4-x^2}} + \frac{x}{\sqrt{4-x^2}} = \arccos\frac{x}{2}$，

$$y'' = -\frac{1}{\sqrt{1-\left(\frac{x}{2}\right)^2}}\frac{1}{2} = -\frac{1}{\sqrt{4-x^2}}.$$

【例 2】　设 $y = (x+1)^3$，求 $y^{(4)}$.

解　$y' = 3(x+1)^2$，$y'' = 6(x+1)$，$y''' = 6$，所以 $y^{(4)} = 0$.

【例 3】　求由方程 $x^2 + y^2 = a^2$ 所确定的隐函数的二阶导数.

解　对原方程两边关于 x 求导：$2x + 2yy' = 0$，$y' = -\frac{x}{y}$，$y'' = (y')' = \left(-\frac{x}{y}\right)'$

$= -\frac{y - xy'}{y^2}$，将 $y' = -\frac{x}{y}$ 代入上式有：$y'' = -\frac{y - x\left(-\frac{x}{y}\right)}{y^2} = -\frac{a^2}{y^3}$.

【例 4】 设参数方程为 $\begin{cases} x = 3\cos\theta \\ y = 3\sin\theta \end{cases}$，求二阶导数 $\dfrac{d^2y}{dx^2}$．

解　$\dfrac{dy}{dx} = \dfrac{\dfrac{dy}{d\theta}}{\dfrac{dx}{d\theta}} = \dfrac{3\cos\theta}{-3\sin\theta} = -\cot\theta,$

$$\dfrac{d^2y}{dx^2} = \dfrac{d}{dx}\left(\dfrac{dy}{dx}\right) = \dfrac{d}{dx}(-\cot\theta) = \csc^2\theta\,\dfrac{d\theta}{dx}$$

$$= \csc^2\theta\,\dfrac{1}{\dfrac{dx}{d\theta}} = \csc^2\theta\,\dfrac{1}{-3\sin\theta} = -\dfrac{1}{3}\csc^3\theta.$$

显然，求高阶导数就是多次求导，可用前面学过的求导方法来计算高阶导数，下面通过例子来说明其求法.

【例 5】 求 $y = \sin x$ 的 n 阶导数.

解　$y' = \cos x = \sin\left(\dfrac{\pi}{2} + x\right)$

$$y'' = -\sin x = \sin\left(\dfrac{2\pi}{2} + x\right)$$

$$y''' = -\cos x = \sin\left(\dfrac{3\pi}{2} + x\right)$$

$$y^{(4)} = \sin x = \sin\left(\dfrac{4\pi}{2} + x\right)$$

$$y^{(5)} = -\cos x = \sin\left(\dfrac{5\pi}{2} + x\right)$$

……

所以，$y^{(n)} = \sin\left(\dfrac{n\pi}{2} + x\right).$

读者可自行推导：$(\cos x)^{(n)} = \cos\left(\dfrac{n\pi}{2} + x\right).$

求 n 阶导数，通常的方法是求一阶导数、二阶导数、三阶导数（或再求四阶导数、五阶导数），然后仔细观察得出规律，归纳出 n 阶导数的表达式. 因此，求 n 阶导数的关键在于从各阶导数中寻找共同规律.

【例 6】 求 $y = \ln(1+x)$ 的 n 阶导数.

解　$y' = \dfrac{1}{1+x} = (1+x)^{-1}$

$$y'' = -1 \cdot (1+x)^{-2}$$

$$y''' = -1 \cdot (-2)(1+x)^{-3}$$

$$y^{(4)} = -1 \cdot (-2) \cdot (-3)(1+x)^{-4}$$

……

所以，$y^{(n)} = -1 \cdot (-2) \cdot (-3) \cdots \cdot [-(n-1)](1+x)^{-n} = \dfrac{(-1)^{n-1}(n-1)!}{(1+x)^n}.$

一些比较重要的高阶导数：

(1) $(e^x)^{(n)}=e^x$; 　　　　(2) $(\sin x)^{(n)}=\sin\left(\dfrac{n\pi}{2}+x\right)$;

(3) $(\cos x)^{(n)}=\cos\left(\dfrac{n\pi}{2}+x\right)$; (4) $(x^\alpha)^{(n)}=\alpha(\alpha-1)\cdots(\alpha-n+1)x^{\alpha-n}$;

(5) $(\ln(1+x))^{(n)}=(-1)^{n-1}\dfrac{(n-1)!}{(1+x)^n}$.

【例7】 已知作直线运动物体的运动方程为 $s=2\sin\left(2t+\dfrac{\pi}{6}\right)$，求在 $t=\pi$ 时物体运动的速度和加速度.

解　$s'=2\cos\left(2t+\dfrac{\pi}{6}\right)\cdot2=4\cos\left(2t+\dfrac{\pi}{6}\right)$,

$\qquad s''=-4\sin\left(2t+\dfrac{\pi}{6}\right)\cdot2=-8\sin\left(2t+\dfrac{\pi}{6}\right)$,

$\qquad$ 所以有，$v|_{t=\pi}=s'|_{t=\pi}=2\sqrt{3}$,$a|_{t=\pi}=s''|_{t=\pi}=-4$.

习 题 2 - 5

1. 求下列函数的二阶导数：

(1) $y=\ln x$; 　　　　(2) $y=x^3$;

(3) $y=xe^x$; 　　　　(4) $y=\sin x$;

(5) $y=x\arcsin x+\sqrt{1-x^2}$; 　(6) $y=\dfrac{x}{2}\sqrt{x^2+1}+\dfrac{1}{2}\ln\left(x+\sqrt{x^2+1}\right)$.

2. 求隐函数 $y^2=2ax$ 的二阶导数.

3. 求由参数方程 $\begin{cases}x=a(t-\sin t)\\ y=a(1-\cos t)\end{cases}$ 所确定函数的二阶导数.

4. 设 $y=x^3-6x^2-7$，求 $f''(0)$，$f'''(0)$.

5. 设函数 $y=f(x)$ 的 $n-2$ 阶导数为 $y^{(n-2)}=x^2+x$，求 $y^{(n)}$.

6. 设 $y=x\ln x$，求 $f^{(n)}(1)$.

7. 求下列函数的 n 阶导数：

(1) $y=\dfrac{1}{x-1}$; 　　　　(2) $y=\sin 2x$.

8. 已知质点作直线运动，方程为 $s=2t+9\sin\dfrac{\pi t}{3}$，求在第一秒末的速度和加速度.

第六节　函 数 的 微 分

一、微分的定义

很多时候人们只是关心当自变量 x 有微小改变时，函数 y 的变化情况，即当函数 $y=f(x)$ 在自变量 x 变化到 $x+\Delta x$ 时，函数 y 该为多少. 先看一个简单的实例：

【例1】 设有一边长为 x_0 的正方形金属薄片，如图 2 - 9 所示，当它受热膨胀时，边长增加了 Δx，该薄片的面积变化了多少？

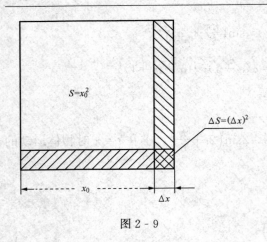

图 2 - 9

解 设面积函数为 $S=f(x)=x^2$，面积变化为

$$\Delta S = f(x_0 + \Delta x) - f(x_0)$$
$$= (x_0 + \Delta x)^2 - x_0^2$$
$$= 2x_0 \Delta x + (\Delta x)^2.$$

在上式中，可以看出，ΔS 分为两部分，第一部分为 Δx 线性函数，即当 $\Delta x \to 0$ 时，它是 Δx 的同阶无穷小；第二部分是 Δx 的二次函数，即当 $\Delta x \to 0$ 时，它是 Δx 的高阶无穷小. 当 Δx 改变非常小的时候，能用第一部分近似代替函数 S 的改变量.

定义（微分的定义） 如果函数 $y=f(x)$ 在点 x 处的改变量 $\Delta y=f(x_0+\Delta x)-f(x_0)$，可以表示成

$$\Delta y = A \Delta x + o(\Delta x)$$

其中 $o(\Delta x)$ 是比 $\Delta x(\Delta x \to 0)$ 更高阶的无穷小，则称函数 $y=f(x)$ 在点 x 处可微，称 $A\Delta x$ 为 Δy 的线性主部，又称 $A\Delta x$ 为函数 $y=f(x)$ 在点 x 处的微分，记为 $\mathrm{d}y$，即 $\mathrm{d}y=A\Delta x=A\mathrm{d}x$.

根据定义可知，只要能把函数的改变量 Δy 写成这样的表达式 $\Delta y=A\Delta x+o(\Delta x)$，就说函数是可微的，但很多时候按照定义很难写出来，下面就可微的条件和 A 的计算进行讨论.

设函数 $y=f(x)$ 在点 x 可微，则按定义有

$$\frac{\Delta y}{\Delta x} = A + \frac{o(\Delta x)}{\Delta x}$$

对上式取 $\Delta x \to 0$ 的极限，可以得到

$$A = \lim_{\Delta x \to 0} \frac{\Delta y}{\Delta x} - \lim_{\Delta x \to 0} \frac{o(\Delta x)}{\Delta x} = f'(x)$$

因此，如果函数 $y=f(x)$ 在点 x 可微，则 $y=f(x)$ 一定可导，且 $A=f'(x)$.

另一方面，如果函数 $y=f(x)$ 在点 x 可导，由导数的定义有

$$f'(x) = \lim_{\Delta x \to 0} \frac{\Delta y}{\Delta x}$$

根据极限与无穷小的关系，上式可以写为

$$\frac{\Delta y}{\Delta x} = f'(x) + \alpha$$

当 $\Delta x \to 0$ 时，$\alpha \to 0$，所以 $\Delta y = f'(x)\Delta x + o(\Delta x)$.

则上式和微分的定义表达式一致，所以说，如果函数 $y=f(x)$ 在点 x 可导，则 $y=f(x)$ 一定可微.

定理（可微的充要条件） 函数 $y=f(x)$ 在点 x 处可导的充要条件是函数在点 x 可微，并且 $\mathrm{d}y=f'(x)\mathrm{d}x$.

【例2】 求函数 $y=x^3$ 的微分.

解 $\mathrm{d}y=y'\mathrm{d}x$，$y'=3x^2$，所以 $\mathrm{d}y=3x^2\mathrm{d}x$.

【例3】 求函数 $y=x^2+5$ 在点 $x=1$ 处的微分.

解 $y'=2x$，$\mathrm{d}y=y'\mathrm{d}x=2x\mathrm{d}x$，当 $x=1$ 时，$\mathrm{d}y=2\mathrm{d}x$.

【**例 4**】 求函数 $y=x\sin x$ 在点 $x=\dfrac{\pi}{2}$，$\Delta x=0.01$ 时的微分.

解 $y'=\sin x+x\cos x$，$\mathrm{d}y=(\sin x+x\cos x)\,\mathrm{d}x$，

当 $x=\dfrac{\pi}{2}$，$\Delta x=0.01$ 时有

$$\mathrm{d}y\Big|_{\substack{x=\frac{\pi}{2}\\ \Delta x=0.01}}=\left(\sin\frac{\pi}{2}+\frac{\pi}{2}\cos\frac{\pi}{2}\right)\cdot 0.01=0.01$$

说明：

(1) 自变量 x 的改变量 Δx 称为自变量的微分，记作 $\mathrm{d}x$，即 $\mathrm{d}x=\Delta x$；

(2) 函数的改变量 Δy 与函数的微分 $\mathrm{d}y$ 之间有很大区别，下面将要讨论，$\mathrm{d}y\neq\Delta y$；

(3) 函数的微分与自变量的微分的商是导数，即 $\dfrac{\mathrm{d}y}{\mathrm{d}x}=f'(x)$，所以导数又称为"微商".

二、微分的几何意义

为了进一步对微分有了解，首先来看它的几何意义. 在图 2 - 10 中，函数 $y=f(x)$ 在点 $x=x_0$ 处可微，$f'(x_0)$ 是曲线 $y=f(x)$ 在点 $M(x_0,\ y_0)$ 处的切线 MT 的斜率 $\tan\alpha$.

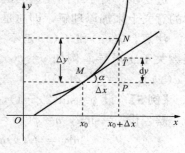

图 2 - 10

从图 2 - 10 中容易看出：

(1) $\mathrm{d}y=f'(x_0)\mathrm{d}x=\tan\alpha\cdot MP=PT$；

(2) $\Delta y=f(x_0+\Delta x)-f(x_0)=PN$.

几何上，函数 $y=f(x)$ 在点 x 处的微分表示为：相应于自变量 x_0 的改变量 Δx，曲线 $y=f(x)$ 在点 $M(x_0,\ y_0)$ 处的切线 MT 上纵坐标的改变量. 当 $|\Delta x|$ 很小时，$|\Delta y-\mathrm{d}y|$ 比 $|\Delta x|$ 还小得多，所以可以用切线段来近似代替曲线段.

三、微分的计算

由定理可知，要计算微分，只需要计算函数的导数，再乘以自变量的微分就可以了.

1. 基本初等函数的微分公式

(1) $\mathrm{d}(c)=0$（c 为常数）；　　(2) $\mathrm{d}(x^\mu)=\mu x^{\mu-1}\mathrm{d}x$；

(3) $\mathrm{d}(\sqrt{x})=\dfrac{1}{2\sqrt{x}}\mathrm{d}x$；　　(4) $\mathrm{d}\left(\dfrac{1}{x}\right)=-\dfrac{1}{x^2}\mathrm{d}x$；

(5) $\mathrm{d}(a^x)=a^x\ln a\,\mathrm{d}x$；　　(6) $\mathrm{d}(\mathrm{e}^x)=\mathrm{e}^x\mathrm{d}x$；

(7) $\mathrm{d}(\log_a x)=\dfrac{1}{x\ln a}\mathrm{d}x$；　　(8) $\mathrm{d}(\ln x)=\dfrac{1}{x}\mathrm{d}x$；

(9) $\mathrm{d}(\sin x)=\cos x\mathrm{d}x$；　　(10) $\mathrm{d}(\cos x)=-\sin x\mathrm{d}x$；

(11) $\mathrm{d}(\tan x)=\sec^2 x\mathrm{d}x$；　　(12) $\mathrm{d}(\cot x)=-\csc^2 x\mathrm{d}x$；

(13) $\mathrm{d}(\sec x)=\sec x\tan x\mathrm{d}x$；　　(14) $\mathrm{d}(\csc x)=-\csc x\cot x\mathrm{d}x$；

(15) $\mathrm{d}(\arcsin x)=\dfrac{1}{\sqrt{1-x^2}}\mathrm{d}x$；　　(16) $\mathrm{d}(\arccos x)=-\dfrac{1}{\sqrt{1-x^2}}\mathrm{d}x$；

(17) $\mathrm{d}(\arctan x)=\dfrac{1}{1+x^2}\mathrm{d}x$；　　(18) $\mathrm{d}(\mathrm{arccot}\,x)=-\dfrac{1}{1+x^2}\mathrm{d}x$.

2. 函数微分的四则运算法则

(1) $d(u \pm v) = du \pm dv$;

(2) $d(uv) = vdu + udv$;

(3) $d(cu) = cdu$，其中 c 为任意常数；

(4) $d\left(\dfrac{u}{v}\right) = \dfrac{vdu - udv}{v^2}$.

3. 微分形式的不变性

如果函数 $y = f(u)$，$u = \varphi(x)$，都是可微的，则

$$dy = f'(u)du, \quad du = \varphi'(x)dx$$

所以 $dy = f'(u)\varphi'(x)dx$.

对于表达式 $dy = f'(u)du$，不论其中的 u 是中间变量还是最终变量，该式都成立，这就是一阶微分形式不变性.

微分形式的不变性最为重要的意义就是说明了可以对于任意的变量取微分，而无论这个变量在函数中所处的地位如何.

进一步，对于中间变量的链导法、反函数求导法、参数方程的求导法，都可以在非常简单的意义上来加以理解，即总是可以把导数看成是两个不同变量的微分的比值.

注意，$f'(u)$ 和 $f'(x)$ 是不一样的，$f'(u)$ 表示函数 $y = f(u)$ 对 u 求导，而 $f'(x)$ 表示函数关于 x 求导. 例如 $y = f(u) = 3u + 2$，$u = 3x^2$，则 $f'(u) = 3$，而 $f'(x) = 18x$. 即 $y = f[\varphi(x)]$，$y' \neq f'[\varphi(x)]$.

【例 5】 设 $y = \sin(2x - 1)$，求 dy.

解 设 $y = \sin u$，$u = \varphi(x) = 2x - 1$，则

$$dy = f'(u)\varphi'(x)dx = \cos u \cdot 2dx = 2\cos(2x - 1)dx$$

【例 6】 设 $y = \ln(2x^2 - 1)$，求 dy.

解 设 $y = \ln u$，$u = 2x^2 - 1$，则

$$dy = f'(u)du = \frac{du}{u}, \quad du = 4xdx$$

所以 $dy = \dfrac{1}{u} \cdot 4xdx$，$dy = \dfrac{4x}{2x^2 - 1}dx$.

【例 7】 求由方程 $e^x \sin y - e^y \sin x = 0$ 所确定的函数，在点 $(0, 2\pi)$ 处的微分.

解 对 $e^x \sin y - e^y \sin x = 0$ 关于 x 求导，有

$$(e^x \sin y + y' e^x \cos y) - (y' e^y \sin x + e^y \cos x) = 0$$

$$y'(e^x \cos y - e^y \sin x) = e^y \cos x - e^x \sin y$$

$$y' = \frac{e^y \cos x - e^x \sin y}{e^x \cos y - e^y \sin x}$$

$$dy = \frac{e^y \cos x - e^x \sin y}{e^x \cos y - e^y \sin x}dx$$

所以 $dy\Big|_{\substack{x=0 \\ y=2\pi}} = \dfrac{e^{2\pi}\cos 0 - e^0 \sin 2\pi}{e^0 \cos 2\pi - e^{2\pi} \sin 0}dx = e^{2\pi}dx$.

四、微分在近似计算中的应用

在近似计算中，经常采用微分把一些比较复杂的公式用简单的近似公式来代替.

根据微分的意义可知，在 $x = x_0$ 处，如果函数可微，并且 Δx 很小时，$|\Delta y - dy|$ 比

$|\Delta x|$ 还小得多，所以有

$$\Delta y \approx \mathrm{d}y = f'(x_0)\Delta x$$

也就是

$$\Delta y = f(x_0 + \Delta x) - f(x_0) \approx f'(x_0)\Delta x$$

从而

$$f(x_0 + \Delta x) \approx f(x_0) + f'(x_0)\Delta x$$

如果 $f(x_0)$ 和 $f'(x_0)$ 都容易计算，那么就能简单近似地计算出 $f(x_0 + \Delta x)$ 的值.

【例 8】 求 $\sqrt[3]{1.02}$ 的近似值.

解 设 $y = f(x) = \sqrt[3]{x}$，$x_0 = 1$，$\Delta x = 0.02$，则

$$f(x) = \sqrt[3]{1.02} \approx f(x_0) + f'(x_0)\Delta x = \sqrt[3]{1} + \frac{1}{3} \cdot 0.02 = 1.0067.$$

【例 9】 有一批半径为 1cm 的球，为减少表面粗糙度，要镀上一层厚度为 0.01cm 的铜，估计每只球需要用铜多少 g（铜的密度为 $8.9\mathrm{g/cm}^3$）.

解 所镀铜的体积为球半径从 1cm 增加 0.01cm 时球体的增量，故由 $V = \frac{4}{3}\pi r^3$ 知，所镀铜的体积为

$$\Delta V \approx \mathrm{d}V = 4\pi r^2 \Delta r = 4\pi \cdot 0.01 = 0.04\pi$$

其质量为 $m = 0.04\pi \cdot 8.9 = 1.2(\mathrm{g})$.

在 $|x|$ 很小的时候，有以下常用的近似计算公式：

（1）$\sqrt[n]{1+x} \approx 1 + \frac{1}{n}x$ 或者 $(1+x)^\mu \approx 1 + \mu x$；（2）$\sin x \approx x$；（3）$\tan x \approx x$；（4）$\mathrm{e}^x \approx 1 + x$；（5）$\ln(1+x) \approx x$.

习 题 2-6

1. 将适当的函数填入下列括号中，使等式成立：

（1）$\mathrm{d}(\quad) = a\mathrm{d}x$；　　　　　（2）$\mathrm{d}(\quad) = 4x\mathrm{d}x$；

（3）$\mathrm{d}(\quad) = \cos x\mathrm{d}x$；　　　　（4）$\mathrm{d}(\quad) = \sin x\mathrm{d}x$；

（5）$\mathrm{d}(\quad) = \dfrac{1}{1+x}\mathrm{d}x$；　　　（6）$\mathrm{d}(\quad) = \mathrm{e}^{-x}\mathrm{d}x$；

（7）$\mathrm{d}(\quad) = \dfrac{1}{\sqrt[3]{x}}\mathrm{d}x$；　　　（8）$\mathrm{d}(\quad) = \sec^2 2x\mathrm{d}x$.

2. 求下列函数的微分：

（1）$y = x\sin 2x$；　　　　　　（2）$y = \ln(1+x)$；

（3）$y = \ln\sin 2x$；　　　　　　（4）$y = \sqrt{a^2 + x^2}$；

（5）$y = \sin\dfrac{1}{x}$；　　　　　　（6）$y = x^2 + \sin 2x$；

（7）$y = x(\sin 2x + \cos 2x)$；　　（8）$y = (\mathrm{e}^x + \mathrm{e}^{-x})^2$.

3. 求函数 $x^2 + xy + y^2 = 4$ 在点 $(0, 2)$ 处的微分.

4. 利用微分求下列各式的近似值：

（1）$e^{1.001}$；

（2）$\sqrt[5]{1.002}$；

（3）$\dfrac{1}{\sqrt{99.9}}$；

（4）$\tan 45°30'$.

5. 设扇形的圆心角 $\alpha=60°$，半径 $R=100$cm，如果 R 不变，圆心角 α 增加了 $30'$，问扇形面积大约增加多少？若不改变 α，要使扇形面积增加同样大小，需半径 R 大约增加多少？

本 章 小 结

一、基本要求

（1）理解导数的概念，掌握导数的几何意义，会用导数描述一些物理量.

（2）掌握函数的可导性与连续性之间的关系.

（3）能计算平面曲线的切线和法线方程.

（4）掌握导数的四则运算法则和复合函数的求导法则，掌握基本初等函数的导数公式，能计算初等函数的导数.

（5）了解隐函数的概念，掌握隐函数求导法，了解由参数方程所确定的函数的求导法，了解反函数的导数.

（6）理解微分的概念，理解导数与微分的关系.

（7）掌握微分的四则运算法则，掌握函数一阶微分形式不变性.

（8）了解微分在近似计算中的应用.

（9）了解高阶导数的概念，掌握初等函数二阶导数的求法.

二、常用公式

1. 导数的定义表达式

$$y'\Big|_{x=x_0}=\lim_{\Delta x\to 0}\frac{\Delta y}{\Delta x}=\lim_{\Delta x\to 0}\frac{f(x_0+\Delta x)-f(x_0)}{\Delta x}$$

$$y'=\lim_{\Delta x\to 0}\frac{\Delta y}{\Delta x}=\lim_{\Delta x\to 0}\frac{f(x+\Delta x)-f(x)}{\Delta x}$$

2. 曲线的切线方程：$y-y_0=f'(x_0)(x-x_0)$，

曲线的法线方程：$y-y_0=-\dfrac{1}{f'(x_0)}(x-x_0)$.

3. 函数和、差、积、商的求导法则

$(u\pm v)'=u'\pm v'$，　　　　　　$(uv)'=u'v+uv'$，

$(cu)'=cu'$，　　　　　　$\left(\dfrac{u}{v}\right)'=\dfrac{u'v-uv'}{v^2}$.

4. 复合函数求导法则

$$\frac{dy}{dx}=\frac{dy}{du}\frac{du}{dx}\text{ 或 }y'=f'(u)\varphi'(x)$$

5. 参数方程求导法则

$$\frac{dy}{dx}=\frac{\dfrac{dy}{dt}}{\dfrac{dx}{dt}}$$

6. 高阶导数

$$y'' = (y')' \text{ 或} \frac{\mathrm{d}^2 y}{\mathrm{d}x^2} = \frac{\mathrm{d}}{\mathrm{d}x}\left(\frac{\mathrm{d}y}{\mathrm{d}x}\right)$$

7. 函数的微分

$$\mathrm{d}y = f(x)\mathrm{d}x$$

8. 微分在近似计算中的应用公式

$$f(x_0 + \Delta x) \approx f(x_0) + f'(x_0)\Delta x$$

复习题二

1. 判断题:

(1) 函数的微分等于函数的增量; (   )

(2) 若函数 $y = f(x)$ 在 $x = x_0$ 处可导,则函数 $y = f(x)$ 在 $x = x_0$ 连续; (   )

(3) 如果函数 $y = f(x)$ 在 $x = x_0$ 处不可导,则曲线在点 $(x_0, f(x_0))$ 处的切线不存在;

(   )

(4) $\left[\sin(1 - x^2)\right]' = -2x\sin(1 - x^2)$; (   )

(5) $\mathrm{d}(\cos\sqrt{x^2 + 1}) = -\sin\sqrt{x^2 + 1}\mathrm{d}(x^2 + 1)$; (   )

(6) 若函数 $y = f(x)$ 在 $x = x_0$ 处可导,则函数 $y = f(x)$ 在 $x = x_0$ 可微. (   )

2. 选择题:

(1) 函数 $y = f(x)$ 在 $x = x_0$ 处可导,则 $\lim\limits_{\Delta x \to 0}\dfrac{f(x_0 - \Delta x) - f(x_0)}{\Delta x} = ($ $)$;

A. $f'(x_0)$ B. $-f'(x_0)$ C. $f'(-x_0)$ D. $f(x_0)$

(2) 函数 $y = f(x)$ 在 $x = x_0$ 处可导,则 $\lim\limits_{\Delta x \to 0}\dfrac{f(x_0 - \Delta x) - f(x_0 + \Delta x)}{\Delta x} = ($ $)$;

A. $f'(x_0)$ B. $-f'(x_0)$ C. $2f'(x_0)$ D. $-2f'(x_0)$

(3) 若函数 $y = f(x)$ 为偶函数,且在区间 $(-a, a)$ 内可导,对任一点 $x \in (-a, a)$,则 $f'(-x) = ($ $)$;

A. $f'(x)$ B. $-f'(x)$ C. $2f'(x)$ D. $-2f'(x)$.

(4) 函数 $y = f(x)$ 在 $x = x_0$ 处可导,且 $f'(x_0) = -5$,则曲线 $y = f(x)$ 在点 $(x_0, f(x_0))$ 处的切线与 x 轴 (   );

A. 平行   B. 垂直   C. 夹角是锐角   D. 夹角是钝角

(5) 已知 $f(x) = \begin{cases} 2x + a, & x \leqslant 0 \\ x^2, & x > 0 \end{cases}$ 在 $x = 0$ 处连续,则 $a = ($ $)$;

A. 1   B. 2   C. 0   D. -1

(6) 若 $f(x)$ 可导,且 $y = f(\ln^2 x)$,则 $\dfrac{\mathrm{d}y}{\mathrm{d}x} = ($ $)$.

A. $f'(\ln^2 x)$ B. $2\ln x f'(\ln^2 x)$

C. $\dfrac{2\ln x}{x}\left[f(\ln^2 x)\right]'$ D. $\dfrac{2\ln x}{x}\left[f'(\ln^2 x)\right]$

3. 求抛物线 $y = x^2$ 上点 $x = 3$ 处的切线方程.

4. 当 x 取哪些值时，抛物线 $y=x^2$ 与曲线 $y=x^3$ 的切线平行？

5. 求下列各函数的导数：

(1) $y=(x-a)(x-b)$;

(2) $y=x^a(x^b+b)(a$、b 为常数$)$;

(3) $y=x(1-\cos x)\ln x$;

(4) $y=x(2x^2-1)$;

(5) $y=(x-2)(x-1)(x+1)$;

(6) $y=\sqrt{\dfrac{x-1}{x+1}}$;

(7) $y=x\arctan\dfrac{x}{2}-\ln(x^2+4)$;

(8) $y=\dfrac{\sqrt{x+1}+\sqrt{x+2}}{\sqrt{x+1}-\sqrt{x+2}}$;

(9) $y=\ln\sin^2\dfrac{1}{x}$;

(10) $y=x\sqrt{x^2+1}+\ln(x+\sqrt{x^2+1})$.

6. 求下列隐函数的导数：

(1) $x^2+y^2+3xy=6$;

(2) $y^2-2xy+1=0$;

(3) $y=x+\ln y$;

(4) $y=xe^y$.

7. 求下列函数的二阶导数：

(1) $y=e^{-2x}\sin 3x$;

(2) $y=(1+\ln x)^3$;

(3) $y=\ln(1+x^2)$;

(4) $y=(1+x^2)\arctan x$.

8. 已知 $xy=\sin(\pi y^2)$，求 $y'\big|_{\substack{x=0\\y=1}}$ 及 $y''\big|_{\substack{x=0\\y=-1}}$.

9. 求下列各函数的微分：

(1) $y=3x^2+\sin 2x$;

(2) $y=x\ln 2x$;

(3) $y=x\arccos x-\sqrt{1-x^2}$;

(4) $y=e^{2x}\ln 2x$;

(5) $y=e^{\sin 2x}$;

(6) $y=1+xe^y$.

10. 求下列各式的近似值：

(1) $\sqrt[5]{0.95}$;

(2) $\ln 1.01$;

(3) $\cos 29^0$;

(4) $\sqrt[6]{65}$.

11. 已知 $y=x^3-3x^2+2$，当 x 为何值时，$y'=0$，$y'>0$，$y'<0$?

12. 当 a 与 b 取何值时，才能使曲线 $y=\ln\dfrac{x}{e}$ 与曲线 $y=ax^2+bx$ 在 $x=1$ 处有相同的切线？

第三章 导数的应用

微分学在自然科学与工程技术上都有极其广泛的应用. 本章将介绍计算未定型极限的新方法——洛必达法则，并且以导数为工具，讨论函数的特性，解决一些常见的应用问题.

第一节 中值定理与洛必达法则

中值定理主要包括三个，罗尔中值定理、拉格朗日中值定理和柯西中值定理，其中罗尔中值定理是拉格朗日中值定理的特殊情况，柯西中值定理是拉格朗日中值定理的推广.

一、中值定理

定理 1 （拉格朗日中值定理）如果函数 $f(x)$ 满足：

（1）在闭区间 $[a，b]$ 上连续；

（2）在开区间 $(a，b)$ 内可导.

则至少存在一点 $\xi \in (a，b)$，使得

$$\frac{f(b)-f(a)}{b-a} = f'(\xi)$$

拉格朗日中值定理的几何意义是：如果连续曲线 $y=f(x)$ 的弧 AB 上除端点外处处具有不垂直于 x 轴的切线，那么这弧上至少有一点 C，使曲线在 C 点的切线平行弦 $\overline{AB}$，如图 3-1 所示.

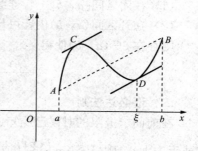

推论 如果函数 $f(x)$ 在区间 $(a，b)$ 内，恒有 $f'(x) \equiv 0$，则 $f(x)$ 在区间 $(a，b)$ 内恒等于常数.

图 3-1

【例 1】 证明 $\arcsin x + \arccos x = \dfrac{\pi}{2}(-1 \leqslant x \leqslant 1)$.

证 设 $f(x) = \arcsin x + \arccos x$，$x \in [-1，1]$，

由于 $f'(x) = \dfrac{1}{\sqrt{1-x^2}} + \left(-\dfrac{1}{\sqrt{1-x^2}}\right) = 0$，所以 $f(x) \equiv C$，$x \in (-1，1)$.

当 $x=-1$ 时，$f(-1) = \arcsin(-1) + \arccos(-1) = \dfrac{\pi}{2}$；

当 $x=1$ 时，$f(1) = \arcsin 1 + \arccos 1 = \dfrac{\pi}{2}$.

又 $f(0) = \arcsin 0 + \arccos 0 = \dfrac{\pi}{2}$，即 $C = \dfrac{\pi}{2}$，

故 $\arcsin x + \arccos x = \dfrac{\pi}{2}$，$x \in [-1，1]$.

【例 2】 证明当 $x>0$ 时，$\dfrac{x}{1+x} < \ln(1+x) < x$.

证 设 $f(x) = \ln(1+x)$，则 $f(x)$ 在 $[0，x]$ 上满足拉格朗日定理的条件，有

$$f(x) - f(0) = f'(\xi)(x - 0) \quad (0 < \xi < x)$$

又 $f(0) = 0$，$f'(x) = \dfrac{1}{1+x}$，所以 $\ln(1+x) = \dfrac{x}{1+\xi}$.

而 $0 < \xi < x$，所以 $1 < \xi + 1 < 1 + x$.

则 $\dfrac{1}{1+x} < \dfrac{1}{1+\xi} < 1$，从而 $\dfrac{x}{1+x} < \dfrac{x}{1+\xi} < x$，即 $\dfrac{x}{1+x} < \ln(1+x) < x$.

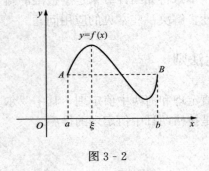

图 3 - 2

对于拉格朗日中值定理，当 $f(a) = f(b)$ 时，便是罗尔中值定理，如图 3 - 2 所示.

定理 2（罗尔中值定理）　设函数 $f(x)$ 满足

(1) 在闭区间 $[a, b]$ 上连续；

(2) 在开区间 (a, b) 内可导；

(3) $f(a) = f(b)$.

则至少存在一点 $\xi \in (a, b)$，使得 $f'(\xi) = 0$.

【例 3】　对函数 $f(x) = x^2 - 2x - 3$ 在区间 $[-1, 3]$ 上验证罗尔中值定理的正确性.

解　因为函数 $f(x) = x^2 - 2x - 3 = (x - 3)(x + 1)$ 在 $[-1, 3]$ 上连续，在 $(-1, 3)$ 上可导，且 $f(-1) = f(3) = 0$，又 $f'(x) = 2(x - 1)$，取 $\xi = 1$（$1 \in (-1, 3)$），有 $f'(\xi) = 0$.

对于拉格朗日中值定理的推广，便得到柯西中值定理.

定理 3（柯西中值定理）　设函数 $f(x)$ 和 $g(x)$ 满足：

(1) 在闭区间 $[a, b]$ 上皆连续；

(2) 在开区间 (a, b) 内皆可导，且 $g'(x) \neq 0$.

则存在 $\xi \in (a, b)$ 使得

$$\frac{f(b) - f(a)}{g(b) - g(a)} = \frac{f'(\xi)}{g'(\xi)} \quad (a < \xi < b).$$

二、洛必达法则

在前面求极限的时候已经知道，若当 $x \to x_0$（或 $x \to \infty$）时，函数 $f(x)$ 和 $g(x)$ 都趋于零（或无穷大），则极限 $\lim\limits_{x \to x_0} \dfrac{f(x)}{g(x)}\left(\text{或}\lim\limits_{x \to \infty} \dfrac{f(x)}{g(x)}\right)$ 可能存在，也可能不存在，通常称为 $\dfrac{0}{0}$ 型和 $\dfrac{\infty}{\infty}$ 型未定式. 前面通常采用消去法或者使用重要极限等手段求解，现在利用柯西中值定理来推出一种简便并且重要的计算方法.

定理 4（洛必达法则）　如果函数 $f(x)$ 和 $g(x)$ 在包含 x_0 的小开区间内可导，且 $g'(x) \neq 0$，满足：

(1) $\lim\limits_{x \to x_0} f(x) = \lim\limits_{x \to x_0} g(x) = 0$（或 ∞）；

(2) $\lim\limits_{x \to x_0} \dfrac{f'(x)}{g'(x)} = A$　（A 为一常数或者无穷大），

则 $\lim\limits_{x \to x_0} \dfrac{f(x)}{g(x)} = \lim\limits_{x \to x_0} \dfrac{f'(x)}{g'(x)}$.

洛必达法则的两种形式：

(1) $\dfrac{0}{0}$ 型不定式：$\lim\limits_{x \to x_0} \dfrac{f(x)}{g(x)} \overset{\frac{0}{0}}{=} \lim\limits_{x \to x_0} \dfrac{f'(x)}{g'(x)}$；

（2）$\dfrac{\infty}{\infty}$型不定式：$\lim\limits_{x\to x_0}\dfrac{f(x)}{g(x)}\overset{\frac{\infty}{\infty}}{=}\lim\limits_{x\to x_0}\dfrac{f'(x)}{g'(x)}$.

此定理中 $x\to x_0$ 换为 $x\to\infty$（或其他情形），结论也成立.

【例 4】 求 $\lim\limits_{x\to0}\dfrac{e^x-1}{x}$.

解 原式 $\overset{\frac{0}{0}}{=}\lim\limits_{x\to0}\dfrac{e^x}{1}=\lim\limits_{x\to0}e^x=1$.

【例 5】 求 $\lim\limits_{x\to0}\dfrac{(1+x)^\mu-1}{x}$.

解 原式 $\overset{\frac{0}{0}}{=}\lim\limits_{x\to0}\dfrac{\mu(1+x)^{\mu-1}}{1}=\mu\lim\limits_{x\to0}(1+x)^{\mu-1}=\mu$.

［例 4］、［例 5］就是第一章第五节 ［例 8］.

【例 6】 求 $\lim\limits_{x\to0}\dfrac{\cos x-1}{x^2}$.

解 原式 $\overset{\frac{0}{0}}{=}\lim\limits_{x\to0}\dfrac{-\sin x}{2x}=-\dfrac{1}{2}\lim\limits_{x\to0}\dfrac{\sin x}{x}=-\dfrac{1}{2}$.

【例 7】 求 $\lim\limits_{x\to0^+}\dfrac{\ln\sin2x}{\ln\sin3x}$.

解 原式 $\overset{\frac{\infty}{\infty}}{=}\lim\limits_{x\to0^+}\dfrac{\dfrac{2\cos2x}{\sin2x}}{\dfrac{3\cos3x}{\sin3x}}=\lim\limits_{x\to0^+}\dfrac{2\sin3x\cos2x}{3\sin2x\cos3x}$

$=\lim\limits_{x\to0^+}\dfrac{2\sin3x}{3\sin2x}\overset{\frac{0}{0}}{=}\lim\limits_{x\to0^+}\dfrac{\cos3x}{\cos2x}=1$.

这个例子说明：洛必达法则只要满足条件，可以多次使用.

【例 8】 求 $\lim\limits_{x\to+\infty}\dfrac{x^n}{e^x}$.

解 原式 $\overset{\frac{\infty}{\infty}}{=}\lim\limits_{x\to+\infty}\dfrac{nx^{n-1}}{e^x}\overset{\frac{\infty}{\infty}}{=}\lim\limits_{x\to+\infty}\dfrac{n(n-1)x^{n-2}}{e^x}\overset{\frac{\infty}{\infty}}{=}\cdots$

$\overset{\frac{\infty}{\infty}}{=}\lim\limits_{x\to+\infty}\dfrac{n!}{e^x}=0$.

注意：在使用洛必达法则时，一定要判断是否满足洛必达法则的条件，如果不是，则应停止，并换用其他方法求解.

【例 9】 求 $\lim\limits_{x\to+\infty}\dfrac{x+\cos x}{x}$.

解 这是 $\dfrac{\infty}{\infty}$ 型不定式，如果用洛必达法则，有

$$\lim\limits_{x\to+\infty}\dfrac{x+\cos x}{x}=\lim\limits_{x\to+\infty}\dfrac{1-\sin x}{1}=\lim\limits_{x\to+\infty}(1-\sin x).$$

因 $\lim\limits_{x\to+\infty}\sin x$ 不存在，所以不能使用洛必达法则. 用前面所学知识求极限.

$$\lim_{x \to +\infty} \frac{x+\cos x}{x} = \lim_{x \to +\infty} \frac{1+\frac{1}{x}\cos x}{1} = 1 + \lim_{x \to +\infty} \frac{1}{x}\cos x = 1+0 = 1.$$

【例 10】　求 $\lim\limits_{x \to +\infty} \dfrac{\sqrt{1+x^2}}{x}$.

解　这是 $\dfrac{\infty}{\infty}$ 型不定式，如果用洛必达法则，

$$原式 = \lim_{x \to +\infty} \frac{\frac{2x}{2\sqrt{1+x^2}}}{1} = \lim_{x \to +\infty} \frac{x}{\sqrt{1+x^2}}$$

$$= \lim_{x \to +\infty} \frac{1}{\frac{2x}{2\sqrt{1+x^2}}} = \lim_{x \to +\infty} \frac{\sqrt{1+x^2}}{x}.$$

显然洛必达法则也失去作用，用前面所学知识求极限.

$$原式 = \lim_{x \to +\infty} \sqrt{\frac{1+x^2}{x^2}} = \lim_{x \to +\infty} \sqrt{1+\frac{1}{x^2}} = 1.$$

能用洛必达法则求极限的，除了上面两种基本形式，还有以下一些可以转化为基本形式的极限：

(1) $0 \cdot \infty$ 型，$0 \cdot \infty \Rightarrow \dfrac{1}{\infty} \cdot \infty$ 或 $0 \cdot \infty \Rightarrow 0 \cdot \dfrac{1}{0}$.

【例 11】　求 $\lim\limits_{x \to +\infty} x^{-2}\mathrm{e}^x.$　（$0 \cdot \infty$ 型）

解　原式 $= \lim\limits_{x \to +\infty} \dfrac{\mathrm{e}^x}{x^2} \overset{\frac{\infty}{\infty}}{=\!=} \lim\limits_{x \to +\infty} \dfrac{\mathrm{e}^x}{2x} \overset{\frac{\infty}{\infty}}{=\!=} \lim\limits_{x \to +\infty} \dfrac{\mathrm{e}^x}{2} = +\infty.$

(2) $\infty - \infty$ 型，$\infty - \infty \Rightarrow \dfrac{1}{0} - \dfrac{1}{0} \Rightarrow \dfrac{0-0}{0 \cdot 0}.$

【例 12】　求 $\lim\limits_{x \to 0}\left(\dfrac{1}{\sin x} - \dfrac{1}{x}\right).$　（$\infty - \infty$ 型）

解　原式 $= \lim\limits_{x \to 0} \dfrac{x - \sin x}{x\sin x} \overset{\frac{0}{0}}{=\!=} \lim\limits_{x \to 0} \dfrac{1-\cos x}{\sin x + x\cos x} \overset{\frac{0}{0}}{=\!=} \lim\limits_{x \to 0} \dfrac{\sin x}{2\cos x - x\sin x} = 0.$

(3) 0^0，1^∞，∞^0 型，这里采用对数法分别将它们转化为 $\dfrac{0}{0}$ 型和 $\dfrac{\infty}{\infty}$ 型两种基本形式.

【例 13】　求 $\lim\limits_{x \to 1} x^{\frac{1}{1-x}}.$　（1^∞ 型）

解　设 $\lim\limits_{x \to 1} x^{\frac{1}{1-x}} = A$，两边取对数

$$\ln A = \ln \lim_{x \to 1} x^{\frac{1}{1-x}} = \lim_{x \to 1} \frac{1}{1-x}\ln x = \lim_{x \to 1} \frac{\ln x}{1-x}$$

$$\overset{\frac{0}{0}}{=\!=} \lim_{x \to 1} \frac{\frac{1}{x}}{-1} = -\lim_{x \to 1} \frac{1}{x} = -1,$$

所以 $A = \mathrm{e}^{-1} = \dfrac{1}{\mathrm{e}}$，即 $\lim\limits_{x \to 1} x^{\frac{1}{1-x}} = \dfrac{1}{\mathrm{e}}.$

【例 14】　求 $\lim\limits_{x \to +0} x^x.$　（0^0 型）

解 设 $\lim\limits_{x\to+0}x^x=A$，两边取对数

$$\ln A=\ln\lim\limits_{x\to+0}x^x=\lim\limits_{x\to+0}\ln x^x=\lim\limits_{x\to+0}x\ln x=\lim\limits_{x\to+0}\dfrac{\ln x}{\dfrac{1}{x}}$$

$$\overset{\frac{\infty}{\infty}}{=}\lim\limits_{x\to+0}\dfrac{\dfrac{1}{x}}{-\dfrac{1}{x^2}}=-\lim\limits_{x\to+0}x=0,$$

所以 $A=e^0=1$，即 $\lim\limits_{x\to+0}x^x=1$.

习 题 3 - 1

1. 下列函数在指定区间上是否满足拉格朗日中值定理，如果满足找出使定理成立的 ξ 的值.

(1) $f(x)=2x^2+x+1$，$[-1,3]$；　　　(2) $f(x)=\sqrt[3]{x^2}$，$[-1,2]$.

2. 用洛必达法则求下列极限：

(1) $\lim\limits_{x\to1}\dfrac{\ln x}{x-1}$；

(2) $\lim\limits_{x\to0}\dfrac{a^x-b^x}{x}$；

(3) $\lim\limits_{x\to a}\dfrac{x^m-a^m}{x^n-a^n}$　$(m,n\ne0)$；

(4) $\lim\limits_{x\to\pi}\dfrac{\sin3x}{\tan5x}$；

(5) $\lim\limits_{x\to+\infty}\dfrac{\ln\ln x}{x}$；

(6) $\lim\limits_{x\to2}\dfrac{\ln(x^2-3)}{x^2-4}$；

(7) $\lim\limits_{x\to0}\dfrac{\cos x-\cos2x}{x^2}$；

(8) $\lim\limits_{x\to0}\dfrac{x-\arcsin x}{x^3}$；

(9) $\lim\limits_{x\to1}(x-1)\tan\dfrac{\pi x}{2}$；

(10) $\lim\limits_{x\to0}\left(\dfrac{1}{x}-\dfrac{1}{e^x-1}\right)$；

(11) $\lim\limits_{x\to0}x^2e^{\frac{1}{x^2}}$；

(12) $\lim\limits_{x\to0}(2\sin x+\cos x)^{\frac{1}{x}}$.

3. 求极限：(1) $\lim\limits_{x\to\infty}\dfrac{x-\sin x}{2x+\cos x}$；(2) $\lim\limits_{x\to+\infty}\dfrac{e^x+e^{-x}}{e^x-e^{-x}}$；(3) $\lim\limits_{x\to0}\dfrac{x^2\sin\dfrac{1}{x}}{\sin x}$.

4. 证明下面结论：

(1) 当 $x>0$ 时，$\dfrac{x}{1+x^2}<\arctan x<x$；

(2) 方程 $x^5+x-1=0$ 只有一个正根.

第二节　函数的单调性、极值

一、函数的单调性

如果函数 $y=f(x)$ 在 (a,b) 上单调增加（或单调减少），那么它的图形是一条沿 x 轴正向上升（或下降）的曲线，这时曲线的各点处的切线斜率是非负的（或非正的），即 $y'=f'(x)\geqslant0$〔或 $y'=f'(x)\leqslant0$〕. 由此可见，函数的单调性与导数的符号有着密切的关系，如

图 3-3 所示.

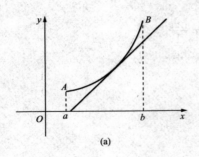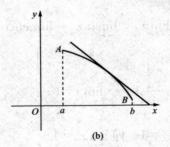

图 3-3

定理 1（函数单调性的判定法）　设函数 $y=f(x)$ 在 $[a,b]$ 上连续，在 (a,b) 内可导，则：

(1) 如果在 (a,b) 内 $f'(x)>0$，那么函数 $y=f(x)$ 在 $[a,b]$ 上单调增加；

(2) 如果在 (a,b) 内 $f'(x)<0$，那么函数 $y=f(x)$ 在 $[a,b]$ 上单调减少.

证　在 $[a,b]$ 上任取两点 x_1，x_2 $(x_1<x_2)$，由拉格朗日中值定理，有

$$f(x_2)-f(x_1)=f'(\xi)(x_2-x_1) \quad (x_1<\xi<x_2)$$

由于 $x_2-x_1>0$，如果在 (a,b) 内导数 $f'(x)$ 保持正号，即 $f'(x)>0$，那么 $f'(\xi)>0$，于是

$$f(x_2)-f(x_1)=f'(\xi)(x_2-x_1)>0$$

从而 $f(x_1)<f(x_2)$，因此函数 $y=f(x)$ 在 $[a,b]$ 上单调增加.

同理可证：若在 (a,b) 内 $f'(x)<0$，那么函数 $y=f(x)$ 在 $[a,b]$ 上单调减少.

注意：有的可导函数仅在有限个点处导数为零，在其余点处导数均为正（或负），则函数在该区间内仍然单调增加（或单调减少）. 例如，幂函数 $y=x^3$ 的导数 $y'=3x^2$，只有当 $x=0$ 时，$y'=0$，而当 $x\neq0$ 时，$y'>0$，因而幂函数 $y=x^3$ 在 $(-\infty,+\infty)$ 内单调增加.

【例 1】　判定函数 $y=x-\sin x$ 在 $[0,2\pi]$ 上的单调性.

解　因为在 $(0,2\pi)$ 内 $y'=1-\cos x>0$，由判定法可知函数 $y=x-\sin x$ 在 $[0,2\pi]$ 上单调增加.

【例 2】　讨论函数 $y=e^x-x-1$ 的单调性（见图 3-4）.

解　函数的定义域为 $(-\infty,+\infty)$. $y'=e^x-1$，令 $y'=0$，得 $x=0$.

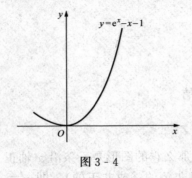

图 3-4

当 $x>0$ 时，$y'>0$，函数单调增加；

当 $x<0$ 时，$y'<0$，函数单调减少.

所以，函数 $y=e^x-x-1$ 在 $(-\infty,0]$ 上单调减少，在 $[0,+\infty)$ 上单调增加.

使 $f'(x_0)=0$ 的点 x_0 称为驻点. 通过 [例 2]，可以得出确定函数 $f(x)$ 单调性的一般步骤是：

(1) 确定函数的定义域；

(2) 求使 $f'(x)=0$ 的点即驻点（有导数不存在的点也要讨论），并以这些点把定义域区间分成若干个子区间；

(3) 确定 $f'(x)$ 在各子区间的符号，从而判定 $f(x)$ 的单调性（可以列表表示单调性）.

【例 3】 确定函数 $f(x)=2x^3-9x^2+12x-5$ 的单调区间.

解 定义域为 $(-\infty, +\infty)$,

$f'(x)=6x^2-18x+12=6(x-1)(x-2)$.

令 $f'(x)=0$, 即 $6(x-1)(x-2)=0$, 解之得 $x_1=1$, $x_2=2$. $f(x)$ 的单调性列表如下:

x	$(-\infty, 1)$	1	$(1, 2)$	2	$(2, +\infty)$
$f'(x)$	+	0	−	0	+
$f(x)$	↗		↘		↗

所以函数 $f(x)=2x^3-9x^2+12x-5$ 在 $(-\infty, 1]$、$[2, +\infty)$ 单调增加;在 $[1, 2]$ 单调减少.

【例 4】 证明:当 $x>1$ 时, $e^x>ex$.

证 令 $f(x)=e^x-ex$, 则 $f(x)$ 在 $[1, +\infty)$ 上连续,且 $f(1)=0$.

在 $(1, +\infty)$ 内有 $f'(x)=e^x-e>0$, 由定理 1 知 $f(x)$ 在 $[1, +\infty)$ 上单调增加. 所以,当 $x>1$ 时, $f(x)>f(1)=0$, 即 $e^x-ex>0$, 从而 $e^x>ex$.

二、函数的极值

定义(极值的定义) 设函数 $f(x)$ 在 x_0 及其左右近旁有定义,如果对于 x_0 近旁的任意的 x, 均有 $f(x_0)<f(x)$ [或 $f(x_0)>f(x)$], 则称 $f(x_0)$ 是函数 $f(x)$ 的一个极大值(或极小值). 函数的极大值与极小值统称为函数的极值,使函数取得极值的点称为极值点.

根据定义,在图 3-5 中,函数的极值有 4 个,其中极大值 2 个,分别是点 A 和 C 对应的函数值;极小值 2 个,分别是点 B 和 D 对应的函数值.

函数的极值是个局部概念,由前面的讨论知道,在函数取得极值处,曲线上的切线是水平的. 但曲线上有水平切线的地方,函数不一定取得极值. 这样就提供了寻找极值的方法:

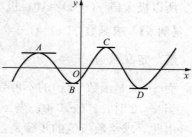

图 3-5

定理 2(极值存在的必要条件) 设函数 $f(x)$ 在点 x_0 处可导,且在 x_0 处取得极值,那么函数在 x_0 处的导数为零,即 $f'(x_0)=0$.

由定理 2 知道可导函数取得极值时, $f'(x_0)=0$ 一定成立,但是满足 $f'(x_0)=0$ 的点,即驻点处都能取得极值吗?

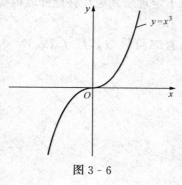

图 3-6

考察函数 $f(x)=x^3$ 在 $x=0$ 处的情况,如图 3-6 所示,由于 $f'(x)=3x^2$, 显然 $x=0$ 是函数 $f(x)=x^3$ 的驻点,但 $x=0$ 却不是函数的极值点.

定理 3(第一种充分条件) 设函数 $f'(x)$ 在点 x_0 处连续,在 x_0 的左右近旁可导,且 $f'(x_0)=0$.

(1) 若 x 取 x_0 的左侧近旁时, $f'(x)>0$, 而 x 取 x_0 的右侧近旁时, $f'(x)<0$ 时,则函数 $f(x)$ 在 x_0 处取得极大值(见图 3-7);

(2) 若 x 取 x_0 的左侧近旁时, $f'(x)<0$, 而 x 取 x_0 的

右侧近旁时，$f'(x) > 0$ 时，则函数 $f'(x)$ 在 x_0 处取得极小值（见图 3 - 8）；

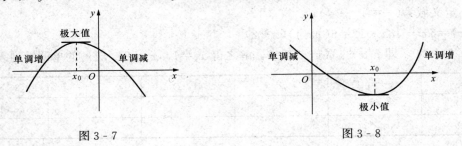

图 3 - 7　　　　　　　　　　　　　　　　图 3 - 8

（3）若 x 取 x_0 的左右近旁的值时，$f'(x)$ 的符号不变，则函数 $f'(x)$ 在 x_0 处没有极值［函数的导数 $f'(x)$ 在 $x = x_0$ 的左右两边同号，则没有极值］.

【例 5】 求出函数 $f(x) = x^3 - 3x^2 - 9x + 5$ 的极值.

解 定义域为 $(-\infty, +\infty)$，$f'(x) = 3x^2 - 6x - 9 = 3(x+1)(x-3)$，

令 $f'(x) = 0$，即 $3(x+1)(x-3) = 0$，得 $x_1 = -1$，$x_2 = 3$. $f(x)$ 的单调性列表如下：

x	$(-\infty, -1)$	-1	$(-1, 3)$	3	$(3, +\infty)$
$f'(x)$	$+$	0	$-$	0	$+$
$f(x)$	↗	极大值	↘	极小值	↗

所以极大值 $f(-1) = 10$，极小值 $f(3) = -22$.

【例 6】 求函数 $f(x) = 1 - \sqrt[3]{(x-2)^2}$ 的极值.

解 定义域为 $(-\infty, +\infty)$，$f'(x) = -\dfrac{2}{3}(x-2)^{-\frac{1}{3}} (x \neq 2)$.

而 $x = 2$ 是函数 $f(x)$ 的不可导点，

当 $x < 2$ 时，$f'(x) > 0$；当 $x > 2$ 时，$f'(x) < 0$. 所以 $f(2) = 1$ 是函数 $f(x)$ 的极大值.

由此，求函数极值的步骤是：

（1）确定函数的定义域；

（2）求出全部驻点（或导数不存在的点），并以这些点把定义域区间分成若干个子区间；

（3）确定 $f'(x)$ 在各子区间的符号，利用定理 3 确定是否是极值点，是极大点还是极小点；

（4）求出各极值点的函数值.

当函数在驻点处的二阶导数存在且不为零时，也可利用以下定理来判定在驻点处取得极大值还是极小值.

定理 4（第二种充分条件）　设函数 $f(x)$ 在点 x_0 处具有二阶导数，且 $f'(x_0) = 0$，$f''(x_0) \neq 0$，那么：

（1）当 $f''(x_0) < 0$ 时，函数 $f(x)$ 在 x_0 处取得极大值；

（2）当 $f''(x_0) > 0$ 时，函数 $f(x)$ 在 x_0 处取得极小值.

【例 7】 求函数 $f(x) = x^3 + 3x^2 - 24x - 20$ 的极值.

解 $f'(x) = 3x^2 + 6x - 24 = 3(x+4)(x-2)$，驻点 $x_1 = -4$，$x_2 = 2$.

而 $f''(x) = 6x + 6$，$f''(-4) = -18 < 0$，$f''(2) = 18 > 0$.

所以，极大值是 $f(-4)=60$；极小值是 $f(2)=-48$.

注意：在定理 4 中，$f''(x_0)\neq0$. 若 $f''(x_0)=0$，仍然只有用第一充分条件来判定. 如 $f(x)=x^4$，$f'(x)=4x^3$，$f''(x)=12x^2$，$f'(0)=0(x=0$ 是驻点$)$，$f''(0)=0$，由定理 3 可以判定 $f(0)=0$ 是极小值.

习　题 3 - 2

1. 确定下列函数的单调区间：

(1) $y=x^3-6x$；　　　　　　　(2) $y=\mathrm{e}^{-x^2}$；

(3) $y=2x^2-x$；　　　　　　　(4) $y=x+\mathrm{e}^x$.

2. 求下列函数的极值：

(1) $y=x-\ln(1+x)$；　　　　　(2) $y=x+\dfrac{1}{x}$；

(3) $y=2x^3-x^4$；　　　　　　(4) $y=2\mathrm{e}^x+\mathrm{e}^{-x}$.

3. 应用函数的单调性证明下列不等式：

(1) 当 $x>0$ 时，$x>\ln(1+x)$；

(2) 当 $x>1$ 时，$2\sqrt{x}>3-\dfrac{1}{x}$.

4. 如果函数 $f(x)=a\sin x+\dfrac{1}{3}\sin 3x$ 在 $x=\dfrac{\pi}{3}$ 处取得极值，求 a 的值，它是极大值还是极小值？并求此极值.

第三节　函数的最值及应用

一、最大值最小值问题

在实践中，经常遇到诸如在什么条件下"利润最大""成本最小""用料最省"等问题，这些都是函数的最值问题，它包括函数的最大值和最小值，是函数的又一个比较重要的问题.

设函数 $f(x)$ 在闭区间 $[a,b]$ 上连续，则函数的最大值和最小值一定存在. 函数的最大值和最小值有可能在区间的端点取得，如果最大值不在区间的端点取得，则必在开区间 (a,b) 内取得，在这种情况下，最大值一定是函数的极大值. 因此，函数在闭区间 $[a,b]$ 上的最大值一定是函数的所有极大值和函数在区间端点的函数值中最大者. 同样，函数在闭区间 $[a,b]$ 上的最小值一定是函数的所有极小值和函数在区间端点的函数值中最小者.

最大值与最小值统称为最值.

因此，求函数 $f(x)$ 在 $[a,b]$ 的最值的方法是：

(1) 求出 $f(x)$ 在开区间 (a,b) 内所有可能是极值点的函数值；

(2) 计算端点的函数值 $f(a)$，$f(b)$；

(3) 比较以上函数值，其中最大的就是最大值，最小的就是最小值.

【例 1】　求函数 $f(x)=x^3-3x^2-9x+8$ 在 $[-2,5]$ 上的最大值和最小值.

解　$f'(x)=3x^2-6x-9=3(x+1)(x-3)$，则极值的可能点为 $x_1=-1$，$x_2=3$，而 $f(-1)=13$，$f(-2)=6$，$f(3)=-19$，$f(5)=13$.

所以最大值为 $f(-1)=f(5)=13$，最小值为 $f(3)=-19$.

【例2】 求函数 $f(x)=|x^2-3x+2|$ 在 $[-3，4]$ 上的最大值与最小值.

解 $f'(x)=\begin{cases} 2x-3, & x\in (-3，1) \bigcup (2，4) \\ -2x+3, & x\in (1，2) \end{cases}$，

则极值可能点为 $x=\dfrac{3}{2}$，$x=1$ 或 $x=2$；

$$f(-3)=20, \quad f(1)=0, \quad f\left(\frac{3}{2}\right)=\frac{1}{4}, \quad f(-2)=0, \quad f(4)=6.$$

最大值为 $f(-3)=20$，最小值为 $f(1)=f(2)=0$.

二、最值的应用

在实际问题中，如果函数 $f(x)$ 在区间 $(a，b)$ 内只有一个驻点 x_0，而且从实际问题可以知道 $f(x)$ 该区间内必有最大值或最小值，则 $f(x_0)$ 就是所要求的最大值或最小值，不需要再进行数学上的理论判断.

【例3】 用边长为 48cm 的正方形铁皮做一个无盖的铁盒时，在铁皮的四周各截去一个面积相等的小正方形（见图3-9），然后把四周折起，就能焊成铁盒. 问在四角截去多大的正方形，方能使所做的铁盒容积最大?

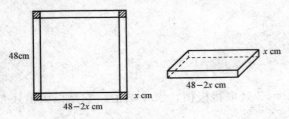

图 3 - 9

解 设截去的小正方形边长为 $x$cm，铁盒容积为 Vcm³. 根据题意有：$V=x(48-2x)^2$ $(0<x<24)$，

$$V'=(48-2x)^2+2x(48-2x)(-2)=12(x-8)(x-24),$$

令 $V'=0$，得 $x=8$，$x=24$（舍去）.

$x=8$ 是区间 $(0，24)$ 内的唯一驻点，所以 $x=8$ 时，V 有最大值，

即截去的小正方形边长为 8cm，所做铁盒容积最大.

【例4】 如图3-10所示，已知电源电压为 E，内电阻为 r，求负载电阻 R 多大时，输出功率 P 最大.

解 因为 $I=\dfrac{E}{R+r}$，故

$$P=I^2R=\left(\frac{E}{R+r}\right)^2 R=\frac{E^2R}{(R+r)^2}(R>0),$$

$$P'=E^2\left[\frac{(R+r)^2-R\cdot 2(R+r)}{(R+r)^4}\right]=E^2\frac{r-R}{(R+r)^3},$$

令 $P'=0$，得 $R=r$（唯一驻点），

所以，当 $R=r$ 时，输出功率最大.

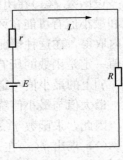

图 3 - 10

【例5】 设圆柱形有盖茶缸容积为 V（常数），求表面积为最小时，底半径与高之比.

解 设底半径为 r，高为 h，表面积为 S，则

$$V=\pi r^2h, \quad h=\frac{V}{\pi r^2}$$

$$S = 2\pi r^2 + 2\pi rh = 2\pi r^2 + 2\pi r \frac{V}{\pi r^2} = 2\pi r^2 + \frac{2V}{r} \quad (r > 0)$$

$$S' = 4\pi r - \frac{2V}{r^2}.$$

令 $S'=0$，得 $r=\sqrt[3]{\dfrac{V}{2\pi}}$（唯一驻点），即 $r=\sqrt[3]{\dfrac{V}{2\pi}}$ 时，S 有最小值.

当 $r=\sqrt[3]{\dfrac{V}{2\pi}}$，$h=\dfrac{V}{\pi\left(\sqrt[3]{\dfrac{V}{2\pi}}\right)^2}=2\sqrt[3]{\dfrac{V}{2\pi}}=2r$，$\dfrac{r}{h}=\dfrac{1}{2}$.

所以，当底半径与高之比为 $\dfrac{1}{2}$ 时，茶缸的表面积最小.

【例 6】 某房地产公司有 50 套公寓要出租，当租金定为每月 180 元时，公寓会全部租出去，当租金每月增加 10 元时，就有一套公寓租不出去，而租出去的每套房子每月需花费 20 元的整修维护费. 试问房租定为多少可获得最大收入？

解 设房租为每月 x 元，每月总收入为 $R(x)$，

租出去的房子有 $\left(50-\dfrac{x-180}{10}\right)$ 套，

每月总收入为 $R(x) = (x-20)\left(50-\dfrac{x-180}{10}\right)$，

$R(x)=(x-20)\left(68-\dfrac{x}{10}\right) \quad (180 \leqslant x < 680)$，

$R'(x)=\left(68-\dfrac{x}{10}\right)+(x-20)\left(-\dfrac{1}{10}\right)=70-\dfrac{x}{5}$，

由 $R'(x)=0$，得 $x=350$（唯一驻点），

即 $x=350$ 时，$R(x)$ 有最大值.

故每月每套租金为 350 元时收入最高. 最大收入为 $R(350)=(350-20)\left(68-\dfrac{350}{10}\right)=$

10890（元）.

习 题 3－3

1. 求下列函数在指定区间上的最大值与最小值：

(1) $y=x^5-5x^4+5x^3+1$，$[-1, 2]$；

(2) $y=2\tan x-\tan^2 x$，$\left[0, \dfrac{\pi}{2}\right)$；

(3) $y=\sqrt{x}\ln x$，$(0, +\infty)$；

(4) $y=|x^2-3x+2|$，$[-10, 10]$.

2. 设 $f(x)=a\ln x+bx^2+x$ 在 $x_1=1$，$x_2=2$ 处都取得极值，试确定 a 和 b 的值.

3. 试证面积为定值的矩形中，正方形的周长为最短.

4. 求点 $M(2, 0)$ 到抛物线 $y^2=2x$ 的最短距离.

5. 做一个圆柱形设备，其体积为 V，两端材料的每单位面积价格为 a 元，侧材料的每

单位面积价格为 b 元，问如何设计直径与高才能使造价最省？

6. 求内接于椭圆 $\dfrac{x^2}{a^2}+\dfrac{y^2}{b^2}=1$ 而面积最大的矩形的边长.

7. 甲轮船位于乙轮船东 75 海里，以每小时 12 海里的速度向西行驶，而乙轮船则以每小时 6 海里的速度向北行驶，问经过多少时间，两船相距最近？

第四节　曲线的凹凸性与拐点

前面讨论了函数的单调性和极值问题，对于函数的性质有了初步的了解，但只是这些还不够，还不能比较准确地描述函数的性状. 例如，如图 3-11 所示，两条曲线弧，虽然它们都是上升的，但图形有显著的不同，弧 ACB 是向上凸的曲线弧，而弧 ADB 是向下凹的曲线弧，它们的凹凸性不同. 下面就来研究曲线的凹凸性及其判别法.

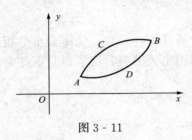

图 3-11

从几何上看到，在有的曲线弧上，如果任取两点，则连接这两点间的弦总位于这两点间的弧的上方，而有的曲线弧，则正好相反（如图 3-12 所示）. 曲线的这种性质就是曲线的凹凸性. 因此曲线的凹凸性可以用连接曲线弧上任意两点的弦的中点与曲线弧的相应点（即具有相同横坐标的点）的位置关系来描述. 下面给出曲线凹凸性的定义.

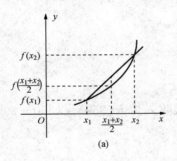
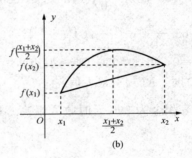

　　　　　　　　　(a)　　　　　　　　　　　　　　　　(b)

图 3-12

定义 1　设 $f(x)$ 在区间 I 上连续，

(1) 如果对 I 上任意两点 x_1，x_2，恒有

$$f\left(\frac{x_1+x_2}{2}\right)<\frac{f(x_1)+f(x_2)}{2}$$

那么称曲线 $f(x)$ 在区间 I 上是凹的，区间 I 称为凹区间.

(2) 如果恒有

$$f\left(\frac{x_1+x_2}{2}\right)>\frac{f(x_1)+f(x_2)}{2}$$

那么称曲线 $f(x)$ 在 I 上是凸的，区间 I 称为凸区间.

对于曲线的凹凸形状，还可以通过二阶导数来描述. 因为函数的二阶导数是描述函数一阶导数的单调性的. 从图 3-13 中可以看出，如果曲线是凹的，切线的倾斜角随 x 的增大而增大，由导数的几何意义知 $f'(x)$ 随 x 的增大而增大，即函数的一阶导数是单调增加的，所以 $f''(x) > 0$；同样，如果曲线是凸的，切线的倾斜角随 x 的增加而减少，就是 $f'(x)$ 随 x 的增加而减少，即函数的一阶导数是单调减少的，所以 $f''(x) < 0$. 反之结论是否成立呢？下面给出曲线凹凸性的判定定理：

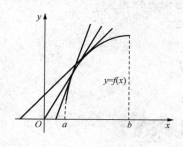 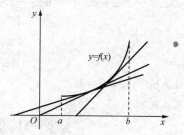

图 3 - 13

定理 1 设 $f(x)$ 在 $[a, b]$ 上连续，在 (a, b) 内具有一阶和二阶导数，那么：

(1) 若在 (a, b) 内，$f''(x) > 0$，则曲线 $f(x)$ 在 $[a, b]$ 上是凹的；

(2) 若在 (a, b) 内，$f''(x) < 0$，则曲线 $f(x)$ 在 $[a, b]$ 上是凸的.

定义 2 连续曲线 $f(x)$ 上凹的曲线弧与凸的曲线弧的分界点称为这曲线的拐点.

定理 2（拐点的必要条件） 若函数 $y = f(x)$ 在 x_0 处的二阶导数 $f''(x_0)$ 存在，且点 $(x_0, f(x_0))$ 为曲线 $y = f(x)$ 的拐点，则 $f''(x_0) = 0$.

求曲线 $y = f(x)$ 拐点的步骤是：

(1) 确定函数 $f(x)$ 的定义域.

(2) 求使 $f''(x) = 0$ 的点 x_0.

(3) 在 x_0 的左右两侧判别二阶导数 $f''(x)$ 的符号：如果 $f''(x)$ 的符号相反，则点 $(x_0, f(x_0))$ 就是拐点；如果 $f''(x)$ 的符号相同，则点 $(x_0, f(x_0))$ 就不是拐点.

【例 1】 判定曲线 $y = \ln x$ 的凹凸性.

解 定义域为 $(0, +\infty)$，因为 $y' = \dfrac{1}{x}$，$y'' = -\dfrac{1}{x^2} < 0$.

所以曲线 $y = \ln x$ 在定义域 $(0, +\infty)$ 内是凸的.

【例 2】 求曲线 $y = x^3$ 的凹凸区间.

解 定义域为 $(-\infty, +\infty)$，因为 $y' = 3x^2$，$y'' = 6x$.

令 $y'' = 0$，得 $x = 0$.

当 $x < 0$ 时，$y'' < 0$，所以曲线在 $(-\infty, 0]$ 内为凸的；

当 $x > 0$ 时，$y'' > 0$，所以曲线在 $[0, +\infty)$ 内为凹的.

【例 3】 求曲线 $y = 2x^3 + 3x^2 - 12x + 14$ 的拐点.

解 定义域为 $(-\infty, +\infty)$，$y' = 6x^2 + 6x - 12$，$y'' = 12x + 6$.

令 $y'' = 0$，得 $x = -\dfrac{1}{2}$.

当 $x < -\dfrac{1}{2}$ 时，$y'' < 0$，曲线为凸的；

当 $x > -\dfrac{1}{2}$ 时，$y'' > 0$，曲线为凹的.

所以点 $\left(-\dfrac{1}{2},\ 20\dfrac{1}{2}\right)$ 是曲线的拐点.

【例 4】　试确定 a、b、c 值，使三次曲线 $y=ax^3+bx^2+cx$ 有拐点 $(1，2)$，并且在该点处切线的斜率为 1.

　　解　$y'=3ax^2+2bx+c$，$y''=6ax+2b$. 依题意得方程组
$$\begin{cases} a+b+c=2 \\ 3a+2b+c=1 \\ 6a+2b=0 \end{cases}$$

解之得　$a=1$，$b=-3$，$c=4$.

习 题 3 - 4

1. 求下列曲线的拐点及凸凹区间：

(1) $f(x)=3x^2-x^3$；　　　　　　　　(2) $f(x)=x^4-6x^2$；

(3) $f(x)=xe^{-x}$；　　　　　　　　　(4) $y=x+\dfrac{x}{x-1}$.

2. 已知点 $(1，3)$ 是曲线 $y=ax^3+bx^2$ 的拐点，求 $a，b$ 的值及该曲线的凹凸区间.

3. 设三次曲线 $y=x^3+3ax^2+3bx+c$ 在 $x=-1$ 有极大值，点 $(0，3)$ 是拐点，试确定 $a，b，c$ 的值.

4. 证明曲线 $y=\dfrac{x-1}{x^2+1}$ 有三个位于同一直线上的拐点.

5. 当 $x>0$，$y>0$，$x\neq y$ 时，证明不等式：$x\ln x+y\ln y>(x+y)\ln\dfrac{x+y}{2}$.

第五节　曲 率 与 曲 率 圆

一、弧微分

有时候需要知道一段曲线的长度，如果建立这样一个函数：它的函数值就是曲线的长度，自变量用 x 表示，那么这个函数可以给它命名为弧长函数.

　　定义 1　设函数 $f(x)$ 在区间 $(a，b)$ 内具有连续导数，在曲线 $y=f(x)$ 上弧 $\overset{\frown}{M_0M}$ 的长度用函数 $s(x)$ 表示，并且规定：

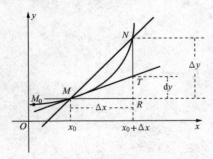

图 3 - 14

(1) 沿 x 增大的方向作为曲线 $y=f(x)$ 的正向.

(2) 有向弧 $\overset{\frown}{M_0M}$ 的方向，与曲线的正向一致，则 $s(x)>0$；方向相反时，$s(x)<0$.

称 $s(x)$ 为曲线 $y=f(x)$ 的弧长函数. 显然，$s=s(x)$ 是 x 的单调增函数.

对于函数 $s(x)$，下面讨论它的导数与微分.

如图 3 - 14 所示，设 x_0，$x_0+\Delta x$ 为两个邻近的点，它们在曲线 $y=f(x)$ 上的对应点为 M 和 N，其对应弧 s 的增量为 Δs，即 $\Delta s=\overset{\frown}{MN}$.

$$|MN| = \sqrt{(\Delta x)^2 + (\Delta y)^2} = \Delta x \sqrt{1 + \left(\frac{\Delta y}{\Delta x}\right)^2}$$

上式可变形为 $\left(\frac{|MN|}{\Delta s}\right)^2 \left(\frac{\Delta s}{\Delta x}\right)^2 = 1 + \left(\frac{\Delta y}{\Delta x}\right)^2$.

当 $\Delta x \rightarrow 0$,求上式两边的极限

$$\lim_{\Delta x \to 0} \left[\left(\frac{|MN|}{\Delta s}\right)^2 \left(\frac{\Delta s}{\Delta x}\right)^2 \right] = \lim_{\Delta x \to 0} \left[1 + \left(\frac{\Delta y}{\Delta x}\right)^2 \right]$$

当 $\Delta x \rightarrow 0$ 时,弦 MN 的长度与弧 $\overparen{MN}$ 的长度无限接近,即 $\lim\limits_{\Delta x \to 0} \dfrac{|MN|}{\Delta s} = 1$,则

$$\left(\frac{\mathrm{d}s}{\mathrm{d}x}\right)^2 = 1 + \left(\frac{\mathrm{d}y}{\mathrm{d}x}\right)^2$$

上式两边开平方,得 $\dfrac{\mathrm{d}s}{\mathrm{d}x} = \pm\sqrt{1 + \left(\dfrac{\mathrm{d}y}{\mathrm{d}x}\right)^2}$,

因为 $s = s(x)$ 是 x 的单调增函数,即 $\dfrac{\mathrm{d}s}{\mathrm{d}x} \geqslant 0$.

所以 $\dfrac{\mathrm{d}s}{\mathrm{d}x} = \sqrt{1 + \left(\dfrac{\mathrm{d}y}{\mathrm{d}x}\right)^2}$,

弧微分 $\mathrm{d}s = \sqrt{1 + \left(\dfrac{\mathrm{d}y}{\mathrm{d}x}\right)^2}\,\mathrm{d}x$ 或 $\mathrm{d}s = \sqrt{(\mathrm{d}x)^2 + (\mathrm{d}y)^2}$.

【例 1】 求抛物线 $y = x^2 + 2x - 4$ 的弧微分.

解 因为 $\dfrac{\mathrm{d}y}{\mathrm{d}x} = 2x + 2 = 2(x+1)$,

所以 $\mathrm{d}s = \sqrt{1 + \left(\dfrac{\mathrm{d}y}{\mathrm{d}x}\right)^2}\,\mathrm{d}x = \sqrt{1 + [2(x+1)]^2}\,\mathrm{d}x = \sqrt{4x^2 + 8x + 5}\,\mathrm{d}x$.

二、曲率及其计算公式

人们经常需要对曲线的弯曲程度进行描述. 在直观上,直线是不弯的,半径较小的圆弯曲得比半径较大的圆厉害些,到底怎么来定量描述曲线的弯曲程度呢?这里引入曲率的概念,来表达曲线局部弯曲程度.

如图 3 - 15 所示光滑的曲线上,$\overparen{M_1M_2}$ 的弯曲程度没有 $\overparen{M_1M_3}$ 的弯曲程度大,也容易看出 $\alpha < \beta$. 在图 3 - 16 中,$\overparen{M_1M_2}$ 和 $\overparen{N_1N_2}$ 转过的角度相同,但弯曲程度是不一样的,短弧段比长弧段弯曲得厉害些. 显然一段弧的弯曲程度不仅与转过的角度有关,还与弧长的改变量有关.

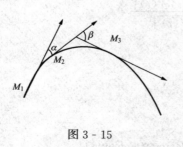

图 3 - 15

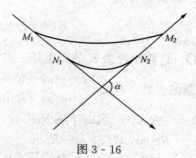

图 3 - 16

定义 2(曲率) 设光滑曲线 C 上,点 M_0 的切线到点 M 的切线转过的角度为 $\Delta\alpha$,从点

M_0 到 M 弧长的改变量为 Δs，称比值 $\left|\dfrac{\Delta\alpha}{\Delta s}\right|$ 为弧 $\overset{\frown}{M_0M}$ 的平均曲率，记为 $\overline{K}=\left|\dfrac{\Delta\alpha}{\Delta s}\right|$，如果极限

$\lim\limits_{\Delta s\to 0}\overline{K}=\lim\limits_{\Delta s\to 0}\left|\dfrac{\Delta\alpha}{\Delta s}\right|$ 存在，称 $K=\lim\limits_{\Delta s\to 0}\left|\dfrac{\Delta\alpha}{\Delta s}\right|=\left|\dfrac{\mathrm{d}\alpha}{\mathrm{d}s}\right|$ 为曲线在点 M_0 的曲率.

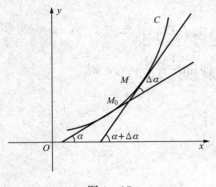

图 3 - 17

下面讨论曲率的计算.

在图 3 - 17 中，设曲线 C 的方程为 $y=f(x)$，且 $f(x)$ 具有二阶导数〔这时 $f'(x)$ 连续，从而曲线是光滑的〕：

由导数的几何意义有：$y'=\tan\alpha$.

对上式微分：$\mathrm{d}(y')=\mathrm{d}(\tan\alpha)$，即 $y''\mathrm{d}x=\sec^2\alpha\,\mathrm{d}\alpha$，

$$\mathrm{d}\alpha=\frac{y''}{\sec^2\alpha}\mathrm{d}x=\frac{y''}{1+\tan^2\alpha}\mathrm{d}x=\frac{y''}{1+(y')^2}\mathrm{d}x,$$

因为 $\mathrm{d}s=\sqrt{1+(y')^2}\,\mathrm{d}x$，得曲率的计算公式：

$$K=\left|\frac{\mathrm{d}\alpha}{\mathrm{d}s}\right|=\frac{|y''|}{[1+(y')^2]^{\frac{3}{2}}}.$$

【例 2】　计算直线 $y=ax+b$ 上任一点的曲率.

解　$y'=a$，$y''=0$，则

$$K=\left|\frac{\mathrm{d}\alpha}{\mathrm{d}s}\right|=\frac{|y''|}{[1+(y')^2]^{\frac{3}{2}}}=0.$$

所以直线 $y=ax+b$ 上任一点的曲率 $K=0$，即在直线上任意一点的曲率为零.

【例 3】　求抛物线 $y=x^2$ 上任意一点处的曲率.

解　$y'=2x$，$y''=2$，则曲率为

$$K=\frac{|y''|}{[1+(y')^2]^{\frac{3}{2}}}=\frac{2}{(1+4x^2)^{\frac{3}{2}}}.$$

在上面表达式可以看出，在原点处曲线 $y=x^2$ 的曲率最大.

*关于参数方程的曲率的计算方法：

设参数方程为 $\begin{cases}x=\varphi(t)\\y=\psi(t)\end{cases}$，

$$y'=\frac{\psi'(t)}{\varphi'(t)},\quad y''=\left(\frac{\psi'(t)}{\varphi'(t)}\right)'_t\cdot\frac{1}{\varphi'(t)}=\frac{\psi''(t)\varphi'(t)-\psi'(t)\varphi''(t)}{[\varphi'(t)]^3}$$

代入曲率的计算公式有

$$K=\frac{|\psi''(t)\varphi'(t)-\psi'(t)\varphi''(t)|}{[\sqrt{\varphi'^2(t)+\psi'^2(t)}]^3}$$

【例 4】　计算半径为 R 的圆上任一点的曲率.

解　圆的参数方程为 $\begin{cases}x=\varphi(\alpha)=R\cos\alpha\\y=\psi(\alpha)=R\sin\alpha\end{cases}$，则

$\varphi'(\alpha)=-R\sin\alpha$，$\varphi''(\alpha)=-R\cos\alpha$；

$\psi'(\alpha)=R\cos\alpha$，$\psi''(\alpha)=-R\sin\alpha$.

$$K=\frac{|(-R\cos\alpha)(R\cos\alpha)-(-R\sin\alpha)(-R\sin\alpha)|}{(\sqrt{R^2\sin^2\alpha+R^2\cos^2\alpha})^3}$$

$$= \frac{R^2}{R^3} = \frac{1}{R}.$$

所以 $K = \frac{1}{R}$.

由此，圆上各点处的曲率都相等，为半径的倒数，且半径越小曲率越大.

三、曲率圆与曲率半径

定义 3（曲率圆与曲率半径） 设曲线在点 $M(x, y)$ 处的曲率为 $K(K \neq 0)$. 在曲线点 M 处的法线上凹的一侧取一点 D，使 $|DM| = \frac{1}{K} = \rho$，以 D 为圆心，ρ 为半径作圆，这个圆叫作曲线在点 M 处的曲率圆，曲率圆的圆心 D 叫作曲线在点 M 处的曲率中心，曲率圆的半径 ρ 叫作曲线在点 M 处的曲率半径（见图 3-18）.

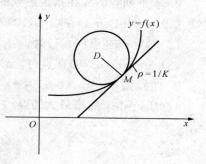

根据定义知：$\rho = \frac{1}{K}$ 或者 $K = \frac{1}{\rho}$. $\rho = \frac{[1 + (y')^2]^{\frac{3}{2}}}{|y''|}$.

由此，曲线上一点处曲率半径与曲率互为倒数. 曲率半径越大，曲线在该点处的曲率越小（曲线越平坦）；

图 3-18

曲率半径越小，曲率越大（曲线越弯曲）. 曲线上一点处的曲率圆弧可近似代替该点附近曲线弧（称为曲线在该点附近的二次近似）.

【**例 5**】 求等边双曲线 $xy = 1$ 在点 $(1, 1)$ 处的曲率和曲率半径.

解 因为 $y = \frac{1}{x}$，所以 $y' = -\frac{1}{x}$，$y'' = \frac{2}{x^3}$，则

$$y'|_{x=1} = -1, \quad y''|_{x=1} = 2$$

$$K = \frac{[1 + (y')^2]^{\frac{3}{2}}}{|y''|} = \frac{[1 + (-1)^2]^{\frac{3}{2}}}{2} = \frac{\sqrt{2}}{2}$$

$$\rho = \frac{1}{K} = \sqrt{2}$$

【**例 6**】 设工件内表面的截线为抛物线 $y = 0.4x^2$（见图 3-19）. 现在要用砂轮磨削内表面，问用直径多大的砂轮比较合适.

解 为了在磨削时不使砂轮与工件接触处附近的部分工件磨去太多，砂轮的半径应小于或等于抛物线上各点处曲率半径中的最小值.

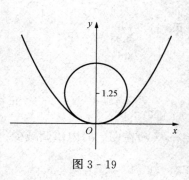

由于 $y' = 0.8x$，$y'' = 0.8$，$\rho = \frac{(1 + 0.64x^2)^{\frac{3}{2}}}{0.8}$.

显然 $x = 0$ 时，ρ 的值最小. $\rho = 1.25$.

所以选用砂轮的半径不得超过 1.25 单位长，即直径不得超过 2.5 单位长.

曲率圆和曲率半径，在机械加工等方面有很重要的应用价值，如在选择加工刀具、砂轮等. 曲率圆的圆心运动的轨迹在工业设计、自动化控制中也比较重要.

图 3-19

导数的应用很广，本书就介绍这些应用.

习 题 3 - 5

1. 求下列曲线的弧微分：

(1) $y = x^3 - x$；　　　　　　　　　(2) $y^2 = 2px$；

(3) $y = \ln x$；　　　　　　　　　　　(4) $y = \cos x$.

2. 求下列各曲线在指定点处的曲率和曲率半径：

(1) $y = \ln(x + 1)$ 在点 $(0,0)$ 处；

(2) $y = e^x$ 在点 $(0,1)$ 处；

(3) $y = ax^2 (a > 0)$ 在点 $(1,a)$ 处.

3. 曲线弧 $y = \sin x (0 < x < \pi)$ 上哪一点处的曲率半径最小？求出该点处的曲率半径.

4. 求 $y = \ln x$ 曲率最大的点.

本 章 小 结

一、基本要求

(1) 掌握用洛必达法则求不定式的极限的方法.

(2) 理解函数的极值概念，掌握用导数判断函数的单调性和求极值的方法.

(3) 会用二阶导数判断函数图形的凹凸性，会求拐点.

(4) 会求解较简单的最大值和最小值的应用问题.

(5) 理解曲线的弧微分，会求曲线的曲率与曲率半径.

二、常用公式

1. 洛必达法则

如果 $\lim\limits_{\substack{x \to x_0 \\ (x \to \infty)}} f(x) = \lim\limits_{\substack{x \to x_0 \\ (x \to \infty)}} g(x) = 0$ 或 ∞，则

$$\lim_{\substack{x \to x_0 \\ (x \to \infty)}} \frac{f(x)}{g(x)} = \lim_{\substack{x \to x_0 \\ (x \to \infty)}} \frac{f'(x)}{g'(x)}$$

2. 弧微分

$$\mathrm{d}s = \sqrt{1 + (y')^2}\,\mathrm{d}x$$

3. 曲率与曲率半径

$$K = \left| \frac{\mathrm{d}\alpha}{\mathrm{d}s} \right| = \frac{|y''|}{[1 + (y')^2]^{\frac{3}{2}}}, \rho = \frac{1}{K}$$

复习题三

1. 判断题：

(1) 如果函数 $y = f(x)$ 在 (a,b) 内单调增加，则函数 $y = -f(x)$ 在 (a,b) 内单调减少；

　　　　　　　　　　　　　　　　　　　　　　　　　　　　　　　　（　　）

(2) 单调增加函数的导数必为单调增加函数；　　　　　　　　　　　　（　　）

（3）极值点一定是驻点； （ ）

（4）如果 $x=x_0$ 为函数 $y=f(x)$ 的极值点，并且曲线 $y=f(x)$ 在点 $(x_0,\ f(x_0))$ 处有切线，则此切线是水平的； （ ）

（5）函数的最值只能在端点处取得； （ ）

（6）三次函数曲线有唯一的拐点； （ ）

（7）若 $f''(x_0)=0$，则点 $(x_0,\ f(x_0))$ 是曲线 $y=f(x)$ 的拐点； （ ）

（8）曲率为零的点必为曲线的拐点. （ ）

2. 选择题：

（1）下列各式不能使用洛必达法则的是（ ）；

A. $\lim\limits_{x\to 0}\dfrac{\sin x}{x^2}$ B. $\lim\limits_{x\to\infty}\dfrac{x^2-\sin x}{x^2+\sin x}$ C. $\lim\limits_{x\to\infty}\dfrac{2x^2+3x+1}{x^2+1}$ D. $\lim\limits_{x\to 0}\dfrac{1-\cos x}{x^2}$

（2）设函数 $f(x)=(x^2-4)^2$，则在区间 $(-2,\ 0)$ 和 $(2,\ +\infty)$ 内函数 $f(x)$ 分别为（ ）；

A. 单调增加，单调增加   B. 单调增加，单调减少

C. 单调减少，单调减少   D. 单调减少，单调增加

（3）设函数 $y=|x^2-3x+2|$，则（ ）；

A. y 有极小值 $\dfrac{1}{4}$，但无极大值   B. y 有极小值 0，极大值 $\dfrac{1}{4}$

C. y 有极小值 0，但无极大值   D. y 有极大值 $\dfrac{1}{4}$，但无极小值

（4）在区间 $(0,\ 1)$ 为单调减少的函数是（ ）；

A. $y=x^3-x^2$ B. $y=x+2\cos x$ C. $y=e^x-x$ D. $y=\ln x+\dfrac{1}{x}$

（5）曲线 $y=3x^2-x^3$ 是凸的且具有一个极值点的区间为（ ）；

A. $(-\infty,\ +\infty)$ B. $(-\infty,\ 1)$ C. $(1,\ +\infty)$ D. $(-1,\ +\infty)$

（6）已知 $f(x)=a\sin x+\cos x+x^2$（a 为常数）在 $x=\pi$ 处取得极值，则 $a=$（ ）；

A. 2π B. π C. $-\pi$ D. 0

（7）若 $f(x)$ 在 $(-\infty,\ +\infty)$ 内二阶可导，且 $f(-x)=-f(x)$，如果 $x>0$ 时，$f'(x)>0$，且 $f''(x)>0$，则当 $x<0$ 时，曲线 $y=f(x)$（ ）；

A. 递增，凸的   B. 递减，凹的   C. 递增，凹的   D. 递减，凸的

（8）如果 $f'(x_0)=f''(x_0)=0$，则 $f(x)$ 在 $x=x_0$ 处（ ）.

A. 一定有极大值   B. 一定有极小值

C. 不一定有极值   D. 一定没有极值

3. 求下列极限：

（1）$\lim\limits_{x\to 1}\dfrac{x^3-3x^2+2}{x^3-x^2-x+1}$；   （2）$\lim\limits_{x\to 1}\dfrac{\ln x}{x-1}$；

（3）$\lim\limits_{x\to 0}\left(\cot x-\dfrac{1}{x}\right)$；   （4）$\lim\limits_{x\to +\infty}x(\pi-2\arctan x)$；

（5）$\lim\limits_{x\to 0}(1+\sin x)^{\frac{1}{x}}$；   （6）$\lim\limits_{x\to 0^+}x^{\sin x}$.

4. 求下列函数的增减区间：

(1) $y = x^3 + x$;

(2) $y = 2x^2 - \ln x$;

(3) $y = x^4 - 2x^2 + 2$;

(4) $y = x - e^x$.

5. 求下列函数的极值:

(1) $y = x^3 - 3x^2 + 7$;

(2) $y = x^2 e^{-x}$;

(3) $y = x^3 - 3x^2 - 9x - 5$;

(4) $y = (x-3)^2(x-2)$.

6. 求下列曲线的凹凸区间及拐点:

(1) $y = x^2 - x^3$;

(2) $y = \ln(1+x^2)$.

7. 若直角三角形一条直角边与斜边之和为常数, 求取得最大面积的直角三角形的边长.

8. 设某商品可以保证至少销售 10000 件, 每件售价为 50 元. 如果销量增加, 可按每增加 2000 件相应地每件降价 2 元的比例适当降低价格, 已知生产此种产品的固定成本是 6000 元, 可变成本为每件 20 元. 假设这种产品以销定产 (即产量与销售相等), 试求产量为多少时, 利润最大, 这时的利润是多少.

9. 某飞行器从 A 地前往 B 地, 24h 内耗费由两部分组成, 维生系统耗费固定为 a, 动力系统的耗费与速度的立方成正比, 问速度控制在什么情况下飞行最经济?

第四章　不　定　积　分

在科学技术中，常常需要研究与求已知函数导数相反的问题，就是由已知某函数的导数来求这个函数．本章就研究这个问题，它包括不定积分的概念、性质与几种基本积分法．

第一节　不定积分的概念

一、原函数的概念

先看两个实例．

（1）如果某曲线方程为 $y = f(x)$，则曲线在点 (x, y) 处的切线斜率为 y 对 x 的导数．反过来，如果已知曲线在点 (x, y) 处的斜率为 $y' = f'(x)$，求该曲线的方程．显然，这是一个与微分学中求导运算相反的问题．

（2）如果某个作直线运动物体的路程 s 是时间的函数，即 $s = s(t)$，则该物体在任意时刻 t 的运动速度 v 为 s 对 t 的导数．反过来，如果已知某物体在任意时刻 t 的运动速度 $v = s'(t)$，求该物体的路程 $s = s(t)$．也是一个与求导运算相反的问题．

如果抽掉其几何意义和物理意义，这两个问题都归结为通过已知某函数的导数（或微分），求这个函数，即已知 $F'(x) = f(x)$ 求 $F(x)$．

定义 1　设 $f(x)$ 是定义在某一区间内的已知函数，如果存在函数 $F(x)$，使得在该区间内的任意一点 x，都有

$$F'(x) = f(x) \text{ 或 } dF(x) = f(x)dx$$

则称函数 $F(x)$ 是函数 $f(x)$ 在该区间内的一个原函数．

例如，在 $(-\infty, +\infty)$ 内，由于 $(x^3)' = 3x^2$ 或 $d(x^3) = 3x^2 dx$，因此，函数 x^3 是函数 $3x^2$ 的一个原函数．同理，$x^3 + \dfrac{1}{9}$，$x^3 + 6$，$x^3 + \pi$，$x^3 + C$（C 为任意常数）等，都是 $3x^2$ 的原函数．

可以看出，$3x^2$ 的原函数有无穷多个，并且其中任意两个原函数之间只相差一个常数．任意函数的原函数，是否都这样呢？

定理 1（原函数族定理）　如果函数 $f(x)$ 在某一区间内有一个原函数，则它就有无限多个原函数，并且其中任意两个原函数的差是常数．

证　（1）先证 $f(x)$ 有一个原函数，则它的原函数有无限多个．

设函数 $f(x)$ 的一个原函数为 $F(x)$，即 $F'(x) = f(x)$，并设 C 为任意常数，由于

$$[F(x) + C]' = F'(x) = f(x)$$

所以，$F(x) + C$ 也是 $f(x)$ 原函数．又因为 C 为任意常数，即 C 可以取无限多个值，因此 $f(x)$ 有无限多个原函数．

（2）再证 $f(x)$ 任意两个原函数的差是常数．

设 $F(x)$ 和 $G(x)$ 都是 $f(x)$ 的原函数，根据原函数定义有

$$F'(x) = f(x), G'(x) = f(x)$$

令 $H(x) = G(x) - F(x)$，于是有

$$H'(x) = [F(x) - G(x)]' = F'(x) - G'(x) = f(x) - f(x) = 0$$

根据定理，导数恒为零的函数必为常数，知 $H(x) = C$（C 为常数），即

$$G(x) - F(x) = C, \quad G(x) = F(x) + C$$

从定理 1 知，如果已知函数 $f(x)$ 的一个原函数为 $f(x)$，则 $f(x)$ 的所有原函数（称为**原函数族**）可表示为 $F(x) + C$，C 为任意常数.

定理 2（原函数存在定理） 如果函数 $f(x)$ 在闭区间 $[a, b]$ 上连续，则函数 $f(x)$ 在该区间上必存在原函数.

由于初等函数在其定义区间上都是连续的，所以初等函数在其定义区间上都有原函数.

二、不定积分

定义 2 如果函数 $F(x)$ 是函数 $f(x)$ 的一个原函数，则 $f(x)$ 的全体原函数 $F(x) + C$，（C 为任意常数）称为 $f(x)$ 的不定积分. 记为 $\int f(x)\mathrm{d}x$，即

$$\int f(x)\mathrm{d}x = F(x) + C$$

其中，"$\int$" 称为积分号，$f(x)$ 称为被积函数，$f(x)\mathrm{d}x$ 称为被积表达式，x 称为积分变量，任意常数 C 称为积分常数.

由定义可知，求已知函数 $f(x)$ 的不定积分，只需求出 $f(x)$ 的一个原函数，然后再加上任意常数 C 即可.

例如，由于 $(\sin x)' = \cos x$，所以 $\int \cos x \mathrm{d}x = \sin x + C$.

不定积分简称积分，求已知函数的不定积分的方法称为积分法.

【例 1】 求不定积分：

(1) $\int x^2 \mathrm{d}x$;　　　　(2) $\int \mathrm{e}^x \mathrm{d}x$.

解 (1) 由于 $\left(\dfrac{1}{3}x^3\right)' = x^2$，即 $\dfrac{1}{3}x^3$ 是 x^2 的一个原函数，所以 $\int x^2 \mathrm{d}x = \dfrac{1}{3}x^3 + C$;

(2) 由于 $(\mathrm{e}^x)' = \mathrm{e}^x$，即 e^x 是 e^x 的一个原函数，所以 $\int \mathrm{e}^x \mathrm{d}x = \mathrm{e}^x + C$.

三、不定积分的性质

由不定积分的定义，容易推出下列性质：

(1) $\left(\int f(x)\mathrm{d}x\right)' = f(x)$ 或 $\mathrm{d}\int f(x)\mathrm{d}x = f(x)\mathrm{d}x$;

(2) $\int F'(x)\mathrm{d}x = F(x) + C$ 或 $\int \mathrm{d}F(x) = F(x) + C$.

性质表明，先求积分后求微分，则两者的作用相互抵消；反过来，先求微分后求积分，则在两者的作用抵消后，加上任意常数 C，它们表达了积分与微分在运算上的互逆关系.

四、不定积分的几何意义

【例 2】 若已知曲线在 (x, y) 处的切线斜率为 $2x$，且曲线经过点 $(2, 5)$，求这条曲线的方程.

解 设经过点 (x, y) 的曲线方程为 $y = f(x)$，则 $k = y' = 2x$，由题意得

$$y = \int 2x \mathrm{d}x$$

因为 $(x^2)' = 2x$，所以 $y = \int 2x \mathrm{d}x = x^2 + C$.

又因为曲线过点 $(2, 5)$，代入上式得 $5 = 2^2 + C$，即 $C = 1$.

因此，所求曲线的方程为 $y = x^2 + 1$.

从几何上看，$y = x^2 + C$ 表示一族抛物线（见图 4-1），而所求的曲线 $y = x^2 + 1$ 是过点 $(2, 5)$ 的那一条.

一般地，若 $F(x)$ 是 $f(x)$ 的一个原函数，那么 $y = F(x)$ 所表示的曲线称为 $f(x)$ 的一条积分曲线. 由于 $f(x)$ 的不定积分所表示的原函数是无穷多个，因此，不定积分表示为一族曲线 $y = F(x) + C$，即 $f(x)$ 的积分曲线族. 这就是不定积分的几何意义. 如图 4-2 所示，这族曲线可以由其中任何一条经过上、下平移而得到，且在横坐标相同的点（例如 $x = x_0$）处，它们的切线彼此平行.

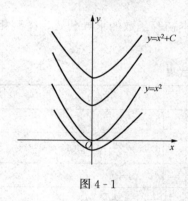

图 4-1

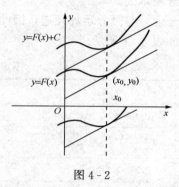

图 4-2

习 题 4-1

1. 在括号内填入适当的函数：

(1)( )$' = x^4$；　　(2)( )$' = e^x$；　　(3)( )$' = 2$；

(4)( )$' = \csc^2 x$；　(5)( )$' = \sin x + 1$；　(6)( )$' = \dfrac{4}{x} + x^2$ $(x > 0)$.

2. 判断题：

(1) 函数 $f(x)$ 的不定积分是其全体原函数；　　　　　　　　　　　　　　（　　）

(2) 函数 $f(x)$ 的原函数加上常数就是不定积分；　　　　　　　　　　　　（　　）

(3) 两个可导且相差一常数的函数是同一函数的原函数；　　　　　　　　　（　　）

(4) 函数 $y = e^x$ 经过点 $M(1, e)$ 的积分曲线为 $y = e^x$；　　　　　　　　（　　）

(5) $y = \ln ax$ $(a > 0)$ 与 $y = \ln x$ 不是同一函数的原函数；　　　　　　　（　　）

(6) 函数的积分曲线族上横坐标相同点的切线不一定平行.　　　　　　　　（　　）

3. 根据不定积分的定义，验证等式：

(1) $\displaystyle\int (3x^2 + 2x + 3)\mathrm{d}x = x^3 + x^2 + 3x + C$；　　(2) $\displaystyle\int \dfrac{1}{x^4}\mathrm{d}x = -\dfrac{1}{3}x^{-3} + C$；

（3）$\int \sin(3x+2)\mathrm{d}x = -\dfrac{1}{3}\cos(3x+2)+C$；　（4）$\int(\cos x-\sin x)\mathrm{d}x = \sin x+\cos x+C.$

4．设某曲线上任意一点处的切线的斜率等于 x，又知该曲线通过点 $M(0，1)$，求此曲线方程.

5．设一作直线运动物体的运动速度为 $v=\cos t$（m/s），当 $t=\dfrac{\pi}{2}$（s）时物体所经过的路程 $s=10$m，求物体的运动方程.

6．已知曲线经过点（−1，5），且曲线上任一点处的切线斜率 $k=1-2x$，求此曲线方程.

7．一物体以速度 $v=3t^2+4t$（m/s）作直线运动，且当 $t=2$s 时，物体经过的路程 $s=16$m，试求物体的运动规律.

第二节　不定积分的基本公式和运算法则　直接积分法

一、积分基本公式

由于积分运算与微分运算互逆，因此可以从基本初等函数的求导公式，得到相应的积分基本公式，如表 4-1 所示.

表 4-1　　　　　　　　　　不定积分基本公式表

	$F'(x)=f(x)$	$\int f(x)\mathrm{d}x = F(x)+C$
1	$(C)'=0$	$\int 0\mathrm{d}x = C$
2	$\left(\dfrac{x^{\mu+1}}{\mu+1}\right)'=x^\mu\ (\mu\neq-1)$	$\int x^\mu\mathrm{d}x = \dfrac{x^{\mu+1}}{\mu+1}+C(\mu\neq-1)$
3	$(x)'=1$	$\int \mathrm{d}x = x+C$
4	$(2\sqrt{x})'=\dfrac{1}{\sqrt{x}}$	$\int \dfrac{1}{\sqrt{x}}\mathrm{d}x = 2\sqrt{x}+C$
5	$\left(-\dfrac{1}{x}\right)'=\dfrac{1}{x^2}$	$\int \dfrac{1}{x^2}\mathrm{d}x = -\dfrac{1}{x}+C$
6	$\left(\dfrac{a^x}{\ln a}\right)'=a^x$	$\int a^x\mathrm{d}x = \dfrac{a^x}{\ln a}+C$
7	$(\mathrm{e}^x)'=\mathrm{e}^x$	$\int \mathrm{e}^x\mathrm{d}x = \mathrm{e}^x+C$
8	$(\ln|x|)'=\dfrac{1}{x}$	$\int \dfrac{1}{x}\mathrm{d}x = \ln|x|+C(x\neq0)$
9	$(\sin x)'=\cos x$	$\int \cos x\mathrm{d}x = \sin x+C$
10	$(-\cos x)'=\sin x$	$\int \sin x\mathrm{d}x = -\cos x+C$
11	$(\tan x)'=\sec^2 x$	$\int \sec^2 x\mathrm{d}x = \tan x+C$
12	$(-\cot x)'=\csc^2 x$	$\int \csc^2 x\mathrm{d}x = -\cot x+C$
13	$(\sec x)'=\sec x\tan x$	$\int \sec x\tan x\mathrm{d}x = \sec x+C$
14	$(-\csc x)'=\csc x\cot x$	$\int \csc x\cot x\mathrm{d}x = -\csc x+C$
15	$(\arcsin x)'=\dfrac{1}{\sqrt{1-x^2}}$	$\int \dfrac{\mathrm{d}x}{\sqrt{1-x^2}} = \arcsin x+C$
16	$(\arctan x)'=\dfrac{1}{1+x^2}$	$\int \dfrac{\mathrm{d}x}{1+x^2} = \arctan x+C$

不定积分基本公式是求不定积分的基础，必须熟记.

【例1】 求不定积分 $\int x^2\sqrt{x}\,\mathrm{d}x$.

解 根据积分公式 2 得

$$\int x^2\sqrt{x}\,\mathrm{d}x = \int x^{\frac{5}{2}}\,\mathrm{d}x$$

$$= \frac{1}{\frac{5}{2}+1}x^{\frac{5}{2}+1}+C = \frac{2}{7}x^{\frac{7}{2}}+C.$$

【例2】 求 $\int 2^x\mathrm{e}^x\,\mathrm{d}x$.

解 因为 $2^x\mathrm{e}^x = (2\mathrm{e})^x$，根据表 4-1 中式 6 得

$$\int 2^x\mathrm{e}^x\,\mathrm{d}x = \int(2\mathrm{e})^x\,\mathrm{d}x = \frac{(2\mathrm{e})^x}{\ln(2\mathrm{e})}+C = \frac{(2\mathrm{e})^x}{1+\ln 2}+C$$

二、不定积分的基本运算法则

法则 1 两个函数的代数和的不定积分等于这两个函数的不定积分的代数和，即

$$\int[f(x)\pm g(x)]\mathrm{d}x = \int f(x)\mathrm{d}x \pm \int g(x)\mathrm{d}x$$

证 将等式右端对 x 求导得

$$\left[\int f(x)\mathrm{d}x \pm \int g(x)\mathrm{d}x\right]' = \left[\int f(x)\mathrm{d}x\right]' \pm \left[\int g(x)\mathrm{d}x\right]' = f(x)\pm g(x)$$

这说明 $\int f(x)\mathrm{d}x \pm \int g(x)\mathrm{d}x$ 是 $f(x)\pm g(x)$ 的原函数，又因为 $\int f(x)\mathrm{d}x \pm \int g(x)\mathrm{d}x$ 含有任意常数，由不定积分的定义得

$$\int[f(x)\pm g(x)]\mathrm{d}x = \int f(x)\mathrm{d}x \pm \int g(x)\mathrm{d}x$$

这个法则可推广到有限个函数的代数和的积分，即

$$\int[f_1(x)\pm f_2(x)\pm\cdots\pm f_n(x)]\mathrm{d}x = \int f_1(x)\mathrm{d}x \pm \int f_2(x)\mathrm{d}x \pm\cdots\pm \int f_n(x)\mathrm{d}x$$

法则 2 被积函数中不为零的常数因子可以提到积分号前面，即

$$\int kf(x)\mathrm{d}x = k\int f(x)\mathrm{d}x\,(k\text{ 是常数且 }k\neq 0)$$

【例3】 求 $\int(2x^3+1-\cos x)\mathrm{d}x$.

解 $\int(2x^3+1-\cos x)\mathrm{d}x = 2\int x^3\mathrm{d}x + \int \mathrm{d}x - \int\cos x\mathrm{d}x = \frac{1}{2}x^4+x-\sin x+C$

注意：（1）在各项积分运算后，每一项的不定积分都含有一个积分常数，但是几个积分常数的代数和仍然是常数，所以最后只要写一个积分常数 C 就行了.

（2）检验积分是否正确，只需把积分结果求导或求微分，看它是否等于被积函数（或被积式）即可. 如 [例 3]，积分结果含积分常数 C，又由于

$$\left(\frac{1}{2}x^4+x-\sin x+C\right)' = 2x^3+1-\cos x$$

所以积分是正确的.

三、直接积分法

求积分时，如果直接用求积分的两个运算法则和基本公式就能求出结果，或对被积函数进行简单的恒等变形（包括代数和三角的恒等变形），再用求不定积分的两个运算法则及基本公式就能求出结果，这种求不定积分的方法称为直接积分法.

【例 4】 求 $\int \sqrt{x}(x^2 - 5)\mathrm{d}x$.

解　$\displaystyle\int \sqrt{x}(x^2 - 5)\mathrm{d}x = \int (x^{\frac{5}{2}} - 5x^{\frac{1}{2}})\mathrm{d}x = \int x^{\frac{5}{2}}\mathrm{d}x - 5\int x^{\frac{1}{2}}\mathrm{d}x$

$$= \frac{2}{7}x^{\frac{7}{2}} - 5 \cdot \frac{2}{3}x^{\frac{3}{2}} + C$$

$$= \frac{2}{7}x^3\sqrt{x} - \frac{10}{3}x\sqrt{x} + C.$$

【例 5】 求 $\displaystyle\int \frac{x^3 - 3x^2 + 2x + 4}{x^2}\mathrm{d}x$.

解　$\displaystyle\int \frac{x^3 - 3x^2 + 2x + 4}{x^2}\mathrm{d}x = \int \left(x - 3 + \frac{2}{x} + \frac{4}{x^2}\right)\mathrm{d}x$

$$= \int x\mathrm{d}x - 3\int \mathrm{d}x + 2\int \frac{1}{x}\mathrm{d}x + 4\int \frac{1}{x^2}\mathrm{d}x$$

$$= \frac{1}{2}x^2 - 3x + 2\ln|x| - \frac{4}{x} + C.$$

【例 6】 求 $\displaystyle\int \left(\cos x - 4\mathrm{e}^x + \frac{1}{\cos^2 x}\right)\mathrm{d}x$.

解　$\displaystyle\int \left(\cos x - 4\mathrm{e}^x + \frac{1}{\cos^2 x}\right)\mathrm{d}x = \int \cos x\mathrm{d}x - 4\int \mathrm{e}^x\mathrm{d}x + \int \frac{1}{\cos^2 x}\mathrm{d}x$

$$= \sin x - 4\mathrm{e}^x + \tan x + C.$$

【例 7】 求 $\displaystyle\int \frac{2x^2 + 1}{x^2(x^2 + 1)}\mathrm{d}x$.

解　分子 $2x^2 + 1$ 写成 $(x^2 + 1) + x^2$，分式拆成两个分式的和，然后求积分.

$$\int \frac{2x^2 + 1}{x^2(x^2 + 1)}\mathrm{d}x = \int \frac{(x^2 + 1) + x^2}{x^2(x^2 + 1)}\mathrm{d}x$$

$$= \int \frac{(x^2 + 1)}{x^2(x^2 + 1)}\mathrm{d}x + \int \frac{x^2}{x^2(x^2 + 1)}\mathrm{d}x$$

$$= \int \frac{\mathrm{d}x}{x^2} + \int \frac{\mathrm{d}x}{x^2 + 1}$$

$$= -\frac{1}{x} + \arctan x + C.$$

【例 8】 求 $\displaystyle\int \frac{x^4}{x^2 + 1}\mathrm{d}x$.

解　将分子减 1、加 1 变形后积分：

$$\int \frac{x^4}{x^2 + 1}\mathrm{d}x = \int \frac{(x^4 - 1) + 1}{x^2 + 1}\mathrm{d}x$$

$$= \int \frac{(x^2 + 1)(x^2 - 1)}{x^2 + 1}\mathrm{d}x + \int \frac{1}{x^2 + 1}\mathrm{d}x$$

$$= \frac{x^3}{3} - x + \arctan x + C.$$

【例9】 求 $\int \tan^2 x \mathrm{d}x.$

解 用三角公式变形后积分：

$$\int \tan^2 x \mathrm{d}x = \int (\sec^2 x - 1) \mathrm{d}x$$

$$= \int \sec^2 x \mathrm{d}x - \int \mathrm{d}x = \tan x - x + C.$$

【例10】 求 $\int \dfrac{\cos 2x}{\cos x - \sin x} \mathrm{d}x.$

解 $\int \dfrac{\cos 2x}{\cos x - \sin x} \mathrm{d}x = \int \dfrac{\cos^2 x - \sin^2 x}{\cos x - \sin x} \mathrm{d}x$

$$= \int (\cos x + \sin x) \mathrm{d}x$$

$$= \sin x - \cos x + C.$$

习 题 4 - 2

1. 判断题：

(1) $\int \dfrac{2}{x} \mathrm{d}x = \ln 2 \mid x \mid + C;$ （ ）

(2) $\int a^x \mathrm{d}x = a^x \ln a + C;$ （ ）

(3) $\int x^5 \mathrm{d}x = 6x^6 + C;$ （ ）

(4) $\int \mathrm{e}^x \mathrm{d}x = \mathrm{e}^x + C;$ （ ）

(5) $\int \sin x \mathrm{d}x = \cos x + C;$ （ ）

(6) $\int \dfrac{\mathrm{d}x}{\sqrt{1-x^2}} = -\arccos x + C.$ （ ）

2. 求不定积分：

(1) $\int \dfrac{3}{1 - \cos 2x} \mathrm{d}x;$ (2) $\int (7^x + 1) \mathrm{d}x;$

(3) $\int (3\mathrm{e}^x + 5) \mathrm{d}x;$ (4) $\int a^x \mathrm{e}^x \mathrm{d}x;$

(5) $\int (ax^2 + bx + c) \mathrm{d}x;$ (6) $\int \dfrac{1+x}{x^2} \mathrm{d}x;$

(7) $\int \dfrac{\sqrt{3}}{x^3 \sqrt{x}} \mathrm{d}x;$ (8) $\int (\cot^2 x + 2x) \mathrm{d}x;$

(9) $\int \sec x (\sec x - \tan x) \mathrm{d}x;$ (10) $\int \left(\dfrac{1}{x} + 3^x - \dfrac{4}{\cos^2 x} - 5\mathrm{e}^x \right) \mathrm{d}x;$

(11) $\int \dfrac{7u^3 + 3u\sqrt{u} + 2}{\sqrt{u}}\mathrm{d}u$;　　　　(12) $\int \left(\dfrac{x+3}{x}\right)^2 \mathrm{d}x$;

(13) $\int \dfrac{x-4}{\sqrt{x}+2}\mathrm{d}x$;　　　　(14) $\int \dfrac{(x+1)^2}{x(x^2+1)}\mathrm{d}x$;

(15) $\int \dfrac{2+x^2}{1+x^2}\mathrm{d}x$;　　　　(16) $\int \dfrac{3x^4 + 3x^2 + 2}{x^2+1}\mathrm{d}x$;

(17) $\int \dfrac{\sin 2x}{\cos x}\mathrm{d}x$;　　　　(18) $\int \dfrac{\cos 2x}{\cos^2 x}\mathrm{d}x$.

3. 已知作直线运动物体的速度 $v = 3t - 2$ （m/s），且当 $t = 1\mathrm{s}$ 时，其路程为 $s = 2\mathrm{m}$，求此运动方程.

4. 已知函数的导数 $y' = 2\sin x - \cos x$，且当 $x = \dfrac{\pi}{2}$ 时，函数值等于 2，求此函数.

第三节　换 元 积 分 法

用直接积分法所能计算的不定积分是十分有限的，因此有必要进一步研究不定积分的求法，换元积分法就是其中之一.

一、第一类换元积分法

先来看一个例子.

【例 1】 求 $\int \cos 3x \mathrm{d}x$.

解 在基本积分公式中虽有 $\int \cos x \mathrm{d}x = \sin x + C$，但被积函数 $\cos 3x$ 是一个复合函数，不能直接应用，为了套用这个积分公式，先把原积分作下列变形，然后进行计算.

$$\int \cos 3x \mathrm{d}x \underline{\underline{3x = u}} \frac{1}{3}\int \cos u \mathrm{d}u = \frac{1}{3}\sin u + C$$

$$\underline{\underline{3x = u}} \frac{1}{3}\sin 3x + C$$

验证：$\left(\dfrac{1}{3}\sin 3x + C\right)' = \cos 3x$，即 $\dfrac{1}{3}\sin 3x + C$ 确实是 $\cos 3x$ 的原函数，因此上述方法是正确的.

上述方法的关键是利用了 $\int \cos u \mathrm{d}u = \sin u + C$（其中 u 是 x 的函数）.

因为 $F'(x) = f(x)$，$\mathrm{d}F(x) = f(x)\mathrm{d}x$，由微分形式的不变性有 $\mathrm{d}F(u) = f(u)\mathrm{d}u$，其中，$u$ 可以是自变量，也可以是中间变量，则有 $\int f(u)\mathrm{d}u = F(u) + C$.

一般地，有以下定理.

定理 若 $\int f(x)\mathrm{d}x = F(x) + C$，则 $\int f(u)\mathrm{d}u = F(u) + C$，其中 $u = \varphi(x)$ 是可导函数.

这个定理表明：在积分基本公式中，把自变量换成任一可导函数 $u = \varphi(x)$ 后公式仍然成立. 这就扩充了积分基本公式的使用范围.

若不定积分的被积表达式能写成 $f[\varphi(x)]\varphi'(x)\mathrm{d}x = f[\varphi(x)]\mathrm{d}\varphi(x)$ 的形式，令 $\varphi(x) = u$，

设 $F(x)$ 是 $f(x)$ 的一个原函数，则

$$\int f[\varphi(x)]\varphi'(x)\mathrm{d}x = \int f(u)\mathrm{d}u = F(u)+C = F[\varphi(x)]+C$$

通常把这样的积分方法称为第一类换元积分法（或凑微分法）.

【例 2】　计算 $\displaystyle\int \frac{\mathrm{d}x}{2x+1}$.

解　令 $u=2x+1$，则 $\mathrm{d}u=\mathrm{d}(2x+1)=2\mathrm{d}x$，$\mathrm{d}x=\dfrac{1}{2}\mathrm{d}u$，从而有

$$\int \frac{\mathrm{d}x}{2x+1} = \frac{1}{2}\int \frac{\mathrm{d}u}{u} = \frac{1}{2}\ln|u|+C$$

再将 $u=2x+1$ 代入上式，得

$$\int \frac{\mathrm{d}x}{2x+1} = \frac{1}{2}\ln|2x+1|+C$$

【例 3】　求 $\displaystyle\int (3x+5)^8\mathrm{d}x$.

解　令 $u=3x+5$，则 $\mathrm{d}u=3\mathrm{d}x$，所以

$$\int (3x+5)^8 \underline{\,3x+5=u\,} \frac{1}{3}\int u^8\mathrm{d}u = \frac{1}{27}u^9+C \underline{\,3x+5=u\,} \frac{1}{27}(3x+5)^9+C$$

【例 4】　求 $\displaystyle\int x\sqrt{x^2-3}\,\mathrm{d}x$.

解　令 $u=x^2-3$，则 $\mathrm{d}u=2x\mathrm{d}x$，所以

$$\int x\sqrt{x^2-3}\,\mathrm{d}x = \int \frac{1}{2}\sqrt{u}\,\mathrm{d}u = \frac{1}{2}\cdot\frac{2}{3}u^{\frac{3}{2}}+C = \frac{1}{3}(x^2-3)^{\frac{3}{2}}+C$$

从上面的例子可以知道，用第一类换元积分法求积分的关键是把被积表达式凑成两部分，其中一部分是 $\mathrm{d}\varphi(x)$，另一部分为 $\varphi(x)$ 的函数 $f[\varphi(x)]$. 在凑微分时，常用下列微分式子，熟悉这些微分式子有助于求积分：

$$\mathrm{d}x = \frac{1}{a}\mathrm{d}(ax+b) \quad (a\neq 0); \qquad x\mathrm{d}x = \frac{1}{2}\mathrm{d}x^2;$$

$$\frac{1}{x}\mathrm{d}x = \mathrm{d}\ln|x|; \qquad\qquad\qquad \frac{1}{\sqrt{x}}\mathrm{d}x = 2\mathrm{d}\sqrt{x};$$

$$\frac{1}{x^2}\mathrm{d}x = -\mathrm{d}\frac{1}{x}; \qquad\qquad\qquad \frac{1}{1+x^2}\mathrm{d}x = \mathrm{d}\arctan x;$$

$$\frac{1}{\sqrt{1-x^2}}\mathrm{d}x = \mathrm{d}\arcsin x; \qquad\quad \mathrm{e}^x\mathrm{d}x = \mathrm{d}\mathrm{e}^x;$$

$$\sin x\mathrm{d}x = -\mathrm{d}\cos x; \qquad\qquad\quad \cos x\mathrm{d}x = \mathrm{d}\sin x;$$

$$\sec^2 x\mathrm{d}x = \mathrm{d}\tan x; \qquad\qquad\quad \csc^2 x\mathrm{d}x = -\mathrm{d}\cot x;$$

$$\sec x\tan x\mathrm{d}x = \mathrm{d}\sec x; \qquad\quad \csc x\cot x\mathrm{d}x = -\mathrm{d}\csc x;$$

$$\mathrm{d}f(x) = \frac{1}{a}\mathrm{d}af(x)(a\neq 0); \qquad \mathrm{d}f(x) = \mathrm{d}[f(x)\pm b] \quad （其中 a，b 为常数）.$$

当运算比较熟练后，设变量代换 $\varphi(x)=u$ 和回代这两个步骤，可省略不写.

【例 5】　求 $\displaystyle\int \frac{\ln x}{x}\mathrm{d}x$.

解　在 $\ln x$ 中，$x>0$，因而 $\dfrac{1}{x}\mathrm{d}x=\mathrm{d}\ln x$，所以

$$\int\frac{\ln x}{x}\mathrm{d}x=\int\ln x\,\mathrm{d}\ln x=\frac{1}{2}\ln^2 x+C$$

【例 6】　求 $\displaystyle\int\frac{\sin(\sqrt{x}+1)}{\sqrt{x}}\mathrm{d}x$.

解　$\displaystyle\int\frac{\sin(\sqrt{x}+1)}{\sqrt{x}}\mathrm{d}x=2\int\sin(\sqrt{x}+1)\mathrm{d}\sqrt{x}=2\int\sin(\sqrt{x}+1)\mathrm{d}(\sqrt{x}+1)$

$$=-2\cos(\sqrt{x}+1)+C.$$

【例 7】　求 $\displaystyle\int\frac{\mathrm{e}^x}{1+\mathrm{e}^x}\mathrm{d}x$.

解　$\displaystyle\int\frac{\mathrm{e}^x}{1+\mathrm{e}^x}\mathrm{d}x=\int\frac{1}{1+\mathrm{e}^x}\mathrm{d}(1+\mathrm{e}^x)=\ln(1+\mathrm{e}^x)+C.$

【例 8】　求 $\displaystyle\int\frac{1}{a^2+x^2}\mathrm{d}x\ (a\neq0)$.

解　$\displaystyle\int\frac{1}{a^2+x^2}\mathrm{d}x=\frac{1}{a^2}\int\frac{\mathrm{d}x}{1+\left(\dfrac{x}{a}\right)^2}=\frac{1}{a}\int\frac{\mathrm{d}\left(\dfrac{x}{a}\right)}{1+\left(\dfrac{x}{a}\right)^2}$

$$=\frac{1}{a}\arctan\frac{x}{a}+C.$$

类似可得 $\displaystyle\int\frac{\mathrm{d}x}{\sqrt{a^2-x^2}}=\arcsin\frac{x}{a}+C\quad(a>0)$.

【例 9】　求 $\displaystyle\int\frac{x+1}{x^2+2x-3}\mathrm{d}x$.

解　因为 $(x^2+2x-3)'=2(x+1)$，所以 $(x+1)\mathrm{d}x=\dfrac{1}{2}\mathrm{d}(x^2+2x-3)$，于是

$$\int\frac{x+1}{x^2+2x-3}\mathrm{d}x=\frac{1}{2}\int\frac{\mathrm{d}(x^2+2x-3)}{x^2+2x-3}$$

$$=\frac{1}{2}\ln|x^2+2x-3|+C.$$

求不定积分时，有时需要用代数或三角公式先对被积函数作适当变形，再用凑微分法进行积分.

【例 10】　求 $\displaystyle\int\frac{1}{(x-\alpha)(x-\beta)}\mathrm{d}x$.

解　因为 $\dfrac{1}{(x-\alpha)(x-\beta)}=\dfrac{1}{\alpha-\beta}\left(\dfrac{1}{x-\alpha}-\dfrac{1}{x-\beta}\right)$，

所以 $\displaystyle\int\frac{1}{(x-\alpha)(x-\beta)}\mathrm{d}x=\frac{1}{\alpha-\beta}\int\left(\frac{1}{x-\alpha}-\frac{1}{x-\beta}\right)\mathrm{d}x$

$$=\frac{1}{\alpha-\beta}(\ln|x-\alpha|-\ln|x-\beta|)+C$$

$$=\frac{1}{\alpha-\beta}\ln\left|\frac{x-\alpha}{x-\beta}\right|+C.$$

特别地，当 $\alpha=a,\beta=-a$ 时，有 $\displaystyle\int\frac{\mathrm{d}x}{x^2-a^2}=\frac{1}{2a}\ln\left|\frac{x-a}{x+a}\right|+C$.

【例 11】 求 $\displaystyle\int\frac{2x-5}{x^2+3}\mathrm{d}x$.

解 $\displaystyle\int\frac{2x-5}{x^2+3}\mathrm{d}x=\int\frac{2x}{x^2+3}\mathrm{d}x-\int\frac{5\mathrm{d}x}{x^2+3}$

$$=\int\frac{\mathrm{d}(x^2+3)}{x^2+3}-5\int\frac{\mathrm{d}x}{3+x^2}（用［例 8］的结果）$$

$$=\ln(x^2+3)-\frac{5}{\sqrt{3}}\arctan\frac{x}{\sqrt{3}}+C.$$

【例 12】 求 $\displaystyle\int\cos^2x\mathrm{d}x$.

解 因为 $\cos^2x=\dfrac{1+\cos2x}{2}$，所以

$$\int\cos^2x\mathrm{d}x=\frac{1}{2}\int(1+\cos2x)\mathrm{d}x$$

$$=\frac{1}{2}\int\mathrm{d}x+\frac{1}{4}\int\cos2x\mathrm{d}(2x)$$

$$=\frac{1}{2}x+\frac{1}{4}\sin2x+C.$$

类似可得 $\displaystyle\int\sin^2x\mathrm{d}x=\frac{1}{2}x-\frac{1}{4}\sin2x+C$.

【例 13】 求 $\displaystyle\int\tan x\mathrm{d}x$.

解 $\displaystyle\int\tan x\mathrm{d}x=\int\frac{\sin x}{\cos x}\mathrm{d}x=-\int\frac{\mathrm{d}\cos x}{\cos x}=-\ln|\cos x|+C$.

类似可得 $\displaystyle\int\cot x\mathrm{d}x=\ln|\sin x|+C$.

【例 14】 求 $\displaystyle\int\csc x\mathrm{d}x$.

解 $\displaystyle\int\csc x\mathrm{d}x=\int\frac{1}{\sin x}\mathrm{d}x=\int\frac{\sin^2\dfrac{x}{2}+\cos^2\dfrac{x}{2}}{2\sin\dfrac{x}{2}\cos\dfrac{x}{2}}\mathrm{d}x$

$$=\int\left(\tan\frac{x}{2}+\cot\frac{x}{2}\right)\mathrm{d}\left(\frac{x}{2}\right)$$

$$=-\ln\left|\cos\frac{x}{2}\right|+\ln\left|\sin\frac{x}{2}\right|+C=\ln\left|\tan\frac{x}{2}\right|+C.$$

由三角等式 $\tan\dfrac{x}{2}=\dfrac{1-\cos x}{\sin x}=\csc x-\cot x$，代入上式得

$$\int\csc x\mathrm{d}x=\ln|\csc x-\cot x|+C$$

【例 15】 求 $\displaystyle\int\sec x\mathrm{d}x$.

解 由于 $\cos x=\sin\left(\dfrac{\pi}{2}+x\right)$，于是

$$\int \sec x \mathrm{d}x = \int \frac{\mathrm{d}x}{\cos x} = \int \frac{\mathrm{d}\left(\frac{\pi}{2} + x\right)}{\sin\left(\frac{\pi}{2} + x\right)}$$

$$= \ln\left| \csc\left(\frac{\pi}{2} + x\right) - \cot\left(\frac{\pi}{2} + x\right) \right| + C$$

$$= \ln\left| \sec x + \tan x \right| + C.$$

【例 16】 求 $\int \cos 2x \sin x \mathrm{d}x$.

解 （1）由余弦的二倍角公式，得

$$\cos 2x \sin x = (2\cos^2 x - 1)\sin x = 2\cos^2 x \sin x - \sin x,$$

$$\int \cos 2x \sin x \mathrm{d}x = \int (2\cos^2 x \sin x - \sin x)\mathrm{d}x$$

$$= -2\int \cos^2 x \mathrm{d}\cos x - \int \sin x \mathrm{d}x$$

$$= -\frac{2}{3}\cos^3 x + \cos x + C.$$

（2）用积化和差公式，得

$$\cos 2x \sin x = \frac{1}{2}(\sin 3x - \sin x),$$

$$\int \cos 2x \sin x \mathrm{d}x = \frac{1}{2}\int (\sin 3x - \sin x)\mathrm{d}x$$

$$= -\frac{1}{6}\cos 3x + \frac{1}{2}\cos x + C.$$

由上例看出，同一函数的不定积分，由于解法不同，其结果在形式上可能不同，可以验证它们实际上最多彼此只相差一个常数. 如果运算正确无误，那么它们只是形式上的不同，实质上表示的是同一函数族.

*二、第二类换元积分法

第一类换元法是通过选择新积分变量 u，用 $\varphi(x) = u$ 进行换元，从而使原积分便于求出，但对有些积分，如 $\int \frac{\sqrt{x}}{1 + \sqrt[3]{x}}\mathrm{d}x$，$\int \sqrt{a^2 - x^2}\mathrm{d}x$ 等，需要作相反方向的换元，才能比较顺利地求出结果.

【例 17】 求 $\int \frac{1}{1 + \sqrt{x}}\mathrm{d}x$.

解 为了去掉根式，令 $\sqrt{x} = t$，则 $x = t^2 (t > 0)$，$\mathrm{d}x = 2t\mathrm{d}t$，于是

$$\int \frac{1}{1 + \sqrt{x}}\mathrm{d}x = \int \frac{1}{1 + t} 2t\mathrm{d}t = 2\int \frac{t}{1 + t}\mathrm{d}t = 2\int \frac{(t + 1) - 1}{t + 1}\mathrm{d}t = 2\int \left(1 - \frac{1}{t + 1}\right)\mathrm{d}t$$

$$= 2(t - \ln|t + 1|) + C$$

$$\underline{t = \sqrt{x}} 2\sqrt{x} - 2\ln(\sqrt{x} + 1) + C.$$

从 ［例 17］ 可以看出，如果计算积分 $\int f(x)\mathrm{d}x$ 有困难，可做变量代换 $x = \varphi(t)$，当 $x = \varphi(t)$ 是单调、可导的函数，且 $\varphi'(t) \neq 0$ 时，则有 $\mathrm{d}x = \varphi'(t)\mathrm{d}t$ 从而将 $\int f(x)\mathrm{d}x$ 化为积

分 $\int f[\varphi(t)]\varphi'(t)\mathrm{d}t$，若这个积分容易求出，就可按下述方法计算不定积分：

$$\int f(x)\mathrm{d}x \xrightarrow[\text{令}\,x=\varphi(t)]{\text{换元}} \int f[\varphi(t)]\varphi'(t)\mathrm{d}t = F(t)+C \xrightarrow[t=\varphi^{-1}(x)]{\text{回代}} F[\varphi^{-1}(x)]+C$$

其中 $t=\varphi^{-1}(x)$ 是变换 $x=\varphi(t)$ 的反函数，这种求不定积分的方法称为第二类换元法.

【例 18】 求 $\int \sqrt{a^2-x^2}\,\mathrm{d}x(a>0)$.

解 用三角公式可以消去根式. 令 $x=a\sin t\left(-\dfrac{\pi}{2}<t<\dfrac{\pi}{2}\right)$，则

$$\sqrt{a^2-x^2} = \sqrt{a^2-a^2\sin^2 t} = a\cos t,\ \mathrm{d}x = a\cos t\mathrm{d}t$$

于是 $\int \sqrt{a^2-x^2}\,\mathrm{d}x = \int a\cos t\cos t\mathrm{d}t = a^2\int \cos^2 t\mathrm{d}t$

$$= \dfrac{a^2}{2}\int(1+\cos 2t)\mathrm{d}t = \dfrac{a^2}{2}\left(t+\dfrac{1}{2}\sin 2t\right)+C.$$

由于 $x=a\sin t$，所以 $t=\arcsin\dfrac{x}{a}$ 由图 4-3 的辅助三角形知

$$\cos t = \dfrac{\sqrt{a^2-x^2}}{a}$$

$$\sin 2t = 2\sin t\cos t = 2\dfrac{x}{a}\dfrac{\sqrt{a^2-x^2}}{a} = \dfrac{2x}{a^2}\sqrt{a^2-x^2}$$

因此 $\int \sqrt{a^2-x^2}\,\mathrm{d}x = \dfrac{a^2}{2}\arcsin\dfrac{x}{a} + \dfrac{x}{2}\sqrt{a^2-x^2}+C.$

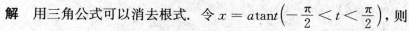

图 4-3

【例 19】 求 $\int \dfrac{\mathrm{d}x}{\sqrt{x^2+a^2}}$ $(a>0)$.

解 用三角公式可以消去根式. 令 $x=a\tan t\left(-\dfrac{\pi}{2}<t<\dfrac{\pi}{2}\right)$，则

$$\sqrt{x^2+a^2} = \sqrt{a^2\tan^2 t+a^2} = a\sec t,\ \mathrm{d}x = a\sec^2 t\mathrm{d}t.$$

于是 $\int \dfrac{\mathrm{d}x}{\sqrt{x^2+a^2}} = \int \dfrac{a\sec^2 t}{a\sec t}\mathrm{d}t = \int \sec t\mathrm{d}t.$

用［例 15］的结果，得 $\int \sec t\mathrm{d}t = \ln|\sec t+\tan t|+C_1$，由 $\tan t=\dfrac{x}{a}$，作辅助三角形（见图

4-4），于是 $\sec t = \dfrac{\sqrt{x^2+a^2}}{a}$,

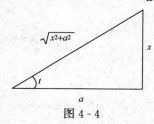

图 4-4

所以 $\int \dfrac{\mathrm{d}x}{\sqrt{x^2+a^2}} = \ln\left|\dfrac{\sqrt{x^2+a^2}}{a}+\dfrac{x}{a}\right|+C_1 = \ln|x+\sqrt{x^2+a^2}|+$

C，其中 $C=C_1-\ln a$.

类似地，令 $x=a\sec t$，则

$$\int \dfrac{\mathrm{d}x}{\sqrt{x^2-a^2}} = \ln|x+\sqrt{x^2-a^2}|+C$$

一般地，如果被积函数有根式 $\sqrt{a^2-x^2}$ 或 $\sqrt{x^2\pm a^2}$ 时，可作如下变换：

(1) 含有 $\sqrt{a^2-x^2}$ 时，令 $x=a\sin t$；(2) 含有 $\sqrt{x^2+a^2}$ 时，令 $x=a\tan t$；

（3）含有 $\sqrt{x^2-a^2}$ 时，令 $x=a\sec t$.

这三种变换称为三角代换.

本节部分例题结果也可以作为积分公式：

17. $\displaystyle\int \tan x\,\mathrm{d}x = -\ln|\cos x| + C$；

18. $\displaystyle\int \cot x\,\mathrm{d}x = \ln|\sin x| + C$；

19. $\displaystyle\int \sec x\,\mathrm{d}x = \ln|\sec x + \tan x| + C$；

20. $\displaystyle\int \csc x\,\mathrm{d}x = \ln|\csc x - \cot x| + C$；

21. $\displaystyle\int \frac{\mathrm{d}x}{a^2+x^2} = \frac{1}{a}\arctan\frac{x}{a} + C$；

22. $\displaystyle\int \frac{\mathrm{d}x}{x^2-a^2} = \frac{1}{2a}\ln\left|\frac{x-a}{x+a}\right| + C$；

23. $\displaystyle\int \frac{\mathrm{d}x}{\sqrt{a^2-x^2}} = \arcsin\frac{x}{a} + C \quad (a>0)$；

24. $\displaystyle\int \frac{\mathrm{d}x}{\sqrt{x^2\pm a^2}} = \ln\left|x+\sqrt{x^2\pm a^2}\right| + C \quad (a>0)$.

习　题 4 - 3

1. 在括号内填入适当的常数，使等式成立.

（1）$\mathrm{d}x = (\quad)\,\mathrm{d}(ax+b) \quad (a\neq 0)$；

（2）$x\,\mathrm{d}x = (\quad)\,\mathrm{d}(x^2+b)$；

（3）$\dfrac{1}{x}\mathrm{d}x = (\quad)\,\mathrm{d}(a\ln x+b) \quad (a\neq 0)$；

（4）$\dfrac{1}{\sqrt{x}}\mathrm{d}x = (\quad)\,\mathrm{d}(\sqrt{x}+b)$；

（5）$\dfrac{1}{x^2}\mathrm{d}x = (\quad)\,\mathrm{d}\left(\dfrac{1}{x}\right)$；

（6）$\mathrm{e}^{ax}\,\mathrm{d}x = (\quad)\,\mathrm{d}(\mathrm{e}^{ax}+b) \quad (a\neq 0)$；

（7）$\dfrac{\mathrm{d}x}{1+(ax)^2} = (\quad)\,\mathrm{d}(\arctan ax) \quad (a\neq 0)$；

（8）$\dfrac{\mathrm{d}x}{\sqrt{1-4x^2}} = (\quad)\,\mathrm{d}(\arcsin 2x)$；

（9）$\sin\dfrac{2}{3}x\,\mathrm{d}x = (\quad)\,\mathrm{d}\left(\cos\dfrac{2}{3}x\right)$；

（10）$x\cos x^2\,\mathrm{d}x = (\quad)\,\mathrm{d}(\sin x^2)$；

（11）$\sec^2 3x\,\mathrm{d}x = (\quad)\,\mathrm{d}(\tan 3x)$；

（12）$\csc^2 2x\,\mathrm{d}x = (\quad)\,\mathrm{d}(\cot 2x)$；

(13) $\dfrac{x\mathrm{d}x}{\sqrt{a^2+x^2}} = ($ $)\mathrm{d}\sqrt{a^2+x^2}$;

(14) $\dfrac{x\mathrm{d}x}{\sqrt{a^2-x^2}} = ($ $)\mathrm{d}\sqrt{a^2-x^2}$ $(a \neq 0)$.

2. 判断题：

(1) $\displaystyle\int e^{2x}\mathrm{d}x = \int e^{2x}\mathrm{d}(2x)$; （ ）

(2) $\displaystyle\int e^{x+2}\mathrm{d}x = \int e^{x+2}\mathrm{d}(x+2)$; （ ）

(3) $\displaystyle\int \cos x\sin x\mathrm{d}x = \int \sin x\mathrm{d}\sin x$; （ ）

(4) $\displaystyle\int \cos x\sin x\mathrm{d}x = \int \cos x\mathrm{d}\cos x$; （ ）

(5) $\displaystyle\int \dfrac{1}{1-x}\mathrm{d}x = \ln|x-1|+C$; （ ）

(6) $\displaystyle\int e^{\varphi(x)}\varphi'(x)\mathrm{d}x = e^{\varphi(x)}+C$; （ ）

(7) 若 $\displaystyle\int f(x)\mathrm{d}x = \int g(x)\mathrm{d}x$, 则 $f(x) = g(x)$. （ ）

3. 求不定积分：

(1) $\displaystyle\int \cos\dfrac{x}{3}\mathrm{d}x$;   (2) $\displaystyle\int e^{-5t}\mathrm{d}t$;   (3) $\displaystyle\int (2x-3)^{-\frac{5}{2}}\mathrm{d}x$;

(4) $\displaystyle\int x\sqrt{1-x^2}\mathrm{d}x$;   (5) $\displaystyle\int \dfrac{\mathrm{d}x}{(1-3x)^2}$;   (6) $\displaystyle\int \dfrac{2x}{\sqrt{x^2+5}}\mathrm{d}x$;

(7) $\displaystyle\int \dfrac{\sin x}{\cos^3 x}\mathrm{d}x$;   (8) $\displaystyle\int \dfrac{2\cos x}{\sqrt{\sin x}}\mathrm{d}x$;   (9) $\displaystyle\int \dfrac{x^2}{\sqrt{a^2-x^3}}\mathrm{d}x$;

(10) $\displaystyle\int \sqrt{2+e^x}\,e^x\mathrm{d}x$;   (11) $\displaystyle\int \dfrac{\sqrt{\ln x}}{x}\mathrm{d}x$;   (12) $\displaystyle\int \dfrac{\mathrm{d}x}{\sqrt{x}\cos^2\sqrt{x}}$;

(13) $\displaystyle\int a^{2x+3}\mathrm{d}x$;   (14) $\displaystyle\int x^3(x^4+1)^{\frac{2}{3}}\mathrm{d}x$;   (15) $\displaystyle\int xe^{-x^2}\mathrm{d}x$;

(16) $\displaystyle\int e^x\sin e^x\mathrm{d}x$;   (17) $\displaystyle\int 4x^3 a^{x^4}\mathrm{d}x$;   (18) $\displaystyle\int \dfrac{\mathrm{d}x}{\sin x\cos x}$;

(19) $\displaystyle\int \tan 3x\mathrm{d}x$;   (20) $\displaystyle\int \dfrac{\mathrm{d}x}{9-x^2}$;   (21) $\displaystyle\int \dfrac{1}{\sqrt{9-4x^2}}\mathrm{d}x$;

(22) $\displaystyle\int \dfrac{\mathrm{d}x}{25+16x^2}$.

4. 求不定积分：

(1) $\displaystyle\int \dfrac{\mathrm{d}x}{1+\sqrt[3]{x}}$;   (2) $\displaystyle\int \dfrac{\mathrm{d}x}{x\sqrt{x+1}}$;   (3) $\displaystyle\int \dfrac{\mathrm{d}x}{\sqrt{1+e^x}}$;

(4) $\displaystyle\int \dfrac{\mathrm{d}x}{\sqrt{x}+\sqrt[3]{x}}$;   (5) $\displaystyle\int \dfrac{x\mathrm{d}x}{\sqrt{9-x^2}}$;   (6) $\displaystyle\int \dfrac{\sqrt{x^2-4}}{x}\mathrm{d}x$.

第四节　分 部 积 分 法

换元积分法应用范围虽然很广，但它却不能解决形如 $\int x\cos x\,\mathrm{d}x$ 、$\int x^2\mathrm{e}^x\,\mathrm{d}x$ 、$\int \mathrm{e}^x\cos x\,\mathrm{d}x$ 等的积分. 为此，本节利用函数乘积的微分公式，导出另一基本的积分法——分部积分法.

设函数 $u=u(x)$、$v=v(x)$ 具有连续导数. 由函数乘积的微分法则有

$$\mathrm{d}(uv)=u\mathrm{d}v+v\mathrm{d}u$$

移项得

$$u\mathrm{d}v=\mathrm{d}(uv)-v\mathrm{d}u$$

两边积分得

$$\int u\mathrm{d}v=uv-\int v\mathrm{d}u,\text{或}\int uv'\mathrm{d}x=uv-\int vu'\mathrm{d}x$$

这就是不定积分的分部积分公式.

如果求 $\int u\mathrm{d}v$ 有困难，而 $\int v\mathrm{d}u$ 容易计算时，用这个公式就可起到化难为易的作用. 应用这个公式求不定积分的方法称为分部积分法.

【例1】　求 $\int x\mathrm{e}^x\,\mathrm{d}x$.

解　设 $u=x$，$\mathrm{d}v=\mathrm{e}^x\mathrm{d}x=\mathrm{d}\mathrm{e}^x$，则 $\mathrm{d}u=\mathrm{d}x$，$v=\mathrm{e}^x$，代入分部积分公式得

$$\int x\mathrm{e}^x\,\mathrm{d}x=x\mathrm{e}^x-\int \mathrm{e}^x\,\mathrm{d}x=x\mathrm{e}^x-\mathrm{e}^x+C=\mathrm{e}^x(x-1)+C.$$

假如设 $u=\mathrm{e}^x$，$\mathrm{d}v=x\mathrm{d}x=\mathrm{d}\left(\dfrac{x^2}{2}\right)$，则 $\mathrm{d}u=\mathrm{e}^x\mathrm{d}x$，$v=\dfrac{x^2}{2}$，由分部积分公式得

$$\int x\mathrm{e}^x\,\mathrm{d}x=\frac{x^2}{2}\mathrm{e}^x-\frac{1}{2}\int x^2\mathrm{e}^x\,\mathrm{d}x$$

这时，右端的积分比左端的积分更难求了. 由此可见，正确使用分部积分法的关键是恰当地选择 u 和 $\mathrm{d}v$. 选择 u 和 $\mathrm{d}v$ 时，一般要考虑两点：

（1）v 要容易求出；

（2）$\int v\mathrm{d}u$ 比 $\int u\mathrm{d}v$ 易积分.

【例2】　求 $\int x\sin x\,\mathrm{d}x$.

解　令 $u=x$，$\mathrm{d}v=\sin x\mathrm{d}x=\mathrm{d}(-\cos x)$，则 $\mathrm{d}u=\mathrm{d}x$，$v=-\cos x$，由公式得

$$\int x\sin x\,\mathrm{d}x=-x\cos x+\int \cos x\,\mathrm{d}x=-x\cos x+\sin x+C.$$

【例3】　求 $\int x^2\cos x\,\mathrm{d}x$.

解　令 $u=x^2$，$\mathrm{d}v=\cos x\mathrm{d}x=\mathrm{d}\sin x$，则 $\mathrm{d}u=2x\mathrm{d}x$，$v=\sin x$，于是

$$\int x^2\cos x\,\mathrm{d}x=x^2\sin x-2\int x\sin x\,\mathrm{d}x$$

对 $\int x\sin x\,\mathrm{d}x$ 再次使用分部积分法，见 [例2]，得

$$\int x^2 \cos x \mathrm{d}x = (x^2 - 2)\sin x + 2x\cos x + C$$

【例 4】 求 $\int x^3 \ln x \mathrm{d}x$.

解 设 $u = \ln x$，$\mathrm{d}v = x^3 \mathrm{d}x = \mathrm{d}\left(\dfrac{x^4}{4}\right)$，则 $\mathrm{d}u = \dfrac{1}{x}\mathrm{d}x$，$v = \dfrac{1}{4}x^4$，于是

$$\int x^3 \ln x \mathrm{d}x = \frac{1}{4}x^4 \ln x - \int \frac{x^4}{4}\frac{1}{x}\mathrm{d}x = \frac{1}{4}x^4 \ln x - \frac{1}{4}\int x^3 \mathrm{d}x = \frac{1}{4}x^4 \ln x - \frac{1}{16}x^4 + C.$$

在解题比较熟练后可不写出 u 和 $\mathrm{d}v$.

【例 5】 求 $\int \mathrm{e}^x \sin 3x \mathrm{d}x$.

解 $\int \mathrm{e}^x \sin 3x \mathrm{d}x = \int \sin 3x \mathrm{d}\mathrm{e}^x = \mathrm{e}^x \sin 3x - \int \mathrm{e}^x \mathrm{d}\sin 3x$

$$= \mathrm{e}^x \sin 3x - 3\int \mathrm{e}^x \cos 3x \mathrm{d}x = \mathrm{e}^x \sin 3x - 3\int \cos 3x \mathrm{d}\mathrm{e}^x$$

$$= \mathrm{e}^x \sin 3x - 3\left(\mathrm{e}^x \cos 3x - \int \mathrm{e}^x \mathrm{d}\cos 3x\right)$$

$$= \mathrm{e}^x (\sin 3x - 3\cos 3x) - 9\int \mathrm{e}^x \sin 3x \mathrm{d}x,$$

移项得 $\int \mathrm{e}^x \sin x \mathrm{d}x = \dfrac{1}{10}\mathrm{e}^x (\sin 3x - 3\cos 3x) + C.$

对于 $\int \mathrm{e}^{\alpha x} \sin\beta x \mathrm{d}x$，$\int \mathrm{e}^{\alpha x} \cos\beta x \mathrm{d}x$ 型的积分，通常用 [例 5] 的方法，即两次运用分部积分法，将它转化成原来的积分形式，就可得到关于原来积分的方程，解这个方程便可求出结果.

分部积分法积分常见类型及 u 和 $\mathrm{d}v$ 的选取归纳如下：

(1) $\int x^n \mathrm{e}^x \mathrm{d}x$，$\int x^n \sin\beta x \mathrm{d}x$，$\int x^n \cos\beta x \mathrm{d}x$，可设 $u = x^n$；

(2) $\int x^n \ln x \mathrm{d}x$，$\int x^n \arcsin x \mathrm{d}x$，$\int x^n \arctan x \mathrm{d}x$，可设 $u = \ln x$，$\arcsin x$，$\arctan x$；

(3) $\int \mathrm{e}^{\alpha x} \sin\beta x \mathrm{d}x$，$\int \mathrm{e}^{\alpha x} \cos\beta x \mathrm{d}x$，设哪个函数为 u 都可以.

上述情况中 x^n 换为多项式仍成立.

【例 6】 求 $\int \dfrac{\mathrm{e}^{2x}}{\sqrt{\mathrm{e}^x + 1}}\mathrm{d}x$.

解（方法一） 原式 $= \int \dfrac{\mathrm{e}^x \mathrm{e}^x}{\sqrt{\mathrm{e}^x + 1}}\mathrm{d}x = \int \dfrac{\mathrm{e}^x}{\sqrt{\mathrm{e}^x + 1}}\mathrm{d}\mathrm{e}^x$

$$= \int \frac{(\mathrm{e}^x + 1) - 1}{\sqrt{\mathrm{e}^x + 1}}\mathrm{d}(\mathrm{e}^x + 1)$$

$$= \int \left(\sqrt{\mathrm{e}^x + 1} - \frac{1}{\sqrt{\mathrm{e}^x + 1}}\right)\mathrm{d}(\mathrm{e}^x + 1)$$

$$= \frac{2}{3}(\mathrm{e}^x + 1)^{\frac{3}{2}} - 2\sqrt{\mathrm{e}^x + 1} + C;$$

（方法二） 设 $\sqrt{\mathrm{e}^x + 1} = t$，则 $x = \ln(t^2 - 1)$，$\mathrm{d}x = \dfrac{2t}{t^2 - 1}\mathrm{d}t$，于是

原式 $= \int \frac{(t^2-1)^2}{t} \frac{2t}{t^2-1} \mathrm{d}t = 2\int (t^2-1)\mathrm{d}t$

$\qquad = 2\left(\frac{1}{3}t^3-t\right)+C = \frac{2}{3}t(t^2-3)+C = \frac{2}{3}(\mathrm{e}^x-2)\sqrt{\mathrm{e}^x+1}+C;$

（方法三）　原式 $= \int \frac{\mathrm{e}^x}{\sqrt{\mathrm{e}^x+1}}\mathrm{d}\mathrm{e}^x = \int \frac{\mathrm{e}^x}{\sqrt{\mathrm{e}^x+1}}\mathrm{d}(\mathrm{e}^x+1) = 2\int \mathrm{e}^x \mathrm{d}\sqrt{\mathrm{e}^x+1}$

$\qquad = 2(\mathrm{e}^x\sqrt{\mathrm{e}^x+1}-\int \sqrt{\mathrm{e}^x+1}\mathrm{d}\mathrm{e}^x) = 2\mathrm{e}^x\sqrt{\mathrm{e}^x+1}-2\int \sqrt{\mathrm{e}^x+1}\mathrm{d}(\mathrm{e}^x+1)$

$\qquad = 2\mathrm{e}^x\sqrt{\mathrm{e}^x+1}-\frac{4}{3}(\mathrm{e}^x+1)^{\frac{3}{2}}+C.$

[例 6] 说明了同一个不定积分可以用多种方法计算，进一步说明了积分的灵活性，需要熟悉积分基本公式，熟练掌握各种恒等变形和各种积分方法．用不同的积分方法计算同一个积分，可能得到不同的结果，只要运算无误，这是正常的，只要积分结果的导数相同即可．

积分运算比微分运算要复杂得多，为了方便，常把一些函数的不定积分汇编成表，这种表称为积分表．积分表是按被积函数的类型加以编排的．求积分时，可根据被积函数的类型，在积分表内查得结果，有时需要经过变形才能在简易积分表中查到．本书后面附有简易积分表．

还需注意，虽然初等函数在其定义区间内，它的原函数一定存在，但有些原函数不一定能用初等函数的形式表示出来，例如 $\int \frac{\sin x}{x}\mathrm{d}x$，$\int \frac{1}{\ln x}\mathrm{d}x$，$\int \mathrm{e}^{x^2}\mathrm{d}x$，$\int \frac{1}{\sqrt{1+x^4}}\mathrm{d}x$ 等，常说这些积分是"积不出来"的，因此，它们在积分表中也查不到．

习　题 4 - 4

求不定积分：

(1) $\int x\sin 2x\mathrm{d}x;$　　　　(2) $\int x\cos \frac{x}{2}\mathrm{d}x;$　　　　(3) $\int x\mathrm{e}^{-x}\mathrm{d}x;$

(4) $\int x^2\ln x\mathrm{d}x;$　　　　(5) $\int \frac{\ln x}{\sqrt{x}}\mathrm{d}x;$　　　　(6) $\int \ln(1+x^2)\mathrm{d}x;$

(7) $\int (\ln x)^2\mathrm{d}x;$　　　　(8) $\int \mathrm{e}^{2x}\cos 3x\mathrm{d}x;$　　　　(9) $\int \mathrm{e}^{-x}\sin 2x\mathrm{d}x;$

(10) $\int x^5\sin x^2\mathrm{d}x;$　　　(11) $\int x\sin x\cos x\mathrm{d}x;$　　　(12) $\int x\tan^2 x\mathrm{d}x.$

本 章 小 结

一、基本要求

(1) 理解原函数和不定积分的概念；

(2) 掌握不定积分的基本性质和运算公式；

(3) 运用直接积分法、换元积分法和分部积分法求解函数的积分．

二、常用公式

1. 积分性质

$$\left(\int f(x)\right)' = f(x), \quad \int dF(x) = F(x) + C.$$

2. 第一类换元积分法（凑微分法）

$$\int f[\varphi(x)]\varphi'(x)dx = \int f[\varphi(x)]d\varphi(x)$$

令 $\varphi(x) = u \int f(u)du = F(u) + C$

回代 $u = \varphi(x)F[\varphi(x)] + C$

3. 分部积分法

$$\int udv = uv - \int vdu$$

复习题四

1. 判断题：

(1) 如果 $F'(x) = f(x)$，则 $F(x)$ 必为 $f(x)$ 的原函数；　　　　　　　　　（　　）

(2) 若 $F'(x) = x^2$，$\int F'(x)dx = x^2 + C$；　　　　　　　　　　　　　　（　　）

(3) $\left[\int F(x)dx\right]' = F(x) + C$；　　　　　　　　　　　　　　　　　（　　）

(4) 函数的原函数就是其不定积分；　　　　　　　　　　　　　　　　　　　（　　）

(5) 若 $F'(x) = G'(x)$，$\int F'(x)dx = G(x) + C$；　　　　　　　　　　　　（　　）

(6) 函数的每条积分曲线上横坐标相同点处的切线互相平行．　　　　　　　　（　　）

2. 填空题：

(1) 当 $x \in (a,b)$ 时，若 $F'(x) = G'(x)$，则 $F(x)$ 与 $G(x)$ 的关系是_____；

(2) $\int \left(\dfrac{\cos^2 x}{1 + \sin^2 x}\right)'dx = $_____；

(3) $\left[\int \dfrac{1}{\sqrt{x}(1+x)}dx\right]' = $_____；

(4) $\int x^2\sqrt{x}dx = $_____；

(5) $\int 2^x e^x dx = $_____；

(6) $\int \dfrac{\cos 2x}{\cos x - \sin x}dx = $_____；

(7) $\int \dfrac{x}{\sqrt{x^2 + 3}}dx = $_____；

(8) $\int \dfrac{x + 1}{x^2 + 1}dx = $_____；

(9) $\int \dfrac{\cos \dfrac{1}{x}}{x^2} \mathrm{d}x = $ _____ .

3. 选择题：

(1) 下列各式中正确的是（ ）；

A. $\int \arctan x \mathrm{d}x = \dfrac{1}{1+x^2} + C$ 　　B. $\int \sin(-x) \mathrm{d}x = -\cos(-x) + C$

C. $\int \dfrac{1}{\sqrt{1-x^2}} \mathrm{d}x = -\arccos x + C$ 　　D. $\int x \mathrm{d}x = \dfrac{x^2}{2}$

(2) $\int \dfrac{1}{\mathrm{e}^x + \mathrm{e}^{-x}} \mathrm{d}x = $（ ）；

A. $\arctan x + C$ 　　B. $\arctan \mathrm{e}^{-x} + C$

C. $\arctan \mathrm{e}^x + C$ 　　D. $\ln(\mathrm{e}^x + \mathrm{e}^{-x}) + C$

(3) $\int \ln x \mathrm{d}x = $（ ）；

A. $\ln x + C$ 　　B. $\dfrac{1}{2} \ln^2 x + C$

C. $x \ln x - x + c$ 　　D. $x \ln x + x + c$

(4) $\int \dfrac{\cos 2x}{1 + (\sin x + \cos x)^2} \mathrm{d}x = $（ ）；

A. $\ln|1 + \sin 2x| + C$ 　　B. $\dfrac{1}{2} \ln|1 + \sin 2x| + C$

C. $\ln(2 + \sin 2x) + C$ 　　D. $\dfrac{1}{2} \ln(2 + \sin 2x) + C$

4. 求不定积分：

(1) $\int \dfrac{x^3}{x^4 + 4} \mathrm{d}x$；　　(2) $\int \dfrac{1}{x^3} \mathrm{e}^{\frac{1}{x^2}} \mathrm{d}x$；

(3) $\int \dfrac{\mathrm{d}x}{\sin^2 x \cos^2 x}$；　　(4) $\int \dfrac{\mathrm{e}^x}{1 + \mathrm{e}^{2x}} \mathrm{d}x$；

(5) $\int \dfrac{\tan \sqrt{x}}{\sqrt{x}} \mathrm{d}x$；　　(6) $\int \dfrac{1 - \cos x}{x - \sin x} \mathrm{d}x$；

(7) $\int x \sqrt{3x^2 - 1} \mathrm{d}x$；　　(8) $\int \dfrac{(\ln x)^7}{x} \mathrm{d}x$；

(9) $\int \dfrac{\mathrm{d}x}{x \ln \sqrt{x}}$；　　(10) $\int \dfrac{\cos x}{\sqrt{1 + \sin x}} \mathrm{d}x$；

(11) $\int \dfrac{\mathrm{d}x}{\mathrm{e}^{-x} + \mathrm{e}^x}$；　　(12) $\int \dfrac{\mathrm{e}^{2x} - 2}{\mathrm{e}^x} \mathrm{d}x$；

(13) $\int \dfrac{\mathrm{d}x}{4 + 3x^2}$；　　(14) $\int \dfrac{\sin x}{a^2 + \cos^2 x} \mathrm{d}x$；

(15) $\int \dfrac{x + 2}{x^2 + 4x + 6} \mathrm{d}x$；　　(16) $\int \sqrt{x} \sin \sqrt{x} \mathrm{d}x$；

(17) $\int x \sin^2 \dfrac{x}{2} \mathrm{d}x$；　　(18) $\int (x^2 - 1) \cos x \mathrm{d}x$；

(19) $\int e^{-x} \sin \dfrac{x}{3} dx$;

(20) $\int \dfrac{\sqrt{9-x^2}}{x^2} dx$;

(21) $\int \dfrac{\sqrt[3]{x}}{x(\sqrt{x}+\sqrt[3]{x})} dx$;

(22) $\int \dfrac{x}{(1-x)^3} dx$;

(23) $\int \dfrac{(\sqrt{\arctan x})^3}{1+x^2} dx$;

(24) $\int \dfrac{e^{2x}}{\sqrt{1-e^x}} dx$.

5. 已知曲线上每一点的切线斜率 $k = \dfrac{1}{2}(e^{\frac{x}{a}} - e^{-\frac{x}{a}})$，又知曲线过点 $M(0,a)$，求此曲线的方程.

6. 一直线运动物体的加速度 $a = t^2 + 1(\text{m/s}^2)$，当 $t = 0\text{s}$ 时，其速度 $v = 1\text{m/s}$，路程 $s = 0\text{m}$，求此物体的运动方程.

7. 设某函数当 $x = 1$ 时有极小值，当 $x = -1$ 时有极大值 5，又知这个函数的导数 $y' = 3x^2 + bx + c$，求此函数.

8. 设函数 $f(x)$ 的图像上有一拐点 $P(2, 4)$，在拐点处切线的斜率为 -3，又知二阶函数具有形式 $y'' = 6x + c$，求此函数.

9. 某商品的需求量 D 为价格 p 的函数，该商品的最大需求为 1000（即 $p = 0$ 时 $D = 1000$），已知需求量变化率为 $D'(p) = -1000\ln 3 \left(\dfrac{1}{3}\right)^p$，求该商品的需求函数.

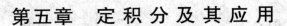

第五章 定积分及其应用

本章讨论积分学中的另一个问题——定积分．从几何与力学问题出发，引出定积分的概念，然后讨论定积分的性质与计算方法，并用定积分去解决一些简单的几何、物理问题，此外还讨论广义积分．

第一节 定 积 分 的 概 念

一、两个实例

1. 曲边梯形的面积

在生产实际和科学技术中，经常遇到各种平面图形面积的计算．对于三角形、四边形及多边形和圆的面积，可以用初等的计算方法．但由曲线围成图形的面积就不容易计算．例如，求船体的排水量就需要计算船体水平截面的面积，测量河流的流量就需要计算河床横断面的面积等．下面讨论由连续曲线围成的平面图形的面积的计算方法．

为了解决求曲线围成图形的面积问题，首先介绍最简单的曲线图形——曲边梯形．所谓曲边梯形是指这样的图形，它有三条边是直线段，其中两条互相平行，第三条边与这两条边垂直，称为底边，第四条边是一条连续曲线段，称为曲边，它与任意垂直于底边的直线最多有一个交点．如图 5-1 所示的曲边梯形就是由直线 $x=a$、$x=b$、$y=0$ 与连续曲线 $y=f(x)$（$f(x)>0$）所围成的图形．

由曲线所围成图形的面积 A（见图 5-2），可以化为曲边梯形 $abCPD$ 的面积 A_1 与曲边梯形 $abCQD$ 的面积 A_2 的差，即有 $A=A_1-A_2$．这样计算曲线图形 $CPDQ$ 的面积 A 就归结为计算曲边梯形的面积．

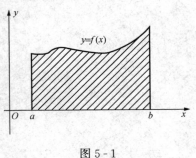

图 5-1

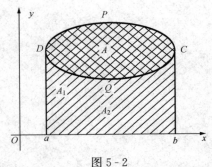

图 5-2

下面讨论图 5-3 所示曲边梯形的面积 A 的计算问题．

（1）问题分析．矩形面积的计算公式：面积＝底×高．

若把曲边梯形与矩形进行比较，差异在于矩形的四边是"直"的，曲边梯形则有一边是"曲"的，矩形的高"不变"，曲边梯形的高是"变"的．这里有"直"与"曲"的矛盾，高度"变"与"不变"的矛盾．为了解决上述矛盾，设想用矩形近似代替曲边梯形，为了减少误差，把曲边梯形分割成许多小曲边梯形，并用小矩形的面积近似代替小曲边梯形的面积．分割得越细，所得到的近似值就越接近于准确值．通过求小矩形面积之和的极限，近似值就转化为准确值了．

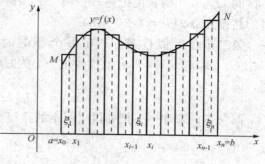

图 5 - 3

（2）计算步骤．

第一步，分割——将曲边梯形分割成若干个小曲边梯形，即任取分点

$$a = x_0 < x_1 < \cdots < x_{i-1} < x_i < \cdots < x_{n-1} < x_n = b$$

把区间 $[a, b]$ 分成 n 个小区间：$[x_0, x_1]$，$[x_1, x_2]$，$\cdots$，$[x_{i-1}, x_i]$，$\cdots$，$[x_{n-1}, x_n]$．相应地，曲边梯形被分成 n 个小曲边梯形，它们的面积分别记为 ΔA_1，ΔA_2，$\cdots$，ΔA_i，$\cdots$，ΔA_n．

第二步，近似代替——在每一个小区间 $[x_{i-1}, x_i]$ 上任取一点 ξ_i（$i = 1, 2, \cdots, n$）．以 $f(\xi_i)$（$x_{i-1} \leqslant \xi_i \leqslant x_i$）为高，$\Delta x_i$（其中 $\Delta x_i = x_i - x_{i-1}$）为底的小矩形的面积作为同底的小曲边梯形面积的近似值，即

$$\Delta A_i \approx f(\xi_i) \Delta x_i \quad (i = 1, 2, \cdots, n)$$

第三步，求和——用 n 个小矩形的面积之和近似代替整个曲边梯形的面积 A，即

$$A = \sum_{i=1}^{n} \Delta A_i \approx f(\xi_1)\Delta x_1 + f(\xi_2)\Delta x_2 + \cdots + f(\xi_n)\Delta x_n = \sum_{i=1}^{n} f(\xi_i)\Delta x_i$$

第四步，取极限——记 $\| \Delta x \| = \max\limits_{1 \leqslant i \leqslant n} |\Delta x_i|$（称为最大小区间的长度），当 $\| \Delta x \|$ 越来越小（同时小曲边梯形的个数 n 越来越大）时，每个小矩形的面积就越来越接近相应的小曲边梯形的面积，从而和式 $\sum\limits_{i=1}^{n} f(\xi_i)\Delta x_i$ 就越来越接近曲边梯形的面积 A．当 $\| \Delta x \| \to 0 (n \to \infty)$ 时，和式的极限就是所求曲边梯形的面积，即

$$A = \lim_{\substack{\| \Delta x \| \to 0 \\ (n \to \infty)}} \sum_{i=1}^{n} f(\xi_i)\Delta x_i$$

2. 变速直线运动的路程

设一物体作直线运动，已知速度 $v = v(t)$ 是时间间隔 $[T_0, T]$ 上的连续函数，且 $v(t) \geqslant 0$，求这物体在这段时间内所经过的路程 s．

（1）问题分析．对于匀速直线运动有公式：路程＝速度×时间．

现在速度是变量，因此所求路程 s 不能按匀速直线运动路程公式计算，必须解决速度"变"与"不变"的矛盾．为了解决这个矛盾，设想把时间间隔 $[T_0, T]$ 分成若干小的时间间隔，当时间间隔很短时，以"不变"的速度代替"变"的速度，即在每个小的时间间隔内，用匀速直线运动的路程近似表示这段时间内变速直线运动的路程．然后把所得到的每一个时间间隔路程的近似值加起来，就得到整个时间间隔 $[T_0, T]$ 上路程的近似值，再通过对这近似值取极限，从而得到路程的准确值．

（2）计算步骤．

第一步，分割——任取分点

$$T_0 = t_0 < t_1 < \cdots < t_{i-1} < t_i < \cdots < t_{n-1} < t_n = T$$

把时间间隔 $[T_0, T]$ 分成 n 个小区间：$[t_0, t_1]$，$[t_1, t_2]$，$\cdots$，$[t_{i-1}, t_i]$，$\cdots$，$[t_{n-1}, t_n]$．第 i 个

小区间 $[t_{i-1}, t_i]$ 的长度记为 $\Delta t_i = t_i - t_{i-1}(i = 1, 2, \cdots, n)$，物体在第 i 段时间 $[t_{i-1}, t_i]$ 内所经过的路程为 $\Delta s_i(i = 1, 2, \cdots, n)$.

第二步，近似代替——在每个小的时间区间 $[t_{i-1}, t_i]$ 上，用任一时刻 ξ_i 的速度 $v(\xi_i)(t_{i-1} \leqslant \xi_i \leqslant t_i)$ 来近似代替这个小的时间区间上变化的速度 $v(t)$，从而得到 Δs_i 的近似值，即

$$\Delta s_i \approx v(\xi_i)\Delta t_i(i = 1, 2, \cdots, n)$$

第三步，求和——把 n 段时间上的路程近似值相加，就得到总路程 s 的近似值，即

$$s = \sum_{i=1}^{n} \Delta s_i \approx \sum_{i=1}^{n} v(\xi_i)\Delta t_i$$

第四步，取极限——记 $\|\Delta t\| = \max_{1 \leqslant i \leqslant n}|\Delta t_i|$，当 $\|\Delta t\| \to 0(n \to \infty)$ 时，则得到路程 s 的准确值，即

$$s = \lim_{\substack{\|\Delta t\| \to 0 \\ (n \to \infty)}} \sum_{i=1}^{n} v(\xi_i)\Delta t_i$$

二、定积分的定义

在上面两个实例中，虽然要计算的量具有不同的实际意义（前者是几何量，后者是物理量），但计算这些量的思想方法和步骤都是相同的，它们都是在小范围内"以不变代变"，按"分割取近似，求和取极限"的方法，将所求的量归结为一个和式的极限，即

$$A = \lim_{\substack{\|\Delta x\| \to 0 \\ (n \to \infty)}} \sum_{i=1}^{n} f(\xi_i)\Delta x_i$$

$$s = \lim_{\substack{\|\Delta t\| \to 0 \\ (n \to \infty)}} \sum_{i=1}^{n} v(\xi_i)\Delta t_i$$

去掉这些问题的具体物理、几何意义，对于这种和式的极限，给出下面的定义.

定义 设函数 $y = f(x)$ 在区间 $[a, b]$ 上有定义，用任一组分点

$$a = x_0 < x_1 < \cdots < x_i < \cdots < x_n = b$$

把区间 $[a, b]$ 分成 n 个小区间：$[x_{i-1}, x_i](i = 1, 2, \cdots, n)$. 在每个小区间 $[x_{i-1}, x_i]$ 上任意取一点 $\xi_i(x_{i-1} \leqslant \xi_i \leqslant x_i)$，用函数值 $f(\xi_i)$ 与该区间的长度 $\Delta x_i = x_i - x_{i-1}$ 相乘，作和式 $\sum_{i=1}^{n} f(\xi_i)\Delta x_i$，如果不论对区间 $[a, b]$ 采取何种分法及 ξ_i 如何选取，当 $\|\Delta x\| \to 0(\|\Delta x\| = \max_{1 \leqslant i \leqslant n}|\Delta x_i|)$ 时，和式的极限存在，则称函数 $f(x)$ 在 $[a, b]$ 上可积，此极限称为函数 $f(x)$ 在区间 $[a, b]$ 上的定积分（简称积分），记为 $\int_a^b f(x)dx$，即

$$\int_a^b f(x)dx = \lim_{\substack{\|\Delta x\| \to 0 \\ (n \to \infty)}} \sum_{i=1}^{n} f(\xi_i)\Delta x_i$$

其中，$f(x)$ 称为被积函数，$f(x)dx$ 称为被积表达式，变量 x 称为积分变量，a 称为积分下限，b 称为积分上限，区间 $[a, b]$ 称为积分区间，并把 $\int_a^b f(x)dx$ 读作 "$f(x)$ 从 a 到 b 的定积分".

显然前面的两个实例可表示成定积分.

（1）曲边梯形的面积 A 是曲线 $y = f(x)(f(x) \geqslant 0)$ 在闭区间 $[a, b]$ 上的定积分，即

$$A = \int_a^b f(x)dx$$

（2）作变速直线运动的物体所经过的路程 s 等于其速度 $v = v(t)$ 在区间 $[T_0, T]$ 上的定

积分，即

$$s = \int_{T_0}^{T} v(t)\mathrm{d}t$$

定积分是一个特殊的和式极限值，因此，它是一个常量，只与被积函数 $f(x)$、积分区间 $[a, b]$ 有关，而与积分变量用什么字母表示无关. 也就是说，如果既不改变被积函数 $f(x)$，也不改变积分区间 $[a, b]$，而只把积分变量 x 改成其他字母，例如 t 或 u，则定积分的值不变，即

$$\int_a^b f(x)\mathrm{d}x = \int_a^b f(t)\mathrm{d}t = \int_a^b f(u)\mathrm{d}u$$

三、定积分的几何意义

当 $f(x)$ 在 $[a, b]$ 上连续时，其定积分 $\int_a^b f(x)\mathrm{d}x$ 可分为三种情形：

(1) 在 $[a, b]$ 上，若 $f(x) \geqslant 0$，则定积分 $\int_a^b f(x)\mathrm{d}x$ 表示由曲线 $y = f(x)$，直线 $x = a$、$x = b$、$y = 0$（即 x 轴）所围成的曲边梯形的面积 A（见图 5-4），即

$$\int_a^b f(x)\mathrm{d}x = A$$

(2) 在 $[a, b]$ 上，若 $f(x) \leqslant 0$，则定积分 $\int_a^b f(x)\mathrm{d}x$ 表示曲线 $y = f(x)$，直线 $x = a$、$x = b$、$y = 0$ 所围成的曲边梯形的面积 A 的相反数（见图 5-5），即

$$\int_a^b f(x)\mathrm{d}x = -A$$

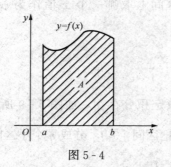

图 5-4   图 5-5

(3) 在 $[a, b]$ 上，若 $f(x)$ 有正有负，即 $f(x)$ 的图形某些部分在 x 轴上方，某些部分在 x 轴下方，这时定积分 $\int_a^b f(x)\mathrm{d}x$ 表示 x 轴上方图形的面积与 x 轴下方图形的面积之差（见图 5-6），即

$$\int_a^b f(x)\mathrm{d}x = A_1 - A_2 + A_3$$

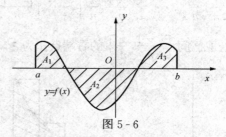

图 5-6

前面讨论表明，尽管定积分 $\int_a^b f(x)\mathrm{d}x$ 在各种实际问题中的意义各不相同，但它的值在几何上都可以用曲边梯形面积的代数和来表示.

【例 1】 用定积分表示图 5-7、图 5-8 中阴影部分的面积.

解 (1) 在图 5-7 中，被积函数 $y = x^2$ 在 $[a, b]$ 上连续，且有 $f(x) \geqslant 0$，由定积分的

几何意义可得阴影部分的面积

$$A = \int_a^b x^2 \, \mathrm{d}x$$

（2）在图 5-8 中，被积函数 $f(x) = (x-1)^2 - 1$ 在 $[-1,2]$ 上连续，且在 $[-1,0]$ 上 $f(x) \geqslant 0$，在 $[0,2]$ 上 $f(x) \leqslant 0$，由定积分的几何意义可得阴影部分面积

$$A = \int_{-1}^0 \left[(x-1)^2 - 1\right] \mathrm{d}x - \int_0^2 \left[(x-1)^2 - 1\right] \mathrm{d}x$$

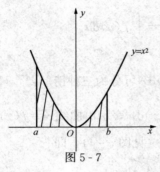

图 5-7

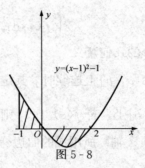

图 5-8

四、定积分存在定理

定理　如果函数 $f(x)$ 在区间 $[a, b]$ 上连续，则 $f(x)$ 在 $[a, b]$ 上的定积分必定存在（即可积）.

定理表明：连续函数是可积的. 如果函数在区间 $[a, b]$ 上连续，则不论用哪一种方法把区间 $[a, b]$ 分成 n 个小区间，也不论在各个小区间上取哪一个 x 值作为 ξ_i，当所有的 $\Delta x_i \to 0$ 时，和式 $\sum\limits_{i=1}^n f(\xi_i)\Delta x_i$ 的极限必定存在.

【**例 2**】　用定积分的定义计算 $\int_0^1 x^2 \, \mathrm{d}x$.

解　被积函数 $y = x^2$ 在区间 $[0,1]$ 上连续，故定积分存在，如图 5-9 所示，用分点

$$0 < \frac{1}{n} < \frac{2}{n} < \cdots < \frac{i-1}{n} < \frac{i}{n} < \cdots < \frac{n-1}{n} < 1$$

把区间 $[0,1]$ 分成 n 个小区间：$\left[0, \frac{1}{n}\right]$，$\left[\frac{1}{n}, \frac{2}{n}\right]$，$\cdots$，$\left[\frac{i-1}{n}, \frac{i}{n}\right]$，$\cdots$，$\left[\frac{n-1}{n}, 1\right]$，则 $\Delta x_i = \frac{1}{n}(i = 1, 2, \cdots, n)$. 为了计算方便，不妨取区间 $\left[\frac{i-1}{n}, \frac{i}{n}\right]$ 的右端点作为 ξ_i，即 $\xi_1 = \frac{1}{n}, \xi_2 = \frac{2}{n}, \cdots, \xi_i = \frac{i}{n}, \cdots, \xi_n = \frac{n}{n} = 1$. 于是

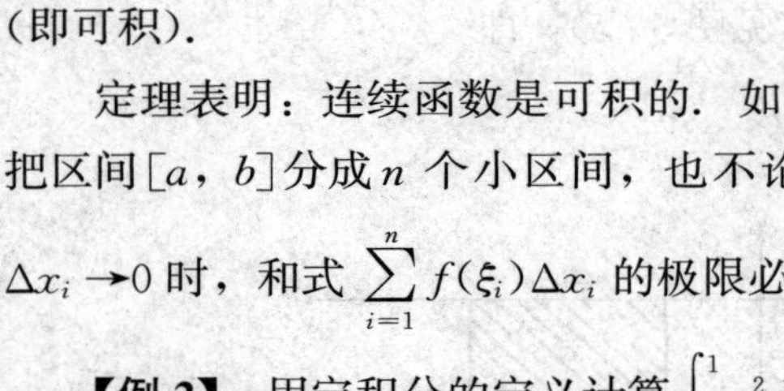

$$\sum_{i=1}^n f(\xi_i)\Delta x_i = \sum_{i=1}^n \xi_i^2 \Delta x_i$$

$$= \sum_{i=1}^n \left(\frac{i}{n}\right)^2 \frac{1}{n} = \frac{1}{n^3}\sum_{i=1}^n (i)^2$$

$$= \frac{1}{n^3} \cdot \frac{n(n+1)(2n+1)}{6}$$

$$= \frac{(n+1)(2n+1)}{6n^2}.$$

图 5-9

故 $\lim\limits_{n\to\infty}\sum\limits_{i=1}^{n}f(\xi_i)\Delta x_i=\lim\limits_{n\to\infty}\dfrac{(n+1)(2n+1)}{6n^2}=\dfrac{1}{3}$,

即 $A=\displaystyle\int_0^1 x^2\,\mathrm{d}x=\dfrac{1}{3}$($A$ 为曲边梯形的面积).

【例 3】 用定积分的几何意义判断定积分的正负:

(1) $\displaystyle\int_0^2 \mathrm{e}^x\,\mathrm{d}x$; (2) $\displaystyle\int_{-\frac{\pi}{2}}^0 \sin x\,\mathrm{d}x$.

解 (1) 由于 $x\in[0,2]$ 时,$\mathrm{e}^x>0$,因此以 $y=\mathrm{e}^x$ 为曲边的曲边梯形在 Ox 轴上方. 从而 $\displaystyle\int_0^2 \mathrm{e}^x\,\mathrm{d}x>0$;

(2) 由于 $x\in\left[-\dfrac{\pi}{2},0\right]$,$\sin x\leqslant 0$,因此 $\displaystyle\int_{-\frac{\pi}{2}}^0 \sin x\,\mathrm{d}x<0$.

 习 题 5 - 1

1. 判断题:

(1) 定积分 $\displaystyle\int_a^b f(x)\,\mathrm{d}x$ 由被积函数 $f(x)$ 与积分区间 $[a,b]$ 确定; （ ）

(2) 定积分 $\displaystyle\int_a^b f(x)\,\mathrm{d}x$ 是 x 的函数; （ ）

(3) 若 $\displaystyle\int_a^b f(x)\,\mathrm{d}x=0$,则 $f(x)=0$; （ ）

(4) 定积分 $\displaystyle\int_a^b f(x)\,\mathrm{d}x$ 在几何上表示相应曲边梯形面积的代数和. （ ）

2. 选择题（根据图 5-10 写出答案）:

(1) $\displaystyle\int_0^b f(x)\,\mathrm{d}x=$（ ）;

A. A_2+A_1

B. A_1-A_2

C. A_2-A_1

D. $A_3+A_1-A_2$

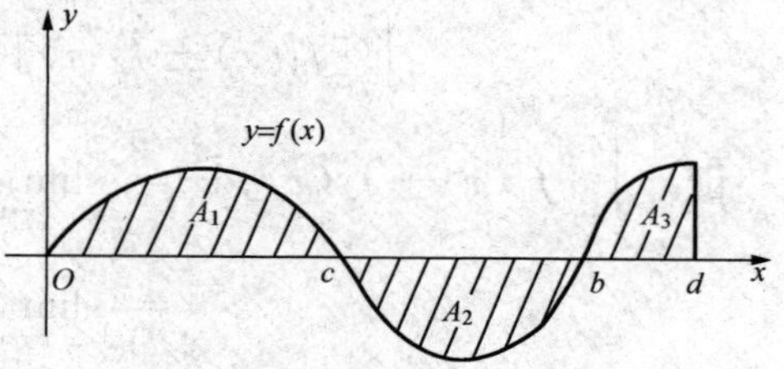

(2) $\displaystyle\int_c^d f(x)\,\mathrm{d}x=$（ ）;

A. A_2+A_3 B. A_2-A_3 C. A_3-A_2 D. $A_3+A_1-A_2$

图 5-10

(3) $\displaystyle\int_0^d f(x)\,\mathrm{d}x=$（ ）.

A. $A_1+A_2+A_3$ B. $A_1+A_2-A_3$ C. $A_1-A_2+A_3$ D. $A_3-A_1+A_2$

3. 用定积分表示由曲线 $y=x^2+1$ 与直线 $x=1,x=3$,及 x 轴所围成的曲边梯形的面积.

4. 用定积分的几何意义判断定积分的正负:

(1) $\displaystyle\int_0^{\frac{\pi}{2}}\sin x\,\mathrm{d}x$; (2) $\displaystyle\int_{-\frac{\pi}{2}}^0 \sin x\,\mathrm{d}x$; (3) $\displaystyle\int_{-1}^2 x^2\,\mathrm{d}x$; (4) $\displaystyle\int_{\frac{\pi}{2}}^\pi \cos x\,\mathrm{d}x$.

5. 用定积分的几何意义,说明下列等式成立（$b>a$）:

(1) $\int_a^b x\,\mathrm{d}x = \dfrac{1}{2}(b^2 - a^2)$；(2) $\int_a^b c\,\mathrm{d}x = c(b-a)$；

(3) $\int_0^a \sqrt{a^2 - x^2}\,\mathrm{d}x = \dfrac{1}{4}\pi a^2 \ (a > 0)$.

第二节　定 积 分 的 性 质

设各性质中的定积分都存在.

性质 1　若在区间 $[a, b]$ 上恒有 $f(x) = 1$，则有 $\int_a^b 1\mathrm{d}x = \int_a^b \mathrm{d}x = b - a$.

性质 2　积分的上下限对换，则积分变号，即 $\int_a^b f(x)\mathrm{d}x = -\int_b^a f(x)\mathrm{d}x$.

性质 1 和性质 2 可由定积分定义直接推出.

当 $a = b$ 时，由性质 2 有 $\int_a^b f(x)\mathrm{d}x = -\int_b^a f(x)\mathrm{d}x$，因此 $2\int_a^a f(x)\mathrm{d}x = 0$，即

$$\int_a^a f(x)\mathrm{d}x = 0$$

性质 3　常数因子可提到积分号外，即若 k 为常数，则

$$\int_a^b kf(x)\mathrm{d}x = k\int_a^b f(x)\mathrm{d}x$$

证　$\displaystyle\int_b^a kf(x)\mathrm{d}x = \lim_{\|\Delta x\| \to 0}\sum_{i=1}^n kf(\xi_i)\Delta x_i$

$$= k\lim_{\|\Delta x\| \to 0}\sum_{i=1}^n f(\xi_i)\Delta x_i = k\int_b^a f(x)\mathrm{d}x.$$

性质 4　两个函数的代数和的积分等于它们积分的代数和，即

$$\int_a^b [f_1(x) \pm f_2(x)]\mathrm{d}x = \int_a^b f_1(x)\mathrm{d}x \pm \int_a^b f_2(x)\mathrm{d}x$$

证　$\displaystyle\int_a^b [f_1(x) \pm f_2(x)]\mathrm{d}x = \lim_{\|\Delta x\| \to 0}\sum_{i=1}^n [f_1(\xi_i) \pm f_2(\xi_i)]\Delta x_i$

$$= \lim_{\|\Delta x\| \to 0}\Big[\sum_{i=1}^n f_1(\xi_i)\Delta x_i \pm \sum_{i=1}^n f_2(\xi_i)\Delta x_i\Big]$$

$$= \lim_{\|\Delta x\| \to 0}\sum_{i=1}^n f_1(\xi_i)\Delta x_i \pm \lim_{\|\Delta x\| \to 0}\sum_{i=1}^n f_2(\xi_i)\Delta x_i$$

$$= \int_a^b f_1(x)\mathrm{d}x \pm \int_a^b f_2(x)\mathrm{d}x.$$

推论 1　有限个函数的代数和的积分等于各个函数积分的代数和，即

$$\int_a^b [f_1(x) \pm \cdots \pm f_n(x)]\mathrm{d}x = \int_a^b f_1(x)\mathrm{d}x \pm \int_a^b f_2(x)\mathrm{d}x \pm \cdots \pm \int_a^b f_n(x)\mathrm{d}x$$

性质 5　如果将区间 $[a, b]$ 分成两个区间 $[a, c]$ 及 $[c, b]$ $(a \leqslant c \leqslant b)$，则有

$$\int_a^b f(x)\mathrm{d}x = \int_a^c f(x)\mathrm{d}x + \int_c^b f(x)\mathrm{d}x$$

这个性质只用几何图形说明. 由图 5 - 11 可以看出，曲边梯形 $AabB$ 的面积＝曲边梯形 $AacC$ 的面积＋曲边梯形 $CcbB$ 的面积.

推论 2 对于任意三个数 a、b、c（见图 5 - 12），有

$$\int_a^b f(x)\mathrm{d}x = \int_a^c f(x)\mathrm{d}x + \int_c^b f(x)\mathrm{d}x$$

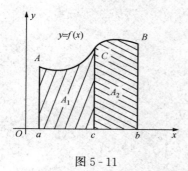

图 5 - 11

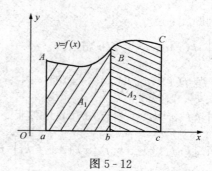

图 5 - 12

性质 6（积分中值定理） 如果函数 $f(x)$ 在闭区间 $[a, b]$ 上连续，则在区间 $[a, b]$ 上至少存在一点 ξ，使得 $\int_a^b f(x)\mathrm{d}x = f(\xi)(b-a)$ 成立.

这个定理只从几何上解释：从图 5 - 13 可以看出，在区间 $[a, b]$ 上至少存在一点 $\xi(\xi \in [a, b])$，使得以 $f(\xi)$ 为高、$(b-a)$ 为底的矩形面积，恰好等于以区间 $[a, b]$ 为底边、以曲线 $y = f(x)$ 为曲边的曲边梯形的面积，即 $\int_a^b f(x)\mathrm{d}x = f(\xi)(b-a)$. 此时，$f(\xi) = \dfrac{1}{b-a}\int_a^b f(x)\mathrm{d}x$.

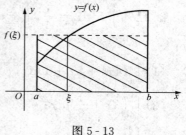

图 5 - 13

这里 $f(\xi)$ 是曲线 $y = f(x)$ 在区间 $[a, b]$ 上的平均高度，又称为函数 $f(x)$ 在 $[a, b]$ 上的平均值，记为 $\bar{y}$，即

$$\bar{y} = \frac{1}{b-a}\int_a^b f(x)\mathrm{d}x$$

【例 1】 用定积分的几何意义及性质说明 $\int_0^2 (1-x)\mathrm{d}x = 0$.

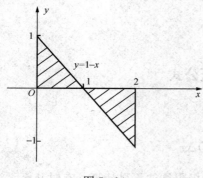

图 5 - 14

解 从图 5 - 14 可以看出：

$$\int_0^1 (1-x)\mathrm{d}x = \frac{1}{2}, \int_1^2 (1-x)\mathrm{d}x = -\frac{1}{2},$$

因此 $\int_0^2 (1-x)\mathrm{d}x = \int_0^1 (1-x)\mathrm{d}x + \int_1^2 (1-x)\mathrm{d}x$

$$= \frac{1}{2} - \frac{1}{2} = 0.$$

【例 2】 计算函数 $y = \sqrt{1-x^2}$ 在 $[0,1]$ 上的平均值.

解 $\bar{y} = \dfrac{1}{1-0}\int_0^1 \sqrt{1-x^2}\mathrm{d}x = \int_0^1 \sqrt{1-x^2}\mathrm{d}x.$

由于在 $[0,1]$ 上以 $y = \sqrt{1-x^2}$ 为曲边的曲边梯形（也称为曲边三角形）就是单位圆在第一象限的部分.

因此，$\bar{y} = \int_0^1 \sqrt{1-x^2}\mathrm{d}x = \dfrac{\pi \cdot 1^2}{4} = \dfrac{\pi}{4}.$

习　题 5 - 2

1. 判断题：

(1) $\int_1^2 f(x)\mathrm{d}x = \int_2^1 f(x)\mathrm{d}x$；　　　　　　　　　　　　　　（　　）

(2) 当 $f(x) = c$ 时，$\int_0^1 f(x)\mathrm{d}x = \int_a^{a+1} f(x)\mathrm{d}x$；　　　　　　　（　　）

(3) $\int_a^b kf(x)\mathrm{d}x = k\int_a^b f(x)\mathrm{d}x$ 只对非零常数 k 成立；　　　　（　　）

(4) $\int_a^b [k_1 f_1(x) \pm k_2 f_2(x)]\mathrm{d}x = k_1\int_a^b f_1(x)\mathrm{d}x \pm k_2\int_a^b f_2(x)\mathrm{d}x$；　（　　）

(5) $\int_{-\pi}^{2\pi} \sin^9 x\mathrm{d}x = \int_{3\pi}^{2\pi} \sin^9 x\mathrm{d}x + \int_{-\pi}^{3\pi} \sin^9 x\mathrm{d}x$.　　　　（　　）

2. 已知 $\int_0^1 x^3\mathrm{d}x = \dfrac{1}{4}$，$\int_0^1 x^2\mathrm{d}x = \dfrac{1}{3}$，$\int_0^1 x\mathrm{d}x = \dfrac{1}{2}$，$\int_0^{\frac{\pi}{2}} \sin x\mathrm{d}x = 1$，$\int_0^{\frac{\pi}{2}} \cos x\mathrm{d}x = 1$，求定积分：

(1) $\int_0^1 (4x^3 + 2x + 1)\mathrm{d}x$；　　　　　　　(2) $\int_0^1 (x+2)^2\mathrm{d}x$；

(3) $\int_0^1 \left(3x + \dfrac{1}{3}\right)\mathrm{d}x$；　　　　　　　(4) $\int_0^1 (x+1)^3\mathrm{d}x$；

(5) $\int_0^{\frac{\pi}{2}} \sin^2 \dfrac{x}{2}\mathrm{d}x$；　　　　　　　(6) $\int_0^{\frac{\pi}{2}} (a\sin x + b\cos x)\mathrm{d}x$.

3. 设 $f(x)$ 和 $g(x)$ 在 $[a, b]$ 上连续，且 $0 \leqslant f(x) \leqslant g(x)$，试用定积分的几何意义说明 $\int_a^b f(x)\mathrm{d}x \leqslant \int_a^b g(x)\mathrm{d}x$.

4. 用第 3 题的结论比较定积分的大小：

(1) $\int_3^4 \ln x\mathrm{d}x$ 与 $\int_3^4 (\ln x)^2\mathrm{d}x$；

(2) $\int_0^1 \sin x\mathrm{d}x$ 与 $\int_0^1 \sin^2 x\mathrm{d}x$.

第三节　牛顿—莱布尼茨公式

定积分是一个重要的概念，如果直接用定积分的定义

$$\int_a^b f(x)\mathrm{d}x = \lim_{\substack{\|\Delta x\| \to 0 \\ (n \to \infty)}} \sum_{i=1}^n f(\xi_i)\Delta x_i$$

来计算，在各种实际问题中得到的和式形式复杂，它们的极限往往不易计算，有时甚至无法计算，所以必须寻求计算定积分的简便方法，找出定积分的计算公式. 下面介绍一种在计算定积分方面最常用的一种方法.

一、积分上限函数

定积分 $\int_a^b f(t)\mathrm{d}t$ 在几何上表示曲线 $y = f(t)$ 在区间 $[a, b]$ 上曲边梯形 $AabB$ 的面积.

如果 x 是区间 $[a, b]$ 上任意一点，同样，定积分 $\int_a^x f(t)\mathrm{d}t$ 表示曲线 $y = f(t)$ 在部分区间 $[a, x]$ 上曲边梯形 $AaxC$ 的面积（见图 5‑15）. 当 x 在区间 $[a, b]$ 上变化时，阴影部分面积也随之变化，即 $\int_a^x f(t)\mathrm{d}t$ 在变化.

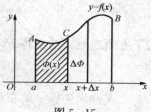

图 5‑15

定义 设函数 $f(x)$ 在区间 $[a, b]$ 上可积，$x \in [a, b]$，则上限为变量 x 的定积分 $\int_a^x f(t)\mathrm{d}t$ 是 x 的函数，称为积分上限函数，记作 $\Phi(x)$，即

$$\Phi(x) = \int_a^x f(t)\mathrm{d}t, x \in [a, b]$$

积分上限函数的几何意义如图 5‑15 所示，它具有下面重要的性质.

定理 1 若函数 $f(x)$ 在区间 $[a, b]$ 上连续，则积分上限函数 $\Phi(x) = \int_a^x f(t)\mathrm{d}t$ 在区间 $[a, b]$ 上可导，并且它的导数等于被积函数，即

$$\Phi'(x) = \left[\int_a^x f(t)\mathrm{d}t \right]' = f(x)$$

从定理 1 可以得出积分上限函数 $\Phi(x) = \int_a^x f(t)\mathrm{d}t$ 是 $f(x)$ 在 $[a, b]$ 上的一个原函数，因而有如下推论.

推论 连续函数的原函数一定存在.

这样就从理论上解决了原函数存在问题.

【例 1】 已知 $\Phi(x) = \int_a^x \mathrm{e}^{\sin t}\mathrm{d}t$，求 $\Phi'(0)$.

解 因为 $\Phi'(x) = \left(\int_a^x \mathrm{e}^{\sin t}\mathrm{d}t \right)' = \mathrm{e}^{\sin x}$，所以 $\Phi'(0) = \mathrm{e}^{\sin 0} = 1$.

【例 2】 已知 $F(x) = \int_0^x (t^2 + \sin^2 t)\mathrm{d}t$，求 $F'(x)$.

解 $F'(x) = x^2 + \sin^2 x$.

二、微积分基本公式

定理 2 （牛顿—莱布尼茨公式）如果函数 $F(x)$ 是连续函数 $f(x)$ 在区间 $[a, b]$ 上的一个原函数，则

$$\int_a^b f(x)\mathrm{d}x = F(b) - F(a)$$

证 已知 $F(x)$ 是 $f(x)$ 在区间 $[a, b]$ 上的一个原函数，由定理 1 知道 $\Phi(x) = \int_a^x f(t)\mathrm{d}t$ 也是 $f(x)$ 在区间 $[a, b]$ 上的一个原函数，由原函数性质知，两个原函数只相差一个常数，即

$$F(x) - \int_a^x f(t)\mathrm{d}t = C$$

将 $x = a$，$x = b$ 分别代入上式，相减得

$$F(b) - F(a) = \int_a^b f(t)\mathrm{d}t - \int_a^a f(t)\mathrm{d}t = \int_a^b f(t)\mathrm{d}t$$

再把积分变量换成 x，得

$$\int_a^b f(x)\mathrm{d}x = F(b) - F(a)$$

为了方便起见，通常将 $F(b) - F(a)$ 写作 $F(x)\big|_a^b$. 因此上式还可以写成

$$\int_a^b f(x)\mathrm{d}x = F(x)\big|_a^b = F(b) - F(a)$$

  上式称为牛顿—莱布尼茨公式，也称为微积分学基本公式. 该公式揭示了定积分与不定积分（或原函数）之间的关系，它把求定积分的问题转化为求不定积分（或原函数）的问题，从而给定积分找到了一条捷径，它是整个积分学最重要的公式之一.

  牛顿—莱布尼茨公式表明求定积分 $\int_a^b f(x)\mathrm{d}x$ 分两步：

  (1) 先求 $f(x)$ 的一个原函数 $F(x)$，这就是求不定积分问题；

  (2) 求这个原函数在积分区间上的增量 $F(b) - F(a)$.

【例 3】 计算 $\int_0^1 x^2 \mathrm{d}x$.

解 $\int_0^1 x^2 \mathrm{d}x = \dfrac{1}{3}x^3 \Big|_0^1 = \dfrac{1}{3} \times 1^3 - \dfrac{1}{3} \times 0^3 = \dfrac{1}{3}$.

【例 4】 计算 $\int_{-1}^1 \dfrac{\mathrm{d}x}{1+x^2}$.

解 $\int_{-1}^1 \dfrac{\mathrm{d}x}{1+x^2} = \arctan x \Big|_{-1}^1 = \dfrac{\pi}{4} - \left(-\dfrac{\pi}{4}\right) = \dfrac{\pi}{2}$.

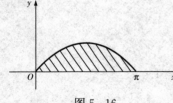

图 5-16

【例 5】 求由曲线 $y = \sin x$，直线 $x = 0$，$x = \pi$，及 $y = 0$ 所围成图形的面积 A（见图 5-16）.

解 $A = \int_0^\pi \sin x\, \mathrm{d}x = -\cos x \Big|_0^\pi$

$\qquad\quad = -\cos\pi + \cos 0 = 2.$

【例 6】 计算 $\int_1^2 \left(2x^2 + \dfrac{1}{x}\right)\mathrm{d}x$.

解 $\int_1^2 \left(2x^2 + \dfrac{1}{x}\right)\mathrm{d}x = \int_1^2 2x^2 \mathrm{d}x + \int_1^2 \dfrac{1}{x}\mathrm{d}x = \dfrac{2}{3}x^3 \Big|_1^2 + \ln x \Big|_1^2 = \dfrac{14}{3} + \ln 2$.

【例 7】 设 $f(x) = \begin{cases} x+1, & x \leqslant 1 \\ 2x^2, & x > 1 \end{cases}$，求 $\int_0^2 f(x)\mathrm{d}x$.

解 $f(x)$ 在 $(-\infty, +\infty)$ 连续，故 $f(x)$ 在 $[0,2]$ 连续，因此

$$\int_0^2 f(x)\mathrm{d}x = \int_0^1 f(x)\mathrm{d}x + \int_1^2 f(x)\mathrm{d}x = \int_0^1 (x+1)\mathrm{d}x + \int_1^2 2x^2 \mathrm{d}x$$

$$= \left(\dfrac{x^2}{2} + x\right)\Big|_0^1 + \dfrac{2}{3}x^3 \Big|_1^2 = \dfrac{37}{6}.$$

习 题 5-3

1. 计算定积分：

(1) $\int_0^1 x^a \mathrm{d}x$ $(a > 0)$；

(2) $\int_1^{a+1} \left(3x^2 - x + \dfrac{1}{x}\right)\mathrm{d}x$ $(a > 0)$；

(3) $\int_1^2 \left(x^2 + \dfrac{1}{x^4}\right)\mathrm{d}x$;

(4) $\int_4^9 \sqrt{x}\,(1+\sqrt{x})\mathrm{d}x$;

(5) $\int_{\frac{1}{\sqrt{3}}}^{\sqrt{3}} \dfrac{\mathrm{d}x}{1+x^2}$;

(6) $\int_{-\frac{1}{2}}^{\frac{1}{2}} \dfrac{\mathrm{d}x}{\sqrt{1-x^2}}$;

(7) $\int_0^{\sqrt{3}a} \dfrac{\mathrm{d}x}{a^2+x^2}$ $(a>0)$;

(8) $\int_2^4 \dfrac{\mathrm{d}x}{x^2-1}$;

(9) $\int_0^1 \dfrac{\mathrm{d}x}{\sqrt{4-x^2}}$;

(10) $\int_{-1}^1 \dfrac{3x^4+3x^2+1}{x^2+1}\mathrm{d}x$;

(11) $\int_0^{\frac{\pi}{2}} \sin^3 x\,\mathrm{d}x$;

(12) $\int_0^{2\pi} |\sin x|\,\mathrm{d}x$;

(13) $f(x) = \begin{cases} x^2, & x \leqslant 1 \\ 2x-1, & x > 1 \end{cases}$，求 $\int_0^2 f(x)\mathrm{d}x$;

(14) $\int_0^\pi (2\sin x + 3\cos x)\mathrm{d}x$;

(15) $\int_0^{\frac{\pi}{4}} \tan^2 x\,\mathrm{d}x$;

(16) $\int_1^2 \dfrac{3x^2+2x+1}{\sqrt{x}}\mathrm{d}x$;

(17) $\int_0^\pi \left(\mathrm{e}^x + \cos^2 \dfrac{x}{2}\right)\mathrm{d}x$.

2. 求下列函数的导数:

(1) $y = \int_0^x \ln(t^2+1)\mathrm{d}t$;

(2) $y = \int_x^2 \arctan(t^2-t)\mathrm{d}t$;

(3) $y = \int_1^{x^2} \sin(t^2-1)\mathrm{d}t$.

第四节　定积分的积分法

一、定积分的换元积分法

若函数 $f(x)$ 在积分区间 $[a, b]$ 上连续，函数 $x = \varphi(t)$ 在区间 $[\alpha, \beta]$ 上有连续导数 $\varphi'(t)$，当 t 在 $[\alpha, \beta]$ 上变化时，$x = \varphi(t)$ 的值在 $[a, b]$ 上变化，并且 $\varphi(\alpha) = a$，$\varphi(\beta) = b$，则

$$\int_a^b f(x)\mathrm{d}x = \int_\alpha^\beta [f(\varphi(t))]\varphi'(t)\mathrm{d}t$$

上式称为定积分的换元公式.

【例 1】　计算 $\int_0^4 \dfrac{1}{1+\sqrt{x}}\mathrm{d}x$.

解　令 $\sqrt{x} = t$，则 $x = t^2$，$\mathrm{d}x = 2t\mathrm{d}t$，
当 $x = 0$ 时，$t = 0$；当 $x = 4$ 时，$t = 2$.
于是 $\int_0^4 \dfrac{1}{1+\sqrt{x}}\mathrm{d}x = \int_0^2 \dfrac{2t}{1+t}\mathrm{d}t = 2\int_0^2 \left(1 - \dfrac{1}{1+t}\right)\mathrm{d}t = 2[t - \ln(t+1)]\Big|_0^2 = 4 - 2\ln 3$.

【例 2】　计算 $\int_0^1 x^2\sqrt{1-x^2}\,\mathrm{d}x$.

解　令 $x = \sin t$，则 $\mathrm{d}x = \cos t\mathrm{d}t$，
当 $x = 0$ 时，$t = 0$；当 $x = 1$ 时，$t = \dfrac{\pi}{2}$.

于是 $\int_0^1 x^2\sqrt{1-x^2}\,\mathrm{d}x = \int_0^{\frac{\pi}{2}} \sin^2 t\cos^2 t\,\mathrm{d}t = \frac{1}{4}\int_0^{\frac{\pi}{2}} \sin^2 2t\,\mathrm{d}t = \frac{1}{8}\int_0^{\frac{\pi}{2}}(1-\cos 4t)\,\mathrm{d}t$

$$= \frac{1}{8}\left(t - \frac{1}{4}\sin 4t\right)\Big|_0^{\frac{\pi}{2}} = \frac{\pi}{16}.$$

在使用定积分的换元公式时，要注意"换元同时换限"，即通过关系式 $x = \varphi(t)$，上（下）限对应变化，下限对下限，上限对上限.

【例 3】 设函数 $f(x)$ 在对称区间 $[-a,a]$ 上连续，求证：

(1) $\int_{-a}^a f(x)\,\mathrm{d}x = \int_0^a [f(x) + f(-x)]\,\mathrm{d}x$；

(2) 若 $f(x)$ 为奇函数，则 $\int_{-a}^a f(x)\,\mathrm{d}x = 0$；

(3) 若 $f(x)$ 为偶函数，则 $\int_{-a}^a f(x)\,\mathrm{d}x = 2\int_0^a f(x)\,\mathrm{d}x$.

证 (1) 根据定积分性质 5，得 $\int_{-a}^a f(x)\,\mathrm{d}x = \int_{-a}^0 f(x)\,\mathrm{d}x + \int_0^a f(x)\,\mathrm{d}x$.

因为 $\int_{-a}^0 f(x)\,\mathrm{d}x \xlongequal{x=-t} \int_a^0 f(-t)\,\mathrm{d}(-t) = \int_0^a f(-t)\,\mathrm{d}t = \int_0^a f(-x)\,\mathrm{d}x$，

所以 $\int_{-a}^a f(x)\,\mathrm{d}x = \int_0^a f(x)\,\mathrm{d}x + \int_0^a f(-x)\,\mathrm{d}x = \int_0^a [f(x) + f(-x)]\,\mathrm{d}x$.

(2) 因为 $f(x)$ 为奇函数，即 $f(-x) = -f(x)$，

所以 $\int_{-a}^a f(x)\,\mathrm{d}x = \int_0^a [f(x) + f(-x)]\,\mathrm{d}x = \int_0^a [f(x) - f(x)]\,\mathrm{d}x = 0$.

(3) 因为 $f(x)$ 为偶函数，即 $f(-x) = f(x)$，

所以 $\int_{-a}^a f(x)\,\mathrm{d}x = \int_0^a [f(x) + f(-x)]\,\mathrm{d}x = \int_0^a [f(x) + f(x)]\,\mathrm{d}x = \int_0^a 2f(x)\,\mathrm{d}x = 2\int_0^a f(x)\,\mathrm{d}x$.

本题结果可作为公式使用.

【例 4】 计算下列定积分的值：

(1) $\int_{-2}^2 x^2\,|x|\,\mathrm{d}x$；　　　　(2) $\int_{-5}^5 \dfrac{x^3\cos^2 x}{1+x^4}\,\mathrm{d}x$.

解 (1) 由于被积函数 $x^2\,|x|$ 在 $[-2,2]$ 上为偶函数，

所以 $\int_{-2}^2 x^2\,|x|\,\mathrm{d}x = 2\int_0^2 x^2\,|x|\,\mathrm{d}x = 2\int_0^2 x^3\,\mathrm{d}x = \frac{1}{2}x^4\Big|_0^2 = 8$.

(2) 由于被积函数 $\dfrac{x^3\cos^2 x}{1+x^4}$ 在 $[-5,5]$ 上为奇函数，

所以 $\int_{-5}^5 \dfrac{x^3\cos^2 x}{1+x^4}\,\mathrm{d}x = 0$.

二、定积分的分部积分法

设函数 $u = u(x)$，$v = v(x)$ 在区间 $[a,b]$ 上有连续导数. 由不定积分的分部积分公式 $\int u\,\mathrm{d}v = uv - \int v\,\mathrm{d}u$，得 $\int_a^b u\,\mathrm{d}v = \left(uv - \int v\,\mathrm{d}u\right)\Big|_a^b$，即

$$\int_a^b u\,\mathrm{d}v = (uv)\Big|_a^b - \int_a^b v\,\mathrm{d}u$$

上式称为定积分的分部积分公式.

【例 5】 计算 $\int_0^1 x e^{-x} dx$.

解 $\int_0^1 x e^{-x} dx = -\int_0^1 x d(e^{-x}) = -\left(x e^{-x}\Big|_0^1 - \int_0^1 e^{-x} dx\right) = -e^{-1} - e^{-x}\Big|_0^1 = 1 - \dfrac{2}{e}$.

【例 6】 计算 $\int_1^4 \dfrac{\ln x}{\sqrt{x}} dx$.

解 $\int_1^4 \dfrac{\ln x}{\sqrt{x}} dx = 2\int_1^4 \ln x \, d(\sqrt{x}) = 2\left(\sqrt{x}\ln x\Big|_1^4 - \int_1^4 \sqrt{x}\,\dfrac{1}{x} dx\right)$

$= 4\ln 4 - 2\int_1^4 \dfrac{1}{\sqrt{x}} dx = 4\ln 4 - 4\sqrt{x}\Big|_1^4 = 4(2\ln 2 - 1)$.

习 题 5 - 4

1. 计算下列定积分:

(1) $\displaystyle\int_1^9 \dfrac{\sqrt{x}}{\sqrt{x}+1} dx$;

(2) $\displaystyle\int_{-1}^1 \dfrac{x}{\sqrt{5-4x}} dx$;

(3) $\displaystyle\int_1^2 \dfrac{e^x}{e^x-1} dx$;

(4) $\displaystyle\int_0^1 \dfrac{1}{e^x+e^{-x}} dx$;

(5) $\displaystyle\int_0^2 \dfrac{1}{\sqrt{1+x}+(\sqrt{1+x})^3} dx$;

(6) $\displaystyle\int_{-1}^1 \dfrac{1}{(1+x^2)^2} dx$;

(7) $\displaystyle\int_{-1}^1 \arccos x \, dx$;

(8) $\displaystyle\int_0^1 x \arctan x \, dx$;

(9) $\displaystyle\int_{-\pi}^{\pi} x^8 \sin x \, dx$;

(10) $\displaystyle\int_{-2}^2 \dfrac{x^5+x^2}{1+x^2} dx$.

2. 设 $f(x)$ 是以 T 为周期的连续函数, 证明对任意常数 a, 有 $\displaystyle\int_a^{a+T} f(x) dx = \int_0^T f(x) dx$.

第五节　广 义 积 分

在定积分中, 积分区间 $[a, b]$ 是有限的, 且被积函数 $f(x)$ 在区间 $[a, b]$ 上是连续的, 即被积函数是区间 $[a, b]$ 上的有界函数, 这种积分称为通常意义下的积分, 简称常义积分. 但在实际问题中, 还会遇到积分区间为无限的, 或者积分区间虽有限, 而被积函数在积分区间出现了无穷间断点的情况, 它们都不属于常义积分的范围, 这两类积分称为广义积分.

一、无穷区间上的广义积分

先看一个例子, 求由曲线 $y = \dfrac{1}{x^2}$, x 轴及直线 $x = 1$

所围成的 "开口曲边梯形" 的面积 (见图 5 - 17).

由于此图形在 x 轴的正方向是开口的, 不是封闭的曲边梯形, 不能用定积分来计算它的面积.

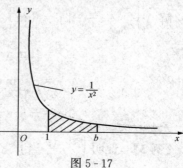

图 5 - 17

任取大于 1 的数 b，于是在区间 $[1,b]$ 上由曲线 $y = \dfrac{1}{x^2}$ 所围成曲边梯形的面积

$$A(b) = \int_1^b \frac{\mathrm{d}x}{x^2} = -\frac{1}{x}\Big|_1^b = 1 - \frac{1}{b}$$

显而易见，当 b 改变时，曲边梯形的面积 $A(b)$ 也随之而改变，且当 $b \to +\infty$ 时，有

$$\lim_{b \to +\infty} A(b) = \lim_{b \to +\infty} \int_1^b \frac{1}{x^2}\mathrm{d}x = \lim_{b \to +\infty}\left(1 - \frac{1}{b}\right) = 1$$

把极限 $\lim\limits_{b \to +\infty} A(b)$ 理解为这个"开口曲边梯形"的面积，一般地，对无穷区间上的广义积分有如下定义.

定义 1　设函数 $f(x)$ 在区间 $[a, +\infty)$ 上连续，取 $b > a$，如果极限 $\lim\limits_{b \to +\infty} \int_a^b f(x)\mathrm{d}x$ 存在，就称函数 $f(x)$ 在区间 $[a, +\infty)$ 上的广义积分存在或收敛，并称这个极限为广义积分的值. 如果上述极限不存在，就称函数 $f(x)$ 在区间 $[a, +\infty)$ 上的广义积分不存在或发散. 无论收敛或发散，都用 $\int_a^{+\infty} f(x)\mathrm{d}x$ 表示函数 $f(x)$ 在区间 $[a, +\infty)$ 上的广义积分，即

$$\int_a^{+\infty} f(x)\mathrm{d}x = \lim_{b \to +\infty} \int_a^b f(x)\mathrm{d}x$$

类似地，可以定义在区间 $(-\infty, b]$ 的连续函数 $f(x)$ 的广义积分为

$$\int_{-\infty}^b f(x)\mathrm{d}x = \lim_{a \to -\infty} \int_a^b f(x)\mathrm{d}x$$

当上式右端的极限存在时，称广义积分收敛，否则称广义积分发散.

对于在 $(-\infty, +\infty)$ 内的连续函数 $f(x)$ 的广义积分，定义为

$$\int_{-\infty}^{+\infty} f(x)\mathrm{d}x = \int_{-\infty}^c f(x)\mathrm{d}x + \int_c^{+\infty} f(x)\mathrm{d}x$$

$$= \lim_{a \to -\infty} \int_a^c f(x)\mathrm{d}x + \lim_{b \to +\infty} \int_c^b f(x)\mathrm{d}x.$$

其中，c 为任意实数，且仅当右端两个极限都存在时，广义积分才收敛，否则发散.

【例 1】　计算 $\int_0^{+\infty} \mathrm{e}^{-x}\mathrm{d}x$.

解　$\int_0^{+\infty} \mathrm{e}^{-x}\mathrm{d}x = \lim\limits_{b \to +\infty} \int_0^b \mathrm{e}^{-x}\mathrm{d}x = \lim\limits_{b \to +\infty}(-\mathrm{e}^{-x})\Big|_0^b = \lim\limits_{b \to +\infty}(-\mathrm{e}^{-b} + 1) = 1.$

【例 2】　计算 $\int_{-\infty}^{+\infty} \dfrac{1}{1+x^2}\mathrm{d}x$.

解　$\int_{-\infty}^{+\infty} \dfrac{1}{1+x^2}\mathrm{d}x = \lim\limits_{a \to -\infty} \int_a^0 \dfrac{1}{1+x^2}\mathrm{d}x + \lim\limits_{b \to +\infty} \int_0^b \dfrac{1}{1+x^2}\mathrm{d}x$

$$= \lim_{a \to -\infty} \arctan x \Big|_a^0 + \lim_{b \to +\infty} \arctan x \Big|_0^b$$

$$= -\lim_{a \to -\infty} \arctan a + \lim_{b \to +\infty} \arctan b$$

$$= -\left(-\frac{\pi}{2}\right) + \frac{\pi}{2} = \pi.$$

【例 3】　证明 $\int_1^{+\infty} \dfrac{\mathrm{d}x}{x^p}$ 当 $p > 1$ 时收敛，当 $p \leqslant 1$ 时发散.

证 当 $p=1$ 时，$\displaystyle\int_1^{+\infty}\frac{1}{x}\mathrm{d}x=\lim_{b\to+\infty}\int_1^b\frac{1}{x}\mathrm{d}x=\lim_{b\to+\infty}\ln x\Big|_1^b=\lim_{b\to+\infty}\ln b=+\infty$；

当 $p\neq1$ 时，$\displaystyle\int_1^{+\infty}\frac{\mathrm{d}x}{x^p}=\lim_{b\to+\infty}\int_1^b\frac{\mathrm{d}x}{x^p}=\frac{1}{1-p}\lim_{b\to+\infty}x^{1-p}\Big|_1^b$

$$=\frac{1}{1-p}\left(\lim_{b\to+\infty}b^{1-p}-1\right)=\begin{cases}+\infty,&p<1\\[2mm]\dfrac{1}{p-1},&p>1\end{cases}.$$

所以，当 $p>1$ 时，此广义积分收敛，其值为 $\dfrac{1}{p-1}$；当 $p\leqslant1$ 时发散.

二、无界函数的广义积分

先考察下面的例子.

试求由曲线 $y=\dfrac{1}{\sqrt{x}}$，直线 $x=0,x=1$ 与 x 轴围成的"开

口曲边梯形"的面积（见图 5-18）.

由于当 $x\to0^+$ 时，$\dfrac{1}{\sqrt{x}}\to+\infty$，故函数 $y=\dfrac{1}{\sqrt{x}}$ 在 $x=0$ 处无

界（无穷型间断点）.

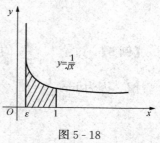

图 5-18

任取一个数 $\varepsilon(o<\varepsilon<1)$，于是在区间 $[\varepsilon,1]$ 上由曲线 $y=\dfrac{1}{\sqrt{x}}$ 所围成的曲边梯形的

面积

$$A(\varepsilon)=\int_\varepsilon^1\frac{\mathrm{d}x}{\sqrt{x}}=2\sqrt{x}\,\Big|_\varepsilon^1=2-2\sqrt{\varepsilon}$$

显而易见，当 ε 变化时，上述曲边梯形的面积 $A(\varepsilon)$ 也随之而变化，当 $\varepsilon\to0^+$ 时，有

$$\lim_{\varepsilon\to0^+}A(\varepsilon)=\lim_{\varepsilon\to0^+}\int_\varepsilon^1\frac{\mathrm{d}x}{\sqrt{x}}=\lim_{\varepsilon\to0^+}(2-2\sqrt{\varepsilon})=2$$

把 $\lim\limits_{\varepsilon\to0^+}A(\varepsilon)$ 理解为这个开口曲边梯形的面积. 一般地，对于被积函数是无界的情形有如下

定义.

定义 2 设函数 $f(x)$ 在 $(a,b]$ 上连续，且 $\lim\limits_{x\to a^+}f(x)=\infty$（即左端点为无穷间断点），如

果极限 $\lim\limits_{\varepsilon\to0^+}\int_{a+\varepsilon}^b f(x)\mathrm{d}x$ 存在，则称无界函数 $f(x)$ 在 $(a,b]$ 上的广义积分存在或收敛，并称

这个极限值为广义积分的值；如上述极限不存在，则称无界函数 $f(x)$ 在 $(a,b]$ 上的广义积

分不存在或发散. 无论收敛或发散，都用 $\displaystyle\int_a^b f(x)\mathrm{d}x$ 表示这个广义积分，即

$$\int_a^b f(x)\mathrm{d}x=\lim_{\varepsilon\to0^+}\int_{a+\varepsilon}^b f(x)\mathrm{d}x$$

类似地，可定义在 $x=b$ 处无界（右端点为无穷间断点）时，$f(x)$ 的广义积分为

$$\int_a^b f(x)\mathrm{d}x=\lim_{\varepsilon\to0^+}\int_a^{b-\varepsilon} f(x)\mathrm{d}x$$

对于在 $[a,b]$ 内某点 $x=c(a<c<b)$ 无界（无穷间断点在区间内）时，函数 $f(x)$ 的

广义积分定义为

$$\int_a^b f(x)\mathrm{d}x=\lim_{\varepsilon\to0^+}\int_a^{c-\varepsilon} f(x)\mathrm{d}x+\lim_{\eta\to0^+}\int_{c+\eta}^b f(x)\mathrm{d}x$$

其中 ε，η 各自独立地趋向于零，仅当右端两个极限都存在时，广义积分才收敛，否则发散．

以上三种广义积分统称为无界函数的广义积分，也称为瑕积分，三个公式中的无穷间断点 a，b，c 称为 $f(x)$ 的瑕点．

【例4】 计算 $\displaystyle\int_0^a \frac{\mathrm{d}x}{\sqrt{a^2-x^2}}(a>0)$．

解 因为 $\displaystyle\lim_{x\to a^-}\frac{1}{\sqrt{a^2-x^2}}=+\infty$，所以积分是广义积分，于是

$$\int_0^a \frac{\mathrm{d}x}{\sqrt{a^2-x^2}}=\lim_{\varepsilon\to 0^+}\int_0^{a-\varepsilon}\frac{\mathrm{d}x}{\sqrt{a^2-x^2}}=\lim_{\varepsilon\to 0^+}\arcsin\frac{x}{a}\Big|_0^{a-\varepsilon}$$

$$=\lim_{\varepsilon\to 0^+}\left(\arcsin\frac{a-\varepsilon}{a}-0\right)=\frac{\pi}{2}.$$

【例5】 讨论 $\displaystyle\int_{-1}^1 \frac{\mathrm{d}x}{x^2}$ 的收敛性．

解 因为 $\displaystyle\lim_{x\to 0}\frac{1}{x^2}=+\infty$，所以该积分为广义积分，于是

$$\int_{-1}^1 \frac{\mathrm{d}x}{x^2}=\lim_{\varepsilon\to 0^+}\int_{-1}^{0-\varepsilon}\frac{\mathrm{d}x}{x^2}+\lim_{\eta\to 0^+}\int_{0+\eta}^1 \frac{\mathrm{d}x}{x^2}$$

$$=\lim_{\varepsilon\to 0^+}\left(-\frac{1}{x}\right)\Big|_{-1}^{0-\varepsilon}+\lim_{\eta\to 0^+}\left(-\frac{1}{x}\right)\Big|_{0+\eta}^1$$

$$=\lim_{\varepsilon\to 0^+}\left(\frac{1}{\varepsilon}-1\right)+\lim_{\eta\to 0^+}\left(-1+\frac{1}{\eta}\right).$$

因为 $\displaystyle\lim_{\varepsilon\to 0^+}\left(\frac{1}{\varepsilon}-1\right)=+\infty$，所以广义积分 $\displaystyle\int_1^{-1}\frac{\mathrm{d}x}{x^2}$ 是发散的．

如果不注意被积函数 $\dfrac{1}{x^2}$ 在 $x=0$ 处有无穷间断点的情况，按定积分计算，就会得出如下错误结果：

$$\int_{-1}^1 \frac{\mathrm{d}x}{x^2}=-\frac{1}{x}\Big|_{-1}^1=-2$$

习 题 5-5

1. 计算广义积分：

(1) $\displaystyle\int_1^{+\infty}\frac{\mathrm{d}x}{x^4}$；

(2) $\displaystyle\int_0^{+\infty}\mathrm{e}^{-ax}\mathrm{d}x(a>0)$；

(3) $\displaystyle\int_a^{+\infty}\frac{\ln x}{x}\mathrm{d}x(a>0)$；

(4) $\displaystyle\int_{-\infty}^{+\infty}\frac{\mathrm{d}x}{x^2+2x+2}$；

(5) $\displaystyle\int_0^1 \frac{x\mathrm{d}x}{\sqrt{1-x^2}}$；

(6) $\displaystyle\int_1^{\mathrm{e}}\frac{\mathrm{d}x}{x\sqrt{1-(\ln x)^2}}$；

(7) $\displaystyle\int_0^{+\infty}\mathrm{e}^{-x}\sin x\mathrm{d}x$；

(8) $\displaystyle\int_{\frac{\pi}{4}}^{\frac{\pi}{2}}\frac{\mathrm{d}x}{\cos^2 x}$．

2. 证明广义积分 $\displaystyle\int_2^{+\infty}\frac{1}{x(\ln x)^k}\mathrm{d}x$，当 $k>1$ 时收敛，当 $k\leqslant 1$ 时发散．

第六节 定积分在几何上的应用

一、定积分的元素法

为讨论定积分的应用，先介绍利用定积分解决实际问题的元素法.

在定积分定义中，先把整体量进行分割，然后在局部范围内"以不变代变"，求出整体量在局部范围内的近似值；再把所有这些近似值加起来，得到整体量的近似值，最后当分割无限加密时取极限得定积分（即整体量）. 在这四个步骤中，关键的是第二步局部量取近似. 事实上，许多几何量与物理量都可以用这种方法计算. 为应用方便，下面把计算在区间 $[a，b]$ 上的某个量 Q 的定积分的方法简化成两步：

（1）求微分，量 Q 在任一具有代表性的小区间 $[x, x+\mathrm{d}x]$ 上改变量 ΔQ 的近似值 $\mathrm{d}Q$ 称为 Q 的微元，$\mathrm{d}Q = f(x)\mathrm{d}x$.

（2）求积分，量 Q 就是 $\mathrm{d}Q$ 在区间 $[a，b]$ 上的定积分，$Q = \int_a^b f(x)\mathrm{d}x$.

这种方法称为定积分元素法或微元法，下面用微元法讨论定积分在几何上的应用.

二、平面图形的面积

（1）平面图形由连续曲线 $y = f_1(x)$、$y = f_2(x)(f_1(x) \geqslant f_2(x))$ 与直线 $x = a, x = b(a < b)$ 所围成（见图 5-19）.

取 x 为积分变量，积分区间为 $[a，b]$，在 $[a，b]$ 上任取一小区间 $[x, x+\mathrm{d}x]$，如果 $f_1(x) \geqslant f_2(x)$，则以 $f_1(x) - f_2(x)$ 为高、$\mathrm{d}x$ 为底的小矩形的面积就是面积元素

$$\mathrm{d}A = [f_1(x) - f_2(x)]\mathrm{d}x$$

于是平面图形的面积为

$$A = \int_a^b [f_1(x) - f_2(x)]\mathrm{d}x$$

（2）平面图形是由连续曲线 $x = \varphi_1(y)$、$x = \varphi_2(y)(\varphi_1(y) \geqslant \varphi_2(y))$ 及直线 $y = c, y = d(c < d)$ 所围成（见图 5-20）.

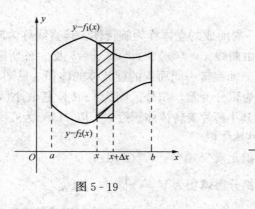

图 5-19

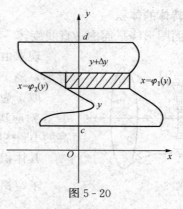

图 5-20

类似地，取 y 为积分变量，积分区间为 $[c, d]$，可得其面积

$$A = \int_c^d [\varphi_1(y) - \varphi_2(y)]\mathrm{d}y$$

【例 1】 计算由两条抛物线 $y^2 = x, y = x^2$ 所围成图形的面积.

解 （1）如图 5-21 所示，为了定出图形所在的范围，先求出两条抛物线的交点，解方

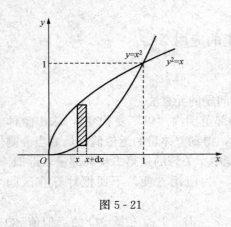

图 5 - 21

程组 $\begin{cases} y = x^2 \\ y^2 = x \end{cases}$，得 $x_1 = 0, y_1 = 0; x_2 = 1, y_2 = 1.$ 故两交点为 $(0,0)$ 及 $(1,1)$. 取 x 为积分变量，从而知图形在直线 $x = 0, x = 1$ 之间，即积分区间为 $[0,1]$.

（2）在区间 $[0,1]$ 上任取一小区间 $[x, x+dx]$，对应的窄条面积近似于以 $(\sqrt{x} - x^2)$ 为高、dx 为底的小矩形的面积，从而得面积元素 $dA = (\sqrt{x} - x^2)dx.$

（3）所求面积为 $A = \int_0^1 (\sqrt{x} - x^2)dx = \left(\frac{2}{3}x^{\frac{3}{2}} - \frac{1}{3}x^3 \right)\Big|_0^1 = \frac{1}{3}.$

【例2】 计算由抛物线 $y^2 = 2x$ 与直线 $2x + y - 2 = 0$ 所围成图形的面积.

解 （1）如图 5 - 22 所示，为了定出图形所在的范围，先求出两条抛物线的交点，解方程组 $\begin{cases} y^2 = 2x \\ 2x + y - 2 = 0 \end{cases}$，得 $x_1 = \frac{1}{2}, y_1 = 1;$

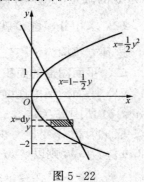

图 5 - 22

$x_2 = 2, y_2 = -2.$ 故两交点为 $\left(\frac{1}{2}, 1 \right)$ 及 $(2, -2)$. 取 y 为积分变量，从而知图形在直线 $y = -2, y = 1$ 之间，即积分区间为 $[-2, 1]$.

（2）在区间 $[-2, 1]$ 上任取一小区间 $[y, y+dy]$，对应的窄条面积近似于以 $\left[\left(1 - \frac{1}{2}y \right) - \frac{1}{2}y^2 \right]$ 为高、dy 为底的小矩形的面积，从而得面积元素

$$dA = \left(1 - \frac{1}{2}y - \frac{1}{2}y^2 \right)dy$$

（3）所求面积为 $A = \int_{-2}^1 \left(1 - \frac{1}{2}y - \frac{1}{2}y^2 \right)dy = \left(y - \frac{1}{4}y^2 - \frac{1}{6}y^3 \right)\Big|_{-2}^1 = \frac{7}{12} + \frac{5}{3} = \frac{9}{4}.$

三、旋转体的体积

一个平面图形绕平面内一直线旋转一周而成的立体称为旋转体，该直线称为旋转轴.

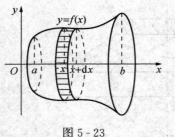

图 5 - 23

现求由曲线 $y = f(x)$、$x = a$、$x = b$ 及 x 轴所围成的曲边梯形，绕 x 轴旋转一周而成的旋转体的体积（见图 5 - 23）.

取 x 为积分变量，积分区间为 $[a, b]$，任取小区间 $[x, x+dx]$，对应其小薄片旋转体体积近似于以 $f(x)$ 为底半径、dx 为高的小圆柱体体积.

其体积元素为 $dV = \pi f^2(x)dx,$

求定积分得体积为 $V = \pi \int_a^b f^2(x)dx.$

用类似的方法，可求得由曲线 $x = \varphi(y)$、$y = c$、$y = d$ 及 y 轴所围成的曲边梯形，绕 y 轴旋转一周而成的旋转体的体积（见图 5 - 24）为 $V = \pi \int_c^d \varphi^2(y)dy.$

【例3】 求椭圆 $\frac{x^2}{16} + \frac{y^2}{4} = 1$ 绕 x 轴旋转一周而成的旋转体的体积（见图 5 - 25）.

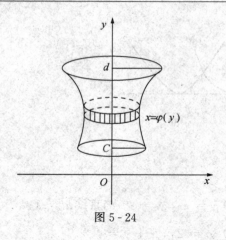

图 5 - 24

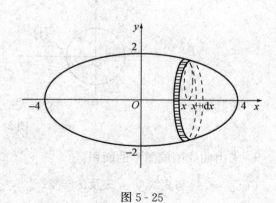

图 5 - 25

解　由椭圆方程 $\dfrac{x^2}{16}+\dfrac{y^2}{4}=1$ 变形可得 $y^2=\dfrac{1}{4}(16-x^2)$.

（1）取 x 为积分变量，积分区间为 $[-4,4]$.

（2）在区间 $[-4,4]$ 上任取一小区间 $[x,x+\mathrm{d}x]$，其小薄片旋转体体积近似于以 $\dfrac{1}{2}\sqrt{16-x^2}$ 为底半径、$\mathrm{d}x$ 为高的小圆柱体体积.　其体积元素为 $\mathrm{d}V=\dfrac{\pi}{4}(16-x^2)\mathrm{d}x$.

（3）所求体积为 $V=\displaystyle\int_{-4}^{4}\dfrac{\pi}{4}(16-x^2)\mathrm{d}x=\dfrac{\pi}{4}\left(16x-\dfrac{1}{3}x^3\right)\Big|_{-4}^{4}=\dfrac{64}{3}\pi.$

习　题 5 - 6

1. 判断题：

（1）微元 $\mathrm{d}A=f(x)\mathrm{d}x$ 是所求量 A 在任意微小区间 $[x,x+\mathrm{d}x]$ 上部分量 ΔA 的近似值；　（　　）

（2）由曲线 $y=x^2$ 与 $y=x^3$ 围成图形面积为 $A=\displaystyle\int_0^1(x^3-x^2)\mathrm{d}x.$　（　　）

2. 将阴影部分的面积用定积分表示出来（见图 5 - 26）：

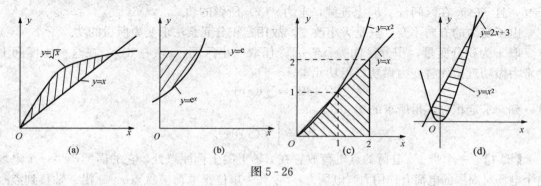

图 5 - 26

3. 在图 5 - 27 中指出一块面积，使与相应的定积分值相等：

（1）$\displaystyle\int_{-1}^{2}\sqrt{4-x^2}\,\mathrm{d}x$；　　　　（2）$\displaystyle\int_0^1 x^3\mathrm{d}x+\int_1^2(x-2)^2\mathrm{d}x.$

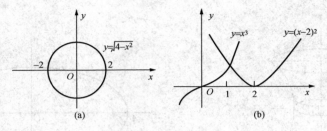

图 5 - 27

4. 求由曲线围成图形的面积：

(1) $y = \dfrac{1}{x}$ 与直线 $y = x$ 及 $x = 2$；　　　　(2) $y = e^x$，$y = e^{-x}$ 与直线 $x = 1$；

(3) $y = \ln x$，$y = \ln 2$，$y = \ln 7$，$x = 0$；　　　(4) $y^2 = 2x$，$x + y = 4$；

(5) $y = x^2$ 与直线 $y = x$ 及 $y = 2x$.

5. 求下列曲线围成的图形绕指定的轴旋转所得旋转体的体积：

(1) $y = 2x$，$x = 3$，$y = 0$，绕 x 轴；

(2) $y = x^2 - 4$，$y = 0$，绕 x 轴；

(3) $\dfrac{x^2}{a^2} + \dfrac{y^2}{b^2} = 1$，绕 y 轴；

(4) $y = x^2$，$x = y^2$，绕 y 轴.

第七节　定积分在物理上的应用

一、变力沿直线所做的功

从物理学知，在常力 f 的作用下，如果物体沿力的方向作直线运动，当物体移动一段距离 s 时，f 所做的功为 $W = fs$.

在实际问题中，经常遇到移动物体的力是变力，需要计算变力所做的功，现在来求变力所做的功.

设变力 $f(x)$ 的方向与 x 轴方向相同，物体在力 $f(x)$ 的作用下由点 $x = a$ 移动到点 $x = b$，且 $f(x)$ 在区间 $[a, b]$ 上连续，求力 $f(x)$ 所做的功.

由于变力的方向不变，只是大小改变，故用定积分元素法求变力所做的功.

取 x 为积分变量，积分区间为 $[a, b]$，任取一小区间 $[x, x + \mathrm{d}x]$，在这一小区间上，用常力做功近似代替变力做功，得功元素

$$\mathrm{d}W = f(x)\mathrm{d}x$$

从 a 到 b 求定积分，得所求的功

$$W = \int_a^b f(x)\mathrm{d}x$$

【例 1】　一个带 $+q$ 电荷的点电荷放置在 r 轴上的坐标原点处，它的周围产生一个电场，这个电场对周围的电荷有作用力（电场力）. 今有一单位正电荷被从点 $r = a$ 沿 r 轴移到点 $r = b$ $(a < b)$，求电场力 f 对它所做的功 W（见图 5 - 28）.

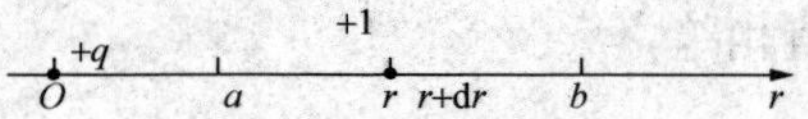

图 5 - 28

解　根据静电学，如果有一单位正电荷放在这个电场中与原点 O 相距为 r 的地方，那么电场对它的作

用力 $f = k\dfrac{q}{r^2}$（k 为常数）.

因此，在单位正电荷移动过程中，电场对它的作用力是变力.

取 r 为积分变量，积分区间为 $[a, b]$，在 $[a, b]$ 上任取一小区间 $[r, r+\mathrm{d}r]$，在这一小区间上，电场力近似看成不变，并用在点 r 处单位正电荷受到的电场力来代替，于是得到它移动 $\mathrm{d}r$ 所做功的近似值，即功元素

$$\mathrm{d}W = k\frac{q}{r^2}\mathrm{d}r,$$

$$W = \int_a^b k\frac{q}{r^2}\mathrm{d}r = kq\left(-\frac{1}{r}\right)\Big|_a^b = kq\left(\frac{1}{a} - \frac{1}{b}\right).$$

若移至无穷远处，则做功为

$$W = \int_a^{+\infty} k\frac{q}{r^2}\mathrm{d}r = \lim_{c\to\infty}\int_a^c k\frac{q}{r^2}\mathrm{d}r = \lim_{c\to+\infty} kq\left(-\frac{1}{r}\right)\Big|_a^c = \frac{kq}{a}$$

此时，电场力做功称为电场中该点的电位 V，于是知电场在点 a 处的电位 $V = \dfrac{kq}{a}$.

【例 2】　设有一高为 30m，底半径为 10m 的圆柱形水池，水深 27m，问将水全部抽尽，需做多少功？

　　解　这是一个克服重力做功的问题. 思考的方法是：将抽水过程看作是从水的表面到池底部一层一层地抽出，那么提取每薄层水力的大小就是水的重力，所以提取每薄层水至水池外的位移量是不同的. 具体方法是：

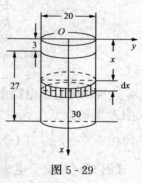

图 5-29

（1）如图 5-29 建立坐标系，取 x 为积分变量，积分区间为 $[3, 30]$，任取小区间 $[x, x+\mathrm{d}x]$，这一薄层水的重力为 $\rho g\pi\cdot 10^2\mathrm{d}x = 10^5\pi g\mathrm{d}x\,(N)$，水的密度 $\rho = 10^3\,\mathrm{kg/m^3}$，$g$ 为重力加速度. 将这一薄层水距水面的高度看成近似不变，即看成高度为 x，于是抽出这一薄层水做功的近似值，即功元素为 $\mathrm{d}W = 10^5\pi gx\mathrm{d}x$.

（2）抽尽全部的水所做的功为

$$W = \int_3^{30} 10^5\pi gx\mathrm{d}x = 10^5\pi g\cdot\left(\frac{1}{2}x^2\right)\Big|_3^{30} = 10^5\pi g\cdot\frac{891}{2} \approx 1.37\times 10^9\,(J).$$

二、水压力

从物理学知道，在水深为 h 处的压强为 $p = \rho gh$（ρ 是水的密度）. 如果有一面积为 A 的平板水平放置在水深为 x 处，平板一侧所受的压力为

$$F = pA$$

如果平板垂直放在水中，由于不同深度的点处压强不同，平板一侧所受的水压力就不能用上述方法计算. 下面举例说明计算方法.

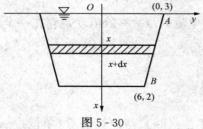

图 5-30

【例 3】　设水渠的闸门与水面垂直，水渠横截面是等腰梯形. 下底长 4m，上底长 6m，高 6m. 当水渠灌满水时，求闸门所受的水压力.

　　解　如图 5-30 建立坐标系，AB 边的直线方程为

$$y = -\frac{1}{6}x + 3.$$

（1）取 x 为积分变量，积分区间为 $[0,6]$，任取小区间 $[x,x+\mathrm{d}x]$，在水下深 $x(\mathrm{m})$ 压强为 $x\rho g$（小薄片所受压强近似看成不变），因此压力元素为

$$\mathrm{d}F = x\rho g \cdot 2\left(-\frac{1}{6}x+3\right)\mathrm{d}x$$

（2）闸门所受水压力为

$$F = \int_0^6 2x\rho g\left(-\frac{1}{6}x+3\right)\mathrm{d}x = \rho g\left[-\frac{1}{9}x^3+3x^2\right]_0^6 = 84\rho g \approx 8.23\times10^5(\mathrm{N}).$$

工程技术上的一些问题如平均电流、平均电压和平均功率等，也可以用定积分来求解.

【例4】　在纯电阻电路中，有一正弦交流电 $i(t)=I_\mathrm{m}\sin\omega t$ 经过电阻 R，求 $i(t)$ 在一个周期上的平均功率（其中 I_m,ω 为常数）.

　　解　由电路知识得，电路中的电压 U 和功率 P 分别为

$$U = iR = RI_\mathrm{m}\sin\omega t, \quad P = i^2R = R(I_\mathrm{m}\sin\omega t)^2,$$

因此，功率 P 在 $\left[0,\dfrac{2\pi}{\omega}\right]$ 上的平均功率为

$$\bar{P} = \frac{1}{\dfrac{2\pi}{\omega}-0}\int_0^{\frac{2\pi}{\omega}}RI_\mathrm{m}^2\sin^2\omega t\,\mathrm{d}t = \frac{\omega RI_\mathrm{m}^2}{2\pi}\int_0^{\frac{2\pi}{\omega}}\frac{1-\cos2\omega t}{2}\mathrm{d}t$$

$$= \frac{RI_\mathrm{m}^2}{4\pi}\int_0^{\frac{2\pi}{\omega}}(1-\cos2\omega t)\mathrm{d}\omega t = \frac{RI_\mathrm{m}^2}{4\pi}\left(\omega t-\frac{1}{2}\sin2\omega t\right)\Big|_0^{\frac{2\pi}{\omega}}$$

$$= \frac{1}{2}I_\mathrm{m}^2R = \frac{1}{2}I_\mathrm{m}U_\mathrm{m}\quad(U_\mathrm{m}=I_\mathrm{m}R).$$

这说明纯电阻电路中正弦交流电的平均功率等于电流与电压峰值之积的一半. 对于一般周期为 T 的交变电流 $i(t)$，它在 R 上消耗的功率为 $P=u(t)i(t)=i^2(t)R$，在 $[0,T]$ 上的平均功率 $\bar{P}=\dfrac{1}{T}\displaystyle\int_0^T i^2(t)R\mathrm{d}t$.

【例5】　当交变电流 $i(t)$ 在一个周期内消耗于负载电阻 R 上的平均功率等于取固定值电流 I 的直流电在 R 上消耗功率时，称 I 为 $i(t)$ 的有效值，即电流 $i(t)$ 的有效值为 I，试求 $i(t)$ 的有效值.

　　解　固定值为 I 的电流在 R 上消耗功率为 I^2R，对于交变电流 $i(t)$ 在一个周期内消耗于负载电阻 R 上的平均功率为

$$\bar{P} = \frac{1}{T}\int_0^T i^2(t)R\mathrm{d}t = \frac{R}{T}\int_0^T i^2(t)\mathrm{d}t$$

于是 $I^2R = \dfrac{R}{T}\displaystyle\int_0^T i^2(t)\mathrm{d}t$，从而得 $I = \sqrt{\dfrac{1}{T}\displaystyle\int_0^T i^2(t)\mathrm{d}t}$，这就是交变电流 $i(t)$ 的有效值.

通常在交变电流的电器上所标明的电流即为交变电流的有效值. 一般地把 $\sqrt{\dfrac{1}{b-a}\displaystyle\int_a^b f^2(t)\mathrm{d}t}$ 称为连续函数 $f(x)$ 在 $[a,b]$ 上的均方根. 因此，周期性电流 $i(t)$ 的有效值就是它在一个周期上的均方根.

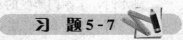

习 题 5-7

1. 由试验知道，弹簧在拉伸过程中，需要的力 F（单位：kg）与伸长量 s（单位：cm）

成正比，即 $F = k_1 s$（k_1 是比例系数），如果把弹簧由原长拉伸 b（cm），计算所做的功.

2. 一物体按规律 $x = ct^3$ 作直线运动，介质的阻力与速度的平方成正比，求物体由 $x = 0$ 移至 $x = a$ 时，克服介质阻力所做的功.

3. 设有一圆台形水池，高为 1m，上、下底半径分别为 2m 和 1m，其中盛满了水，现在将水全部抽尽，问需做多少功？

4. 一个正方形薄板，其对角线的长度为 1m，现将薄板垂直放入水中，使它远的一个顶点位于离水面 1m 处，而一条对角线平行水面，求薄板一侧所受的压力.

5. 计算正弦交流电 $i(t) = I_m \sin \omega t$ 经半波整流后得到的电流

$$i = \begin{cases} I_m \sin \omega t, & 0 \leqslant t < \dfrac{\pi}{\omega} \\ 0, & \dfrac{\pi}{\omega} < t \leqslant \dfrac{2\pi}{\omega} \end{cases} \text{ 的有效值.}$$

本 章 小 结

一、基本要求

（1）理解定积分的有关概念、掌握定积分的几何意义.

（2）掌握牛顿—莱布尼茨公式，并能熟练运用.

（3）掌握定积分的换元法与分部积分法，并能正确运用.

（4）理解广义积分概念，能求无穷区间上的广义积分.

（5）掌握定积分的元素法，能运用元素法解决简单的几何、物理问题.

二、常用公式

1. 牛顿—莱布尼茨公式

$$\int_a^b f(x)\mathrm{d}x = F(b) - F(a)$$

2. 无穷区间上的广义积分

$$\int_a^{+\infty} f(x)\mathrm{d}x = \lim_{b \to +\infty} \int_a^b f(x)\mathrm{d}x;$$

$$\int_{-\infty}^b f(x)\mathrm{d}x = \lim_{a \to -\infty} \int_a^b f(x)\mathrm{d}x;$$

$$\int_{-\infty}^{+\infty} f(x)\mathrm{d}x = \lim_{a \to -\infty} \int_a^c f(x)\mathrm{d}x + \lim_{b \to +\infty} \int_c^b f(x)\mathrm{d}x.$$

3. 元素法

（1）$\mathrm{d}Q = f(x)\mathrm{d}x, x \in [a, b]$；（2）$Q = \displaystyle\int_a^b f(x)\mathrm{d}x.$

复 习 题 五

1. 判断题：

（1）定积分 $\displaystyle\int_a^b f(x)\mathrm{d}x$ 的值与积分变量无关；　　　　　　　　　　（　　）

（2）定积分 $\displaystyle\int_a^b f(x)\mathrm{d}x$ 是曲边梯形的面积；　　　　　　　　　　（　　）

（3）$f(x)$ 在 $[a, b]$ 上连续，则 $\displaystyle\int_a^b f(x)\mathrm{d}x$ 一定存在；　　　　　　（　　）

(4) 定积分 $\int_a^b f(x)\mathrm{d}x$ 换元时不换积分限；　　　　　　　　　　　　　(　)

(5) 奇函数在对称区间 $[-a,a]$ 上的定积分的值为零.　　　　　　　　　(　)

2. 选择题：

(1) $\int_0^{\frac{\pi}{2}} \sin\varphi\cos^3\varphi\mathrm{d}\varphi = ($ 　 $)$；

A. $\dfrac{1}{4}$　　　　　　　B. $-\dfrac{1}{4}$　　　　　　C. $-\dfrac{\pi^4}{64}$　　　　　　D. $\dfrac{\pi^4}{64}$

(2) $\int_{\frac{1}{\sqrt{2}}}^1 \dfrac{\sqrt{1-x^2}}{x^2}\mathrm{d}x = ($ 　 $)$；

A. $\dfrac{\pi+4}{2}$　　　　　B. $\dfrac{\pi+4}{4}$　　　　　C. $\dfrac{4-\pi}{4}$　　　　　D. $\dfrac{\pi-4}{4}$

(3) $\int_{-1}^1 x^5\sqrt{1-x^2}\mathrm{d}x = ($ 　 $)$；

A. 1　　　　　　　　B. 0　　　　　　　　C. π　　　　　　　D. -2

(4) $\left(\int_0^{x^2}\sqrt{1-t^2}\mathrm{d}t\right)' = ($ 　 $)$；

A. $\sqrt{1-t^2}$　　　B. $\sqrt{1-x^2}$　　　C. $2x\sqrt{1-x^2}$　　　D. $2x\sqrt{1-x^4}$

(5) 下列积分中不属于广义积分的是 (　).

A. $\int_{-1}^1 \dfrac{1}{x}\mathrm{d}x$　　　B. $\int_{-\infty}^1 \dfrac{1}{x^2+1}\mathrm{d}x$　　　C. $\int_1^{+\infty} \dfrac{1}{x}\mathrm{d}x$　　　D. $\int_2^{10001} \dfrac{1}{x^2}\mathrm{d}x$

3. 求定积分：

(1) $\int_3^4 \dfrac{x^2+x-6}{x+3}\mathrm{d}x$；　　　　　　(2) $\int_0^1 \dfrac{\mathrm{d}x}{\sqrt{x+9}+\sqrt{x}}$；

(3) $\int_1^2 \dfrac{\sqrt{x^2-1}}{x}\mathrm{d}x$；　　　　　　(4) $\int_0^{\frac{\sqrt{3}}{2}} \arccos x\mathrm{d}x$；

(5) $\int_1^e \ln^3 x\mathrm{d}x$；　　　　　　　　(6) $\int_{-2}^2 \dfrac{x^5}{(1+x^2)^4}\mathrm{d}x$.

4. 求广义积分：

(1) $\int_1^{+\infty} \dfrac{\mathrm{d}x}{x^2(x^2+1)}$；　　　　　　(2) $\int_0^3 \dfrac{\mathrm{d}x}{(x-1)^2}$.

5. 求由曲线 $y=\dfrac{1}{2}x^2$ 与 $x^2+y^2=8$ 所围的 x 轴以上部分图形的面积.

6. 弹簧原长为 1m，每压缩 1cm 需力 5N，若将其从 80cm 压缩至 60cm，求所做的功.

7. 将半径为 r 的半圆垂直浸入水中，使其直径在水面上，求它所受到的水压力.

第六章 微 分 方 程

在科学技术中，有的问题往往需要通过未知函数及其导数（或微分）所满足的等式来求未知函数，这种等式就是微分方程. 本章讨论微分方程的基本概念和几种常用的微分方程的解法.

第一节 微分方程的基本概念

先看两个实例：

【例1】 图 6-1（a）中的开关 S 置于 1 的位置，电路处于稳定状态，电容 C 已充电到 U_0. $t=0$ 时将开关 S 倒向 2 的位置，则已充电的电容 C 与电源脱离并开始向电阻 R 放电，如图 6-1（b）所示. 求 KVL 换路后的电路方程.

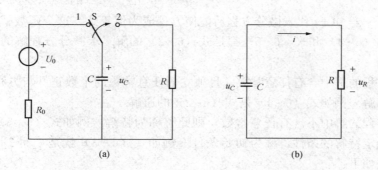

图 6-1

解 由 KVL 得换路后的电路方程为 $-u_R + u_C = 0$.

因为元件的电流电压关系为

$$u_R = Ri, i = -C\frac{\mathrm{d}u_C}{\mathrm{d}t}$$

代入 KVL 方程得

$$RC\frac{\mathrm{d}u_C}{\mathrm{d}t} + u_C = 0 \quad (t > 0) \tag{6-1}$$

这是一个含未知函数微分（导数）的方程.

【例2】 一条曲线通过点（0，1），且该曲线上任一点 $M(x,y)$ 处的切线斜率为 $3x^2$，求这条曲线的方程.

解 设所求曲线方程为 $y=f(x)$，由导数的几何意义有

$$\frac{\mathrm{d}y}{\mathrm{d}x} = 3x^2 \tag{6-2}$$

由于曲线过点（0，1），因此有

$$f(0) = 1 \tag{6-3}$$

对式（6-2）两端同时积分得

$$y = \int 3x^2 \mathrm{d}x = x^3 + C \qquad (6\text{-}4)$$

其中 C 为任意常数. 把式（6-3）代入式（6-4）得

$$1 = 0 + C$$

即 $C = 1$，于是得所求曲线的方程为

$$y = x^3 + 1 \qquad (6\text{-}5)$$

这也是一个含未知函数导数的方程，因此有如下定义.

定义 凡含自变量、自变量的未知函数及未知函数的导数（或微分）的方程称为微分方程.

* 在微分方程中，如果未知函数只含有一个自变量，则称此方程为常微分方程，如果未知函数含有两个或两个以上的自变量，则称此方程为偏微分方程，本章只讨论常微分方程.

注意：在微分方程中，未知函数和自变量可以不出现，但未知函数的导数或微分必须出现.

微分方程中出现的未知函数的最高阶导数的阶数称为微分方程的阶. 例如，式（6-1）和式（6-2）都是一阶微分方程；又如，方程 $\dfrac{\mathrm{d}^3 y}{\mathrm{d}x^3} + x\dfrac{\mathrm{d}^2 y}{\mathrm{d}x^2} - 4y\dfrac{\mathrm{d}y}{\mathrm{d}x} = 2x^2$ 是三阶微分方程.

如果把函数 $y = y(x)$ 代入微分方程后能使方程成为恒等式，这个函数就称为该微分方程的解. 例如式（6-4）和式（6-5）都是式（6-2）的解. 求微分方程解的过程称为解微分方程.

如果微分方程的解中含有任意常数，且独立的任意常数的个数正好与方程的阶数相同，这样的解称为通解. 例如式（6-4）是式（6-2）的通解.

如果微分方程的解中不含有任意常数，则此解称为特解. 例如式（6-5）是式（6-2）的特解. 用来确定特解的条件，称为初始条件. 例如式（6-3）就是［例2］的初始条件. 初始条件的记法如下：

一阶微分方程为：当 $x = x_0$ 时，$y = y_0$，或写成 $y|_{x=x_0} = y_0$.

二阶微分方程为：当 $x = x_0$ 时，$y = y_0$，$y'(x_0) = y'_0$；

$$\text{或写成 } y|_{x=x_0} = y_0, \ y'|_{x=x_0} = y'_0,$$

其中 x_0、y_0 及 y'_0 都是给定的值.

习 题 6-1

1. 选择题：

（1）（ ）是微分方程；

A. $\mathrm{d}y = (2x - 1)\mathrm{d}x$ B. $y = 3x + 5$

C. $x^2 - 3x + 2 = 0$ D. $\displaystyle\int 4x\mathrm{d}x = 0$

（2）（ ）不是微分方程；

A. $y' - 3y = 0$ B. $\dfrac{\mathrm{d}^2 y}{\mathrm{d}x^2} = 2x + \cos x$

C. $3y^2 - 4x + y = 0$ D. $(x^2 + y^2)\mathrm{d}x + (x^2 - y^2)\mathrm{d}y = 0$

（3）微分方程 $(y')^2 + 2xy = 3\sin x$ 的阶数为（ ）；

A. 2　　　　　　　　　B. 3　　　　　　　　　C. 1　　　　　　　　　D. 0

（4）（　　）是二阶微分方程.

A. $(x^2+y^2)\mathrm{d}x+(x^2-y^2)\mathrm{d}y=0$　　　　B. $(y')^2+2xy-y=0$

C. $3x\dfrac{\mathrm{d}y}{\mathrm{d}x}+2y=0$　　　　　　　　　D. $y''+2xy-5xy=0$

2. 判定函数是否为所给微分方程的解：

（1）$xy'=2y$，$y=5x^2$；　　　　　　　　　（2）$y''=0$，$y=5x^2$；

（3）$y''+y=0$，$y=\sin x-\cos x$.

3. 判定函数是否为所给微分方程的通解：

（1）$y'+2x=0$，$y=-x^2$；　　　　　　　　（2）$\dfrac{\mathrm{d}y}{\mathrm{d}x}+\sin x=0$，$y=\cos x+C$.

第二节　可分离变量的微分方程

一、可分离变量的微分方程

形如

$$\frac{\mathrm{d}y}{\mathrm{d}x}=f(x)g(y) \tag{6-6}$$

的微分方程称为可分离变量的微分方程. 将式（6-6）分离变量得

$$\frac{\mathrm{d}y}{g(y)}=f(x)\mathrm{d}x$$

两端积分：

$$\int\frac{\mathrm{d}y}{g(y)}=\int f(x)\mathrm{d}x$$

得通解 $G(y)=F(x)+C$，其中，$G(y)$、$F(x)$ 分别是 $\dfrac{1}{g(y)}$、$f(x)$ 的原函数.

【例1】　求微分方程 $\dfrac{\mathrm{d}y}{\mathrm{d}x}=3x^2y$ 的通解.

解　方程为可分离变量的微分方程，分离变量得

$$\frac{\mathrm{d}y}{y}=3x^2\mathrm{d}x$$

两端积分得

$$\int\frac{\mathrm{d}y}{y}=\int 3x^2\mathrm{d}x,\ln|y|=x^3+C_1$$

从而 $|y|=\mathrm{e}^{x^3+C_1}=\mathrm{e}^{C_1}\mathrm{e}^{x^3}$，即

$$y=\pm\,\mathrm{e}^{C_1}\mathrm{e}^{x^3}$$

由于 $\pm\mathrm{e}^{C_1}$ 是非零任意常数，可记为 C，显然 $C=0$ 即 $y=0$ 仍是方程的解，故 C 可取任意常数. 所以原方程的通解为 $y=C\mathrm{e}^{x^3}$（C 为任意常数）.

注：为了运算方便起见，以后可把 $\ln|y|$ 写成 $\ln y$.

【例2】　设 RC 充电电路如图 6-2 所示，如果合闸前，电容器上电压 $u_C=0$，求合闸后电压 u_C 的变化规律.

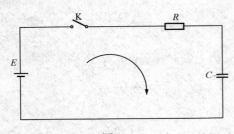

图 6 - 2

解　根据回路电压定律

$$u_R + u_C = E$$

因为 $i = \dfrac{\mathrm{d}q}{\mathrm{d}t} = C\dfrac{\mathrm{d}u_C}{\mathrm{d}t}(q = Cu_C)$,

所以 $u_R = iR = R\dfrac{\mathrm{d}q}{\mathrm{d}t}$, $u_R = RC\dfrac{\mathrm{d}u_C}{\mathrm{d}t}$,

于是得微分方程 $RC\dfrac{\mathrm{d}u_C}{\mathrm{d}t} + u_C = E$.

又由题意知初始条件 $u_C\Big|_{t=0} = 0$. 将微分方程分离变量得

$$\frac{\mathrm{d}u_C}{E - u_C} = \frac{\mathrm{d}t}{RC}$$

两边积分得　$-\ln(E - u_C) = \dfrac{1}{RC}t - \ln\lambda(\lambda \text{ 为任意常数})$.

化简得微分方程的通解为 $u_C = E - \lambda \mathrm{e}^{-\frac{1}{RC}t}$.

把初始条件代入得 $0 = E - \lambda \mathrm{e}^0$, 即 $\lambda = E$.

因此, 所求的充电电路的电压 u_C 的变化规律是

$$u_C = E(1 - \mathrm{e}^{-\frac{1}{RC}t})$$

*二、齐次方程

若一阶微分方程 $\dfrac{\mathrm{d}y}{\mathrm{d}x} = f(x, y)$ 中的函数 $f(x, y) = \varphi\left(\dfrac{y}{x}\right)$, 这类方程称为齐次微分方程.

例如:

(1) $\dfrac{\mathrm{d}y}{\mathrm{d}x} = \dfrac{xy - y^2}{x^2 - 2xy}$, $f(x, y) = \dfrac{\dfrac{y}{x} - \dfrac{y^2}{x^2}}{1 - 2\dfrac{y}{x}} = \varphi\left(\dfrac{y}{x}\right)$;

(2) $x\dfrac{\mathrm{d}y}{\mathrm{d}x} + y = 2\sqrt{xy}$, $\dfrac{\mathrm{d}y}{\mathrm{d}x} = f(x, y) = -\dfrac{y}{x} + 2\sqrt{\dfrac{y}{x}} = \varphi\left(\dfrac{y}{x}\right)$.

都是齐次微分方程.

下面来求齐次微分方程

$$\frac{\mathrm{d}y}{\mathrm{d}x} = \varphi\left(\frac{y}{x}\right) \tag{6 - 7}$$

的解.

设 $\dfrac{y}{x} = u$, 则 $y = ux$, 两端对 x 求导得

$$\frac{\mathrm{d}y}{\mathrm{d}x} = u + x\frac{\mathrm{d}u}{\mathrm{d}x} \tag{6 - 8}$$

将式 (6 - 8) 代入式 (6 - 7) 得

$$u + x\frac{\mathrm{d}u}{\mathrm{d}x} = \varphi(u)$$

即

$$x\frac{\mathrm{d}u}{\mathrm{d}x} = \varphi(u) - u$$

分离变量得

$$\frac{\mathrm{d}u}{\varphi(u)-u}=\frac{\mathrm{d}x}{x}$$

两边积分，即得齐次微分方程的通解.

【例 3】 求方程 $(xy-y^2)\mathrm{d}x-(x^2-2xy)\mathrm{d}y=0$ 的通解.

解 将原方程化为 $\dfrac{\mathrm{d}y}{\mathrm{d}x}=\dfrac{xy-y^2}{x^2-2xy}=\dfrac{\dfrac{y}{x}-\dfrac{y^2}{x^2}}{1-2\dfrac{y}{x}}$.

设 $\dfrac{y}{x}=u$，则 $y=ux$，$\dfrac{\mathrm{d}y}{\mathrm{d}x}=u+x\dfrac{\mathrm{d}u}{\mathrm{d}x}$. 代入原方程得 $u+x\dfrac{\mathrm{d}u}{\mathrm{d}x}=\dfrac{u-u^2}{1-2u}$，即

$$x\frac{\mathrm{d}u}{\mathrm{d}x}=\frac{u^2}{1-2u}$$

分离变量得 $\dfrac{1-2u}{u^2}\mathrm{d}u=\dfrac{\mathrm{d}x}{x}$，

两边积分 $\displaystyle\int\frac{\mathrm{d}u}{u^2}-2\int\frac{\mathrm{d}u}{u}=\int\frac{\mathrm{d}x}{x}$，得 $-\dfrac{1}{u}-2\ln u=\ln x+\ln C$，即

$$-\frac{1}{u}=\ln Cxu^2,Cxu^2=\mathrm{e}^{-\frac{1}{u}}$$

将 $u=\dfrac{y}{x}$ 回代得 $Cx\left(\dfrac{y}{x}\right)^2=\mathrm{e}^{-\frac{x}{y}}$，$y^2=\dfrac{1}{C}x\mathrm{e}^{-\frac{x}{y}}$.

所以原方程的通解为 $y^2=C_1x\mathrm{e}^{-\frac{x}{y}}\left(C_1=\dfrac{1}{C}\right)$.

习 题 6 - 2

1. 判断下列方程是否是可分离变量的微分方程：

(1) $(x^2-1)\mathrm{d}x-(y^2+2)\mathrm{d}y=0$;　　　(2) $(x^2+y)\mathrm{d}x-(y^2+2x)\mathrm{d}y=0$;

(3) $(x^2+y^2)y'=2xy$;　　　(4) $3x^2yy'+y^2=1$;　　　(5) $x^2(y'+x)=y^3$.

2. 解微分方程：

(1) $\sqrt{1-y^2}\mathrm{d}x-\sqrt{1-x^2}\mathrm{d}y=0$;　　　(2) $y'=y\sin x$;

(3) $y'-\mathrm{e}^xy=0$;　　　(4) $y'=\dfrac{x^3}{y^3}$, $y|_{x=1}=0$;

(5) $xy'-y=0$, $y|_{x=1}=2$;　　　(6) $(x^2-1)y'+2xy^2=0$, $y|_{x=0}=1$;

(7) $4x^2yy'+y^2=4$;　　　(8) $y'-xy^2=3xy$;

(9) $(1+x^2)y'=y\ln y$;　　　(10) $y'\sin x=y\ln y$, $y|_{x=\frac{\pi}{2}}=\mathrm{e}$;

*(11) $(x+y)y'+(x-y)=0$;　　　*(12) $y^2+x^2\dfrac{\mathrm{d}y}{\mathrm{d}x}=xy\dfrac{\mathrm{d}y}{\mathrm{d}x}$;

*(13) $y'=\dfrac{y}{x}+\tan\dfrac{y}{x}$;　　　*(14) $y'=\dfrac{y^2}{xy-2x^2}$.

3. 已知某曲线上任意一点的切线介于两坐标轴之间的部分恰为切点所平分，并且该曲线过点（3，2），求此曲线的方程.

4. 如图 6 - 1（a）中的开关 S 置于 1 的位置，电路处于稳定状态，电容 C 已充电到 U_0. $t=0$ 时将开关 S 倒向 2 的位置，则已充电的电容 C 与电源脱离并开始向电阻 R 放电，如图 6 - 1（b）所示. 求电容的零输入响应电压 U_C.［提示：电路的初始条件为 $U_C(0_+) = U_C(0_-) = U_0$，即 $U_C|_{t=0} = U_0$］

第三节　一阶线性微分方程

形如

$$\frac{\mathrm{d}y}{\mathrm{d}x} + P(x)y = Q(x) \tag{6-9}$$

的微分方程称为一阶线性微分方程，若 $Q(x) \neq 0$，则式（6 - 9）称为一阶线性非齐次微分方程. 若 $Q(x) \equiv 0$，即

$$\frac{\mathrm{d}y}{\mathrm{d}x} + P(x)y = 0 \tag{6-10}$$

式（6 - 10）称为一阶线性齐次微分方程.

例如，方程

$$\frac{\mathrm{d}y}{\mathrm{d}x} + 2x^3 y = 2x^3 \sin x^2$$

就是一阶线性非齐次微分方程，与它对应的一阶线性齐次微分方程为

$$\frac{\mathrm{d}y}{\mathrm{d}x} + 2x^3 y = 0$$

一、一阶线性齐次微分方程的解法

一阶线性齐次微分方程

$$\frac{\mathrm{d}y}{\mathrm{d}x} + P(x)y = 0$$

显然是可分离变量方程，分离变量得

$$\frac{\mathrm{d}y}{y} = -P(x)\mathrm{d}x$$

两边积分得

$$\ln y = -\int P(x)\mathrm{d}x + \ln C$$

化简得

$$y = Ce^{-\int P(x)\mathrm{d}x} \tag{6-11}$$

式（6 - 11）即为式（6 - 10）的通解公式.

【例 1】　求方程 $\frac{\mathrm{d}y}{\mathrm{d}x} + 2x^3 y = 0$ 的通解.

解　所给方程为一阶线性齐次微分方程，$P(x) = 2x^3$，根据通解公式得

$$y = Ce^{-\int 2x^3 \mathrm{d}x} = Ce^{-\frac{x^4}{2}}$$

【例 2】　如图 6 - 3 所示电路在换路前已处于稳态，电感 L 的电流为 I_0. $t=0$ 时开关 S 闭合，它将 RL 串联电路短路，求短路后的 RL 电路中的零输入响应电流.

解　在所选参考方向下，由 KVL 得换路后的电路方程

$$u_L + u_R = 0$$

元件的电压电流关系为

$$u_L = L\frac{\mathrm{d}i}{\mathrm{d}t}$$

$$u_R = Ri$$

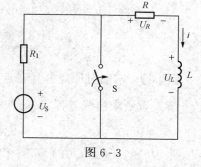

图 6-3

代入 KVL 方程得

$$L\frac{\mathrm{d}i}{\mathrm{d}t} + Ri = 0 \quad (t > 0)$$

它是一阶常系数线性齐次微分方程，其通解为

$$i = A\mathrm{e}^{-\frac{R}{L}t}$$

由 $i(0_+) = i(0_-) = I_0$，得 $A = I_0$，解得电感的零输入响应电流

$$i = I_0\mathrm{e}^{-\frac{R}{L}t} \quad (t \geqslant 0)$$

二、一阶线性非齐次微分方程的解法

设式（6-9）的解为

$$y = C(x)\mathrm{e}^{-\int P(x)\mathrm{d}x} \tag{6-12}$$

为了确定 $C(x)$，把式（6-12）及其导数

$$y' = C'(x)\mathrm{e}^{-\int P(x)\mathrm{d}x} + C(x)\mathrm{e}^{-\int P(x)\mathrm{d}x}[-P(x)]$$

$$= C'(x)\mathrm{e}^{-\int P(x)\mathrm{d}x} - P(x)y$$

代入式（6-9），并化简得

$$C'(x)\mathrm{e}^{-\int P(x)\mathrm{d}x} = Q(x) \tag{6-13}$$

即

$$C'(x) = Q(x)\mathrm{e}^{\int P(x)\mathrm{d}x}$$

两边积分得

$$C(x) = \int Q(x)\mathrm{e}^{\int P(x)\mathrm{d}x}\mathrm{d}x + C$$

把 $C(x)$ 代入式（6-12），就得到一阶线性非齐次微分方程（6-9）的通解

$$y = \mathrm{e}^{-\int P(x)\mathrm{d}x}\left[\int Q(x)\mathrm{e}^{\int P(x)\mathrm{d}x}\mathrm{d}x + C\right] \tag{6-14}$$

或

$$y = C\mathrm{e}^{-\int P(x)\mathrm{d}x} + \mathrm{e}^{-\int P(x)\mathrm{d}x}\int Q(x)\mathrm{e}^{\int P(x)\mathrm{d}x}\mathrm{d}x.$$

可以看出，通解的第一项是对应的线性齐次方程（6-10）的通解，第二项是式（6-9）的一个特解（可在通解中取 $C = 0$ 得到）. 由此可知，一阶线性非齐次微分方程的通解是对应齐次方程的通解与非齐次方程的一个特解之和. 这种将对应的齐次方程（6-10）的通解中的常数变易成函数 $C(x)$，从而得到非齐次方程（6-9）的通解的方法，称为常数变易法.

【例3】 求方程 $x\dfrac{\mathrm{d}y}{\mathrm{d}x} = x\sin x - y$ 的通解.

解 将原方程变形为 $\dfrac{\mathrm{d}y}{\mathrm{d}x} + \dfrac{1}{x}y = \sin x$，则有

$$P(x) = \frac{1}{x}, Q(x) = \sin x$$

根据式（6-14）得通解

$$y = \mathrm{e}^{-\int \frac{1}{x}\mathrm{d}x} \left[\int \sin x \mathrm{e}^{\int \frac{1}{x}\mathrm{d}x} \mathrm{d}x + C \right] = \frac{1}{x}\left(\int x \sin x \mathrm{d}x + C \right)$$

$$= \frac{1}{x}\left(-x\cos x + \int \cos x \mathrm{d}x + C \right) = \frac{1}{x}(\sin x - x\cos x + C)$$

【例 4】 求通过原点并且在点 (x, y) 处的切线斜率等于 $2x + y$ 的曲线方程.

解 设所求曲线方程为 $y = y(x)$，由题意得 $\dfrac{\mathrm{d}y}{\mathrm{d}x} = 2x + y$，即 $\dfrac{\mathrm{d}y}{\mathrm{d}x} - y = 2x$，且满足条件 $y|_{x=0} = 0$，

将 $P(x) = -1, Q(x) = 2x$ 代入式（6-14）得

$$y = \mathrm{e}^{\int \mathrm{d}x}\left[\int 2x\mathrm{e}^{-\int \mathrm{d}x}\mathrm{d}x + C \right] = \mathrm{e}^{x}\left(\int 2x\mathrm{e}^{-x}\mathrm{d}x + C \right)$$

$$= \mathrm{e}^{x}\left(-2x\mathrm{e}^{-x} + 2\int \mathrm{e}^{-x}\mathrm{d}x + C \right) = \mathrm{e}^{x}(-2x\mathrm{e}^{-x} - 2\mathrm{e}^{-x} + C),$$

因此原方程的通解为 $y = -2(x+1) + C\mathrm{e}^{x}$.

由 $y|_{x=0} = 0$ 得 $0 = -2 + C$，所以 $C = 2$.

因此所求曲线的方程为 $y = 2(\mathrm{e}^{x} - x - 1)$.

【* 例 5】 直流电压源通过电阻对电容充电的电路如图 6-4 所示，设开关 S 闭合前电容 C 未充电，故为零状态. $t = 0$ 时闭合开关，求换路后电路中的响应.

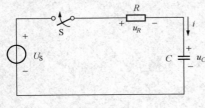

图 6-4

解 列换路后的电路方程，由 KVL 得 $u_R + u_C = U_{\mathrm{S}}$，把 $u_R = Ri$，$i = C\dfrac{\mathrm{d}u_C}{\mathrm{d}t}$ 代入上式，得

$$RC\frac{\mathrm{d}u_C}{\mathrm{d}t} + u_C = U_{\mathrm{S}} \quad (t > 0) \qquad (6\text{-}15)$$

它是一阶常系数线性非齐次微分方程.

式（6-15）的解由两部分组成，即 $u_C = \overline{u_C} + u_{CD}$

其中 $\overline{u_C}$ 为方程的一个特解. 在本例中 $\overline{u_C} = U_{\mathrm{S}}$.

而 u_{CD} 为与式（6-15）对应的齐次方程 $RC\dfrac{\mathrm{d}u_C}{\mathrm{d}t} + u_C = 0$ 的通解，$u_{CD} = A\mathrm{e}^{-\frac{t}{\tau}}$.

式中，τ 为时间常数，$\tau = RC$；A 为待定积分常数. 这样，电容电压 u_C 的解为

$$u_C = U_{\mathrm{S}} + A\mathrm{e}^{-\frac{t}{\tau}}$$

代入初始条件 $u_C(0_+) = u_C(0_-) = 0$，得

$$0 = U_{\mathrm{S}} + A$$

$$A = -U_{\mathrm{S}}$$

最后解得 $u_C = U_{\mathrm{S}} - U_{\mathrm{S}}\mathrm{e}^{-\frac{t}{\tau}} = U_{\mathrm{S}}(1 - \mathrm{e}^{-\frac{t}{\tau}}) \quad (t \geqslant 0)$.

并得 $u_R = U_{\mathrm{S}} - u_C = U_{\mathrm{S}}\mathrm{e}^{-\frac{t}{\tau}} \quad (t > 0)$，$i = \dfrac{u_R}{R} = \dfrac{U_{\mathrm{S}}}{R}\mathrm{e}^{-\frac{t}{\tau}} \quad (t > 0)$.

通过上面的例子，现将这几种一阶微分方程的解法归纳总结，如表 6-1 所示.

表 6-1 　　　　　　　　　　几种一阶微分方程的解法

类　型		方　程	解　法
可分离变量		$\dfrac{\mathrm{d}y}{\mathrm{d}x}=f(x)g(y)$	分离变量两边积分
一阶线性 微分方程	齐次	$\dfrac{\mathrm{d}y}{\mathrm{d}x}+P(x)y=0$	分离变量两边积分 或用公式 $y=Ce^{-\int P(x)\mathrm{d}x}$
	非齐次	$\dfrac{\mathrm{d}y}{\mathrm{d}x}+P(x)y=Q(x)$	常数变易法或用公式 $y=\mathrm{e}^{-\int P(x)\mathrm{d}x}\left[\int Q(x)\mathrm{e}^{\int P(x)\mathrm{d}x}\mathrm{d}x+C\right]$

习　题 6-3

1. 判断题：

(1) 方程 $xy'+xy=y$ 是一阶线性微分方程；　　　　　　　　　　　　　　（　　）

(2) 方程 $\dfrac{\mathrm{d}y}{\mathrm{d}x}+P(x)y=Q(x)$ 通解是对应齐次方程的通解与该一阶线性方程的一个特解之和；　　　　　　　　　　　　　　　　　　　　　　　　　　　　　　（　　）

(3) 函数 $y=\dfrac{c-x^2}{2x}$ 是方程 $(x+y)\mathrm{d}x+x\mathrm{d}y=0$ 的解；　　　　　　　　（　　）

(4) 方程 $xy'+2y=x^2$ 是一阶线性微分方程.　　　　　　　　　　　　　　（　　）

2. 求微分方程的通解：

(1) $y'-3xy=3x$；　　　　　　　　　　(2) $y'-2y=x^2$；

(3) $y'-y=\cos x$；　　　　　　　　　　(4) $y'-\dfrac{1}{x+1}y=(x+1)^3$.

3. 求微分方程的特解：

(1) $xy'+y=\mathrm{e}^x$，$y\big|_{x=a}=b$；　　　　(2) $y'+\dfrac{3}{x}y=\dfrac{2}{x^3}$，$y\big|_{x=1}=1$；

(3) $y'-y\tan x=\sec x$，$y\big|_{x=0}=0$.

4. 解微分方程：

(1) $y=x(y'-x\cos x)$；　　　　　　　(2) $2x(x^2+y)\mathrm{d}x=\mathrm{d}y$；

* (3) $\dfrac{\mathrm{d}y}{\mathrm{d}x}-3xy-xy^2=0$；

* (4) $\dfrac{\mathrm{d}y}{\mathrm{d}x}+\dfrac{y}{x}-xy^2=0$.

5. 设一曲线过原点，它在点 $(x，y)$ 处的切线的斜率是 $3x+y$，求此曲线的方程.

6. 如图 6-5 所示电路中，一个继电器线圈的电阻 $R=250\Omega$，电感 $L=2.5\mathrm{H}$，电源电压 $U=24\mathrm{V}$，$R_1=230\Omega$，已知此继电器释放电流为 0.004A. 试问开关 S 闭合后，经过多少时间，继电器才能释放（提示：参考本节［例 2］结论）？

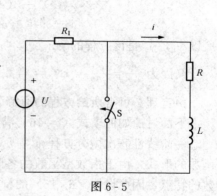

图 6-5

第四节 二阶常系数线性齐次微分方程

形如

$$y'' + py' + qy = 0 \qquad\qquad (6\text{-}16)$$

的方程（其中 p,q 为常数）称为二阶常系数线性齐次微分方程.

下面介绍二阶常系数线性齐次微分方程的解法.

定理 1 如果 y_1 与 y_2 是二阶常系数线性齐次微分方程（6-16）的两个特解，则 $y = C_1 y_1 + C_2 y_2$ 也是方程（6-16）的解（其中 C_1, C_2 是任意常数）.

证 因为 y_1, y_2 是方程（6-16）的解，所以

$$y''_1 + py'_1 + qy_1 = 0 \qquad y''_2 + py'_2 + qy_2 = 0$$

将 $y = C_1 y_1 + C_2 y_2$ 代入式（6-16）左端，得

$$(C_1 y''_1 + C_2 y''_2) + p(C_1 y'_1 + C_2 y'_2) + q(C_1 y_1 + C_2 y_2)$$
$$= C_1(y'' + py' + qy) + C_2(y'' + py' + qy) = 0,$$

即 $y = C_1 y_1 + C_2 y_2$ 是式（6-16）的解.

注意到 $y = C_1 y_1 + C_2 y_2$ 中虽有两个常数，但不一定是式（6-16）的通解.

例如 $y_1 = e^x, y_2 = 5e^x$ 均为方程 $y'' - y = 0$ 的解，但 $y = C_1 y_1 + C_2 y_2 = C_1 e^x + C_2 \cdot 5e^x = e^x(C_1 + 5C_2) = Ce^x (C = C_1 + 5C_2$ 仍为任意常数），y 中只含一个常数，显然不是方程 $y'' - y = 0$ 的通解. 那么 y_1, y_2 满足什么条件才能组合成方程的通解. 为此引进如下定义和定理.

定义 设 y_1, y_2 是定义在某区间内的两个函数，如果存在不为零的常数 k，使得

$$\frac{y_1}{y_2} = k$$

成立，则称 y_1 与 y_2 在该区间内线性相关，否则称 y_1 与 y_2 在该区间内线性无关.

比如，$y_1 = e^x, y_2 = 5e^x, \dfrac{y_1}{y_2} = \dfrac{1}{5}$，$y_1$ 与 y_2 线性相关；$y_1 = \sin x, y_2 = \cos x, \dfrac{y_1}{y_2} = \tan x \neq$ 常数，y_1 与 y_2 线性无关.

定理 2 如果 y_1 与 y_2 是二阶常系数线性齐次微分方程（6-16）的两个线性无关的特解，则 $y = C_1 y_1 + C_2 y_2$ 就是方程（6-16）的通解（其中 C_1, C_2 是任意常数）.

【例 1】 验证 $y_1 = e^x, y_2 = e^{2x}$ 是微分方程 $y'' - 3y' + 2y = 0$ 的解，并写出该方程的通解.

解 将 y_1, y_2 代入方程左端，得

$$(e^x)'' + 3(e^x)' + 2e^x = (1 - 3 + 2)e^{2x} = 0,$$
$$(e^{2x})'' + 3(e^{2x})' + 2e^{2x} = (4 - 6 + 2)e^{2x} = 0.$$

所以 y_1, y_2 是该方程的解.

又因为 $\dfrac{y_1}{y_2} = \dfrac{e^x}{e^{2x}} = e^{-x} \neq$ 常数，所以 y_1 与 y_2 线性无关.

由定理 2 可得所给方程的通解为 $y = C_1 e^x + C_2 e^{2x}$（其中 C_1, C_2 是任意常数）.

下面讨论如何求式（6-16）满足定理 2 中条件的两个特解.

一阶线性齐次微分方程 $y' + py = 0$ 的通解为 $y = Ce^{-px}$. 它的特点是 y 和 y' 都是指数型函数的形式. 由于指数型函数的各阶导数仍为指数型函数，联系到式（6-16）的系数是常数的特点，因此设式（6-16）的特解为 $y = e^{rx}$，其中 r 是待定系数. 此时

将 y，y'，y''代入式（6-16）得

$$y' = re^{rx}, y'' = r^2 e^{rx}$$

$$(r^2 + pr + q)e^{rx} = 0$$

因为 $e^{rx} \neq 0$，所以要使上式成立，必须满足

$$r^2 + pr + q = 0 \qquad\qquad (6-17)$$

这就是说，只要 r 满足式（6-17），函数 $y = e^{rx}$ 就是微分方程（6-16）的解. 于是微分方程（6-16）的求解问题，就转化为求代数方程（6-17）的根的问题. 方程（6-17）称为微分方程（6-16）的特征方程. 特征方程的根称为微分方程（6-16）的特征根.

由于特征方程的根只能有三种不同情况，相应地，线性齐次微分方程（6-16）的通解也有三种不同形式.

（1）当特征方程（6-17）有两个不相等的实根 r_1 和 r_2，即 $r_1 \neq r_2$，方程（6-16）有两个线性无关的特解 $y_1 = e^{r_1 x}$，$y_2 = e^{r_2 x}$，此时式（6-16）的通解为

$$y = C_1 e^{r_1 x} + C_2 e^{r_2 x}$$

（2）当特征方程（6-17）有两个相等的实根 $r_1 = r_2 = r$，式（6-16）只有一个特解 $y_1 = e^{rx}$，还需另找一个特解，通过验证 $y_2 = xe^{rx}$ 也是方程（6-16）的一个特解，且 y_1 与 y_2 线性无关，此时式（6-16）的通解为

$$y = (C_1 + C_2 x)e^{rx}$$

（3）当特征方程（6-17）有一对共轭复根 $r = \alpha \pm \beta j (\alpha, \beta$ 均为实数，且 $\beta \neq 0)$，式（6-16）有两个线性无关的特解 $y_1 = e^{(\alpha+\beta j)x}$，$y_2 = e^{(\alpha-\beta j)x}$，由于这种复数形式的解不便于使用，通常利用欧拉公式 $e^{j\theta} = \cos\theta + j\sin\theta$ 将 y_1 与 y_2 改写为

$$y_1 = e^{\alpha x}(\cos\beta x + j\sin\beta x),$$
$$y_2 = e^{\alpha x}(\cos\beta x - j\sin\beta x)$$

根据定理 1 可知

$$y_3 = \frac{1}{2}(y_1 + y_2) = e^{\alpha x}\cos\beta x$$

$$y_4 = \frac{1}{2j}(y_1 - y_2) = e^{\alpha x}\sin\beta x$$

是式（6-16）两个线性无关的特解. 此时式（6-16）的通解为

$$y = e^{\alpha x}(C_1\cos\beta x + C_2\sin\beta x)$$

求二阶常系数线性齐次微分方程（6-16）的通解步骤如下：

第一步，写出微分方程的特征方程 $r^2 + pr + q = 0$；

第一步，求出特征根 r_1 和 r_2；

第三步，根据 r_1 和 r_2 的三种不同情况，按表 6-2 写出方程的通解.

下面，令 $\Delta = p^2 - 4q$，根据式（6-16）的特征根的三种情形，将它的解分别归纳如表 6-2所示.

表 6-2　　　　　　　　　　二阶常系数线性齐次微分方程的通解

$\Delta = p^2 - 4q$	特征方程 $r^2 + pr + q = 0$ 两个特征根 r_1, r_2.	微分方程 $y'' + py' + qy = 0$ 的通解
$\Delta > 0$	两个不相等的实根 r_1, r_2.	$y = C_1 e^{r_1 x} + C_2 e^{r_2 x}$
$\Delta = 0$	两个相等的实根 $r = r_1 = r_2$.	$y = (C_1 + C_2 x)e^{rx}$
$\Delta < 0$	一对共轭虚根 $r_{1,2} = \alpha \pm \beta j$	$y = e^{\alpha x}(C_1\cos\beta x + C_2\sin\beta x)$

【例2】　求下列微分方程的通解：

(1) $y'' - 5y' + 6y = 0$；　　(2) $y'' + 6y' + 9y = 0$；　　(3) $y'' - y' + y = 0$.

解　方程都为二阶常系数线性齐次微分方程.

(1) 其特征方程为 $r^2 - 5r + 6 = 0$，特征根 $r_1 = 2, r_2 = 3$.

所以，原方程的通解是 $y = C_1 e^{2x} + C_2 e^{3x}$.

(2) 其特征方程为 $r^2 + 6r + 9 = 0$，特征根 $r_1 = r_2 = -3$.

所以，原方程的通解是 $y = (C_1 + C_2 x) e^{-3x}$.

(3) 其特征方程为 $r^2 - r + 1 = 0$，特征根 $r_1 = \dfrac{1}{2} + \dfrac{\sqrt{3}}{2}j, r_2 = \dfrac{1}{2} - \dfrac{\sqrt{3}}{2}j$.

所以，原方程的通解是 $y = e^{\frac{x}{2}} \left(C_1 \cos \dfrac{\sqrt{3}}{2}x + C_2 \sin \dfrac{\sqrt{3}}{2}x \right)$.

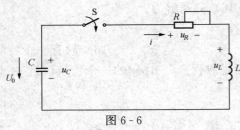

图 6-6

二阶微分方程描述的电路称为二阶电路. 当电路中既有一个电感又有一个电容时，就是一种二阶电路. 下面通过 RLC 串联电路的放电过程（见图 6-6），研究二阶电路的零输入响应. 选择各元件电压与电流的参考方向（如图 6-6 所示），换路后由 KVL 得

$$u_R + u_L - u_C = 0 \tag{6-18}$$

其中

$$\left. \begin{aligned} i &= -C \frac{\mathrm{d}u_C}{\mathrm{d}t} \\ u_R &= Ri = -RC \frac{\mathrm{d}u_C}{\mathrm{d}t} \\ u_L &= L \frac{\mathrm{d}i}{\mathrm{d}t} = L \frac{\mathrm{d}}{\mathrm{d}t} \left(-C \frac{\mathrm{d}u_C}{\mathrm{d}t} \right) = -LC \frac{\mathrm{d}^2 u_C}{\mathrm{d}t^2} \end{aligned} \right\} \tag{6-19}$$

将式 (6-19) 代入式 (6-18)，得到

$$LC \frac{\mathrm{d}^2 u_C}{\mathrm{d}t^2} + RC \frac{\mathrm{d}u_C}{\mathrm{d}t} + u_C = 0$$

上式为 u_C 的二阶常系数线性齐次常微分方程.

上述齐次方程的特征方程为

$$LCp^2 + RCp + 1 = 0$$

上式是一个二次方程，两个特征根为

$$p_{1,2} = -\frac{R}{2L} \pm \sqrt{\left(\frac{R}{2L} \right)^2 - \frac{1}{LC}} \tag{6-20}$$

零输入响应为

$$u_C = A_1 e^{p_1 t} + A_2 e^{p_2 t} \tag{6-21}$$

A_1、A_2 为两个积分常数，需由初始条件确定.

电路的初始条件有三种情况：$u_C(0_+)$ 和 $i_L(0_+)$ 都不为零；$u_C(0_+)$ 不为零，$i_L(0_+)$ 为零；$u_C(0_+)$ 为零，$i_L(0_+)$ 不为零. 在此只分析

$$\left.\begin{array}{l} u_C(0_+) = u_C(0_+) = U_0 \\ i(0_+) = i_L(0_+) = i_L(0_-) = 0 \end{array}\right\} \qquad (6\text{-}22)$$

的情况，相当于已充电的电容器对没有电流的线圈放电的情况.

特征根 p_1、p_2 有三种不同的情况：

(1) $\left(\dfrac{R}{2L}\right)^2 - \dfrac{1}{LC} > 0$，即 $R > 2\sqrt{\dfrac{L}{C}}$ 时，p_1 和 p_2 为两个不等的负实根；

(2) $\left(\dfrac{R}{2L}\right)^2 - \dfrac{1}{LC} < 0$，即 $R < 2\sqrt{\dfrac{L}{C}}$ 时，p_1 和 p_2 为一对共轭复根；

(3) $\left(\dfrac{R}{2L}\right)^2 - \dfrac{1}{LC} = 0$，即 $R = 2\sqrt{\dfrac{L}{C}}$ 时，$p_1 = p_2$ 为二重负实根.

以下分别举例分析三种情况.

【例3】 讨论 $R > 2\sqrt{\dfrac{L}{C}}$ 的非振荡放电.

解 在 $R > 2\sqrt{\dfrac{L}{C}}$ 的情况下，p_1 和 p_2 为两个不等的负实根，并有 $|p_1| < |p_2|$. 此情况下 u_C 的通解为

$$u_C = A_1 \mathrm{e}^{p_1 t} + A_2 \mathrm{e}^{p_2 t}$$

A_1、A_2 为待定的积分常数. 为确定 A_1 和 A_2，先求

$$i = -C\frac{\mathrm{d}u_C}{\mathrm{d}t} = -C(p_1 A_1 \mathrm{e}^{p_1 t} + p_2 A_2 \mathrm{e}^{p_2 t})$$

将初始条件 $u_C(0_+) = U_0$，$i(0_+) = 0$ 分别代入，得

$$A_1 + A_2 = U_0$$
$$p_1 A_1 + p_2 A_2 = 0$$

解得积分常数

$$A_1 = \frac{p_2}{p_2 - p_1}U_0, \quad A_2 = \frac{p_1}{p_1 - p_2}U_0 \qquad (6\text{-}23)$$

最后得到

$$u_C = \frac{u_0}{p_2 - p_1}(p_2 \mathrm{e}^{p_1 t} - p_1 \mathrm{e}^{p_2 t}) \quad (t \geqslant 0) \qquad (6\text{-}24)$$

$$i = -C\frac{p_1 p_2}{p_2 - p_1}U_0(\mathrm{e}^{p_1 t} - \mathrm{e}^{p_2 t})$$

$$= -\frac{U_0}{L(p_2 - p_1)}(\mathrm{e}^{p_1 t} - \mathrm{e}^{p_2 t}) \quad (t \geqslant 0) \qquad (6\text{-}25)$$

$$u_L = L\frac{\mathrm{d}i}{\mathrm{d}t} = -\frac{U_0}{p_2 - p_1}(p_2 \mathrm{e}^{p_1 t} - p_1 \mathrm{e}^{p_2 t}) \quad (t > 0) \qquad (6\text{-}26)$$

所以，电流达到峰值的时刻为

$$t_{\mathrm{m}} = \frac{1}{p_1 - p_2}\ln\left(\frac{p_2}{p_1}\right) \qquad (6\text{-}27)$$

【例4】 图 6-6 中，$R = 500\Omega$，$L = 0.5\mathrm{H}$，$C = 12.5\mu\mathrm{F}$. $u_C(0) = 6\mathrm{V}$，$i(0) = 0$，$t = 0$ 时换路. 试求换路后的 u_C、i 及 t_{m}.

解 $2\sqrt{\dfrac{L}{C}} = 2\sqrt{\dfrac{0.5}{12.5 \times 10^{-6}}} = 400(\Omega) < R$，故构成非振荡放电电路. 将各参数的量值

代入式（6-20），可得特征方程的根，即

$$p_{1,2} = -\frac{500}{2 \times 0.5} \pm \sqrt{\left(\frac{500}{2 \times 0.5}\right)^2 - \frac{1}{0.5 \times 12.5 \times 10^{-6}}} = (-500 \pm 300)(\mathrm{s}^{-1}),$$

$$p_1 = -200(\mathrm{s}^{-1}), \quad p_2 = -800(\mathrm{s}^{-1}).$$

由式（6-23）可得积分常数 A_1 与 A_2，即

$$A_1 = \frac{-800}{-800 + 200} \times 6 = 8(\mathrm{V})$$

$$A_2 = \frac{-200}{-200 + 800} \times 6 = -2(\mathrm{V})$$

代入式（6-24）和式（6-25）得

$$u_C = -\frac{6}{-800 + 200}(-800\mathrm{e}^{-200t} + 200\mathrm{e}^{-800t}) = (8\mathrm{e}^{-200t} - 2\mathrm{e}^{-800t})(\mathrm{V}).$$

$$i = \frac{6}{0.5(-800 + 200)}(\mathrm{e}^{-200t} - \mathrm{e}^{-800t}) = 0.02(\mathrm{e}^{-200t} - \mathrm{e}^{-800t})(\mathrm{A}).$$

将 p_1 与 p_2 的量值代入式（6-27），则得

$$t_\mathrm{m} = \frac{1}{-200 + 800}\left(\ln \frac{-800}{-200}\right) = 2.31(\mathrm{ms}).$$

【**例 5**】 研究 $R < 2\sqrt{\dfrac{L}{C}}$，振荡放电.

解 在 $R < 2\sqrt{\dfrac{L}{C}}$ 的情况下，p_1 和 p_2 为一对共轭复根，由式（6-20）得

$$p_{1,2} = -\frac{R}{2L} \pm \mathrm{j}\sqrt{\frac{1}{LC} - \left(\frac{R}{2L}\right)^2}$$

令

$$\frac{R}{2L} = \delta, \quad \sqrt{\frac{1}{LC} - \left(\frac{R}{2L}\right)^2} = \omega, \tag{6-28}$$

则

$$p_{1,2} = -\delta + \mathrm{j}\omega = -(\delta \pm \mathrm{j}\omega), \tag{6-29}$$

并有

$$|p_1| = |p_2| = \sqrt{\delta^2 + \omega^2} = \frac{1}{\sqrt{LC}} = \omega_0, \tag{6-30}$$

ω_0 为 RLC 串联电路在正弦激励的稳态下的谐振角频率.

此情况下 u_C 的通解为

$$u_C = A\mathrm{e}^{-\delta t}\sin(\omega t + \beta)$$

A 和 β 为待定的积分常数. 为确定 A 和 β，先求

$$i = -C\frac{\mathrm{d}u_C}{\mathrm{d}t} = -CA\mathrm{e}^{-\delta t}[\omega\cos(\omega t + \beta) - \delta\sin(\omega t + \beta)].$$

将初始条件 $u_C(0_+) = U_0$，$i(0_+) = 0$ 分别代入，得

$$A\sin\beta = U_0$$

$$\omega A\cos\beta - \delta A\sin\beta = 0$$

解得

$$A = \sqrt{1 + \left(\frac{\delta}{\omega}\right)^2}\,U_0 = \sqrt{\frac{\omega^2 + \delta^2}{\omega^2}}\,U_0 = \frac{\omega_0}{\omega}U_0, \tag{6-31}$$

$$\beta = \arctan\left(\frac{\omega}{\delta}\right) \tag{6-32}$$

得

$$u_C = \frac{\omega_0}{\omega}U_0 e^{-\delta t}\sin(\omega t + \beta) \quad (t \geqslant 0), \tag{6-33}$$

$$i = -C\frac{\omega_0}{\omega}U_0 e^{-\delta t}\left[\omega\cos(\omega t + \beta) - \delta\sin(\omega t + \beta)\right], \tag{6-34}$$

最后得

$$i = -C\frac{\omega_0^2}{\omega}U_0 e^{-\delta t}\left[\sin\beta\cos(\omega t + \beta) - \cos\beta\sin(\omega t + \beta)\right]$$

$$= -\frac{U_0}{\omega L}e^{-\delta t}\sin\left[\beta - (\omega t + \beta)\right]$$

$$= \frac{U_0}{\omega L}e^{-\delta t}\sin(\omega t) \quad (t \geqslant 0). \tag{6-35}$$

并可求得

$$u_L = L\frac{di}{dt}$$

$$= \frac{U_0}{\omega_0}e^{-\delta t}\left[\omega\cos(\omega t) - \delta\sin(\omega t)\right]$$

$$= \frac{\omega_0 U_0}{\omega}e^{-\delta t}\left[\sin\beta\cos(\omega t) - \cos\beta\sin(\omega t)\right]$$

$$= -\frac{\omega_0 U_0}{\omega}e^{-\delta t}\sin(\omega t - \beta) \quad (t > 0). \tag{6-36}$$

【例6】 RLC 放电电路中，电容 C 已充电至 $U_0 = 100\text{V}$，并已知 $C = 1\mu\text{F}$，$R = 1000\Omega$，$L = 1\text{H}$，求换路后的 u_C、i、u_L 以及 i_{max}.

解 由于 $2\sqrt{\dfrac{L}{C}} = 2\sqrt{\dfrac{1}{1 \times 10^{-6}}} = 2000(\Omega) > R$，本题为振荡放电情况. 根据式（6-28）、式（6-30）和式（6-32）得

$$\delta = \frac{R}{2L} = \frac{1000}{2 \times 1} = 500(\text{s}^{-1}),$$

$$\omega = \sqrt{\frac{1}{LC} - \left(\frac{R}{2L}\right)^2} = \sqrt{\frac{1}{1 \times 1 \times 10^{-6}} - (500)^2} = 866(\text{rad/s}),$$

$$\omega_0 = \sqrt{\frac{1}{LC}} = \sqrt{\frac{1}{10^{-6}}} = 1000(\text{rad/s}),$$

$$\beta = \arctan\left(\frac{\omega}{\delta}\right) = \arctan\left(\frac{866}{500}\right) = \frac{\pi}{3},$$

代入式（6-33）、式（6-35）和式（6-36）有

$$u_C = \frac{1000}{866} \times 100 e^{-500t}\sin\left(\omega t + \frac{\pi}{3}\right) = 115.5 e^{-500t}\sin\left(\omega t + \frac{\pi}{3}\right)(\text{V}),$$

$$i = 115.5 e^{-500t}\sin(\omega t)(\text{mA}),$$

$$u_L = -115.5 e^{-500t}\sin\left(\omega t - \frac{\pi}{3}\right)(\text{V}),$$

其中 $\omega = 866\text{rad/s}$. 当 $u_L = 0$，即 $\omega t = \dfrac{\pi}{3}$ 时，得电流最大值 $i_{max} = 115.5 e^{-500 \times \frac{\pi}{3 \times 866}}\sin\left(\dfrac{\pi}{3}\right) = 54.64(\text{mA})$.

习 题 6 - 4

1. 填空：

(1) 微分方程 $y'' - 2y' - 3y = 0$ 的通解是_____；

(2) 微分方程 $y'' + 2y' + 5y = 0$ 的通解是_____；

(3) 微分方程 $y'' - 4y' + 4y = 0$ 的通解是_____．

2. 解微分方程：

(1) $y'' + 4y' + 3y = 0$；   (2) $2y'' - 5y' + 2y = 0$；

(3) $y'' - 2y' = 0$；   (4) $y'' - 2y' + y = 0$；

(5) $y'' + 4y = 0$；   (6) $y'' + 10y' + 25y = 0$；

(7) $y'' + 2y' + 3y = 0$；   (8) $y'' + y' + 2y = 0$．

3. RLC 串联电路，若其特征根为：

(1) $p_1 = -1\mathrm{s}^{-1}$, $p_2 = -3\mathrm{s}^{-1}$；

(2) $p_1 = p_2 = -2\mathrm{s}^{-1}$；

(3) $p_1 = 2\mathrm{js}^{-1}$, $p_2 = -2\mathrm{js}^{-1}$；

(4) $p_1 = (-2+3\mathrm{j})\ \mathrm{s}^{-1}$, $p_2 = (-2-3\mathrm{j})\ \mathrm{s}^{-1}$．

试写出各情况时零输入响应 u_C 及 i 的表达式．

*第五节　二阶常系数非齐次线性微分方程

二阶常系数非齐次线性微分方程解的结构：

形如

$$y'' + py' + qy = f(x) \tag{6-37}$$

的方程称为二阶常系数非齐次线性微分方程，其中 p、q 为常数．它所对应的二阶常系数齐次线性微分方程为

$$y'' + py' + qy = 0 \tag{6-38}$$

在上节已经知道式（6-38）的通解的求法，下面讨论式（6-37）的通解的求法．

由本章第三节可知，一阶非齐次线性微分方程的通解是由两部分组成，一部分是对应的齐次方程的通解，另一部分是非齐次方程的一个特解，即

$$y = Ce^{-\int P(x)\mathrm{d}x} + e^{-\int P(x)\mathrm{d}x}\int Q(x)e^{\int P(x)\mathrm{d}x}\mathrm{d}x$$

若令 $Y = Ce^{-\int P(x)\mathrm{d}x}$, $\bar{y} = e^{-\int P(x)\mathrm{d}x}\int Q(x)e^{\int P(x)\mathrm{d}x}\mathrm{d}x$, 则 $y = Y + \bar{y}$. 其中，Y 是一阶非齐次线性方程对应的齐次方程的通解，$\bar{y}$ 是非齐次方程的一个特解．类似地，有如下定理．

定理　设 Y 是式（6-38）的通解，$\bar{y}$ 是式（6-37）的一个特解，则

$$y = Y + \bar{y} \tag{6-39}$$

就是式（6-37）的通解．

解一般的二阶常系数非齐次线性微分方程是比较困难的，下面就 $f(x) = P_n(x)e^{\lambda x}$ 及 $f(x) = e^{\alpha x}(a\cos\omega x + b\sin\omega x)$ 这两种形式给出特解 $\bar{y}$，如表 6-3 所示．

表 6 - 3 $f(x)$ 不同形式下的特解

$f(x)$ 的形式	特 解 的 形 式	
$f(x) = P_n(x)\mathrm{e}^{\lambda x}$ （λ 为实数）	λ 不是特征方程的根	$\bar{y} = Q_n(x)\mathrm{e}^{\lambda x}$
	λ 是特征方程的单根	$\bar{y} = xQ_n(x)\mathrm{e}^{\lambda x}$
	λ 是特征方程的重根	$\bar{y} = x^2 Q_n(x)\mathrm{e}^{\lambda x}$
$f(x) = \mathrm{e}^{\alpha x}(a\cos\omega x + b\sin\omega x)$ （a，b，ω 均为实数）	$\alpha \pm \omega\mathrm{j}$ 不是特征方程的根	$\bar{y} = \mathrm{e}^{\alpha x}(A\cos\omega x + B\sin\omega x)$
	$\alpha \pm \omega\mathrm{j}$ 是特征方程的根	$\bar{y} = x\mathrm{e}^{\alpha x}(A\cos\omega x + B\sin\omega x)$

注 $Q_n(x)$ 是一个与 $P_n(x)$ 有相同次数的多项式，A、B 为待定系数.

【例 1】   求方程 $y'' + 2y' + 5y = 5x + 2$ 的一个特解.

解   特征方程 $r^2 + 2r + 5 = 0$ 的根 $r = -1 \pm 2\mathrm{j}$，而 $\lambda = 0$ 显然不是特征方程的根.
所以设特解为 $\bar{y} = Ax + B$，则 $\overline{y'} = A$，$\overline{y''} = 0$，代入原方程得

$$5Ax + (2A + 5B) = 5x + 2$$

比较两端 x 的同次幂的系数得 $\begin{cases} 5A = 5 \\ 2A + 5B = 2 \end{cases}$，解之得 $A = 1, B = 0$.

因此，原方程的一个特解为 $\bar{y} = x$.

【例 2】   求方程 $y'' - 3y' + 2y = 3x\mathrm{e}^{2x}$ 的通解.

解   特征方程 $r^2 - 3r + 2 = 0$ 的根 $r_1 = 1, r_2 = 2$. 所以，原方程对应的齐次方程 $y'' - 3y' + 2y = 0$ 的通解为

$$Y = C_1 \mathrm{e}^x + C_2 \mathrm{e}^{2x}$$

$\lambda = 2$ 是特征方程的单根，因此原方程的一个特解可设为 $\bar{y} = x(Ax + B)\mathrm{e}^{2x}$，则

$$\overline{y'} = \mathrm{e}^{2x}[2Ax^2 + (2A + 2B)x + B]$$
$$\overline{y''} = \mathrm{e}^{2x}[4Ax^2 + (8A + 4B)x + (2A + 4B)]$$

将 $\bar{y}$、$\overline{y'}$、$\overline{y''}$ 代入原方程得

$$2Ax + (2A + B) = 3x$$

于是得 $\begin{cases} 2A = 3 \\ 2A + B = 0 \end{cases}$，解得 $\begin{cases} A = \dfrac{3}{2} \\ B = -3 \end{cases}$. 则特解为

$$\bar{y} = x\left(\frac{3}{2}x - 3\right)\mathrm{e}^{2x} = \left(\frac{3}{2}x^2 - 3x\right)\mathrm{e}^{2x}$$

所以原方程的通解为

$$y = C_1 \mathrm{e}^x + C_2 \mathrm{e}^{2x} + \left(\frac{3}{2}x^2 - 3x\right)\mathrm{e}^{2x}$$

【例 3】   求方程 $y'' + 3y = 2\mathrm{e}^x \sin x$ 的一个特解.

解   特征方程 $r^2 + 3 = 0$ 的根 $r_1 = \sqrt{3}\mathrm{j}, r_2 = -\sqrt{3}\mathrm{j}$，而 $\alpha = 1, \omega = 1$，所以 $1 \pm \omega\mathrm{j} = 1 \pm \mathrm{j}$ 不是特征方程的根. 因此设特解为

$$\bar{y} = \mathrm{e}^x(A\cos x + B\sin x)$$

于是

$$\overline{y''} = \mathrm{e}^x(2B\cos x - 2A\sin x)$$

将 $\bar{y}$ 和 $\bar{y}''$ 代入原方程，整理得

$$(2B+3A)\cos x+(3B-2A)\sin x=2\sin x$$

比较两端 $\sin x$ 与 $\cos x$ 的系数得 $\begin{cases}2B+3A=0\\3B-2A=2\end{cases}$，解得 $\begin{cases}A=-\dfrac{4}{13}\\[2mm]B=\dfrac{6}{13}\end{cases}$.

所以原方程的一个特解为

$$\bar{y}=-\frac{\mathrm{e}^x}{13}(4\cos x-6\sin x)$$

【例4】 求方程 $y''+4y=\sin 2x$ 的通解.

解 特征方程 $r^2+4=0$ 的根 $r_1=2\mathrm{j}$, $r_2=-2\mathrm{j}$. 因为 $\alpha=0$, $\omega=2$，则 $\omega\mathrm{j}=2\mathrm{j}$ 是特征方程的根，所以原方程对应的齐次方程 $y''+4y=0$ 的通解为

$$Y=C_1\cos 2x+C_2\sin 2x$$

设原方程的一个特解为 $\bar{y}=x(A\cos 2x+B\sin 2x)$，于是

$$\bar{y}''=4(-A\sin 2x+B\cos 2x)-4x(A\cos 2x+B\sin 2x)$$

将 $\bar{y}$、$\bar{y}''$ 代入原方程，整理得

$$-4A\sin 2x+4B\cos 2x=\sin 2x$$

比较两边系数得 $\begin{cases}-4A=1\\4B=0\end{cases}$，解得 $\begin{cases}A=-\dfrac{1}{4}\\B=0\end{cases}$，则

$$\bar{y}=-\frac{1}{4}x\cos 2x$$

所以原方程的通解为

$$y=C_1\cos 2x+C_2\sin 2x-\frac{1}{4}x\cos 2x$$

【例5】 求图 6-7 所示 RLC 串联电路在直流激励下的零状态响应 u_C. 设 R、L、C、U_s 为已知，且 $R<2\sqrt{\dfrac{L}{C}}$.

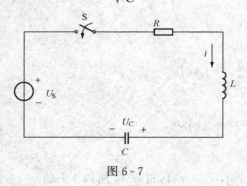

图 6-7

解 在图中所选参考方向下，电路换路后的方程为

$$LC\frac{\mathrm{d}^2 u_C}{\mathrm{d}t^2}+RC\frac{\mathrm{d}u_C}{\mathrm{d}t}+u_C=U_\mathrm{s}$$

这是 u_C 的二阶常系数线性非齐次微分方程. 响应的稳态分量为

$$\overline{u_C}=U_\mathrm{s}$$

瞬态分量 $u_{C D}$ 为与方程对应的齐次方程的通解. 求瞬态分量 $u_{C D}$ 的特征方程仍为

$$LCp^2+RCp+1=0$$

由于 $R<2\sqrt{\dfrac{L}{C}}$，所以

$$p_{1,2}=-\delta\pm\mathrm{j}\omega$$

$$u_{CD} = Ae^{-\delta t}\sin(\omega t + \beta)$$

全响应为

$$u_C = \overline{u_C} + u_{CD} = U_S + Ae^{-\delta t}\sin(\omega t + \beta)$$

$$i = C\frac{\mathrm{d}u_C}{\mathrm{d}t} = CAe^{-\delta t}[\omega\cos(\omega t + \beta) - \delta\sin(\omega t + \beta)]$$

$u_C(0_+) = 0$，$i(0_+) = 0$ 分别代入，得

$$U_S + A\sin\beta = 0$$
$$\omega\cos\beta - \delta\sin\beta = 0$$

即

$$A\sin\beta = -U_S$$

$$A\cos\beta = -\frac{\delta}{\omega}U_S$$

解得

$$A = U_S\sqrt{1 + \left(\frac{\delta}{\omega}\right)^2} = \frac{\omega_0}{\omega}U_S$$

$$\beta = -\left(\pi - \arctan\frac{\omega}{\delta}\right)$$

故得

$$u_C = U_S + \frac{\omega_0}{\omega}U_Se^{-\delta t}\sin\left(\omega t - \pi + \arctan\frac{\omega}{\delta}\right)$$

$$= U_S - \frac{\omega_0}{\omega}U_Se^{-\delta t}\sin\left(\omega t + \arctan\frac{\omega}{\delta}\right).$$

习　题 6 - 5

1. 填空：

（1）方程 $y'' + y = \sin x$ 的特解形式设为 $\overline{y} = $ ＿＿＿＿＿＿＿＿＿＿＿＿＿＿；

（2）方程 $y'' + y = e^x\cos x$ 的特解形式设为 $\overline{y} = $ ＿＿＿＿＿＿＿＿＿＿＿＿＿＿；

（3）方程 $y'' - y' - 2y = x^2e^{-x}$ 的特解形式设为 $\overline{y} = $ ＿＿＿＿＿＿＿＿＿＿＿＿；

（4）方程 $y'' - 2y' + y = e^x$ 的特解形式设为 $\overline{y} = $ ＿＿＿＿＿＿＿＿＿＿＿＿．

2. 解微分方程：

（1）$y'' + y' - 2y = 3xe^x$；

（2）$y'' - 3y' + 2y = e^{2x}\sin x$；

（3）$y'' - 2y' - 3y = e^{4x}$；

（4）$y'' + y = 4xe^x$；

（5）$y'' + y = 4\sin x$；

（6）$y'' - 4y' + 8y = x^2e^x$．

*3. 在如图 6 - 8 所示电路中，已知 $U = 10\mathrm{V}$，$C = 1\mu\mathrm{F}$，$R = 4000\Omega$，$L = 1\mathrm{H}$，开关 S 原来在触点 1 处，在 $t = 0$ 时，开关 S 由触点 1 合至触点 2 处．求 u_C、u_R、i 和 u_L．

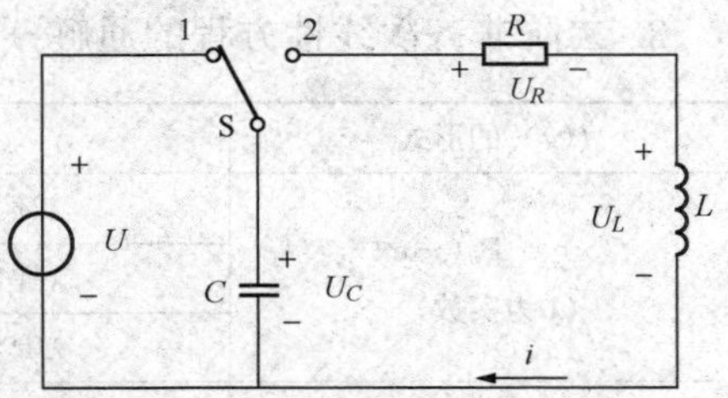

图 6 - 8

一、基本要求

(1) 理解微分方程的基本概念；

(2) 掌握可分离变量的微分方程的解法；

(3) 用公式和常数变易法求一阶线性微分方程的通解和特解；

(4) 根据特征方程求二阶常系数线性齐次微分方程的通解；

(5) 会求二阶常系数线性非齐次微分方程的通解和特解；

(6) 用微分方程分析和解决实际的电路问题.

二、常用公式

1. 可分离变量与一阶线性微分方程的解法

类　型		方　程	解　法
可分离变量		$\dfrac{\mathrm{d}y}{\mathrm{d}x} = f(x)g(y)$	分离变量两边积分
一阶线性微分方程	齐次	$\dfrac{\mathrm{d}y}{\mathrm{d}x} + P(x)y = 0$	分离变量两边积分 或用公式 $y = Ce^{-\int P(x)\mathrm{d}x}$
	非齐次	$\dfrac{\mathrm{d}y}{\mathrm{d}x} + P(x)y = Q(x)$	常数变易法或用公式 $y = e^{-\int P(x)\mathrm{d}x}\left[\int Q(x)e^{\int P(x)\mathrm{d}x}\mathrm{d}x + C\right]$

2. 二阶常系数线性齐次微分方程的通解

$\Delta = p^2 - 4q$	特征方程 $r^2 + pr + q = 0$ 的两个特征根 r_1, r_2	微分方程 $y'' + py' + qy = 0$ 的通解
$\Delta > 0$	两个不相等的实根 r_1, r_2	$y = C_1 e^{r_1 x} + C_2 e^{r_2 x}$
$\Delta = 0$	两个相等的实根 $r = r_1 = r_2$	$y = (C_1 + C_2 x)e^{rx}$
$\Delta < 0$	一对共轭虚根 $r_{1,2} = \alpha \pm \beta j$	$y = e^{\alpha x}(C_1 \cos\beta x + C_2 \sin\beta x)$

3. 二阶非齐次线性方程的通解 $y = Y + \bar{y}$

$f(x)$ 的形式	特解的形式	
$f(x) = P_n(x)e^{\lambda x}$ （λ 为实数）	λ 不是特征方程的根	$\bar{y} = Q_n(x)e^{\lambda x}$
	λ 是特征方程的单根	$\bar{y} = xQ_n(x)e^{\lambda x}$
	λ 是特征方程的重根	$\bar{y} = x^2 Q_n(x)e^{\lambda x}$
$f(x) = e^{\alpha x}(a\cos\omega x + b\sin\omega x)$ （a, b, ω 均为实数）	$\alpha \pm \omega j$ 不是特征方程的根	$\bar{y} = e^{\alpha x}(A\cos\omega x + B\sin\omega x)$
	$\alpha \pm \omega j$ 是特征方程的根	$\bar{y} = xe^{\alpha x}(A\cos\omega x + B\sin\omega x)$

复习题六

1. 判断题：

(1) 方程 $y^3 + y'' - xy = 0$ 是三阶微分方程； （　　）

(2) 因为 $y = e^{2x}$ 是方程 $y' + 4y = 0$ 的特解； （　　）

(3) 方程 $y' + y = x$ 的通解为 $y = x - 1$； （　　）

(4) 因为 $y_1 = \sin 2x$, $y_2 = 3\sin 2x$ 是方程 $y'' + 4y = 0$ 的两个特解，所以该方程的通解为 $y = C_1 \sin 2x + 3C_2 \sin 2x$； （　　）

(5) 方程 $y'' + 4y = xe^{2x}$ 的特解可设为 $y = (Ax + B)e^{2x}$. （　　）

2. 选择题：

(1) 已知 $y = 2x^2$ 是方程 $xy' = 4x^2$ 的特解，则方程的通解为 （　　）；

A. $y = 5x^2 + C$ 　　　　　　　　　B. $y = 2x^2 + C$

C. $y = 2x^2 + Cx$ 　　　　　　　　D. $y = 2Cx^2$

(2) 下列方程中是一阶线性微分方程的为 （　　）；

A. $xy^2 dx + (1 + x^2)dy = 0$ 　　　B. $2y' - y^2 = 0$

C. $y' + \cos y = e^x$ 　　　　　　　　D. $xy' - 2y = x$

(3) 下列方程中是可分离变量微分方程的为 （　　）；

A. $xy dx + (1 + x^2)dy = 0$ 　　　　B. $y' - x\tan y + 2y = 0$

C. $y' + \cos y = e^x$ 　　　　　　　　D. $xy' - 2y = x$

(4) 下列方程中是二阶线性微分方程的为 （　　）；

A. $2y'' - y = 3e^x$ 　　　　　　　　B. $2y'' - y^2 = 0$

C. $y'' + \sin y = 3$ 　　　　　　　　D. $xy' - 2y = x$

(5) 下列方程中是二阶常系数线性非齐次微分方程的为 （　　）；

A. $2y'' - y = 3e^x$ 　　　　　　　　B. $2y' - y^2 = 0$

C. $y'' + 2xy' + 2x = 1$ 　　　　　　D. $y'' + y' = 0$

(6) 方程 $y' + \dfrac{x}{1 + x^2}y = \dfrac{1}{2x(1 + x^2)}$ 属于 （　　）.

A. 一阶线性微分方程 　　　　　　　B. 二阶线性微分方程

C. 一阶线性齐次微分方程 　　　　　D. 二阶线性非齐次微分方程

3. 求微分方程的通解：

(1) $e^{-s}\left(1 - \dfrac{ds}{dt}\right) = 1$; 　　　　　(2) $y' - y = \sin x$;

(3) $y' - 6y = e^{3x}$; 　　　　　　　　(4) $y'' - y' - 2y = x^2$;

(5) $y'' - 4y' + 5y = e^x \sin 2x$; 　　　(6) $y'' - 2y' + 4y = 2\cos x$.

4. 求微分方程的特解：

(1) $y' - \dfrac{xy}{1 + x^2} = 1 + x$, $y\big|_{x=0} = \dfrac{1}{2}$; 　　(2) $y' = 3xy + x^3 + x$, $y\big|_{x=0} = 1$;

(3) $(1 + e^x)yy' = e^y$, $y\big|_{x=0} = 0$.

5. 电路如图 6 - 9 所示，$t = 0$ 时开关 S 闭合. 求 u_C 及 i_C.

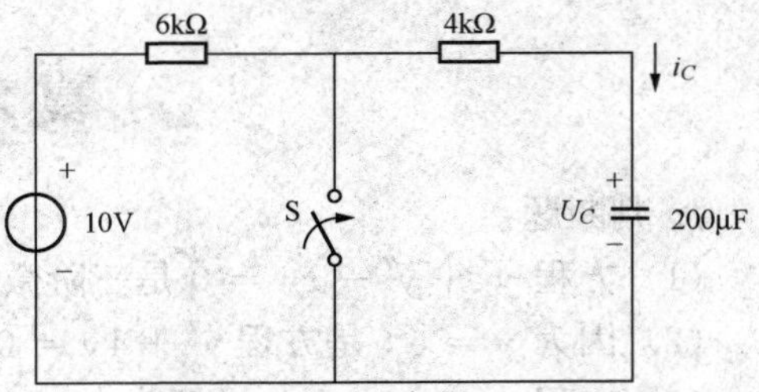

6. 一个简单的零输入 RC 串联电路，给定 $i(t) = 20\mathrm{e}^{-5000t}(\mathrm{mA})$ 以及在 $t=0$ 时，电容电压 $|u_C(0)| = 2\mathrm{V}$. 求 R 及 C.

7. 电路如图 6 - 10 所示，在 $t=0$ 时闭合 S1，在 $t=0.1\mathrm{s}$ 时闭合 S2，求 S2 闭合后的电压 U 的表达式.

8. 如图 6 - 11 所示电路中 $R=3000\Omega$，$L=1\mathrm{H}$，$C=1\mu\mathrm{F}$，$U_\mathrm{s}=100\mathrm{V}$，初始条件为零. 开关 S 在 $t=0$ 时闭合，求电路中的电流 $i(t)$ 及电容电压 $u_C(t)$.

图 6 - 9

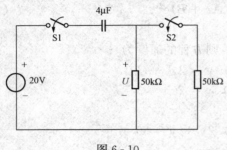

图 6 - 10

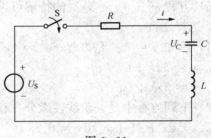

图 6 - 11

第七章 级 数

级数是高等数学的一个重要组成部分，在水利电力等科技领域中应用非常广泛．本章先扼要介绍关于级数的一些基本知识，然后着重介绍如何将函数展开成幂级数和傅里叶级数的问题．

第一节 级数的基本概念

一、级数的定义

先来看一个有趣的例子．我国古代求圆面积 A 时，最早采用如下的方法：先作内接正六边形（见图 7-1），其面积记为 u_1，它是圆面积 A 的一个粗糙的近似值．再以正六边形的六条边为底，作顶点在圆周上的六个等腰三角形，设它们面积之和为 u_2，那么 u_1+u_2（即圆内接正十二边形的面积）与 u_1 相比，它是圆面积 A 的一个精确度较高的近似值．类似地，以正十二边形的十二条边为底，作顶点在圆周上的十二个等腰三角形，并设它们的面积之和为 u_3，那么 $u_1+u_2+u_3$（即圆内接正二十四边形的面积）又是圆面积 A 的一个精确度更高的近似值．如此继续进行 n 次，圆的面积近似地等于圆内接正 3×2^n 边形的面积，即

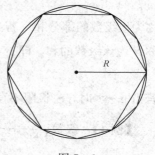

图 7-1

$$u_1+u_2+u_3+\cdots+u_n$$

若 n 越大，那么近似程度就越好．当 $n\to\infty$ 时，$u_1+u_2+u_3+\cdots+u_n$ 的极限就是这个圆的面积 A．也就是说，圆面积 A 是无穷多个数累加的和，即

$$A=u_1+u_2+u_3+\cdots+u_n+\cdots$$

实际上，在生产活动和科学实验中，经常会遇到无穷多个数求和的问题．这里给出下面的定义．

定义 1 设给定一个无穷数列

$$u_1,u_2,u_3,\cdots,u_n,\cdots$$

把它们各项依次相加得表达式

$$u_1+u_2+u_3+\cdots+u_n+\cdots$$

称为无穷级数，简称级数，记为 $\sum\limits_{n=1}^{\infty}u_n$，于是

$$\sum_{n=1}^{\infty}u_n=u_1+u_2+u_3+\cdots+u_n+\cdots$$

这里，u_n 称为级数的第 n 项，也称为通项．u_n 是常数的级数称为常数项级数，简称数项级数；u_n 是函数的级数称为函数项级数．

例如：

$$1 + \frac{1}{2} + \frac{1}{3} + \cdots + \frac{1}{n} + \cdots$$

$$1 - 2 + 3 - 4 + \cdots + (-1)^{n-1} n + \cdots$$

都是数项级数．又如

$$1 + x + x^2 + x^3 + \cdots + x^{n-1} + \cdots$$

$$\sin x + \sin 2x + \sin 3x + \cdots + \sin nx + \cdots$$

都是函数项级数.

二、级数的收敛和发散

对于一个无穷级数来讲，这个无穷多项加起来的和是至关重要的．但由于是无穷多个数的累加，所以不能像通常有限个数那样直接把它们逐项相加，而应该先求出有限项的和，再运用极限的方法来解决这个无穷多项的累加问题.

定义 2　无穷级数 $\sum\limits_{n=1}^{\infty} u_n$ 的前 n 项之和

$$S_n = u_1 + u_2 + u_3 + \cdots + u_n$$

称为该级数的部分和．若当 $n \rightarrow \infty$ 时，S_n 极限存在，即 $\lim\limits_{n \to \infty} S_n = S$，则称级数 $\sum\limits_{n=1}^{\infty} u_n$ 是收敛的，称 S 为该级数的和，即

$$S = u_1 + u_2 + u_3 + \cdots + u_n + \cdots$$

若当 $n \rightarrow \infty$ 时，S_n 极限不存在，则称级数 $\sum\limits_{n=1}^{\infty} u_n$ 是发散的，发散的级数没有和.

【例1】　级数 $\dfrac{1}{1 \cdot 2} + \dfrac{1}{2 \cdot 3} + \dfrac{1}{3 \cdot 4} + \cdots + \dfrac{1}{n(n+1)} + \cdots$ 是否收敛？若收敛，求它的和.

解　由于级数的一般项 $u_n = \dfrac{1}{n(n+1)} = \dfrac{1}{n} - \dfrac{1}{n+1}$，因此部分和

$$S_n = \frac{1}{1 \cdot 2} + \frac{1}{2 \cdot 3} + \frac{1}{3 \cdot 4} + \cdots + \frac{1}{n(n+1)}$$

$$= \left(\frac{1}{1} - \frac{1}{2}\right) + \left(\frac{1}{2} - \frac{1}{3}\right) + \left(\frac{1}{3} - \frac{1}{4}\right) + \cdots + \left(\frac{1}{n} - \frac{1}{n+1}\right) = 1 - \frac{1}{n+1}.$$

又 $\lim\limits_{n \to \infty} S_n = \lim\limits_{n \to \infty} \left(1 - \dfrac{1}{n+1}\right) = 1$，所以，此级数收敛，它的和为 1.

【例2】　判断级数 $\ln \dfrac{2}{1} + \ln \dfrac{3}{2} + \ln \dfrac{4}{3} + \cdots + \ln \dfrac{n+1}{n} + \cdots$ 的敛散性.

解　由于部分和 $S_n = \ln \dfrac{2}{1} + \ln \dfrac{3}{2} + \ln \dfrac{4}{3} + \cdots + \ln \dfrac{n+1}{n}$

$$= \ln \left(\frac{2}{1} \cdot \frac{3}{2} \cdot \frac{4}{3} \cdot \cdots \cdot \frac{n+1}{n}\right) = \ln(n+1).$$

又 $\lim\limits_{n \to \infty} S_n = \lim\limits_{n \to \infty} \ln(n+1) = \infty$，因此，该级数发散.

由［例1］、［例2］可知，利用定义判定级数的敛散性时，必须先求出部分和 S_n，然后再求它的极限.

【例3】　设给定一个首项为 a，公比为 q 的无穷等比数列 a，aq，aq^2，$\cdots$，aq^{n-1}，$\cdots$，称级数 $\sum\limits_{n=1}^{\infty} aq^{n-1}$ 为等比级数．讨论等比级数 $\sum\limits_{n=1}^{\infty} aq^{n-1}$ 的敛散性.

解 (1) 若 $|q| \neq 1$，则部分和 $S_n = a + aq + aq^2 + \cdots + aq^{n-1} = \dfrac{a(1-q^n)}{1-q}$.

当 $|q| < 1$ 时，由于 $\lim\limits_{n \to \infty} q^n = 0$，$\lim\limits_{n \to \infty} S_n = \dfrac{a}{1-q}$，所以级数收敛，其和 $S = \dfrac{a}{1-q}$；

当 $|q| > 1$ 时，由于 $\lim\limits_{n \to \infty} q^n = \infty$，因而 $\lim\limits_{n \to \infty} S_n$ 不存在，这时级数发散.

(2) 若 $|q| = 1$，则

当 $q = 1$ 时，由于 $\lim\limits_{n \to \infty} S_n = \lim\limits_{n \to \infty} na = \infty$，因而级数发散；

当 $q = -1$ 时，S_n 交替地取 a 和 0 两个数值，所以 $\lim\limits_{n \to \infty} S_n$ 不存在，这时级数发散.

综上可得：对于等比级数 $\sum\limits_{n=1}^{\infty} aq^{n-1}$，若 $|q| < 1$，级数收敛；若 $|q| \geqslant 1$，级数发散.

【例 4】 判断下列级数的敛散性：

(1) $-\dfrac{8}{9} + \dfrac{8^2}{9^2} - \dfrac{8^3}{9^3} + \cdots$； (2) $\sum\limits_{n=1}^{\infty} \ln^n 5$.

解 (1) 这是公比为 $-\dfrac{8}{9}$ 的等比级数，因 $\left| -\dfrac{8}{9} \right| < 1$，故级数收敛.

(2) 这是公比为 $\ln 5$ 的等比级数，因 $|\ln 5| > 1$，故级数发散.

三、级数的性质

对于级数 $\sum\limits_{n=1}^{\infty} u_n$，它的通项可表示为 $u_n = S_n - S_{n-1}$. 若级数 $\sum\limits_{n=1}^{\infty} u_n$ 收敛，显然 S_n 和 S_{n-1} 有相同的极限 S，则

$$\lim_{n \to \infty} u_n = \lim_{n \to \infty} (S_n - S_{n-1}) = \lim_{n \to \infty} S_n - \lim_{n \to \infty} S_{n-1} = S - S = 0$$

性质 1 若级数 $\sum\limits_{n=1}^{\infty} u_n$ 收敛，则 $\lim\limits_{n \to \infty} u_n = 0$.

此性质的逆否命题也应成立，即：若 $\lim\limits_{n \to \infty} u_n \neq 0$，则级数 $\lim\limits_{n=1}^{\infty} u_n$ 发散. 这个结论常用来判断某些级数发散. 例如，级数 $\dfrac{1}{1} + \dfrac{2}{3} + \dfrac{3}{5} + \cdots + \dfrac{n}{2n-1} + \cdots$. 因为 $\lim\limits_{n \to \infty} u_n = \lim\limits_{n \to \infty} \dfrac{n}{2n-1} = \dfrac{1}{2} \neq 0$，所以该级数发散.

但是，此性质的逆命题不一定成立. 也就是说，如果某级数有 $\lim\limits_{n \to \infty} u_n = 0$，并不能说明该级数一定收敛. 例如，级数 $\ln\dfrac{2}{1} + \ln\dfrac{3}{2} + \ln\dfrac{4}{3} + \cdots + \ln\dfrac{n+1}{n} + \cdots$（见 ［例 2］）. 尽管 $\lim\limits_{n \to \infty} u_n = \lim\limits_{n \to \infty} \ln\dfrac{n+1}{n} = 0$，但是该级数是发散的. 由此可知，一个级数的通项趋于 0，并不能判定这个级数一定收敛.

性质 2 若级数 $\sum\limits_{n=1}^{\infty} u_n$ 收敛，其和为 S，则级数 $\sum\limits_{n=1}^{\infty} cu_n$ 也收敛，其和为 cS；若级数 $\sum\limits_{n=1}^{\infty} u_n$ 发散，则级数 $\sum\limits_{n=1}^{\infty} cu_n (c \neq 0)$ 也发散.

也就是说，级数的每一项乘以不等于零的常数后，其敛散性不变.

性质 3 若级数 $\sum\limits_{n=1}^{\infty} u_n$ 和 $\sum\limits_{n=1}^{\infty} v_n$ 都收敛，其和分别为 S_1 和 S_2，则级数 $\sum\limits_{n=1}^{\infty} (u_n \pm v_n)$ 也收敛，且其和为 $S_1 \pm S_2$.

该结论显然成立. 但是，反过来不一定成立. 另外，还须注意：如果级数 $\sum\limits_{n=1}^{\infty} u_n$ 和 $\sum\limits_{n=1}^{\infty} v_n$ 都发散，那么级数 $\sum\limits_{n=1}^{\infty} (u_n \pm v_n)$ 也可能是收敛的.

性质 4 一个级数增加或减少有限项后，其敛散性不变.

须注意的是，一个级数增加或减少有限项后，虽然其敛散性不变，但在级数收敛的情况下，它的和是会改变的. 例如，等比级数 $1+\dfrac{1}{2}+\dfrac{1}{4}+\dfrac{1}{8}+\cdots$ 是收敛的，和为 2；去掉前两项得到的级数 $\dfrac{1}{4}+\dfrac{1}{8}+\dfrac{1}{16}+\cdots$ 仍是收敛的，但是和变成了 $\dfrac{1}{2}$.

习 题 7-1

1. 判断题：

(1) 级数部分和的极限已求出，则级数收敛；若部分和的极限不存在，则级数发散. （   ）

(2) 若级数 $\sum\limits_{n=1}^{\infty} (u_n \pm v_n)$ 收敛，则级数 $\sum\limits_{n=1}^{\infty} u_n$ 与级数 $\sum\limits_{n=1}^{\infty} v_n$ 都收敛. （   ）

(3) 改变级数的有限项不会改变级数的和. （   ）

(4) 当 $\lim\limits_{n\to\infty} u_n = 0$ 时，级数 $\sum\limits_{n=1}^{\infty} u_n$ 不一定收敛. （   ）

2. 用级数的"$\sum$"形式填空：

(1) $1! + 2! + 3! + \cdots$，即 _____；

(2) $1 - \dfrac{1}{3} + \dfrac{1}{5} - \dfrac{1}{7} + \cdots$，即 _____；

(3) $\dfrac{1}{\ln 2} + \dfrac{1}{2\ln 3} + \dfrac{1}{3\ln 4} + \cdots$，即 _____；

(4) $-\dfrac{1}{2} + 0 + \dfrac{1}{4} + \dfrac{2}{5} + \dfrac{3}{6} + \cdots$，即 _____.

3. 判断下列各级数的敛散性，并求收敛级数的和：

(1) $\dfrac{1}{1\cdot 3} + \dfrac{1}{3\cdot 5} + \dfrac{1}{5\cdot 7} + \cdots$；   (2) $\ln\pi + \ln^2\pi + \ln^3\pi + \cdots$；   (3) $\dfrac{4}{7} - \dfrac{4^2}{7^2} + \dfrac{4^3}{7^3} - \cdots$；

(4) $\dfrac{1}{3} + \dfrac{2}{5} + \dfrac{3}{7} + \cdots$；   (5) $\sum\limits_{n=1}^{\infty} (\sqrt{n+1} - \sqrt{n})$；   (6) $3 - 3 + 3 \cdots$.

第二节 数项级数的审敛法

用级数收敛和发散的定义及级数的性质可以判定级数是否收敛，但求部分和及其极限并非易事，因此需要建立级数敛散性的判别法. 这里介绍几种常用的数项级数的审敛法.

一、正项级数的审敛法

在数项级数 $\sum\limits_{n=1}^{\infty} u_n$ 中，若 $u_n \geq 0 (n=1, 2, \cdots)$，则称该级数为正项级数.

1. 比较审敛法

设有正项级数 $\sum\limits_{n=1}^{\infty} u_n$ 和 $\sum\limits_{n=1}^{\infty} v_n$，且 $u_n \leqslant v_n (n=1, 2, \cdots)$.

（1）若级数 $\sum\limits_{n=1}^{\infty} v_n$ 收敛，则级数 $\sum\limits_{n=1}^{\infty} u_n$ 也收敛；

（2）若级数 $\sum\limits_{n=1}^{\infty} u_n$ 发散，则级数 $\sum\limits_{n=1}^{\infty} v_n$ 也发散.

很明显，使用比较审敛法需要有已知敛散性的级数作为比较对象. 而等比级数就是常用作比较对象的级数之一，下面再介绍一种常用的级数.

定义 当 $p>0$ 时，级数 $\sum\limits_{n=1}^{\infty} \dfrac{1}{n^p} = 1 + \dfrac{1}{2^p} + \dfrac{1}{3^p} + \cdots$ 称为 p-级数. 特别地，当 $p=1$ 时，

级数 $\sum\limits_{n=1}^{\infty} \dfrac{1}{n} = 1 + \dfrac{1}{2} + \dfrac{1}{3} + \cdots$ 称为调和级数.

定理 1 当 $p>1$ 时，p-级数收敛；当 $p \leqslant 1$ 时，p-级数发散.

【例 1】 判断下列级数的敛散性：

（1）$\sum\limits_{n=1}^{\infty} \dfrac{1}{5^n + 1}$；　　　　　　（2）$\sum\limits_{n=1}^{\infty} \dfrac{1}{0.9^n - 1}$.

解 （1）因为 $\dfrac{1}{5^n + 1} < \dfrac{1}{5^n} (n=1, 2, \cdots)$，而级数 $\sum\limits_{n=1}^{\infty} \dfrac{1}{5^n}$ 是公比为 $\dfrac{1}{5}$ 的等比级数，是收敛

的，所以由比较审敛法知，级数 $\sum\limits_{n=1}^{\infty} \dfrac{1}{5^n + 1}$ 也收敛.

（2）因为 $\dfrac{1}{0.9^n} < \dfrac{1}{0.9^n - 1} (n=1, 2, \cdots)$，即 $\left(\dfrac{10}{9}\right)^n < \dfrac{1}{0.9^n - 1} (n=1, 2, \cdots)$，而级数

$\sum\limits_{n=1}^{\infty} \left(\dfrac{10}{9}\right)^n$ 是公比为 $\dfrac{10}{9}$ 的等比级数，是发散的，所以由比较审敛法知，级数 $\sum\limits_{n=1}^{\infty} \dfrac{1}{0.9^n - 1}$ 也

发散.

【例 2】 判断下列级数的敛散性：

（1）$\sum\limits_{n=1}^{\infty} \dfrac{1}{(n+2) \sqrt[3]{n}}$；　　　　　　（2）$\sum\limits_{n=1}^{\infty} \dfrac{\tan\left(\dfrac{\pi}{4} + \dfrac{\pi}{n+4}\right)}{n}$.

解 （1）因为 $\dfrac{1}{(n+2) \sqrt[3]{n}} < \dfrac{1}{n \sqrt[3]{n}} (n=1, 2, \cdots)$，而级数 $\sum\limits_{n=1}^{\infty} \dfrac{1}{n \sqrt[3]{n}} = \sum\limits_{n=1}^{\infty} \dfrac{1}{n^{\frac{4}{3}}}$ 是 $p = \dfrac{4}{3}$ 的 p-

级数，是收敛的，所以级数 $\sum\limits_{n=1}^{\infty} \dfrac{1}{(n+2) \sqrt[3]{n}}$ 也收敛.

（2）因为 $\dfrac{\pi}{4} < \dfrac{\pi}{4} + \dfrac{\pi}{n+4} < \dfrac{\pi}{2} (n=1, 2, \cdots)$，所以 $\tan\left(\dfrac{\pi}{4} + \dfrac{\pi}{n+4}\right) > 1$，即

$\dfrac{\tan\left(\dfrac{\pi}{4} + \dfrac{\pi}{n+4}\right)}{n} > \dfrac{1}{n} (n=1, 2, \cdots)$. 又因为级数 $\sum\limits_{n=1}^{\infty} \dfrac{1}{n}$ 是调和级数，是发散的，所以级数

$\sum\limits_{n=1}^{\infty} \dfrac{\tan\left(\dfrac{\pi}{4} + \dfrac{\pi}{n+4}\right)}{n}$ 也发散.

【例3】 判断级数 $\dfrac{1}{2^2}+\dfrac{1}{3^2}+\dfrac{1}{4^2}+\cdots+\dfrac{1}{(n+1)^2}+\cdots$ 的敛散性.

解 （1）原级数加 1 得新级数

$$\frac{1}{1^2}+\frac{1}{2^2}+\frac{1}{3^2}+\frac{1}{4^2}+\cdots+\frac{1}{(n+1)^2}+\cdots$$

显然，这是 p-级数，其中 $p=2>1$，所以此级数是收敛的. 因为一个级数增加或减少有限项，其敛散性不变，故原级数也是收敛的.

（2）因为 $\dfrac{1}{(n+1)^2}<\dfrac{1}{n(n+1)}(n=1,2,\cdots)$，且由上一节［例1］知，级数 $\displaystyle\sum_{n=1}^{\infty}\dfrac{1}{n(n+1)}$

是收敛的，所以级数 $\displaystyle\sum_{n=1}^{\infty}\dfrac{1}{(n+1)^2}=\dfrac{1}{2^2}+\dfrac{1}{3^2}+\dfrac{1}{4^2}+\cdots$ 也是收敛的.

2. 比值审敛法

设有正项级数 $\displaystyle\sum_{n=1}^{\infty}u_n$，若 $\displaystyle\lim_{n\to\infty}\dfrac{u_{n+1}}{u_n}=\rho$，则：

（1）当 $\rho<1$ 时，级数 $\displaystyle\sum_{n=1}^{\infty}u_n$ 收敛；

（2）当 $\rho>1$ 时，级数 $\displaystyle\sum_{n=1}^{\infty}u_n$ 发散；

（3）当 $\rho=1$ 时，须用其他方法判别.

【例4】 判断下列级数的敛散性：

（1）$\displaystyle\sum_{n=1}^{\infty}\dfrac{n!}{5^n}$；　　　　　　　　　（2）$\displaystyle\sum_{n=1}^{\infty}\dfrac{n^n}{(n!)^2}$.

解 （1）因为

$$\lim_{n\to\infty}\frac{u_{n+1}}{u_n}=\lim_{n\to\infty}\frac{(n+1)!}{5^{n+1}}\cdot\frac{5^n}{n!}=\lim_{n\to\infty}\frac{n+1}{5}=\infty$$

所以由比值审敛法知，级数 $\displaystyle\sum_{n=1}^{\infty}\dfrac{n!}{5^n}$ 是发散的.

（2）因为

$$\lim_{n\to\infty}\frac{u_{n+1}}{u_n}=\lim_{n\to\infty}\frac{(n+1)^{n+1}}{[(n+1)!]^2}\frac{(n!)^2}{n^n}=\lim_{n\to\infty}\left[\frac{n!}{(n+1)!}\right]^2\left(\frac{n+1}{n}\right)^n(n+1)$$

$$=\lim_{n\to\infty}\frac{1}{n+1}\left(1+\frac{1}{n}\right)^n=0,$$

所以由比值审敛法知，级数 $\displaystyle\sum_{n=1}^{\infty}\dfrac{n^n}{(n!)^2}$ 是收敛的.

应当指出，当 $\displaystyle\lim_{n\to\infty}\dfrac{u_{n+1}}{u_n}=1$ 时，比值审敛法失效，它得不出级数是收敛或是发散的结论，必须另用其他方法判别敛散性. 例如，在 p-级数 $\displaystyle\sum_{n=1}^{\infty}\dfrac{1}{n^p}$ 中，$\displaystyle\lim_{n\to\infty}\dfrac{u_{n+1}}{u_n}=\lim_{n\to\infty}\left(\dfrac{n}{n+1}\right)^p=1$. 由定理 1 知，当 $p>1$ 时，级数收敛，当 $p\leqslant1$，级数发散.

二、交错级数的审敛法

设 $u_n>0(n=1,2,\cdots)$，形如

$$u_1-u_2+u_3-\cdots+(-1)^{n-1}u_n+\cdots$$

的级数称为交错级数.

交错级数审敛法　若交错级数 $\sum\limits_{n=1}^{\infty}(-1)^{n-1}u_n$ 满足条件:

(1) $u_n \geqslant u_{n+1}$　$(n=1,2,\cdots)$,

(2) $\lim\limits_{n \to \infty}u_n=0$,

则级数 $\sum\limits_{n=1}^{\infty}(-1)^{n-1}u_n$ 收敛, 且其和 $S \leqslant u_1$.

【**例 5**】　判断级数 $1-\dfrac{1}{2}+\dfrac{1}{3}-\dfrac{1}{4}+\cdots+(-1)^{n-1}\dfrac{1}{n}+\cdots$ 的敛散性.

解　该级数为交错级数, 且 $u_n=\dfrac{1}{n}$. 因为 $u_n=\dfrac{1}{n}>\dfrac{1}{n+1}=u_{n+1}$, 又 $\lim\limits_{n \to \infty}u_n=\lim\limits_{n \to \infty}\dfrac{1}{n}=0$,

所以此级数 $\sum\limits_{n=1}^{\infty}(-1)^{n-1}\dfrac{1}{n}$ 收敛.

三、任意项级数的敛散性

在数项级数 $\sum\limits_{n=1}^{\infty}u_n$ 中, 若 $u_n(n=1,2,\cdots)$ 为任意实数, 则称该级数为任意项级数.

对任意项级数的每一项取绝对值便转化成正项级数 $\sum\limits_{n=1}^{\infty}|u_n|$, 关于任意项级数有下面定理:

定理 2　若级数 $\sum\limits_{n=1}^{\infty}|u_n|$ 收敛, 则级数 $\sum\limits_{n=1}^{\infty}u_n$ 收敛. 此时称级数 $\sum\limits_{n=1}^{\infty}u_n$ 是绝对收敛的.

【**例 6**】　证明级数 $\sum\limits_{n=1}^{\infty}\dfrac{\sin 2^n}{3^n}$ 绝对收敛.

证　因为 $\left|\dfrac{\sin 2^n}{3^n}\right| \leqslant \dfrac{1}{3^n}(n=1,2,\cdots)$, 而级数 $\sum\limits_{n=1}^{\infty}\dfrac{1}{3^n}$ 是收敛的等比级数, 所以由正项级

数的比较审敛法知, 级数 $\sum\limits_{n=1}^{\infty}\left|\dfrac{\sin 2^n}{3^n}\right|$ 也收敛. 因此, 原级数 $\sum\limits_{n=1}^{\infty}\dfrac{\sin 2^n}{3^n}$ 绝对收敛.

值得注意的是, 并不是每个收敛的级数都是绝对收敛的. 例如, 级数 $\sum\limits_{n=1}^{\infty}(-1)^{n-1}\dfrac{1}{n}$ (见

[例 5]) 是收敛的, 但各项取绝对值后所成的级数 $\sum\limits_{n=1}^{\infty}\dfrac{1}{n}$ 是发散的调和级数.

习 题 7-2

1. 用"收敛"或"发散"填空:

(1) $\sum\limits_{n=1}^{\infty}\dfrac{\ln^2 3}{3^n}$ (　　);　　　　(2) $\sum\limits_{n=1}^{\infty}\dfrac{1}{\sqrt[4]{n}}$ (　　);

(3) $\sum\limits_{n=1}^{\infty}\dfrac{1}{n^{1.2}}$ (　　);　　　　(4) $\sum\limits_{n=1}^{\infty}n!$ (　　).

2. 判断下列正项级数的敛散性:

(1) $\sum\limits_{n=1}^{\infty}\dfrac{1}{7^n+1}$;　　　　(2) $\sum\limits_{n=1}^{\infty}\dfrac{3}{2+5^n}$;　　　　(3) $\sum\limits_{n=1}^{\infty}\dfrac{2}{0.7^n-3}$;

(4) $\displaystyle\sum_{n=1}^{\infty} \frac{1}{(\sqrt{n}-3)\sqrt[3]{n}}$;　　(5) $\displaystyle\sum_{n=1}^{\infty} \frac{4}{(n+3)\sqrt{n}}$;　　(6) $\displaystyle\sum_{n=1}^{\infty} \frac{n}{2^n}$;

(7) $\displaystyle\sum_{n=1}^{\infty} \frac{6^n}{n^6}$;　　(8) $\displaystyle\sum_{n=1}^{\infty} \frac{8}{(n+2)(n+3)}$.

3. 判断下列级数的敛散性:

(1) $\displaystyle\sum_{n=1}^{\infty} (-1)^n \pi^{-n}$;　　(2) $\displaystyle\sum_{n=1}^{\infty} (-1)^{n-1} \frac{1}{\sqrt[3]{n}}$;

(3) $\displaystyle\sum_{n=1}^{\infty} \frac{n+1}{n(n+2)}$;　　(4) $\displaystyle\sum_{n=1}^{\infty} \left(\frac{n}{1+n}\right)^n$.

第三节 幂 级 数

一、幂级数的定义

幂级数是函数项级数中较简单又应用广泛的一类级数.

定义 1　形如

$$a_0 + a_1(x-x_0) + a_2(x-x_0)^2 + \cdots + a_n(x-x_0)^n + \cdots$$

的级数称为幂级数, 其中 x_0 及 $a_0, a_1, a_2, \cdots, a_n, \cdots$ 都是常数, $a_0, a_1, a_2, \cdots, a_n, \cdots$ 称为幂级数的系数.

本书主要讨论 $x_0 = 0$ 时的幂级数, 即

$$a_0 + a_1 x + a_2 x^2 + \cdots + a_n x^n + \cdots$$

例如

$$1 - x + x^2 - x^3 + \cdots + (-1)^n x^n + \cdots$$

$$1 + x + \frac{x^2}{2!} + \frac{x^3}{3!} + \cdots + \frac{x^n}{n!} + \cdots$$

二、幂级数的收敛和发散

一般来说, 幂级数的每一项对于 x 任意取定的值都是有定义的.

定义 2　在幂级数

$$a_0 + a_1 x + a_2 x^2 + \cdots + a_n x^n + \cdots$$

中, 取 $x = x_0$, 就得到常数项级数

$$a_0 + a_1 x_0 + a_2 x_0^2 + \cdots + a_n x_0^n + \cdots$$

若常数项级数收敛, 则称 x_0 是幂级数的收敛点, 或称幂级数在 x_0 处收敛; 若常数项级数发散, 则称 x_0 是幂级数的发散点, 或称幂级数在 x_0 处发散. 幂级数所有收敛点组成的集合称为幂级数的收敛域, 所有发散点组成的集合称为发散域.

例如, 幂级数

$$1 + x + x^2 + \cdots + x^n + \cdots$$

若取 $x = x_0$, 则得到一个公比 $q = x_0$ 的等比级数

$$1 + x_0 + x_0^2 + \cdots + x_0^n + \cdots$$

当 $|x_0| < 1$ 时, 这个等比级数收敛, 其和为 $\frac{1}{1-x_0}$. 所以, 当 $|x| < 1$ 时, 该幂级数收敛. 也就是说, 此幂级数的收敛域为 $(-1, 1)$. 当 $|x_0| \geqslant 1$ 时, 这个等比级数发散. 所以, 当

$|x| \geqslant 1$ 时，该幂级数发散. 也就是说，此幂级数的发散域为 $(-\infty, -1] \cup [1, +\infty)$.

对于一个幂级数，如何去确定它的收敛域呢？

在常数项级数

$$a_0 + a_1 x_0 + a_2 x_0^2 + \cdots + a_n x_0^n + \cdots$$

中，设 $\lim\limits_{n \to \infty} \dfrac{|a_{n+1}|}{|a_n|} = \rho$ 存在，则该常数项级数的第 $n+1$ 项的绝对值与第 n 项的绝对值之比当 $n \to \infty$ 时的极限为

$$\lim_{n \to \infty} \frac{|a_{n+1} x_0^{n+1}|}{|a_n x_0^n|} = \rho |x_0|$$

因此，由正项级数的比值审敛法可知，当 $\rho |x_0| < 1$ 时，该级数是绝对收敛的. 由此可以得出，在幂级数

$$a_0 + a_1 x + a_2 x^2 + \cdots + a_n x^n + \cdots$$

中，当 $\rho \neq 0$ 时，且 x 在 $\left(-\dfrac{1}{\rho}, \dfrac{1}{\rho}\right)$ 内取值时，该幂级数是收敛的. 为简便起见，令 $R = \dfrac{1}{\rho}$，则 $\lim\limits_{n \to \infty} \dfrac{|a_n|}{|a_{n+1}|} = R$.

定理　设有幂级数 $\sum\limits_{n=0}^{\infty} a_n x^n$，若从某一项起 $a_n \neq 0$，且满足

$$\lim_{n \to \infty} \frac{|a_n|}{|a_{n+1}|} = R.$$

(1) 若 $0 < R < +\infty$，则当 $|x| < R$ 时幂级数收敛，当 $|x| > R$ 时幂级数发散；

(2) 若 $R = +\infty$，则幂级数在 $(-\infty, +\infty)$ 处处收敛；

(3) 若 $R = 0$，则幂级数仅在 $x = 0$ 处收敛.

这个定理说明：当 $R = 0$ 时，幂级数的收敛域只含有 $x = 0$ 一个点；当 $R \neq 0$ 时，幂级数在区间 $(-R, R)$ 内收敛. 但对于 $x = \pm R$，从定理得不出级数收敛还是发散的结论. 这时可将 $x = R$ 或 $x = -R$ 代入幂级数，然后按常数项级数的审敛法来判定其敛散性. 因此，幂级数的收敛域可能是开区间，也可能是闭区间，或者是半开区间. 在此，将幂级数的收敛域统称为收敛区间，而把

$$R = \lim_{n \to \infty} \left| \frac{a_n}{a_{n+1}} \right|$$

称为幂级数的收敛半径.

【例 1】　求幂级数 $1 + x + \dfrac{x^2}{2!} + \dfrac{x^3}{3!} + \cdots + \dfrac{x^n}{n!} + \cdots$ 的收敛区间.

解　收敛半径

$$R = \lim_{n \to \infty} \left| \frac{a_n}{a_{n+1}} \right| = \lim_{n \to \infty} \left| \frac{\dfrac{1}{n!}}{\dfrac{1}{(x+1)!}} \right| = \lim_{n \to \infty} (n+1) = \infty$$

所以该幂级数的收敛区间为 $(-\infty, +\infty)$.

【例 2】　求幂级数 $1 + 2x + (3x)^2 + \cdots + (nx)^{n-1} + \cdots$ 的收敛半径.

解　收敛半径

$$R = \lim_{n \to \infty} \left| \frac{a_n}{a_{n+1}} \right| = \lim_{n \to \infty} \left| \frac{n^{n-1}}{(n+1)^n} \right| = \lim_{n \to \infty} \frac{1}{n(1+\frac{1}{n})^n} = 0$$

显然，该幂级数的收敛域只含有 $x=0$ 一个点.

【例 3】 求幂级数 $x - \dfrac{x^2}{2} + \dfrac{x^3}{3} - \dfrac{x^4}{4} + \cdots + (-1)^{n-1} \dfrac{x^n}{n} + \cdots$ 的收敛区间.

解　收敛半径

$$R = \lim_{n \to \infty} \left| \frac{a_n}{a_{n+1}} \right| = \lim_{n \to \infty} \left| \frac{(-1)^{n-1} \frac{1}{n}}{(-1)^n \frac{1}{n+1}} \right| = \lim_{n \to \infty} \frac{n+1}{n} = 1$$

因此，该幂级数在 $(-1，1)$ 内收敛. 当 $x=1$ 时，幂级数成为

$$1 - \frac{1}{2} + \frac{1}{3} - \frac{1}{4} + \cdots + (-1)^{n-1} \frac{1}{n} + \cdots$$

它是一个收敛的交错级数. 当 $x=-1$ 时，幂级数成为

$$-1 - \frac{1}{2} - \frac{1}{3} - \cdots - \frac{1}{n} - \cdots = -\left(1 + \frac{1}{2} + \frac{1}{3} + \cdots + \frac{1}{n} + \cdots \right)$$

括号内是一个发散的调和级数，因此它也是发散的. 所以，原幂级数的收敛区间为 $(-1，1]$.

【例 4】 求幂级数 $1 - \dfrac{x^2}{2!} + \dfrac{x^4}{4!} - \dfrac{x^6}{6!} + \cdots + (-1)^n \dfrac{x^{2n}}{(2n)!} + \cdots$ 的收敛区间.

解　因为在这个幂级数中 x 的奇次项不出现，即 $a_{2n-1}=0$，因而不能根据定理直接求得其收敛半径. 如果令 $x^2=t$，那么所给的关于 x 的幂级数，就变为关于 t 的幂级数

$$1 - \frac{t}{2!} + \frac{t^2}{4!} - \frac{t^3}{6!} + \cdots + (-1)^n \frac{t^n}{(2n)!} + \cdots$$

由定理可求得其收敛半径

$$R' = \lim_{n \to \infty} \left| \frac{(-1)^n \frac{1}{(2n)!}}{(-1)^{n+1} \frac{1}{(2n+2)!}} \right| = \lim_{n \to \infty} (2n+2)(2n+1) = +\infty$$

所以，当 $|t| < R' = +\infty$ 时，上述级数收敛，即当 $|x^2| = |t| < R' = +\infty$ 时，原级数收敛. 因此原级数的收敛区间是 $(-\infty，+\infty)$.

［例 4］说明如何求只含有偶次项的幂级数的收敛半径. 那么，对于只含有奇次项的幂级数，又如何确定它的收敛半径呢？

对于只含有奇次项的幂级数

$$a_1 x + a_2 x^3 + a_3 x^5 + \cdots + a_n x^{2n+1} + \cdots$$

若 x_0 是它的一个收敛点，因为

$$a_1 x_0 + a_2 x_0^3 + a_3 x_0^5 + \cdots + a_n x_0^{2n+1} + \cdots = x_0 (a_1 + a_2 x_0^2 + a_3 x_0^4 + \cdots + a_n x_0^{2n} + \cdots)$$

根据本章第一节级数性质 2，可知幂级数

$$a_1 + a_2 x_0^2 + a_3 x_0^4 + \cdots + a_n x_0^{2n-2} + \cdots$$

也收敛；反之亦然. 综上所述，幂级数

$$a_1 x + a_2 x^3 + a_3 x^5 + \cdots + a_n x^{2n-1} + \cdots$$

与级数

$$a_1 + a_2 x^2 + a_3 x^4 + \cdots + a_n x^{2n-2} + \cdots$$

具有相同的收敛区间，即对只含有奇次项的幂级数也可以按［例 4］的方法求收敛半径. 下面举例说明.

【例 5】 求幂级数 $\dfrac{x}{2} - \dfrac{2x^3}{2^2} + \dfrac{3x^5}{2^3} - \dfrac{4x^7}{2^4} + \cdots + (-1)^{n-1} \dfrac{nx^{2n-1}}{2^n} + \cdots$ 的收敛区间.

解 原幂级数与幂级数

$$\frac{x^2}{2} - \frac{2x^4}{2^2} + \frac{3x^6}{2^3} - \frac{4x^8}{2^4} + \cdots + (-1)^{n-1} \frac{nx^{2n}}{2^n} + \cdots$$

具有相同的收敛区间. 令 $x^2 = t$，得关于 t 的幂级数

$$\frac{t}{2} - \frac{2t^2}{2^2} + \frac{3t^3}{2^3} - \frac{4t^4}{2^4} + \cdots + (-1)^{n-1} \frac{nt^n}{2^n} + \cdots$$

其收敛半径 $R' = \lim\limits_{n \to \infty} \left| \dfrac{(-1)^{n-1} \dfrac{1}{2^n}}{(-1)^n \dfrac{n+1}{2^{n+1}}} \right| = \lim\limits_{n \to \infty} \dfrac{2n}{n+1} = 2.$

所以当 $|x^2| < 2$，即 $-\sqrt{2} < x < \sqrt{2}$ 时，原幂级数收敛.

当 $x = \pm \sqrt{2}$ 时，原幂级数对应的常数项级数的一般项

$$u_n = \frac{(-1)^{n-1} n (\pm \sqrt{2})^{2n-1}}{2^n} = \pm \frac{(-1)^{n-1} n}{\sqrt{2}}$$

显然 $\lim\limits_{n \to \infty} u_n \neq 0$，因此 $x = \pm\sqrt{2}$ 时的幂级数是发散的. 由此可知，原幂级数的收敛区间是 $(-\sqrt{2}, \sqrt{2})$.

【例 6】 求幂级数

$$(x-2) - \frac{(x-2)^2}{2} + \frac{(x-2)^3}{3} - \frac{(x-2)^4}{4} + \cdots + (-1)^{n-1} \frac{(x-2)^n}{n} + \cdots$$

的收敛区间.

解 令 $x - 2 = t$，则原幂级数变为关于 t 的幂级数

$$t - \frac{t^2}{2} + \frac{t^3}{3} - \frac{t^4}{4} + \cdots + (-1)^{n-1} \frac{t^n}{n} + \cdots$$

由［例 3］可知，当 $t \in (-1, 1]$ 时，此幂级数收敛，即当 $-1 < x - 2 \leqslant 1$ 时，原幂级数收敛. 所以原幂级数的收敛区间是 $(1, 3]$.

三、幂级数的运算

由于幂级数 $\sum\limits_{n=0}^{\infty} a_n x^n$ 在它的收敛区间 D 内，当 x 每取定一个值 x_0 时，都有一个确定的收敛级数 $\sum\limits_{n=0}^{\infty} a_n x_0^n$ 和它对应，因此这个幂级数在它的收敛区间 D 内就确定了一个函数 $f(x)$，即

$$f(x) = \sum_{n=0}^{\infty} a_n x^n, x \in D$$

函数 $f(x)$ 称为幂级数 $\sum\limits_{n=0}^{\infty} a_n x^n$ 在它的收敛区间 D 内的和函数. 例如，$\dfrac{1}{1+x}$ 是幂级数

$$1 - x + x^2 - x^3 + \cdots + (-1)^{n-1} x^n + \cdots$$

在收敛区间 $(-1, 1)$ 内的和函数，即

$$\frac{1}{1+x} = 1 - x + x^2 - x^3 + \cdots + (-1)^{n-1}x^n + \cdots, \quad x \in (-1,1)$$

在用幂级数解决实际问题时，经常要对幂级数进行加、减、乘，以及求导数、求积分等运算．现将幂级数的运算法则叙述如下，设：

$$f(x) = \sum_{n=0}^{\infty} a_n x^n = a_0 + a_1 x + a_2 x^2 + \cdots + a_n x^n + \cdots, \quad x \in D_1;$$

$$g(x) = \sum_{n=0}^{\infty} b_n x^n = b_0 + b_1 x + b_2 x^2 + \cdots + b_n x^n + \cdots, \quad x \in D_2.$$

它们的收敛半径分别是 R_1 和 R_2；D_1 和 D_2 分别是它们的收敛区间；$f(x)$ 和 $g(x)$ 分别是这两个幂级数在收敛区间内的和函数．

根据本章第一节无穷级数性质 3，两个幂级数可以在它们收敛区间的公共部分 $D_1 \bigcap D_2$ 内逐项相加或逐项相减，即

$$f(x) \pm g(x) = (a_0 + a_1 x + a_2 x^2 + \cdots + a_n x^n + \cdots) \pm (b_0 + b_1 x + b_2 x^2 + \cdots + b_n x^n + \cdots)$$
$$= (a_0 \pm b_0) + (a_1 \pm b_1)x + (a_2 \pm b_2)x^2 + \cdots + (a_n \pm b_n)x^n + \cdots.$$

易知 $f(x) \pm g(x)$ 的收敛半径 R 应是 R_1 和 R_2 中较小的一个，即 $R = \min\{R_1, R_2\}$．

根据本章第一节无穷级数性质 2，幂级数可以在它的收敛区间内与一个常数相乘，即

$$cf(x) = c\sum_{n=0}^{\infty} a_n x^n = \sum_{n=0}^{\infty} ca_n x^n, \quad x \in D_1$$

两个幂级数 $f(x)$、$g(x)$ 的乘积

$$f(x)g(x) = (a_0 + a_1 x + a_2 x^2 + \cdots + a_n x^n + \cdots)(b_0 + b_1 x + b_2 x^2 + \cdots + b_n x^n + \cdots)$$
$$= a_0 b_0 + (a_0 b_1 + a_1 b_0)x + (a_0 b_2 + a_1 b_1 + a_2 b_0)x^2 + \cdots + \sum_{i+j=n} a_i b_j x^n + \cdots$$
$$= \sum_{n=0}^{\infty} \sum_{i+j=n} a_i b_j x^n, \quad i,j \in \mathrm{N}.$$

可以证明 $f(x)g(x)$ 的收敛半径 $R = \min\{R_1, R_2\}$，收敛区间是 $D_1 \bigcap D_2$．

同时，一个幂级数在 $(-R, R)$ 内可以对它进行逐项求导数和逐项求积分．即若

$$f(x) = a_0 + a_1 x + a_2 x^2 + \cdots + a_n x^n + \cdots,$$

则
$$f'(x) = a_1 + 2a_2 x + 3a_3 x^2 + \cdots + na_n x^{n-1} + \cdots;$$

$$\int_0^x f(t)\mathrm{d}t = a_0 x + \frac{1}{2}a_1 x^2 + \frac{1}{3}a_2 x^3 + \cdots + \frac{1}{n+1}a_n x^{n+1} + \cdots.$$

后两个幂级数的收敛半径仍为 R．需要注意的是，一个幂级数逐项求导数或逐项求积分后，虽然收敛半径不变，但在收敛区间端点处的敛散性，一般来说是可能有变化的，应按所给幂级数作具体分析．

【例 7】 已知 $f(x) = 1 + x + \dfrac{x^2}{2} + \dfrac{x^3}{3} + \cdots + \dfrac{x^n}{n} + \cdots,$

$$g(x) = 1 - \frac{x}{2} + \frac{x^2}{2 \cdot 2^2} - \frac{x^3}{3 \cdot 2^3} + \cdots + (-1)^n \frac{x^n}{n \cdot 2^n} + \cdots,$$

求 $f(x) + g(x)$ 及其收敛半径．

解　级数 $f(x)$ 和 $g(x)$ 的收敛半径分别为

$$R_1 = \lim_{n \to \infty} \left| \frac{\dfrac{1}{n}}{\dfrac{1}{n+1}} \right| = \lim_{n \to \infty} \frac{n+1}{n} = 1,$$

$$R_2 = \lim_{n \to \infty} \left| \frac{(-1)^n \dfrac{1}{n \cdot 2^n}}{(-1)^{n+1} \dfrac{1}{(n+1) \cdot 2^{n+1}}} \right| = \lim_{n \to \infty} \frac{2(n+1)}{n} = 2.$$

$$f(x) + g(x) = 2 + \left(1 - \frac{1}{2}\right)x + \left(\frac{1}{2} + \frac{1}{2 \cdot 2^2}\right)x^2 + \cdots + \left[\frac{1}{n} + (-1)^n \frac{1}{n \cdot 2^n}\right]x^n + \cdots$$

$$= 2 + \frac{1}{2}x + \frac{1}{2}\left(1 + \frac{1}{2^2}\right)x^2 + \cdots + \frac{1}{n}\left[1 + (-1)^n \frac{1}{2^n}\right]x^n + \cdots,$$

其收敛半径 $R = \min\{1, 2\} = 1$.

【例 8】 用逐项求导数、逐项求积分的方法求下列各幂级数的和函数:

(1) $f(x) = 1 - 2x + 3x^2 + \cdots + (-1)^n (n+1) x^n + \cdots$;

(2) $g(x) = x - \dfrac{x^3}{3} + \dfrac{x^5}{5} + \cdots + (-1)^{n-1} \dfrac{x^{2n-1}}{2n-1} + \cdots$.

解 (1) 因为 $\displaystyle\int_0^x f(t)\,\mathrm{d}t = x - x^2 + x^3 + \cdots + (-1)^n x^{n+1} + \cdots = \dfrac{x}{1+x}$,

所以 $f(x) = \left[\displaystyle\int_0^x f(t)\,\mathrm{d}t\right]' = \left(\dfrac{x}{1+x}\right)' = \dfrac{1}{(1+x)^2}$, 即

$$\frac{1}{(1+x)^2} = 1 - 2x + 3x^2 + \cdots + (-1)^n (n+1) x^n + \cdots.$$

它的收敛半径 $R = 1$. 可以验证:当 $x = \pm 1$ 时,此级数是发散的. 因此所给级数的收敛区间为 $(-1, 1)$.

(2) 因为 $g'(x) = 1 - x^2 + x^4 + \cdots + (-1)^{n-1} x^{2n-2} + \cdots = \dfrac{1}{1+x^2}$,

所以 $g(x) = \displaystyle\int \dfrac{1}{1+x^2}\,\mathrm{d}x = \arctan x + C$. 由于 $g(0) = 0$,得 $C = 0$,故 $g(x) = \arctan x$.

即 $\arctan x = x - \dfrac{x^3}{3} + \dfrac{x^5}{5} + \cdots + (-1)^{n-1} \dfrac{x^{2n-1}}{2n-1} + \cdots$.

它的收敛半径 $R = 1$. 可以验证:当 $x = -1$ 时,此级数是发散的;当 $x = 1$ 时,此级数是收敛的. 因此所给级数的收敛区间为 $(-1, 1]$.

从 [例 8] 第 2 个式子可以看出,当 $x = 1$ 时,有

$$\arctan 1 = 1 - \frac{1}{3} + \frac{1}{5} - \frac{1}{7} + \cdots + (-1)^{n-1} \frac{1}{2n-1} + \cdots$$

即

$$1 - \frac{1}{3} + \frac{1}{5} - \frac{1}{7} + \cdots + (-1)^{n-1} \frac{1}{2n-1} + \cdots = \frac{\pi}{4}.$$

习 题 7-3

1. 求下列幂级数的收敛区间:

(1) $x + \dfrac{x^2}{2} + \dfrac{x^3}{3} + \cdots + \dfrac{x^n}{n} + \cdots$;

(2) $\dfrac{x}{3} + \dfrac{2x^2}{3^2} + \dfrac{3x^3}{3^3} + \cdots + \dfrac{nx^n}{3^n} + \cdots$;

(3) $1 + x + 2^2 \cdot x^2 + 3^3 \cdot x^3 + \cdots + n^n x^n + \cdots$; (4) $\displaystyle\sum_{n=1}^{\infty} (-1)^n \dfrac{x^{2n+1}}{2n+1}$;

(5) $\displaystyle\sum_{n=1}^{\infty} \frac{2n-1}{2^n} x^{2n-1}$;　　　　　　　　(6) $\displaystyle\sum_{n=1}^{\infty} \frac{(x+1)^n}{n \cdot 3^n}$.

2. 利用逐项求导数或逐项求积分的方法，求下列幂级数在收敛区间上的和函数：

(1) $x + \dfrac{x^3}{3} + \dfrac{x^5}{5} + \dfrac{x^7}{7} + \cdots$;　　　　　　(2) $1 + 2x + 3x^2 + 4x^3 + \cdots$;

(3) $\dfrac{x^2}{1 \cdot 2} + \dfrac{x^3}{2 \cdot 3} + \dfrac{x^4}{3 \cdot 4} + \cdots$;　　　　(4) $1 \cdot 2 + 2 \cdot 3x + 3 \cdot 4x^2 + 4 \cdot 5x^3 + \cdots$.

第四节　函数的幂级数展开式

一、麦克劳林级数

由前面已经知道有一些函数，例如，$f(x) = \dfrac{1}{(1+x)^2}$ 和 $g(x) = \arctan x$，分别在 $(-1,$ $1)$ 和 $(-1, 1]$ 内，即在一个含 $x=0$ 的区间内，可以表示成一个 x 的幂级数．只要从这些幂级数中取足够多的项，就可以得到这些函数的具有足够高要求的近似表示式．现在讨论一般的情况：一个函数 $f(x)$ 在含有 $x=0$ 的一个区间内是否可以表示成一个幂级数．设

$$f(x) = a_0 + a_1 x + a_2 x^2 + \cdots + a_n x^n + \cdots$$

这里有两个问题要讨论：(1) 如何求出这个幂级数的系数；(2) 按所求得的系数，这个幂级数在它的收敛区间内的和函数是否就是 $f(x)$．

先讨论第一个问题．为求得幂级数的系数 a_0, a_1, $\cdots$, a_n, $\cdots$，设 $f(x)$ 在含 $x=0$ 的一个区间内各阶导数均存在．以 $x=0$ 代入上式两边，得到 $a_0 = f(0)$．

对上式两边求导，有

$$f'(x) = a_1 + 2a_2 x + 3a_3 x^2 + \cdots + na_n x^{n-1} + \cdots$$

以 $x=0$ 代入此式两边，得到 $a_1 = f'(0)$．

两边继续求导，有

$$f''(x) = 2a_2 + 3 \cdot 2a_3 x + \cdots + n(n-1)a_n x^{n-2} + \cdots$$

又以 $x=0$ 代入此式两边，得到 $a_2 = \dfrac{1}{2!} f''(0)$．

如此继续下去，可求得

$$a_n = \frac{1}{n!} f^{(n)}(0) \quad (n = 1, 2, \cdots)$$

把 a_0, a_1, a_2, $\cdots$, a_n, $\cdots$ 代入

$$a_0 + a_1 x + a_2 x^2 + \cdots + a_n x^n + \cdots$$

中，得到幂级数

$$f(0) + f'(0)x + \frac{f''(0)}{2!} x^2 + \cdots + \frac{f^{(n)}(0)}{n!} x^n + \cdots$$

该级数称为函数 $f(x)$ 的麦克劳林级数．

至于第二个问题，可以证明，按

$$a_n = \frac{1}{n!} f^{(n)}(0) \quad (n = 1, 2, \cdots)$$

求得系数的幂级数在它的收敛区间内的和函数就是 $f(x)$．

因此，将函数 $f(x)$ 展开成 x 的幂级数的步骤如下：

第一步，求出 $f(x)$ 的各阶导数 $f'(x), f''(x), \cdots, f^{(n)}(x), \cdots$；

第二步，求出 $f(x)$ 及其各阶导数在 $x=0$ 处的值

$$f(0), f'(0), f''(0), \cdots, f^{(n)}(0), \cdots$$

第三步，写出幂级数

$$f(0) + f'(0)x + \frac{f''(0)}{2!}x^2 + \cdots + \frac{f^{(n)}(0)}{n!}x^n + \cdots$$

并求出其收敛区间.

第三步当中在收敛区间内写出的幂级数，就是函数 $f(x)$ 的幂级数展开式.

应该注意：如果 $f(x)$ 在 $x=0$ 处的某一阶导数不存在，那么 $f(x)$ 就不能展开成麦克劳林级数. 例如，$f(x) = x^{\frac{5}{2}}$，它在 $x=0$ 处的三阶导数 $f'''(0)$ 不存在，所以它就不能展开成麦克劳林级数.

【例1】　将 $f(x) = e^x$ 展开成幂级数.

解　因为 $f^{(n)}(x) = e^x (n = 1, 2, \cdots)$，所以

$$f(0) = f'(0) = f''(0) = \cdots = f^{(n)}(0) = \cdots = 1$$

由此得到幂级数

$$1 + x + \frac{x^2}{2!} + \cdots + \frac{x^n}{n!} + \cdots$$

其收敛半径 $R = +\infty$. 于是得到 $f(x) = e^x$ 的幂级数展开式

$$e^x = 1 + x + \frac{x^2}{2!} + \cdots + \frac{x^n}{n!} + \cdots, \quad x \in (-\infty, +\infty).$$

【例2】　将 $f(x) = \sin x$ 展开成幂级数.

解　因为 $f^{(n)}(x) = \sin\left(x + \frac{n\pi}{2}\right) (n = 1, 2, \cdots)$，所以

$$f(0) = 0, f'(0) = 1, f''(0) = 0, f'''(0) = 1, f^{(4)}(0) = 0, \cdots.$$

由此得到幂级数

$$x - \frac{x^3}{3!} + \frac{x^5}{5!} - \frac{x^7}{7!} + \cdots + (-1)^{n-1} \frac{x^{2n-1}}{(2n-1)!} + \cdots$$

其收敛区间为 $(-\infty, +\infty)$. 于是得到 $f(x) = \sin x$ 的幂级数展开式

$$\sin x = x - \frac{x^3}{3!} + \frac{x^5}{5!} - \frac{x^7}{7!} + \cdots + (-1)^{n-1} \frac{x^{2n-1}}{(2n-1)!} + \cdots, x \in (-\infty, +\infty).$$

【例3】　将 $f(x) = (1+x)^m$ 展开成幂级数（m 为任一实数）.

解　因为 $f'(x) = m(1+x)^{m-1}, f''(x) = m(m-1)(1+x)^{m-2}, \cdots,$

$$f^{(n)}(x) = m(m-1)\cdots(m-n+1)(1+x)^{m-n}, \cdots.$$

所以　$f(0) = 1, f'(0) = m, f''(0) = m(m-1), \cdots,$

$$f^{(n)}(0) = m(m-1)\cdots(m-n+1), \cdots.$$

由此得到幂级数

$$1 + mx + \frac{1}{2!}m(m-1)x^2 + \frac{1}{3!}m(m-1)(m-2)x^3 + \cdots + \frac{1}{n!}m(m-1)\cdots(m-n+1)x^n + \cdots,$$

其收敛半径 $R = 1$. 于是得到 $f(x) = (1+x)^m$ 的幂级数展开式

$$(1+x)^m = 1 + mx + \frac{1}{2!}m(m-1)x^2 + \frac{1}{3!}m(m-1)(m-2)x^3 + \cdots +$$

$$\frac{1}{n!}m(m-1)\cdots(m-n+1)x^n + \cdots, \quad x \in (-1,1).$$

在区间(−1，1)的端点处，上式是否成立，要按 m 的具体数值讨论．

上式称为二项展开式．特别地，当 m 是自然数时，此级数是 x 的 m 次多项式，它包含有限项，就是已学过的二项式定理．

二、函数展开为幂级数的间接方法

以上将函数展开成幂级数时要逐项计算系数．现在介绍函数展开成幂级数的间接方法，即用幂级数的运算法则和几个已知的函数幂级数展开式去求另一些函数的幂级数展开式．

【例 4】 将 $\cos x$ 展开成幂级数．

解 因为 $\cos x = (\sin x)'$，所以根据 $\sin x$ 的幂级数展开式，用逐项求导数的方法就得到了 $\cos x$ 的展开式

$$\cos x = (\sin x)' = \left[x - \frac{x^3}{3!} + \frac{x^5}{5!} - \frac{x^7}{7!} + \cdots + (-1)^n \frac{x^{2n+1}}{(2n+1)!} + \cdots \right]'$$

$$= 1 - \frac{x^2}{2!} + \frac{x^4}{4!} - \frac{x^6}{6!} + \cdots + (-1)^n \frac{x^{2n}}{(2n)!} + \cdots, \quad x \in (-\infty, +\infty).$$

【例 5】 将 $\ln(1+x)$ 展开成幂级数．

解 因为 $\ln(1+x) = \int_0^x \frac{1}{1+t}dt$，所以

$$\ln(1+x) = \int_0^x [1 - t + t^2 - t^3 + \cdots + (-1)^n t^n + \cdots] dt$$

$$= x - \frac{x^2}{2} + \frac{x^3}{3} - \frac{x^4}{4} + \cdots + (-1)^n \frac{x^{n+1}}{n+1} + \cdots, \quad x \in (-1,1].$$

为了便于查用，将常用的五个重要的初等函数的幂级数展开式汇总如下：

$$e^x = 1 + x + \frac{x^2}{2!} + \frac{x^3}{3!} + \cdots + \frac{x^n}{n!} + \cdots, \quad x \in (-\infty, +\infty);$$

$$\sin x = x - \frac{x^3}{3!} + \frac{x^5}{5!} - \frac{x^7}{7!} + \cdots + (-1)^n \frac{x^{2n+1}}{(2n+1)!} + \cdots, \quad x \in (-\infty, +\infty);$$

$$\cos x = 1 - \frac{x^2}{2!} + \frac{x^4}{4!} - \frac{x^6}{6!} + \cdots + (-1)^n \frac{x^{2n}}{(2n)!} + \cdots, \quad x \in (-\infty, +\infty);$$

$$\ln(1+x) = x - \frac{x^2}{2} + \frac{x^3}{3} - \frac{x^4}{4} + \cdots + (-1)^n \frac{x^{n+1}}{n+1} + \cdots, \quad x \in (-1,1];$$

$$(1+x)^m = 1 + mx + \frac{m(m-1)}{2!}x^2 + \frac{m(m-1)(m-2)}{3!}x^3 + \cdots +$$

$$\frac{m(m-1)\cdots(m-n+1)}{n!}x^n + \cdots, \quad x \in (-1,1).$$

用这五个展开式及幂级数的运算，还可求得其他一些函数的幂级数展开式．

【例 6】 将 $\frac{1}{1+x^2}$ 展开成幂级数．

解 令 $x^2 = t$，于是 $\frac{1}{1+x^2} = \frac{1}{1+t}$，因为

$$\frac{1}{1+t} = 1 - t + t^2 - t^3 + \cdots + (-1)^n t^n + \cdots, \quad t \in (-1, 1),$$

所以 $\quad \dfrac{1}{1+x^2} = 1 - x^2 + x^4 - x^6 + \cdots + (-1)^n x^{2n} + \cdots, \quad x \in (-1, 1).$

【例 7】 求 $\ln \dfrac{1+x}{1-x}$ 的幂级数展开式.

解 因为 $\ln(1+x) = x - \dfrac{x^2}{2} + \dfrac{x^3}{3} - \dfrac{x^4}{4} + \cdots + (-1)^n \dfrac{x^{n+1}}{n+1} + \cdots, x \in (-1, 1].$

所以 $\quad \ln(1-x) = -x - \dfrac{x^2}{2} - \dfrac{x^3}{3} - \dfrac{x^4}{4} - \cdots - \dfrac{x^{n+1}}{n+1} - \cdots, x \in [-1, 1),$

于是 $\quad \ln \dfrac{1+x}{1-x} = \ln(1+x) - \ln(1-x)$

$$= 2x + \frac{2}{3} x^3 + \frac{2}{5} x^5 + \cdots + \frac{2}{2n+1} x^{2n+1} + \cdots, \ x \in (-1, 1).$$

习 题 7-4

将下列函数展开为 x 的幂级数, 并指出其收敛域:

(1) e^{2x}; (2) 3^x; (3) $\sin \dfrac{x}{2}$;

(4) $\ln(2+x)$; (5) $(1+x)\ln(1+x)$; (6) $\displaystyle\int_0^x \frac{\mathrm{d}t}{1+t^4}$;

(7) $\displaystyle\int_0^x \frac{\sin t}{t} \mathrm{d}t$; (8) $\displaystyle\int_0^x e^{-\frac{t^2}{2}} \mathrm{d}t$.

第五节 傅里叶级数

一、三角级数

本节中将要讨论的是不同于幂级数的另一大类函数项级数——傅里叶级数. 在电工学等学科中常会遇到周期函数的问题. 例如, 弹簧的振动、交流电的电流与电压的变化等. 而在周期函数中, 正弦型函数 $y = A\sin(\omega t + \varphi)(\omega > 0)$ 又是很简单的一种, 其周期 $T = \dfrac{2\pi}{\omega}$, 用它来表示简谐振动时, t 表示时间, $|A|$ 是振幅, ω 是角频率, φ 是初相.

实际上, 为了便于问题的解决, 往往需要把一个周期函数 $f(t)\left(T = \dfrac{2\pi}{\omega}\right)$ 用一系列正弦型函数

$$A_n \sin(n\omega t + \varphi_n) \quad (n = 1, 2, \cdots)$$

之和来表示, 记为

$$f(t) = A_0 + \sum_{n=1}^{\infty} A_n \sin(n\omega t + \varphi_n)$$

其中, A_0, A_n, $\varphi_n (n = 1, 2, \cdots)$ 都是待定常数.

为了讨论方便, 设 $f(t)$ 是以 2π 为周期的函数, 则它的角频率 $\omega = 1$. 这时,

$$A_n \sin(n\omega t + \varphi_n) = A_n \sin(nt + \varphi_n)$$
$$= A_n \sin\varphi_n \cos nt + A_n \cos\varphi_n \sin nt \quad (n = 1, 2, \cdots).$$

令 $A_n \sin\varphi_n = a_n$，$A_n \cos\varphi_n = b_n$，$A_0 = \dfrac{a_0}{2}$，于是 $f(t)$ 可表示为

$$f(t) = \frac{a_0}{2} + \sum_{n=1}^{\infty} (a_n \cos nt + b_n \sin nt)$$

上式称为周期为 2π 的周期函数 $f(t)$ 的三角级数展开式，简称三角级数．显然，对于一个周期函数 $f(t)(T = 2\pi)$，只要能求得 a_0、a_n、b_n，则 A_0、A_n、$\varphi_n(n = 1, 2, \cdots)$ 也就确定了．

二、三角函数系的正交性

在三角级数

$$\frac{a_0}{2} + \sum_{n=1}^{\infty} (a_n \cos nt + b_n \sin nt)$$

中出现了函数

$$1, \cos x, \sin x, \cos 2x, \sin 2x, \cdots, \cos nx, \sin nx, \cdots$$

它们构成了一个三角函数系．这个三角函数系中任意两个不同的函数的乘积在 $[-\pi, \pi]$ 上的积分值均为零．这一特性，称为三角函数系的正交性，即有

$$\int_{-\pi}^{\pi} 1 \cdot \cos nx \, dx = 0 \quad (n = 1, 2, \cdots)$$

$$\int_{-\pi}^{\pi} 1 \cdot \sin nx \, dx = 0 \quad (n = 1, 2, \cdots)$$

$$\int_{-\pi}^{\pi} \sin kx \cos nx \, dx = 0 \quad (k, n = 1, 2, \cdots)$$

$$\int_{-\pi}^{\pi} \cos kx \cos nx \, dx = 0 \quad (k, n = 1, 2, \cdots, k \neq n)$$

$$\int_{-\pi}^{\pi} \sin kx \sin nx \, dx = 0 \quad (k, n = 1, 2, \cdots, k \neq n)$$

另外还有

$$\int_{-\pi}^{\pi} \sin^2 nx \, dx = \pi \quad (n = 1, 2, \cdots)$$

$$\int_{-\pi}^{\pi} \cos^2 nx \, dx = \pi \quad (n = 1, 2, \cdots)$$

这两个积分在后面求 a_n、b_n 的过程中也会用到．以上七个式子都可以直接通过积分来验证．

三、周期为 2π 的函数展开成傅里叶级数

设 $f(x)$ 是一个以 2π 为周期的函数，且能展开成三角级数，即设

$$f(x) = \frac{a_0}{2} + \sum_{k=1}^{\infty} (a_k \cos kx + b_k \sin kx)$$

这个三角级数中的系数 a_0、a_n、b_n 与函数 $f(x)$ 到底有什么关系？为了解决这个问题，假设上式是可以逐项积分的．

先求 a_0．对上式从 $-\pi$ 到 π 逐项积分，得

$$\int_{-\pi}^{\pi} f(x) \, dx = \frac{a_0}{2} \int_{-\pi}^{\pi} dx + \sum_{k=1}^{\infty} \left(\int_{-\pi}^{\pi} a_k \cos kx \, dx + b_k \int_{-\pi}^{\pi} \sin kx \, dx \right)$$

由三角函数系的正交性，有

$$\int_{-\pi}^{\pi} f(x)\mathrm{d}x = \frac{a_0}{2}\int_{-\pi}^{\pi}\mathrm{d}x = a_0\pi,\ \text{即}\ a_0 = \frac{1}{\pi}\int_{-\pi}^{\pi} f(x)\mathrm{d}x.$$

其次求 a_n. 用 $\cos nx$ 乘以 $f(x) = \dfrac{a_0}{2} + \sum\limits_{k=1}^{\infty}(a_k\cos kx + b_k\sin kx)$ 的两端，再从 $-\pi$ 到 π 逐项积分，得

$$\int_{-\pi}^{\pi} f(x)\cos nx\,\mathrm{d}x = \frac{a_0}{2}\int_{-\pi}^{\pi}\cos nx\,\mathrm{d}x + \sum_{k=1}^{\infty}\left(a_k\int_{-\pi}^{\pi}\cos kx\cos nx\,\mathrm{d}x + b_k\int_{-\pi}^{\pi}\sin kx\cos nx\,\mathrm{d}x\right),$$

由三角函数系的正交性，有

$$\int_{-\pi}^{\pi} f(x)\cos nx\,\mathrm{d}x = a_n\int_{-\pi}^{\pi}\cos nx\cos nx\,\mathrm{d}x = a_n\int_{-\pi}^{\pi}\cos^2 nx\,\mathrm{d}x = a_n\pi,$$

即 $a_n = \dfrac{1}{\pi}\int_{-\pi}^{\pi} f(x)\cos nx\,\mathrm{d}x.$

类似地，用 $\sin nx$ 乘以 $f(x) = \dfrac{a_0}{2} + \sum\limits_{k=1}^{\infty}(a_k\cos kx + b_k\sin kx)$ 的两端，再从 $-\pi$ 到 π 逐项积分，得 $b_n = \dfrac{1}{\pi}\int_{-\pi}^{\pi} f(x)\sin nx\,\mathrm{d}x.$ 把前面讨论的结果归纳如下：

$f(x)$ 是一个以 2π 为周期的函数，且

$$f(x) = \frac{a_0}{2} + \sum_{n=1}^{\infty}(a_n\cos nx + b_n\sin nx)$$

则

$$a_0 = \frac{1}{\pi}\int_{-\pi}^{\pi} f(x)\mathrm{d}x$$

$$a_n = \frac{1}{\pi}\int_{-\pi}^{\pi} f(x)\cos nx\,\mathrm{d}x \quad (n = 1, 2, \cdots)$$

$$b_n = \frac{1}{\pi}\int_{-\pi}^{\pi} f(x)\sin nx\,\mathrm{d}x, \quad (n = 1, 2, \cdots)$$

该公式称为欧拉—傅里叶公式，由这些公式算出的系数 a_0、a_n、b_n 称为函数 $f(x)$ 的傅里叶系数. 以系数 a_0、a_n、$b_n(n=1, 2, \cdots)$ 作出的三角级数

$$\frac{a_0}{2} + \sum_{n=1}^{\infty}(a_n\cos nx + b_n\sin nx)$$

称为函数 $f(x)$ 的傅里叶级数的三角形式，简称傅里叶级数（或傅氏级数）.

由于计算傅里叶系数时作了逐项积分的假设，因此还要讨论一个周期函数 $f(x)$ 必须具备什么条件，其傅里叶级数才能收敛于它自身. 下面的收敛定理解决了这个问题.

收敛定理　设 $f(x)$ 是以 2π 为周期的函数，若 $f(x)$ 在一个周期内满足条件：

（1）连续或至多只有有限个左右极限存在的间断点.

（2）至多只有有限个极值点，则函数 $f(x)$ 的傅里叶级数收敛，并且

1）当 x 是 $f(x)$ 的连续点时，级数收敛于 $f(x)$；

2）当 x 是 $f(x)$ 的间断点时，级数收敛于 $\dfrac{f(x-0) + f(x+0)}{2}$.

通常，实际应用中所遇到的周期函数一般都能满足收敛定理的条件.

将周期函数 $f(x)$ 展开为傅里叶级数，在电工学中称为谐波分析. 其中，常数项 $\dfrac{a_0}{2}$ 称为

$f(x)$ 的直流分量；$a_1\cos\omega x + b_1\sin\omega x$ 称为一次谐波（又称为基波）；而 $a_2\cos2\omega x + b_2\sin2\omega x$，$a_3\cos3\omega x + b_3\sin3\omega x$，……依次称为二次谐波，三次谐波，…….

此外，根据奇函数在对称区间上的定积分为零，偶函数在对称区间上的定积分为其一半区间上定积分的两倍，有下面的结论：

(1) 若 $f(x)$ 是奇函数，则 $f(x)$ 的傅里叶系数为

$$a_0 = a_n = 0 \quad (n = 1, 2, \cdots)$$

$$b_n = \frac{2}{\pi}\int_0^\pi f(x)\sin nx\, dx \quad (n = 1, 2, \cdots)$$

于是，奇函数 $f(x)$ 的傅里叶级数是正弦级数 $\sum\limits_{n=1}^\infty b_n\sin nx$.

(2) 若 $f(x)$ 是偶函数，则 $f(x)$ 是傅里叶系数为

$$b_n = 0 (n = 1, 2, \cdots)$$

$$a_0 = \frac{2}{\pi}\int_0^\pi f(x)\, dx$$

$$a_n = \frac{2}{\pi}\int_0^\pi f(x)\cos nx\, dx \quad (n = 1, 2, \cdots)$$

于是，偶函数 $f(x)$ 的傅里叶级数是余弦级数 $\dfrac{a_0}{2} + \sum\limits_{n=1}^\infty a_n\cos nx$.

【例1】 将周期为 2π，振幅为 1 的矩形波（见图 7 - 2）展开成傅里叶级数.

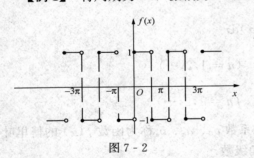

图 7 - 2

解 这种矩形波在 $[-\pi, \pi)$ 上的函数表达式为

$$f(x) = \begin{cases} -1, & -\pi \leqslant x < 0, \\ 1, & 0 \leqslant x < \pi. \end{cases}$$

设 $f(x)$ 的傅里叶级数为 $\dfrac{a_0}{2} + \sum\limits_{n=1}^\infty (a_n\cos nx + b_n\sin nx)$. 因为 $f(x)$ 是奇函数，所以有 $a_0 = a_n = 0$ $(n = 1, 2, \cdots)$，且

$$b_n = \frac{2}{\pi}\int_0^\pi f(x)\sin nx\, dx = \frac{2}{\pi}\int_0^\pi \sin nx\, dx = \left[-\frac{2}{n\pi}\cos nx\right]_0^\pi$$

$$= -\frac{2}{n\pi}\cos n\pi + \frac{2}{n\pi} = \begin{cases} \dfrac{4}{n\pi}, & n\ \text{为奇数} \\ 0, & n\ \text{为偶数} \end{cases} (n = 1, 2, \cdots).$$

由于该矩形波的连续点为 $x \in \mathbf{R}$，且 $x \neq k\pi(k \in \mathbf{Z})$，间断点为 $x = k\pi(k \in \mathbf{Z})$，故有：

当 $x \in \mathbf{R}$，且 $x \neq k\pi(k \in \mathbf{Z})$时，傅里叶级数收敛于 $f(x)$，即

$$f(x) = \frac{4}{\pi}\left(\sin x + \frac{1}{3}\sin 3x + \frac{1}{5}\sin 5x + \cdots\right)$$

当 $x = k\pi(k \in \mathbf{Z})$时，$f(x)$ 的傅里叶级数收敛于

$$\frac{-1+1}{2} = 0.$$

【例2】 图 7 - 3 表示一个周期为 2π 的三角波，它在 $(-\pi, \pi]$ 上的函数表达式为

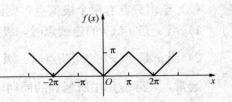

图 7 - 3

$$f(x) = \begin{cases} -x, & -\pi < x \leqslant 0 \\ x, & 0 < x \leqslant \pi \end{cases},$$

求函数 $f(x)$ 的傅里叶级数展开式.

解 设 $f(x)$ 的傅里叶级数为 $\dfrac{a_0}{2} + \sum\limits_{n=1}^{\infty}(a_n\cos nx + b_n\sin nx)$. 因为 $f(x)$ 是偶函数，所以有 $b_n = 0(n = 1, 2, \cdots)$，且

$$a_0 = \frac{2}{\pi}\int_0^{\pi} f(x)\mathrm{d}x = \frac{2}{\pi}\int_0^{\pi} x\mathrm{d}x = \pi,$$

$$a_n = \frac{2}{\pi}\int_0^{\pi} f(x)\cos nx\,\mathrm{d}x = \frac{2}{\pi}\int_0^{\pi} x\cos nx\,\mathrm{d}x$$

$$= \left[\frac{2}{n^2\pi}\cos nx\right]_0^{\pi} = \frac{2}{n^2\pi}\cos n\pi - \frac{2}{n^2\pi} = \begin{cases} -\dfrac{4}{n^2\pi}, & n\text{ 为奇数} \\ 0, & n\text{ 为偶数} \end{cases} (n = 1, 2, \cdots).$$

由于该三角波为连续函数，故对任意的 $x \in \mathbf{R}$，傅里叶级数都收敛于 $f(x)$，即

$$f(t) = \frac{\pi}{2} - \frac{4}{\pi}\left(\cos x + \frac{1}{3^2}\cos 3x + \frac{1}{5^2}\cos 5x + \cdots\right).$$

【例3】 周期为 2π 的脉冲电压（或电流）函数 $f(t)$（见图 7-4）在 $[-\pi, \pi)$ 的表示式为

$$f(t) = \begin{cases} 0, & -\pi \leqslant t < 0 \\ t, & 0 \leqslant t < \pi \end{cases}$$

试将 $f(t)$ 展开成傅里叶级数.

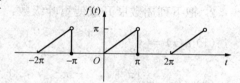

图 7-4

解 设 $f(t)$ 的傅里叶级数为 $\dfrac{a_0}{2} + \sum\limits_{n=1}^{\infty}(a_n\cos nt + b_n\sin nt)$. 因为 $f(t)$ 是非奇非偶的函数，故须逐一计算傅里叶系数 a_0、a_n、b_n.

$$a_0 = \frac{1}{\pi}\int_{-\pi}^{\pi} f(t)\mathrm{d}t = \frac{1}{\pi}\int_0^{\pi} t\mathrm{d}t = \frac{\pi}{2},$$

$$a_n = \frac{1}{\pi}\int_{-\pi}^{\pi} f(t)\cos nt\,\mathrm{d}t = \frac{1}{\pi}\int_0^{\pi} t\cos nt\,\mathrm{d}t$$

$$= \left[\frac{1}{n^2\pi}\cos nt\right]_0^{\pi} = \frac{1}{n^2\pi}\cos n\pi - \frac{1}{n^2\pi}$$

$$= \begin{cases} -\dfrac{2}{n^2\pi}, & n\text{ 为奇数} \\ 0, & n\text{ 为偶数} \end{cases} (n = 1, 2, \cdots),$$

$$b_n = \frac{1}{\pi}\int_{-\pi}^{\pi} f(t)\sin nt\,\mathrm{d}t = \frac{1}{\pi}\int_0^{\pi} t\sin nt\,\mathrm{d}t$$

$$= \left[-\frac{1}{n\pi}t\cos nt\right]_0^{\pi} = -\frac{1}{n}\cos n\pi = \begin{cases} \dfrac{1}{n}, & n\text{ 为奇数} \\ -\dfrac{1}{n}, & n\text{ 为偶数} \end{cases} (n = 1, 2, \cdots).$$

当 $t \in \mathbf{R}$，且 $t \neq (2k+1)\pi(k \in \mathbf{Z})$ 时，傅里叶级数收敛于 $f(t)$，即

$$f(t) = \frac{\pi}{4} - \frac{2}{\pi}\left(\cos t + \frac{1}{3^2}\cos 3t + \frac{1}{5^2}\cos 5t + \cdots\right)$$

$$+\left(\sin t-\frac{1}{2}\sin 2t+\frac{1}{3}\sin 3t-\frac{1}{4}\sin 4t+\cdots\right);$$

当 $t=(2k+1)\pi(k\in\mathbf{Z})$ 时，$f(t)$ 的傅里叶级数收敛于 $\frac{\pi}{2}$.

习　题 7 - 5

1. 填空：

（1）若 $f(x)$ 在 $[-\pi，\pi]$ 上满足收敛定理的条件，则在连续点 x_0 处它的傅里叶级数与 $f(x_0)$＿＿＿＿＿＿；

（2）设周期函数 $f(x)=\dfrac{x}{2}(-\pi\leqslant x<\pi)$，则它的傅里叶系数：

$a_0=$ ＿＿＿＿＿＿，$a_n=$ ＿＿＿＿＿＿，$b_1=$ ＿＿＿＿＿＿，$b_n=$ ＿＿＿＿＿＿；

（3）设周期函数 $f(x)=|x|\quad(-\pi\leqslant x<\pi)$，则它的傅里叶系数：

$a_0=$ ＿＿＿＿＿＿，$a_n=$ ＿＿＿＿＿＿，$b_1=$ ＿＿＿＿＿＿，$b_n=$ ＿＿＿＿＿＿.

2. 把下列周数展开成傅里叶级数：

（1）$u(t)=\begin{cases}0,&-\pi\leqslant t<0\\2,&0\leqslant t<\pi\end{cases}$；
　　　　　　　　（2）$f(x)=\begin{cases}x-1,&-\pi\leqslant x<0\\x+1,&0\leqslant x<\pi\end{cases}$；

（3）$f(t)=\begin{cases}\pi+t,&-\pi\leqslant t<0\\\pi-t,&0\leqslant t<\pi\end{cases}$.

第六节　周期为 $2l$ 的函数的傅里叶级数和定义 在有限区间上的函数的傅里叶级数

一、周期为 $2l$ 的函数的傅里叶级数

上节讨论的周期函数都是以 2π 为周期的. 但是在实际问题中所遇到的周期函数，其周期不一定是 2π. 下面讨论周期为 $2l$ 的函数的傅里叶级数.

设以 $2l$ 为周期的函数 $f(x)$ 满足收敛定理的条件. 为了将周期 $2l$ 转换为 2π，作变量代换 $t=\dfrac{\pi x}{l}$. 可以看出，当 x 在区间 $[-l，l]$ 上取值时，t 在区间 $[-\pi，\pi]$ 上取值. 因为 $x=\dfrac{lt}{\pi}$，设 $f(x)=f\left(\dfrac{lt}{\pi}\right)=\varphi(t)$，则 $\varphi(t)$ 是以 2π 为周期的函数，且满足收敛定理的条件，将 $\varphi(t)$ 展开为傅里叶级数.

$$\varphi(t)=\frac{a_0}{2}+\sum_{n=1}^{\infty}(a_n\cos nt+b_n\sin nt)$$

其中，$a_0=\dfrac{1}{\pi}\displaystyle\int_{-\pi}^{\pi}\varphi(t)\mathrm{d}t$，　$a_n=\dfrac{1}{\pi}\displaystyle\int_{-\pi}^{\pi}\varphi(t)\cos nt\,\mathrm{d}t$，

$$b_n=\frac{1}{\pi}\int_{-\pi}^{\pi}\varphi(t)\sin nt\,\mathrm{d}t\quad(n=1,2,\cdots).$$

在以上各式中，把变量 t 换成 x，并注意到 $f(x)=\varphi(t)$，于是有 $f(x)$ 的傅里叶级数展开式为

$$f(x) = \frac{a_0}{2} + \sum_{n=1}^{\infty} \left(a_n \cos \frac{n\pi x}{l} + b_n \sin \frac{n\pi x}{l} \right)$$

其中

$$a_0 = \frac{1}{l} \int_{-l}^{l} f(x) \mathrm{d}x$$

$$a_n = \frac{1}{l} \int_{-l}^{l} f(x) \cos \frac{n\pi x}{l} \mathrm{d}x \quad (n = 1, 2, \cdots)$$

$$b_n = \frac{1}{l} \int_{-l}^{l} f(x) \sin \frac{n\pi x}{l} \mathrm{d}x \quad (n = 1, 2, \cdots)$$

类似地，若 $f(x)$ 是奇函数，则它的傅里叶级数是正弦级数

$$f(x) = \sum_{n=1}^{\infty} b_n \sin \frac{n\pi x}{l}$$

其中，$a_0 = a_n = 0$，$b_n = \frac{2}{l} \int_0^l f(x) \sin \frac{n\pi x}{l} \mathrm{d}x$（$n = 1, 2, \cdots$）.

若 $f(x)$ 是偶函数，则它的傅里叶级数是余弦级数

$$f(x) = \frac{a_0}{2} + \sum_{n=1}^{\infty} a_n \cos \frac{n\pi x}{l}$$

其中，$a_0 = \frac{2}{l} \int_0^l f(x) \mathrm{d}x, a_n = \frac{2}{l} \int_0^l f(x) \cos \frac{n\pi x}{l} \mathrm{d}x, b_n = 0（n = 1, 2, \cdots）$.

注意，傅里叶级数收敛于函数 $f(x)$，意味着 x 是 $f(x)$ 的连续点. 如果 x 是 $f(x)$ 的间断点，此时傅里叶级数不收敛于 $f(x)$，而收敛于 $\dfrac{f(x-0) + f(x+0)}{2}$.

【例1】 $f(x)$ 是周期为 4 的函数，它在 $[-2, 2)$ 上的表达式为

$$f(x) = \begin{cases} 0, & -2 \leqslant x < 0 \\ 1, & 0 \leqslant x < 2 \end{cases} \text{（见图 7-5）. 试将 } f(x) \text{ 展开成傅里叶级数.}$$

解 因为 $T = 4$，$l = 2$，所以 $f(x)$ 的
傅里叶级数为

$$\frac{a_0}{2} + \sum_{n=1}^{\infty} \left(a_n \cos \frac{n\pi x}{2} + b_n \sin \frac{n\pi x}{2} \right)$$

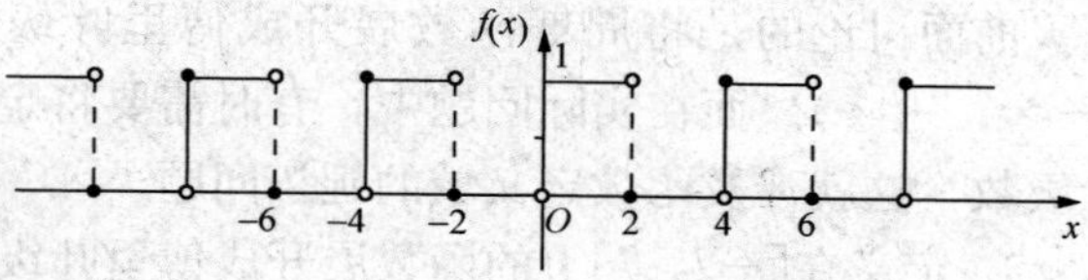

而 $f(x)$ 是非奇非偶的函数，故须逐一计
算傅里叶系数 a_0、a_n、b_n.

图 7-5

$$a_0 = \frac{1}{2} \int_{-2}^{2} f(x) \mathrm{d}x = \frac{1}{2} \left[\int_{-2}^{0} 0 \mathrm{d}x + \int_0^2 1 \mathrm{d}x \right] = 1,$$

$$a_n = \frac{1}{2} \int_{-2}^{2} f(x) \cos \frac{n\pi x}{2} \mathrm{d}x = \frac{1}{2} \int_0^2 \cos \frac{n\pi x}{2} \mathrm{d}x = \left[\frac{1}{n\pi} \sin \frac{n\pi x}{2} \right]_0^2 = 0 \quad (n = 1, 2, \cdots),$$

$$b_n = \frac{1}{2} \int_{-2}^{2} f(x) \sin \frac{n\pi x}{2} \mathrm{d}x = \frac{1}{2} \int_0^2 \sin \frac{n\pi x}{2} \mathrm{d}x = \left[-\frac{1}{n\pi} \cos \frac{n\pi x}{2} \right]_0^2$$

$$= \frac{1}{n\pi} (1 - \cos n\pi) = \begin{cases} \dfrac{2}{n\pi}, & n \text{ 为奇数} \\ 0, & n \text{ 为偶数} \end{cases} \quad (n = 1, 2, \cdots).$$

当 $x \in \mathbf{R}$ 且 $x \neq 2k (k \in \mathbf{Z})$ 时，傅里叶级数收敛于 $f(x)$，即

$$f(x) = \frac{1}{2} + \frac{2}{\pi}\left(\sin\frac{\pi x}{2} + \frac{1}{3}\sin\frac{3\pi x}{2} + \frac{1}{5}\sin\frac{5\pi x}{2} + \cdots\right);$$

当 $x = 2k(k \in \mathbf{Z})$ 时，$f(x)$ 的傅里叶级数收敛于 $\frac{1}{2}$.

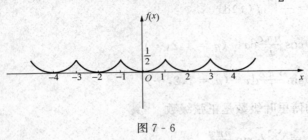

图 7 - 6

【例2】 以 2 为周期的函数 $f(x)$ 在 $[-1，1)$ 内的表达式为 $f(x) = \frac{x^2}{2}$，$-1 \leqslant x < 1$（见图 7 - 6）. 试将 $f(x)$ 展开成傅里叶级数.

解 因为 $T = 2$，$l = 1$，所以 $f(x)$ 的傅里叶级数为

$$\frac{a_0}{2} + \sum_{n=1}^{\infty}(a_n\cos n\pi x + b_n\sin n\pi x)$$

很明显，$f(x)$ 是偶函数，故 $b_n = 0(n = 1，2，\cdots)$，且

$$a_0 = \frac{2}{1}\int_0^1\frac{x^2}{2}\mathrm{d}x = \left[\frac{1}{3}x^3\right]_0^1 = \frac{1}{3},$$

$$a_n = \frac{2}{1}\int_0^1\frac{x^2}{2}\cos n\pi x\,\mathrm{d}x = \left[\frac{2x\cos n\pi x}{n^2\pi^2}\right]_0^1$$

$$= \frac{2\cos n\pi}{n^2\pi^2} = \begin{cases} -\dfrac{2}{n^2\pi^2},n\ 为奇数 \\ \dfrac{2}{n^2\pi^2},n\ 为偶数 \end{cases} (n = 1,2,\cdots).$$

由于 $f(x)$ 为连续函数，故对任意的 $x \in \mathbf{R}$，傅里叶级数都收敛于 $f(x)$，即

$$f(x) = \frac{1}{6} + \frac{2}{\pi^2}\left(-\cos\pi x + \frac{1}{2^2}\cos 2\pi x - \frac{1}{3^2}\cos 3\pi x + \frac{1}{4^2}\cos 4\pi x - \cdots\right).$$

二、定义在有限区间上的函数的傅里叶级数

前面讨论的是将周期函数展开成傅里叶级数的问题. 周期函数的定义域一般为区间 $(-\infty，+\infty)$. 而在实际问题中，有时需要将定义在 $[-l，l]$ 或 $[0，l]$ 上的函数展开成傅里叶级数，这就涉及函数定义域的延拓问题.

1. 定义在 $[-l，l]$ 上的函数展开成傅里叶级数

设函数 $y = f(x)$ 定义在 $[-l，l]$ 上，并且满足收敛定理的条件. 为了将它展开成傅里叶级数，将 $y = f(x)$ 看作是一个以 $2l$ 为周期的函数. 这样，$f(x)$ 的定义域就由 $[-l，l]$ 拓广到了区间 $(-\infty，+\infty)$ 上. 按这种方式拓广一个函数的定义域，称之为周期性延拓. 接着，再将经周期性延拓后的函数 $f(x)$ 展开成傅里叶级数，并限制 $x \in (-l，l)$，就得到定义在 $[-l，l]$ 上的函数 $f(x)$ 的傅里叶级数展开式. 对于 $x = \pm l$ 时的傅里叶级数收敛情况，须根据 $f(x)$ 的具体情况来分析.

【例3】 将函数 $f(x) = x + 1(-1 \leqslant x < 1)$ 展开成傅里叶级数.

解 对 $f(x) = x + 1(-1 \leqslant x < 1)$ 进行周期性延拓，得到周期为 $2(l = 1)$ 的周期函数（见图 7 - 7），

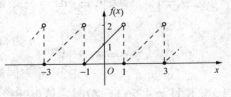

图 7 - 7

其傅里叶级数为 $\dfrac{a_0}{2}+\sum\limits_{n=1}^{\infty}(a_n\cos n\pi x+b_n\sin n\pi x)$. 由于该周期函数是非奇非偶的，故须逐一计算傅里叶系数 a_0、a_n、b_n.

$$a_0=\int_{-1}^{1}(x+1)\mathrm{d}x=2,$$

$$a_n=\int_{-1}^{1}(x+1)\cos n\pi x\mathrm{d}x=\left[\frac{1}{n^2\pi^2}\cos n\pi x\right]_{-1}^{1}=0\quad(n=1,2,\cdots),$$

$$b_n=\int_{-1}^{1}(x+1)\sin n\pi x\mathrm{d}x=\left[-\frac{1}{n\pi}x\cos n\pi x\right]_{-1}^{1}=-\frac{2}{n\pi}\cos n\pi$$

$$=\begin{cases}\dfrac{2}{n\pi},n\text{ 为奇数}\\[2mm]-\dfrac{2}{n\pi},n\text{ 为偶数}\end{cases}\quad(n=1,2,\cdots).$$

所以，$f(x)=x+1(-1\leqslant x<1)$ 的傅里叶级数为

$$f(x)=1+\frac{2}{\pi}\left(\sin\pi x-\frac{1}{2}\sin 2\pi x+\frac{1}{3}\sin 3\pi x-\frac{1}{4}\sin 4\pi x+\cdots\right)\quad(-1<x<1);$$

当 $x=\pm 1$ 时，$f(x)$ 的傅里叶级数收敛于 1.

2. 定义在 $[0,l]$ 上的函数展开成傅里叶级数

在实际问题中，有时需要把定义在 $[0,l]$ 上的函数展开成正弦级数或余弦级数. 设 $f(x)$ 定义在 $[0,l]$ 上，且满足收敛定理的条件. 若要将 $f(x)$ 展开成正弦级数或余弦级数，首先应将 $f(x)$ 在开区间 $(-l,0)$ 内补充函数的定义，得到定义在 $(-l,l)$ 内的奇（偶）函数；然后再进行周期性延拓，得到定义在 $(-\infty,+\infty)$ 内的周期奇函数（称为奇延拓）或周期偶函数（称为偶延拓）；最后求出周期奇（偶）函数的正（余）弦级数，并限制 $x\in(0,l)$，就得到定义在 $[0,l]$ 上的函数的正弦级数或余弦级数. 对于端点的情形，应根据 $f(x)$ 的具体情况来定.

【例 4】 将函数 $f(x)=x+1(0\leqslant x\leqslant 1)$ 分别展开成正弦级数和余弦级数.

解 先求正弦级数. 对 $f(x)$ 作奇延拓（见图 7-8），得周期为 $2(l=1)$ 的周期奇函数，其傅里叶级数为正弦级数 $\sum\limits_{n=1}^{\infty}b_n\sin n\pi x$. 其中

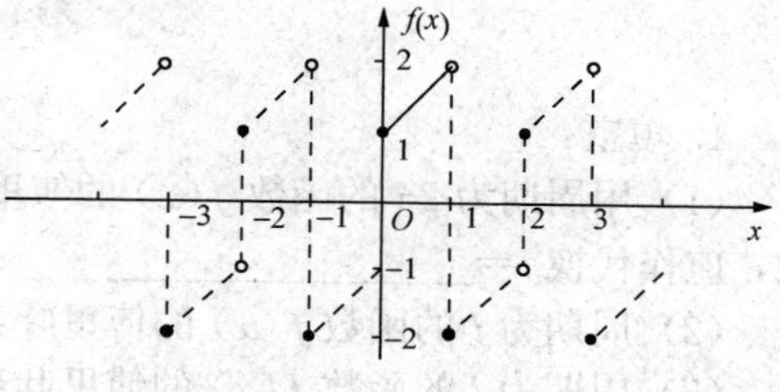

图 7-8

$$b_n=2\int_{0}^{1}(x+1)\sin n\pi x\mathrm{d}x$$

$$=\left[-\frac{2}{n\pi}x\cos n\pi x\right]_{0}^{1}+\left[-\frac{2}{n\pi}\cos n\pi x\right]_{0}^{1}$$

$$=\frac{4}{n\pi}\cos n\pi+\frac{2}{n\pi}=\begin{cases}\dfrac{6}{n\pi},n\text{ 为奇数}\\[2mm]-\dfrac{2}{n\pi},n\text{ 为偶数}\end{cases}\quad(n=1,2,\cdots).$$

所以，$f(x)=x+1(0\leqslant x\leqslant 1)$ 的正弦级数为

$$f(x)=\frac{6}{\pi}\left(\sin\pi x+\frac{1}{3}\sin 3\pi x+\frac{1}{5}\sin 5\pi x+\cdots\right)$$

$$-\frac{2}{\pi}\left(\frac{1}{2}\sin 2\pi x+\frac{1}{4}\sin 4\pi x+\frac{1}{6}\sin 6\pi x+\cdots\right)\quad(0<x<1)$$

当 $x=0$ 和 $x=1$ 时，$f(x)$ 的正弦级数均收敛于 0.

再求余弦级数. 对 $f(x)$ 作偶延拓（见图7-9），得周期为 $2(l=1)$ 的周期偶函数，其傅里叶级数为余弦级数 $\dfrac{a_0}{2}+\sum_{n=1}^{\infty}a_n\cos n\pi x$. 其中

$$a_0=2\int_0^1(x+1)\mathrm{d}x=3,$$

$$a_n=2\int_0^1(x+1)\cos n\pi x\mathrm{d}x=\left[\frac{2}{n^2\pi^2}\cos n\pi x\right]_0^1$$

$$=\frac{2}{n^2\pi^2}\cos n\pi-\frac{2}{n^2\pi^2}=\begin{cases}-\dfrac{4}{n^2\pi^2},n\text{ 为奇数}\\[2mm]0,n\text{ 为偶数}\end{cases}\quad(n=1,2,\cdots).$$

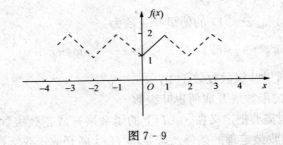

图 7 - 9

所以，$f(x)=x+1(0\leqslant x\leqslant1)$ 的余弦级数为

$$f(x)=\frac{3}{2}-\frac{4}{\pi^2}\Big(\cos\pi x+\frac{1}{3^2}\cos3\pi x+\frac{1}{5^2}\cos5\pi x+\cdots\Big)\quad(0\leqslant x\leqslant1).$$

习　题 7-6

1. 填空：

(1) 用周期为 2π 的函数 $f(x)$ 的傅里叶系数公式，求周期为 l 的函数 $g(t)$ 的傅里叶系数，应作代换 $t=$_____；

(2) 周期为 l 的函数 $f(x)$ 的傅里叶系数 $a_0=$_____；

(3) 周期为 l 的函数 $f(x)$ 的傅里叶系数 $a_n=$_____；

(4) 周期为 l 的函数 $f(x)$ 的傅里叶系数 $b_n=$_____.

2. 把下列周期函数展开成傅里叶级数：

(1) $f(x)=\begin{cases}-1,&-2\leqslant x<-1\\x,&-1\leqslant x<1\\1,&1\leqslant x<2\end{cases}$；

(2) $f(x)=1-x^2,-\dfrac{1}{2}\leqslant x<\dfrac{1}{2}.$

3. 将函数 $f(x)=x-1(-2\leqslant x\leqslant2)$ 展开成傅里叶级数.

4. 将函数 $f(x)=2x(0\leqslant x\leqslant\pi)$ 分别展开成正弦级数和余弦级数.

第七节　傅里叶级数的复数形式

在电子技术中，经常进行谐波分析. 若利用傅里叶级数的三角形式求 n 次谐波的振幅

A_n，必须先求出系数 a_n、b_n，然后计算 $A_n = \sqrt{a_n^2 + b_n^2}$ 才能得出 A_n 的值. 能不能直接而简便地求出 A_n 呢？其实，把傅里叶级数的三角形式转变成复数形式就能办到.

设 $f(x)$ 是以 $2l$ 为周期的函数，且满足收敛定理的条件，则它的傅里叶级数为

$$f(x) = \frac{a_0}{2} + \sum_{n=1}^{\infty} \left(a_n \cos \frac{n\pi x}{l} + b_n \sin \frac{n\pi x}{l} \right)$$

其中

$$a_0 = \frac{1}{l} \int_{-l}^{l} f(x) \mathrm{d}x, \quad a_n = \frac{1}{l} \int_{-l}^{l} f(x) \cos \frac{n\pi x}{l} \mathrm{d}x,$$

$$b_n = \frac{1}{l} \int_{-l}^{l} f(x) \sin \frac{n\pi x}{l} \mathrm{d}x \quad (n = 1, 2, \cdots).$$

由欧拉公式 $\mathrm{e}^{\mathrm{j}x} = \cos x + \mathrm{j}\sin x$，$\mathrm{e}^{-\mathrm{j}x} = \cos x - \mathrm{j}\sin x$，得

$$\cos \frac{n\pi x}{l} = \frac{1}{2} (\mathrm{e}^{\mathrm{j}\frac{n\pi x}{l}} + \mathrm{e}^{-\mathrm{j}\frac{n\pi x}{l}}), \quad \sin \frac{n\pi x}{l} = \frac{\mathrm{j}}{2} (-\mathrm{e}^{\mathrm{j}\frac{n\pi x}{l}} + \mathrm{e}^{-\mathrm{j}\frac{n\pi x}{l}}).$$

于是，$f(x)$ 的傅里叶级数变形为

$$f(x) = \frac{a_0}{2} + \sum_{n=1}^{\infty} \left[a_n \frac{1}{2} (\mathrm{e}^{\mathrm{j}\frac{n\pi x}{l}} + \mathrm{e}^{-\mathrm{j}\frac{n\pi x}{l}}) + b_n \frac{\mathrm{j}}{2} (-\mathrm{e}^{\mathrm{j}\frac{n\pi x}{l}} + \mathrm{e}^{-\mathrm{j}\frac{n\pi x}{l}}) \right]$$

$$= \frac{a_0}{2} + \sum_{n=1}^{\infty} \left[\frac{a_n - \mathrm{j}b_n}{2} \mathrm{e}^{\mathrm{j}\frac{n\pi x}{l}} + \frac{a_n + \mathrm{j}b_n}{2} \mathrm{e}^{-\mathrm{j}\frac{n\pi x}{l}} \right].$$

设 $c_0 = \frac{a_0}{2}$，$c_n = \frac{a_n - \mathrm{j}b_n}{2}$，$\bar{c}_n = \frac{a_n + \mathrm{j}b_n}{2}$（$n = 1, 2, \cdots$），其中，$\bar{c}_n$ 是 c_n 的共轭复数，因此，$f(x)$ 的傅里叶级数又变形为

$$f(x) = c_0 + \sum_{n=1}^{\infty} (c_n \mathrm{e}^{\mathrm{j}\frac{n\pi x}{l}} + \bar{c}_n \mathrm{e}^{-\mathrm{j}\frac{n\pi x}{l}}),$$

其中

$$c_0 = \frac{a_0}{2} = \frac{1}{2l} \int_{-l}^{l} f(x) \mathrm{d}x,$$

$$c_n = \frac{a_n - \mathrm{j}b_n}{2} = \frac{1}{2} \left[\frac{1}{l} \int_{-l}^{l} f(x) \cos \frac{n\pi x}{l} \mathrm{d}x - \frac{\mathrm{j}}{l} \int_{-l}^{l} f(x) \sin \frac{n\pi x}{l} \mathrm{d}x \right]$$

$$= \frac{1}{2l} \int_{-l}^{l} f(x) \left(\cos \frac{n\pi x}{l} - \mathrm{j}\sin \frac{n\pi x}{l} \right) \mathrm{d}x = \frac{1}{2l} \int_{-l}^{l} f(x) \mathrm{e}^{-\mathrm{j}\frac{n\pi x}{l}} \mathrm{d}x \, (n = 1, 2, \cdots),$$

同理可得，$\bar{c}_n = \frac{a_n + \mathrm{j}b_n}{2} = \frac{1}{2l} \int_{-l}^{l} f(x) \mathrm{e}^{\mathrm{j}\frac{n\pi x}{l}} \mathrm{d}x$（$n = 1, 2, \cdots$）.

记

$$c_{-n} = \frac{1}{2l} \int_{-l}^{l} f(x) \mathrm{e}^{-\mathrm{j}\frac{(-n)\pi x}{l}} \mathrm{d}x \quad (n = 1, 2, \cdots),$$

则 $\bar{c}_n = c_{-n}$. 于是，$f(x)$ 的傅里叶级数再变形为

$$f(x) = c_0 + \sum_{n=1}^{\infty} \left[c_n \mathrm{e}^{\mathrm{j}\frac{n\pi x}{l}} + c_{-n} \mathrm{e}^{\mathrm{j}\frac{(-n)\pi x}{l}} \right]$$

$$= c_0 \mathrm{e}^{\mathrm{j}\frac{0 \cdot \pi x}{l}} + \sum_{n=1}^{+\infty} c_n \mathrm{e}^{\mathrm{j}\frac{n\pi x}{l}} + \sum_{n=-1}^{-\infty} c_n \mathrm{e}^{\mathrm{j}\frac{n\pi x}{l}} = \sum_{n=-\infty}^{+\infty} c_n \mathrm{e}^{\mathrm{j}\frac{n\pi x}{l}}$$

即

$$f(x) = \sum_{n=-\infty}^{+\infty} c_n \mathrm{e}^{\mathrm{j}\frac{n\pi x}{l}}.$$

称上式为 $f(x)$ 的傅里叶级数的复数形式，其中

$$c_n = \frac{1}{2l} \int_{-l}^{l} f(x) \mathrm{e}^{-\mathrm{j}\frac{n\pi x}{l}} \mathrm{d}x \quad (n = 0, \pm 1, \pm 2, \cdots)$$

由 $c_n = \dfrac{a_n - \mathrm{j}b_n}{2}$ 知，$|c_n| = \dfrac{1}{2}\sqrt{a_n^2 + b_n^2} = \dfrac{1}{2}A_n(n=1, 2, \cdots)$. 于是，$c_n$ 的模 $|c_n|$ 正好是 n 次谐波的振幅 A_n 的一半. 因此，只要求出傅里叶系数 c_n，c_n 的模的 2 倍就是 n 次谐波的振幅，这比采用傅里叶级数的三角形式更为直接和简便.

【例】 周期为 2 的矩形波在 $[-1, 1)$ 上的表达式为

$$f(x) = \begin{cases} 1, & -1 \leqslant x < 0 \\ 0, & 0 \leqslant x < 1 \end{cases}$$

试将 $f(x)$ 展开成傅里叶级数的复数形式，并求出 n 次谐波的振幅.

解 因为 $T=2$，$l=1$，所以 $f(x)$ 的傅里叶级数复数形式为

$$f(x) = \sum_{n=-\infty}^{+\infty} c_n \mathrm{e}^{\mathrm{j}n\pi x}$$

且 $\quad c_n = \dfrac{1}{2}\displaystyle\int_{-1}^{1} f(x)\mathrm{e}^{-\mathrm{j}n\pi x}\mathrm{d}x = \dfrac{1}{2}\int_{-1}^{0} \mathrm{e}^{-\mathrm{j}n\pi x}\mathrm{d}x = \left[\dfrac{1}{-2\mathrm{j}n\pi}\mathrm{e}^{-\mathrm{j}n\pi x}\right]_{-1}^{0}$

$\qquad = \dfrac{1}{-2\mathrm{j}n\pi}(1 - \mathrm{e}^{\mathrm{j}n\pi}) = \dfrac{\mathrm{j}}{2n\pi}(1 - \cos n\pi)$

$\qquad = \begin{cases} \dfrac{\mathrm{j}}{n\pi}, & n\text{ 为奇数} \\ 0, & n\text{ 为偶数} \end{cases} \quad (n = \pm 1, \pm 2, \cdots).$

$$c_0 = \dfrac{1}{2}\int_{-1}^{1} f(x)\mathrm{d}x = \dfrac{1}{2}\int_{-1}^{0} 1\mathrm{d}x = \dfrac{1}{2}.$$

所以，$f(x)$ 的傅里叶级数复数形式为

$f(x) = \dfrac{1}{2} + \dfrac{\mathrm{j}}{\pi}\left(\mathrm{e}^{\mathrm{j}\pi x} + \dfrac{1}{3}\mathrm{e}^{\mathrm{j}3\pi x} + \dfrac{1}{5}\mathrm{e}^{\mathrm{j}5\pi x} + \cdots\right) - \dfrac{\mathrm{j}}{\pi}\left(\mathrm{e}^{-\mathrm{j}\pi x} + \dfrac{1}{3}\mathrm{e}^{-\mathrm{j}3\pi x} + \dfrac{1}{5}\mathrm{e}^{-\mathrm{j}5\pi x} + \cdots\right)$

$\qquad = \dfrac{1}{2} + \dfrac{\mathrm{j}}{\pi}\left[(\mathrm{e}^{\mathrm{j}\pi x} - \mathrm{e}^{-\mathrm{j}\pi x}) + \dfrac{1}{3}(\mathrm{e}^{\mathrm{j}3\pi x} - \mathrm{e}^{-\mathrm{j}3\pi x}) + \dfrac{1}{5}(\mathrm{e}^{\mathrm{j}5\pi x} - \mathrm{e}^{-\mathrm{j}5\pi x}) + \cdots\right] (x \in \mathbf{R}, x \neq k, k \in \mathbf{Z})$

当 $x = k(k \in \mathbf{Z})$ 时，$f(x)$ 的傅里叶级数均收敛于 $\dfrac{1}{2}$.

另外，因为，$|c_n| = \begin{cases} \dfrac{1}{n\pi}, & n\text{ 为奇数} \\ 0, & n\text{ 为偶数} \end{cases} \quad (n=1, 2, \cdots),$

所以，n 次谐波的振幅

$$A_n = 2|c_n| = \begin{cases} \dfrac{2}{n\pi}, & n\text{ 为奇数} \\ 0, & n\text{ 为偶数} \end{cases} \quad (n = 1, 2, \cdots).$$

习 题 7-7

将周期为 4 的单向窄脉冲信号展开成傅里叶级数的复数形式，其表达式

$$f(t) = \begin{cases} 0 & -2 \leqslant t \leqslant -\dfrac{1}{2} \\ \mathrm{e} & -\dfrac{1}{2} < t < \dfrac{1}{2} \\ 0 & \dfrac{1}{2} \leqslant t < 2 \end{cases}$$

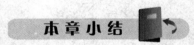

一、基本要求

（1）理解级数的定义；掌握级数的收敛和发散的含义，并能判断某些级数的敛散性；了解级数的基本性质.

（2）了解数项级数的审敛法.

（3）会求某些幂级数的收敛半径和收敛区间；会用逐项求导和逐项求积分的方法求某些幂级数的和函数.

（4）会求某些函数的幂级数展开式.

（5）会求周期为 $2l$ 的函数的傅里叶级数展开式；会求定义在有限区间上的函数的傅里叶级数展开式.

（6）掌握傅里叶级数的复数形式.

二、常用公式

1. 幂级数 $a_0 + a_1 x + a_2 x^2 + \cdots + a_n x^n + \cdots$ 的收敛半径为

$$R = \lim_{n \to \infty} \left| \frac{a_n}{a_{n+1}} \right|$$

2. 函数 $f(x)$ 的麦克劳林级数为

$$f(0) + f'(0)x + \frac{f''(0)}{2!}x^2 + \cdots + \frac{f^{(n)}(0)}{n!}x^n + \cdots$$

3. 周期为 $2l$ 的函数 $f(x)$ 的傅里叶级数三角形式为

$$f(x) = \frac{a_0}{2} + \sum_{n=1}^{\infty} \left(a_n \cos \frac{n\pi x}{l} + b_n \sin \frac{n\pi x}{l} \right)$$

其中

$$a_0 = \frac{1}{l} \int_{-l}^{l} f(x) \, dx$$

$$a_n = \frac{1}{l} \int_{-l}^{l} f(x) \cos \frac{n\pi x}{l} \, dx \quad (n = 1, 2, \cdots)$$

$$b_n = \frac{1}{l} \int_{-l}^{l} f(x) \sin \frac{n\pi x}{l} \, dx \quad (n = 1, 2, \cdots)$$

若 $f(x)$ 是奇函数，则它的傅里叶级数是正弦级数

$$f(x) = \sum_{n=1}^{\infty} b_n \sin \frac{n\pi x}{l}$$

其中，$a_0 = a_n = 0$，$b_n = \frac{2}{l} \int_0^l f(x) \sin \frac{n\pi x}{l} \, dx$ $(n = 1, 2, \cdots)$.

若 $f(x)$ 是偶函数，则它的傅里叶级数是余弦级数

$$f(x) = \frac{a_0}{2} + \sum_{n=1}^{\infty} a_n \cos \frac{n\pi x}{l}$$

其中，$a_0 = \frac{2}{l} \int_0^l f(x) \, dx$，$a_n = \frac{2}{l} \int_0^l f(x) \cos \frac{n\pi x}{l} \, dx$，$b_n = 0 (n = 1, 2, \cdots)$.

4. 周期为 $2l$ 的函数 $f(x)$ 的傅里叶级数复数形式为

$$f(x) = \sum_{n=-\infty}^{+\infty} c_n \mathrm{e}^{\frac{jn\pi x}{l}}$$

其中, $c_n = \dfrac{1}{2l}\displaystyle\int_{-l}^{l} f(x)\mathrm{e}^{-\frac{jn\pi x}{l}}\mathrm{d}x (n = 0, \pm 1, \pm 2, \cdots)$.

复习题七

1. 判断题:

(1) 若 $\lim\limits_{n\to\infty} u_n = 0$, 则级数 $\sum\limits_{n=1}^{\infty} u_n$ 收敛;   (   )

(2) 若级数 $\sum\limits_{n=1}^{\infty} u_n$ 发散, 则级数 $\sum\limits_{n=1}^{\infty} cu_n$ ($c \neq 0$ 为常数) 也发散;   (   )

(3) 改变级数的有限多个项, 级数的敛散性不变;   (   )

(4) 若级数 $\sum\limits_{n=1}^{\infty} u_n$ 收敛, 则 $\sum\limits_{n=1}^{\infty} (u_{2n-1} + u_{2n})$ 收敛;   (   )

(5) 若 $f(x)$ 是周期为 2π 的函数, 且满足收敛定理的条件, 则在任意点 x 处 $f(x)$ 的傅里叶级数收敛于 $f(x)$.   (   )

2. 用 "收敛" 或 "发散" 填空:

(1) 若级数 $\sum\limits_{n=1}^{\infty} u_n$ 收敛, 则 $\sum\limits_{n=1}^{\infty} (u_n + 0.001)$ _____;

(2) 级数 $\sum\limits_{n=1}^{\infty} \dfrac{2}{n \sqrt{n+1}}$ _____;

(3) 当 $0 < a < 1$ 时, 级数 $\sum\limits_{n=1}^{\infty} \dfrac{a^{n-1}}{1+a^n}$ _____;

(4) 级数 $\sum\limits_{n=1}^{\infty} \dfrac{(-1)^n}{\sqrt{n^3+1}}$ _____;

(5) 级数 $\sum\limits_{n=1}^{\infty} \dfrac{1}{\sqrt{n+1}+\sqrt{n}}$ _____.

3. 单项选择题:

(1) 下列级数中, 收敛的是 (   );

A. $\sum\limits_{n=1}^{\infty} \dfrac{(-1)^{n-1}}{\sqrt{n}}$ B. $\sum\limits_{n=1}^{\infty} \dfrac{(-1)^n n}{\sqrt{2n^2+3}}$ C. $\sum\limits_{n=1}^{\infty} \dfrac{5}{n+1}$ D. $\sum\limits_{n=1}^{\infty} \dfrac{n+1}{3n-2}$

(2) 下列级数中, 绝对收敛的是 (   );

A. $\sum\limits_{n=1}^{\infty} \dfrac{(-1)^n}{n}$ B. $\sum\limits_{n=1}^{\infty} \dfrac{3n+2}{n^2+1}$ C. $\sum\limits_{n=1}^{\infty} (-1)^{n-1}\left(\dfrac{2}{3}\right)^n$ D. $\sum\limits_{n=1}^{\infty} \dfrac{(-1)^{n+1}}{\ln(1+n)}$

(3) 幂级数 $\sum\limits_{n=1}^{\infty} \dfrac{x^n}{n}$ 的收敛区间是 (   );

A. $[-1, 1]$ B. $[-1, 1)$ C. $(-1, 1]$ D. $(-1, 1)$

(4) 函数 $f(x) = \mathrm{e}^{-x^2}$ 展开成 x 的幂级数是 (   );

A. $\displaystyle\sum_{n=0}^{\infty}\frac{x^{2n}}{n!}$ B. $\displaystyle\sum_{n=0}^{\infty}\frac{(-1)^{n}x^{2n}}{n!}$ C. $\displaystyle\sum_{n=0}^{\infty}\frac{x^{n}}{n!}$ D. $\displaystyle\sum_{n=0}^{\infty}\frac{(-1)^{n-1}x^{n}}{n!}$

（5）设 $f(x)$ 的周期为 2π，它在 $[-\pi,\pi)$ 的表达式 $f(x)=2x(-\pi\leqslant x<\pi)$，则 $f(x)$ 的傅里叶级数展开式为（　　）.

A. $2\displaystyle\sum_{n=1}^{\infty}\frac{(-1)^{n+1}}{n}\sin nx$

B. $4\displaystyle\sum_{n=1}^{\infty}\frac{(-1)^{n+1}}{n}\sin nx$

C. $4\displaystyle\sum_{n=1}^{\infty}\frac{(-1)^{n+1}}{n}\sin nx\ (-\infty<x<+\infty,x\neq(2k-1)\pi,k\in\mathbf{Z})$

D. $2\displaystyle\sum_{n=1}^{\infty}\frac{(-1)^{n+1}}{n}\sin nx\ (-\infty<x<+\infty,x\neq(2k-1)\pi,k\in\mathbf{Z})$

4. 判别下列各级数的敛散性：

（1）$\displaystyle\sum_{n=1}^{\infty}\frac{1}{a^{n}+1}(a>0)$；   （2）$\displaystyle\sum_{n=1}^{\infty}n\tan\frac{\pi}{2^{n+1}}$；

（3）$\displaystyle\sum_{n=1}^{\infty}\frac{1\cdot3\cdot5\cdot\cdots\cdot(2n-1)}{2\cdot5\cdot8\cdot\cdots\cdot(3n-1)}$；   （4）$\displaystyle\sum_{n=1}^{\infty}\cos n\pi\sin\frac{\pi}{n}$；

（5）$\displaystyle\sum_{n=1}^{\infty}\frac{n!}{2^{n}+1}$；   （6）$\displaystyle\sum_{n=1}^{\infty}\frac{(-1)^{n}}{n-\ln n}$.

5. 用已知函数的展开式，将下列函数展开成 x 的幂级数：

（1）$f(x)=x^{3}\mathrm{e}^{-x}$；   （2）$f(x)=\cos^{2}2x$；

（3）$f(x)=\dfrac{1}{\sqrt{1-x^{2}}}$；   （4）$f(x)=\dfrac{1}{x^{2}-2x-3}$.

6. 用已知函数的展开式，将下列函数展开成 $x-2$ 的幂级数：

（1）$f(x)=\dfrac{1}{4-x}$；   （2）$f(x)=\ln x$.

7. 将下列周期函数展开成傅里叶级数：

（1）$f(x)=\sin ax(-\pi\leqslant x<\pi)$　（a 为非整数的常数）；

（2）$f(x)=\pi^{2}-x^{2}(-\pi\leqslant x<\pi)$.

8. 把周期函数 $f(x)=\begin{cases}-\dfrac{x}{2},&-2\leqslant x<0\\[2mm]1,&0\leqslant x<2\end{cases}$ **展开成傅里叶级数.**

9. 将 $f(x)=1-x^{2}\left(0\leqslant x\leqslant\dfrac{1}{2}\right)$ **分别展开成正弦级数和余弦级数.**

10. 把函数 $f(x)=\begin{cases}-\dfrac{\pi}{4},&-\pi\leqslant x<0\\[2mm]\dfrac{\pi}{4},&0\leqslant x\leqslant\pi\end{cases}$ **展开成傅里叶级数.**

11. 将图 7-10 所示波形的函数展开成傅里叶级数：

12. 将图 7-11 所示半波整流后的周期函数 $f(t)$ 展开成傅里叶级数：

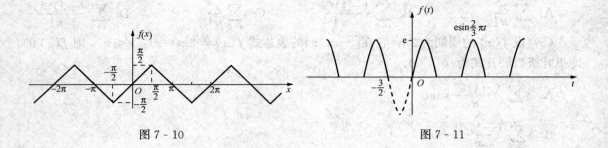

图 7 - 10　　　　　　　　　　　　　　　　图 7 - 11

第八章 拉 氏 变 换

本章介绍的一种变换——拉氏变换，它能使线性常系数微分方程求解转化为代数方程求解. 此外，拉氏变换在传递函数等方面有广泛的应用. 因此，它在信号处理与系统分析中起着重要作用.

第一节 拉氏变换的基本概念

一、拉氏变换的定义

在数学中，为了把较复杂的运算转化为较简单的运算，常常采用一些变换手段. 例如，计算数量的积或商，可以通过取对数化为对数的和或差，然后再求反对数，即可得原来数量的积或商，这一方法的实质就是通过对数变换把较复杂的乘除运算化为较简单的加减运算. 拉氏变换，与利用对数运算相似，可将较复杂的微积分等运算，化为较简单的乘除等运算. 因此，拉氏变换在科技生产中有着广泛的应用.

定义 1 设函数 $f(t)$ 的定义域为 $(-\infty, +\infty)$，且当 $t < 0$ 时，$f(t) = 0$，若积分

$$\int_0^{+\infty} e^{-st} f(t) \mathrm{d}t \tag{8-1}$$

对于 s 在某一范围内的值收敛，则此积分就确定了一个参数 s 的函数，记为 $F(s)$，即

$$F(s) = \int_0^{+\infty} e^{-st} f(t) \mathrm{d}t$$

函数 $F(s)$ 称为 $f(t)$ 的拉普拉斯变换，简称拉氏变换.

拉氏变换常用符号 L 表示，即

$$F(s) = L[f(t)] = \int_0^{+\infty} e^{-st} f(t) \mathrm{d}t \tag{8-2}$$

若 $F(s)$ 是 $f(t)$ 的拉氏变换，则称 $F(s)$ 为 $f(t)$ 的**象函数**，拉氏变换是可逆的积分变换，称 $f(t)$ 为 $F(s)$ 的**象原函数**，或**逆变换**.

关于拉氏变换的定义作以下几点说明：

（1）在很多实际问题中，以时间 t 为自变量的函数 $f(t)$ 当 $t < 0$ 时是无意义或无需考虑的，故对本章中出现的任何函数 $f(t)$，总假定当 $t < 0$ 时 $f(t) \equiv 0$，且常常将

$$y = \begin{cases} f(t), & t \geqslant 0 \\ 0, & t < 0 \end{cases}$$

简记为 $y = f(t)$.

（2）式（8-1）中的参变量 s 一般为复数，为了简单起见，本章将 s 视为实数，这样计算所得结果与 s 为复数时相同.

（3）函数 $f(t)$ 的拉氏变换 $F(s)$，当且仅当式（8-1）收敛时才存在. 但一般来说，科技生产中常用函数的拉氏变换总是存在的，故本书不介绍拉氏变换的存在定理.

【**例 1**】 求函数 $f(t) = \begin{cases} 0, & t < 0 \\ 1, & t \geqslant 0 \end{cases}$ 的拉氏变换.

解 由式（8-2）得函数 $f(t)$ 得拉氏变换为

$$F(s) = \int_0^{+\infty} e^{-st}\,dt = \frac{1}{s} \quad (s > 0)$$

于是

$$L[f(t)] = \frac{1}{s} \quad (s > 0)$$

即

$$L[1] = \frac{1}{s} \quad (s > 0) \tag{8-3}$$

【例 2】 求函数 $f(t) = e^{\lambda t}$ 的拉氏变换（其中 λ 是实数）.

解 由式（8-2）得

$$L[e^{\lambda t}] = \int_0^{+\infty} e^{-st} e^{\lambda t}\,dt = \int_0^{+\infty} e^{-(s-\lambda)t}\,dt = \frac{1}{s-\lambda} \quad (s > \lambda)$$

即

$$L[e^{\lambda t}] = \frac{1}{s-\lambda} \quad (s > \lambda) \tag{8-4}$$

【例 3】 求函数 $\sin\omega t$ 和 $\cos\omega t$ 的拉氏变换.

解 当 $s > 0$ 时，两次使用分部积分，得

$$F(s) = \int_0^{+\infty} e^{-st}\sin\omega t\,dt = -\frac{1}{\omega}\int_0^{+\infty} e^{-st}\,d(\cos\omega t)$$

$$= \frac{1}{\omega} - \frac{s}{\omega}\int_0^{+\infty} e^{-st}\cos\omega t\,dt \tag{8-5}$$

$$= \frac{1}{\omega} - \frac{s}{\omega}\left(\frac{s}{\omega}\int_0^{+\infty} e^{-st}\sin\omega t\,dt\right)$$

$$= \frac{1}{\omega} - \frac{s^2}{\omega^2}F(s).$$

由此可得

$$F(s) = \frac{\omega}{s^2 + \omega^2}$$

即

$$L[\sin\omega t] = \frac{\omega}{s^2 + \omega^2} \quad (s > 0) \tag{8-6}$$

又由式（8-5）和式（8-6）得

$$\frac{\omega}{s^2 + \omega^2} = \frac{1}{\omega} - \frac{s}{\omega}\int_0^{+\infty} e^{-st}\cos\omega t\,dt$$

从而有

$$\int_0^{+\infty} e^{-st}\cos\omega t\,dt = \frac{s}{s^2 + \omega^2}$$

即

$$L[\cos\omega t] = \frac{s}{s^2 + \omega^2} \quad (s > 0) \tag{8-7}$$

【例 4】 求函数 $f(t) = t^n$ 的拉氏变换（n 是正整数）.

解 $L[t^n] = \int_0^{+\infty} e^{-st} t^n dt = -\frac{1}{s} t^n e^{-st} \Big|_0^{+\infty} + \frac{n}{s} \int_0^{+\infty} e^{-st} t^{n-1} dt,$

因为 n 为正整数且 $s > 0$ 时，使用洛比达法则，得 $\lim_{t \to +\infty} \frac{t^n}{e^{st}} = 0$，于是

$$L[t^n] = \int_0^{+\infty} e^{-st} t^n dt = \frac{n}{s} \int_0^{+\infty} e^{-st} t^{n-1} dt = \frac{n}{s} L[t^{n-1}]$$

$$= \frac{n}{s} \frac{n-1}{s} \int_0^{+\infty} e^{-st} t^{n-2} dt = \cdots = \frac{n!}{s^n} L[1] = \frac{n!}{s^{n+1}},$$

即

$$L[t^n] = \frac{n!}{s^{n+1}} \quad (s > 0) \tag{8-8}$$

从以上的例子不难看出，用定义求拉氏变换是较困难的，对一般工程技术人员也无此必要，今后欲求常用函数的拉氏变换，总是结合下节介绍的拉氏变换的性质，采用查表的方法解决.

二、两个重要函数

1. 单位阶梯函数 $I(t)$

单位阶梯函数 $I(t) = \begin{cases} 0, t < 0 \\ 1, t \geqslant 0 \end{cases}$，本节简写成 $I(t) = 1$. $I(t)$ 的图像如图 8-1 所示，由

[例 1] 知，$L[I(t)] = \frac{1}{s}$，将 $I(t)$ 的图像向右平移 $|a|$ 个单位，即得

$$I(t - a) = \begin{cases} 0, t < a \\ 1, t \geqslant a \end{cases}$$

设 $a < b$，则 $I(t-a) - I(t-b) = \begin{cases} 1, a \leqslant t < b \\ 0, t < a \text{ 或 } t \geqslant b \end{cases}$，其图像如图 8-2 所示.

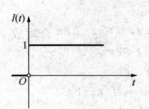

图 8-1

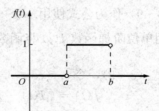

图 8-2

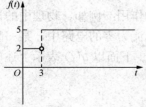

图 8-3

【例 5】 已知分段函数

$$f(t) = \begin{cases} 2, 0 \leqslant t < 3 \\ 5, t \geqslant 3 \end{cases}$$

其图像如图 8-3 所示，试用 $I(t)$ 将 $f(t)$ 合写成一个表达式.

解 $f(t)$ 可以看成两个图像的叠加，即两个函数的叠加. 所以有

$$f(t) = 2[I(t) - I(t-3)] + 5I(t-3)$$
$$= 2I(t) + (5-2)I(t-3)$$
$$= 2I(t) + 3I(t-3).$$

【例 6】 已知分段函数

$$f(t) = \begin{cases} 0, & t < 0 \\ c_1, & 0 \leqslant t < a_1 \\ c_2, & a_1 \leqslant t < a_2 \\ c_3, & a_2 \leqslant t < a_3 \\ \cdots \end{cases}$$

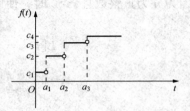

其图像如图 8-4 所示，试用 $I(t)$ 将 $f(t)$ 合写成一个表达式.

图 8-4

解
$$c_1[I(t) - I(t-a_1)] = \begin{cases} c_1, & 0 \leqslant t < a_1 \\ 0, & t < 0 \text{ 或 } t \geqslant a_1 \end{cases},$$

$$c_2[I(t-a_1) - I(t-a_2)] = \begin{cases} c_2, & a_1 \leqslant t < a_2 \\ 0, & t < a_1 \text{ 或 } t \geqslant a_2 \end{cases},$$

$$c_3[I(t-a_2) - I(t-a_3)] = \begin{cases} c_3, & a_2 \leqslant t < a_3 \\ 0, & t < a_2 \text{ 或 } t \geqslant a_3 \end{cases},$$

$$\cdots\cdots$$

故
$$f(t) = c_1[I(t) - I(t-a_1)] + c_2[I(t-a_1) - I(t-a_2)]$$
$$+ c_3[I(t-a_2) - I(t-a_3)] + \cdots$$

所以
$$f(t) = c_1 I(t) + (c_2 - c_1)I(t-a_1) + (c_3 - c_2)I(t-a_2)$$
$$+ (c_4 - c_3)I(t-a_3) + \cdots \tag{8-9}$$

从［例 6］可以看出，分段函数都可以用单位阶梯函数 $I(t)$ 合写成一个表达式.

为了方便起见，读者可以直接利用式（8-9）将分段函数合写成一个表达式，本书后面都直接将式（8-9）作为公式使用.

【例 7】 用单位阶梯函数 $I(t)$ 将函数 $f(t) = \begin{cases} \cos t, & 0 \leqslant t < 2\pi \\ t, & t \geqslant 2\pi \end{cases}$ 合写成一个表达式.

解 利用式（8-9），令 $c_1 = \cos t$，$c_2 = t$，$a_1 = 2\pi$，得
$$f(t) = [I(t) - I(t-2\pi)]\cos t + tI(t-2\pi)$$
$$= I(t)\cos t + [t - \cos t]I(t-2\pi),$$

还可以进一步写成 $f(t) = I(t)\cos t + [2\pi + (t-2\pi) - \cos(t-2\pi)]I(t-2\pi)$.

2. 狄拉克函数

在许多实际问题中，常常会遇到各种瞬时作用或集中于一点的作用. 例如，物理中的冲击运动、电路中的瞬时脉冲等. 下面来考虑瞬时脉冲. 设在原来电流为零的电路中，某一瞬时（设为 $t = 0$）进入一单位电量的脉冲，求此时电路上的电流 $i(t)$. 下面以 $q(t)$ 表示上述电路中的电量，则

$$q(t) = \begin{cases} 0, & t \neq 0 \\ 1, & t = 0 \end{cases}$$

所以，当 $t \neq 0$ 时，$i(t) = 0$；当 $t = 0$ 时，

$$i(0) = \lim_{\Delta t \to 0} \frac{q(0 + \Delta t) - q(0)}{\Delta t} = \lim_{\Delta t \to 0} \left(-\frac{1}{\Delta t} \right) = \infty$$

上式说明，用通常意义下的函数都不能表示上述电路的电流强度. 为此，必须引进一个新的函数，下面给出它的定义：

定义 2　设

$$\delta_\varepsilon(t) = \begin{cases} 0, & t < 0 \\ \dfrac{1}{\varepsilon}, & 0 \leqslant t \leqslant \varepsilon \\ 0, & t > \varepsilon \end{cases}$$

当 $\varepsilon \to 0$ 时，函数序列 δ_ε 的极限

$$\delta(t) = \lim_{\varepsilon \to 0} \delta_\varepsilon(t)$$

称为狄拉克函数或单位脉冲函数，简记为 δ- 函数.

由此可见，$\delta(t)$ 是这样一个函数：

$$\delta(t) = \begin{cases} \infty, & t = 0 \\ 0, & t \neq 0 \end{cases} \tag{8-10}$$

$\delta_\varepsilon(t)$ 的图形如图 8 - 5 所示. 显然，对任何 $\varepsilon > 0$，有

$$\int_{-\infty}^{+\infty} \delta_\varepsilon(t) \mathrm{d}t = \int_0^\varepsilon \frac{1}{\varepsilon} \mathrm{d}t = 1$$

所以，我们规定

$$\int_{-\infty}^{+\infty} \delta(t) \mathrm{d}t = 1 \tag{8-11}$$

有些工程书上将 δ- 函数用一个长度等于 1 的有向线段来表示（见图 8 - 6），这个线段的长度表示 δ- 函数的积分，称为 δ- 函数的强度.

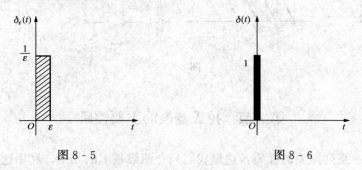

图 8 - 5　　　　　　　　　　　　图 8 - 6

现在来求 $\delta(t)$ 的拉氏变换. 根据拉氏变换的定义，有

$$L[\delta(t)] = \int_0^{+\infty} \mathrm{e}^{-st} \delta_\varepsilon(t) \mathrm{d}t = \int_0^{+\infty} \lim_{\varepsilon \to 0} \delta_\varepsilon(t) \mathrm{e}^{-st} \mathrm{d}t = \lim_{\varepsilon \to 0} \int_0^{+\infty} \delta_\varepsilon(t) \mathrm{e}^{-st} \mathrm{d}t$$

$$= \lim_{\varepsilon \to 0} \int_0^\varepsilon \left(\frac{1}{\varepsilon} \right) \mathrm{e}^{-st} \mathrm{d}t + \lim_{\varepsilon \to 0} \int_\varepsilon^{+\infty} 0 \cdot \mathrm{e}^{-st} \mathrm{d}t = \lim_{\varepsilon \to 0} \int_0^\varepsilon \left(\frac{1}{\varepsilon} \right) \mathrm{e}^{-st} \mathrm{d}t$$

$$= \lim_{\varepsilon \to 0} \frac{1}{\varepsilon} \left[-\frac{\mathrm{e}^{-st}}{s} \right]_0^\varepsilon = \frac{1}{s} \lim_{\varepsilon \to 0} \frac{1 - \mathrm{e}^{-st}}{\varepsilon} \xdashrightarrow{\text{由洛必达法则}} \frac{s}{s} = 1,$$

即

$$L[\delta(t)] = 1. \tag{8-12}$$

习 题 8-1

1. 填空：

(1) $L[e^{t/3}] = $ _____ ；　　　　(2) $L[e^{-2t}] = $ _____ ；

(3) $L\left[\cos\dfrac{t}{\sqrt{3}}\right] = $ _____ ；　　　(4) $L[\sin\sqrt{2}t] = $ _____ ；

(5) $L[2\cos2t\sin2t] = $ _____ ；　　(6) $L[1-e^{\lambda t}] = $ _____ ．

2. 试用单位阶梯函数 $I(t)$ 将下列各 $f(t)$ 合写成一个表达式.

(1) $f(t) = \begin{cases} \sin t, t \in [0,\pi) \\ 0, t \geqslant \pi \end{cases}$ ；　　(2) $f(t) = \begin{cases} -1, 0 \leqslant t < 2 \\ 1, t \geqslant 2 \end{cases}$ ；

(3) $f(t) = \begin{cases} 0, 0 \leqslant t < 1 \\ 1, 1 \leqslant t < 2 \\ 0, t \geqslant 2 \end{cases}$ ；　　(4) $f(t) = \begin{cases} 0, t < 0 \\ \cos t, 0 \leqslant t < \pi \\ t, t \geqslant \pi \end{cases}$ ．

3. 已知 $\lambda > 0$，若 $L[f(t)] = F(s)$，求证 $L[f(\lambda t)] = \dfrac{1}{\lambda}F\left(\dfrac{s}{\lambda}\right)$．

4. 试将图 8-7 所示函数用 $I(t)$ 合写成一个表达式.

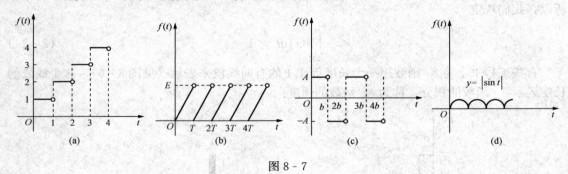

图 8-7

第二节　拉氏变换的主要性质

拉氏变换有一系列重要的性质，这里我们只介绍最基本的几个，利用这些性质可以求得一些比较复杂的函数的拉氏变换.

1. 线性性质

若 $L[f_1(t)] = F_1(s), L[f_2(t)] = F_2(s)$，则对于任意常数 C_1 和 C_2，有

$$\begin{aligned} L[C_1 f_1(t) + C_2 f_2(t)] &= C_1 L[f_1(t)] + C_2 L[f_2(t)] \\ &= C_1 F_1(s) + C_2 F_2(s) \end{aligned} \tag{8-13}$$

【例1】　求函数 $\cos^2 t$ 的拉氏变换.

解　$\cos^2 t = \dfrac{1}{2}(1 + \cos 2t)$，由式（8-13）得

$$L[\cos^2 t] = L\left[\frac{1}{2}(1+\cos 2t)\right] = \frac{1}{2}\{L[1] + L[\cos 2t]\}$$

$$= \frac{1}{2}\left(\frac{1}{s} + \frac{s}{s^2 + 2^2}\right) = \frac{s^2 + 2}{s(s^2 + 4)}.$$

2. 平移性质

若 $L[f(t)] = F(s)$，则

$$L[f(t)e^{\lambda t}] = F(s - \lambda) \tag{8-14}$$

【例 2】 求 $t^n e^{\lambda t}$ 的拉氏变换（n 为正整数）.

解 因为 $L[t^n] = \dfrac{n!}{s^{n+1}}$，所以由式（8-14），得

$$L[t^n e^{\lambda t}] = \frac{n!}{(s-\lambda)^{n+1}} \tag{8-15}$$

【例 3】 求 $e^{\lambda t}\sin\omega t$，$e^{\lambda t}\cos\omega t$ 的拉氏变换.

解 因为 $\qquad L[\sin\omega t] = \dfrac{\omega}{s^2 + \omega^2}$，

所以

$$L[e^{\lambda t}\sin\omega t] = \frac{\omega}{(s-\lambda)^2 + \omega^2} \tag{8-16}$$

同理可得

$$L[e^{\lambda t}\cos\omega t] = \frac{s-\lambda}{(s-\lambda)^2 + \omega^2} \tag{8-17}$$

3. 延滞性质

若 $L[f(t)] = F(s)$，则

$$L[f(t-\lambda)] = e^{-\lambda s}F(s) \tag{8-18}$$

【例 4】 求狄拉克函数 $\delta(t-a)$ 的拉氏变换.

解 因为 $L[\delta(t)] = 1$，所以由式（8-18），有

$$L[\delta(t-a)] = e^{-as}L[\delta(t)] = e^{-as} \tag{8-19}$$

同理可得 $L[I(t-a)] = \dfrac{e^{-as}}{s}$，$L[\sin(t-a)] = \dfrac{e^{-as}}{1+s^2}$，$L[\cos(t-a)] = \dfrac{e^{-as}s}{1+s^2}$.

【例 5】 已知 $f(t) = \begin{cases} 0, & t < 0 \\ 2, & 0 \leqslant t < 1 \\ 4, & 1 \leqslant t < 3 \\ 6, & t \geqslant 3 \end{cases}$，求 $L[f(t)]$.

解 由第一节［例 6］及 $L[I(t-a)] = \dfrac{e^{-as}}{s}$ 知

$$f(t) = 2I(t) + (4-2)I(t-1) + (6-4)I(t-3)$$
$$= 2[I(t) + I(t-1) + I(t-3)]$$
$$L[f(t)] = L[2(I(t) + I(t-1) + I(t-3))]$$
$$= 2\{L[I(t)] + L[I(t-1)] + L[I(t-3)]\}$$
$$= 2\left(\frac{1}{s} + \frac{1}{s}e^{-s} + \frac{1}{s}e^{-3s}\right) = \frac{2}{s}(1 + e^{-s} + e^{-3s}).$$

【例 6】 求 $f(t) = |\sin t|$ 的拉氏变换.

解 $f(t)$ 的表达式可写成

$$f(t) = \begin{cases} 0, t < 0 \\ \sin t, 0 \leqslant t < \pi \\ \sin(t - \pi), \pi \leqslant t < 2\pi \\ \sin(t - 2\pi), 2\pi \leqslant t < 3\pi \\ \cdots \end{cases}$$

利用单位阶梯函数, $f(t)$ 又可表示为

$$\begin{aligned} f(t) &= [I(t) - I(t - \pi)]\sin t + [I(t - \pi) - I(t - 2\pi)]\sin(t - \pi) \\ &\quad + [I(t - 2\pi) - I(t - 3\pi)]\sin(t - 2\pi) + \cdots \\ &= I(t)\sin t + I(t - \pi)[\sin(t - \pi) - \sin t] \\ &\quad + I(t - 2\pi)[\sin(t - 2\pi) - \sin(t - \pi)] + \cdots \\ &= I(t)\sin t + 2I(t - \pi)\sin(t - \pi) + 2I(t - 2\pi)\sin(t - 2\pi) + \cdots \end{aligned}$$

$$\begin{aligned} L[f(t)] &= L[I(t)\sin t] + L[2I(t - \pi)\sin(t - \pi)] + L[2I(t - 2\pi)\sin(t - 2\pi)] + \cdots \\ &= L[\sin t] + 2e^{-\pi s}L[\sin t] + 2e^{-2\pi s}L[\sin t] + \cdots \\ &= L[\sin t](1 + 2e^{-\pi s} + 2e^{-2\pi s} + 2e^{-3\pi s} + \cdots) \\ &= \frac{1}{s^2 + 1}\left(1 + \frac{2e^{-\pi s}}{1 - e^{-\pi s}}\right) = \frac{1 + e^{-\pi s}}{(s^2 + 1)(1 - e^{-\pi s})}. \end{aligned}$$

4. 微分性质

若 $L[f(t)] = F(s)$, 且 $f'(t)$ 直到 $f^{(n)}(t)$ 的拉氏变换都存在, 则

$$L[f'(t)] = sF(s) - f(0) \tag{8-20}$$

$$L[f''(t)] = s^2 F(s) - sf(0) - f'(0) \tag{8-21}$$

$$\cdots$$

一般有

$$L[f^{(n)}(t)] = s^n F(s) - [s^{n-1}f(0) + s^{n-2}f'(0) + \cdots + f^{(n-1)}(0)] \tag{8-22}$$

特别地, 如果 $f(0) = f'(0) = \cdots = f^{(n-1)}(0) = 0$, 则

$$L[f^{(n)}(t)] = s^n F(s) \tag{8-23}$$

显然, 利用这个性质, 可将 $f(t)$ 的微分方程转化为 $F(s)$ 的代数方程.

【例 7】 证明 $L[t^7] = \dfrac{7!}{s^8}$.

证 设 $f(t) = t^7$, 因为 $f'(t) = 7t^6$, $f''(t) = 7 \times 6t^5$, $\cdots$, $f^{(7)}(t) = 7!$,
又 $f(0) = f'(0) = f''(0) = \cdots = f^{(6)}(0) = 0$, 所以有

$$L[f^{(7)}(t)] = L[7!] = 7!L[1] = \frac{7!}{s} = s^7 F(s)$$

即

$$L[t^7] = F(s) = \frac{7!}{s^8}.$$

【例 8】 设函数 $f(t)$ 适合方程 $y' + 2y = t$, 且满足初始条件 $f(0) = 1$, 求 $L[f(t)]$.

解 在方程两边分别求拉氏变换得

$$L[y' + 2y] = L[t], \text{即 } L[y'] + 2L[y] = \frac{1}{s^2},$$

$$sL[y] - f(0) + 2L[y] = \frac{1}{s^2},$$

$$sL[y] + 2L[y] = \frac{1}{s^2} + 1,$$

整理得　　　　　$$L[f(t)] = L[y] = \left(\frac{1}{s^2} + 1\right)\frac{1}{s+2} = \frac{1+s^2}{(s+2)s^2}.$$

5. 积分性质

若 $L[f(t)] = F(s)(s \neq 0)$，且 $f(t)$ 连续，则

$$L\left[\int_0^t f(x)\mathrm{d}x\right] = \frac{L[f(t)]}{s} = \frac{F(s)}{s} \tag{8-24}$$

【例9】 求 $L[t]$，$L[t^2]$，$\cdots$，$L[t^n]$（n 是正整数）.

解　$t = \int_0^t 1\mathrm{d}x$，$t^2 = \int_0^t 2x\mathrm{d}x$，$t^3 = \int_0^t 3x^2\mathrm{d}x$，$\cdots$，$t^n = \int_0^t nx^{n-1}\mathrm{d}x$，

所以由式（8-24）有

$$L[t] = L\left[\int_0^t 1\mathrm{d}x\right] = \frac{L[1]}{s} = \frac{1!}{s^2}, L[t^2] = L\left[\int_0^t 2x\mathrm{d}x\right] = \frac{2L[t]}{s} = \frac{2!}{s^3},$$

$$\cdots L[t^n] = L\left[\int_0^t nx^{n-1}\mathrm{d}x\right] = \frac{nL[t^{n-1}]}{s} = \frac{n!}{s^{n+1}}.$$

6. 相似性质

若 $L[f(t)] = F(s)$，则当 $\lambda > 0$ 时，有

$$L[f(\lambda t)] = \frac{1}{\lambda}F\left(\frac{s}{\lambda}\right) \tag{8-25}$$

利用相似性质及 $L[\sin t] = \frac{1}{s^2+1}$，可得

$$L[\sin\omega t] = \frac{1}{\omega}F\left(\frac{s}{\omega}\right) = \frac{1}{\omega}\frac{1}{\left(\frac{s}{\omega}\right)^2 + 1} = \frac{\omega}{s^2 + \omega^2}.$$

7.（象函数的微分性质）

若 $L[f(t)] = F(s)$，则

$$F^{(n)}(s) = L[(-1)^n t^n f(t)] \text{ 或 } L[t^n f(t)] = (-1)^n F^{(n)}(s) \tag{8-26}$$

【例10】 求 $L[t\sin\omega t]$.

解　由 $L[\sin\omega t] = \frac{\omega}{s^2 + \omega^2}$，得

$$L[t\sin\omega t] = (-1)\left(\frac{\omega}{s^2 + \omega^2}\right)' = \frac{2s\omega}{(s^2 + \omega^2)^2}$$

8.（象函数的积分性质）

若 $L[f(t)] = F(s)$，且 $\int_s^{+\infty} F(x)\mathrm{d}x$ 存在，则

$$L\left[\frac{f(t)}{t}\right] = \int_s^{+\infty} F(x)\mathrm{d}x \tag{8-27}$$

【例11】 求 $L\left[\frac{\sin t}{t}\right]$.

解　由 $L[\sin t] = \frac{1}{s^2+1}$ 得

$$L\left[\frac{\sin t}{t}\right] = \int_s^{+\infty} \frac{\mathrm{d}x}{x^2+1} = \arctan x\Big|_s^{+\infty} = \frac{\pi}{2} - \arctan s$$

或

$$L\left[\frac{\sin t}{t}\right] = \int_s^{+\infty} \frac{\mathrm{d}x}{x^2+1} \xlongequal{\diamondsuit x=\frac{1}{u}} -\int_{\frac{1}{s}}^0 \frac{\mathrm{d}u}{1+u^2} = \int_0^{\frac{1}{s}} \frac{\mathrm{d}u}{1+u^2} = \arctan u\Big|_0^{\frac{1}{s}} = \arctan\frac{1}{s}.$$

以上利用性质得到了几个较复杂函数的拉氏变换，为以后应用方便起见，特将一些经常遇到的函数的拉氏变换列表，如表 8-1 所示.

表 8-1　　　　　　　　　　　　拉 氏 变 换 表

序号	$F(s)$ 的象原函数 $f(t)$	象函数 $F(s)=\int_0^{+\infty} \mathrm{e}^{-st}f(t)\mathrm{d}t$	序号	$F(s)$ 的象原函数 $f(t)$	象函数 $F(s)=\int_0^{+\infty} \mathrm{e}^{-st}f(t)\mathrm{d}t$
1	$\delta(t)$	1	12	$t^n\mathrm{e}^{\lambda t}$（$n$ 为正整数）	$\dfrac{n!}{(s-\lambda)^{n+1}}$
2	1	$\dfrac{1}{s}$	13	$\mathrm{e}^{\lambda t}\sin\omega t$	$\dfrac{\omega}{(s-\lambda)^2+\omega^2}$
3	t^n（n 为正整数）	$\dfrac{n!}{s^{n+1}}$	14	$\mathrm{e}^{\lambda t}\cos\omega t$	$\dfrac{s-\lambda}{(s-\lambda)^2+\omega^2}$
4	$\sin\omega t$	$\dfrac{\omega}{s^2+\omega^2}$	15	$t\mathrm{e}^{\lambda t}\sin\omega t$	$\dfrac{2\omega(s-\lambda)}{[(s-\lambda)^2+\omega^2]^2}$
5	$\cos\omega t$	$\dfrac{s}{s^2+\omega^2}$	16	$t\mathrm{e}^{\lambda t}\cos\omega t$	$\dfrac{(s-\lambda)^2-\omega^2}{[(s-\lambda)^2+\omega^2]^2}$
6	$t\sin\omega t$	$\dfrac{2s\omega}{(s^2+\omega^2)^2}$	17	$\sin(\omega t+\varphi)$	$\dfrac{s\sin\varphi+\omega\cos\varphi}{s^2+\omega^2}$
7	$t\cos\omega t$	$\dfrac{s^2-\omega^2}{(s^2+\omega^2)^2}$	18	$\cos(\omega t+\varphi)$	$\dfrac{s\cos\varphi-\omega\sin\varphi}{s^2+\omega^2}$
8	$\dfrac{1}{\sqrt{\pi t}}$	$\dfrac{1}{\sqrt{s}}$	19	$\mathrm{e}^{at}-\mathrm{e}^{bt}$	$\dfrac{a-b}{(s-a)(s-b)}$
9	$2\sqrt{\dfrac{t}{\pi}}$	$\dfrac{1}{s\sqrt{s}}$	20	$\sin\omega t-\omega t\cos\omega t$	$\dfrac{2\omega^3}{(s^2+\omega^2)^2}$
10	$\delta(t-a)$	e^{-as}	21	$sh\omega t$	$\dfrac{w}{s^2-\omega^2}$
11	$\mathrm{e}^{\lambda t}$	$\dfrac{1}{s-\lambda}$	22	$ch\omega t$	$\dfrac{s}{s^2-\omega^2}$

习　题 8-2

1. 填空：

(1) $L\left[-\mathrm{e}^t\right] = (\quad)$；

(2) $L\left[\dfrac{1}{3}\mathrm{e}^{-t}\right] = (\quad)$；

(3) $L\left[3\mathrm{e}^{3t/4}\right] = (\quad)$；

(4) $L\left[\mathrm{e}^{t/3}-2\mathrm{e}^{-2t}\right] = (\quad)$；

(5) $L\left[4t+2\right] = (\quad)$；

(6) $L\left[(t-3)^2\right] = (\quad)$；

(7) $L\left[2\sin t-7\cos t\right] = (\quad)$；

(8) $L\left[t^2\mathrm{e}^{7t}\right] = (\quad)$；

(9) $L[-t\sin3t] = ($　　　$).$

2. 求下列函数的拉氏变换:

(1) $f(t) = \begin{cases} 1, 0 \leqslant t < 2 \\ 3, t \geqslant 2 \end{cases}$;　　　　(2) $f(t) = \begin{cases} 2, 0 \leqslant t < 2 \\ t, t \geqslant 2 \end{cases}$;

(3) $f(t) = \begin{cases} 1, 0 \leqslant t < 2 \\ t, 2 \leqslant t < 4 \\ 3, t \geqslant 4 \end{cases}$;　　　　(4) $f(t) = \begin{cases} \cos t, 0 \leqslant t < \pi \\ t, t \geqslant \pi \end{cases}$.

3. 求下列函数的拉氏变换:

(1) $4\sin^2 5t$;　　　　　　　　　(2) $\sin3t\cos3t$;

(3) $\dfrac{(1-\sqrt{t})(3+\sqrt{t})}{\sqrt{t}}$;　　　　(4) $f(t) = 3\sin2t - 4\cos2t + 7\delta(t) - 2$;

(5) $f(t) = \mathrm{e}^{2t}\cos3t$;　　　　　(6) $f(t) = \mathrm{e}^{3t}t^5$;

(7) $f(t) = 2t\cos2t$;　　　　　　(8) $f(t) = t^2\cos2t$;

(9) $f(t) = \displaystyle\int_0^t \dfrac{\sin x}{x}\mathrm{d}x$;　　　　(10) $f(t) = \displaystyle\int_0^t x\mathrm{e}^{-2x}\sin3x\mathrm{d}x$.

4. 求适合下列微分方程与初值条件的函数 $y = f(t)$ 的拉氏变换.

(1) $y' + 2y = 0$, $f(0) = 3$;　　　　(2) $y'' + 4y' = \sin t$, $f(0) = f'(0) = 0$;

(3) $y'' + \omega^2 y = \omega^2$, $f(0) = f'(0) = 0$;　　(4) $y'' + \omega^2 y = 0$, $f(0) = 0$, $f'(0) = \omega$.

第三节　拉　氏　逆　变　换

若 $F(s) = \displaystyle\int_0^{+\infty} \mathrm{e}^{-st} f(t)\mathrm{d}t$ 存在，则称 $F(s)$ 是 $f(t)$ 的拉氏变换，记为 $L[f(t)] = F(s)$，此时也称 $f(t)$ 是 $F(s)$ 的拉氏逆变换，记为 $L^{-1}[F(s)] = f(t)$.

可见，求拉氏逆变换实际上就是已知象函数求象原函数的过程. 因此，可由拉氏变换的性质，类似得到拉氏逆变换的若干性质:

1. 若 $L^{-1}[F_1(s)] = f_1(t)$, $L^{-1}[F_2(s)] = f_2(t)$，则对于任意常数 C_1 和 C_2，有
$$L^{-1}[C_1 F_1(s) + C_2 F_2(s)] = C_1 L^{-1}[F_1(s)] + C_2 L^{-1}[F_2(s)]$$
$$= C_1 f_1(t) + C_2 f_2(t).$$

2. 若 $L^{-1}[F(s)] = f(t)$，则

(1) $L^{-1}[F(s-\lambda)] = \mathrm{e}^{\lambda t} f(t)$;　　　(2) $L^{-1}[\mathrm{e}^{-\lambda s} F(s)] = f(t-\lambda)(\lambda > 0)$;

(3) $L^{-1}\left[\dfrac{F(s)}{s}\right] = \displaystyle\int_0^t f(x)\mathrm{d}x$;　　(4) $L^{-1}\left[F\left(\dfrac{s}{\lambda}\right)\right] = \lambda f(\lambda t)$;

(5) $L^{-1}[F^{(n)}(s)] = (-1)^n t^n f(t)$.

利用这些性质及拉氏变换表，可以求得一些函数的拉氏逆变换.

【例1】 求下列各象函数的拉氏逆变换 $f(t)$:

(1) $F(s) = \dfrac{3}{s+1}$;　　　　　　(2) $F(s) = \dfrac{3s-2}{s^2}$.

解 (1) 由性质及变换表，得

$$f(t) = L^{-1}\left[\frac{3}{s+1}\right] = 3L^{-1}\left[\frac{1}{s+1}\right] = 3\mathrm{e}^{-t}.$$

（2）由性质及变换表，得

$$f(t) = L^{-1}\left[\frac{3s-2}{s^2}\right] = 3L^{-1}\left[\frac{1}{s}\right] - 2L^{-1}\left[\frac{1}{s^2}\right] = 3 - 2t.$$

【例2】 求下列各象函数的拉氏逆变换 $f(t)$：

（1）$F(s) = \dfrac{2s-1}{s^2+9}$;　　　　　　　　　　（2）$F(s) = \dfrac{s+2}{s^2+2s+10}.$

解 （1）由性质及变换表，得

$$f(t) = L^{-1}\left[\frac{2s-1}{s^2+9}\right] = 2L^{-1}\left[\frac{s}{s^2+3^2}\right] - \frac{1}{3}L^{-1}\left[\frac{3}{s^2+3^2}\right] = 2\cos3t - \frac{1}{3}\sin3t.$$

（2）由性质及变换表，得

$$f(t) = L^{-1}\left[\frac{s+2}{s^2+2s+10}\right] = L^{-1}\left[\frac{(s+1)+1}{(s+1)^2+(3)^2}\right]$$

$$= L^{-1}\left[\frac{(s+1)}{(s+1)^2+(3)^2}\right] + \frac{1}{3}L^{-1}\left[\frac{3}{(s+1)^2+(3)^2}\right],$$

即

$$f(t) = \mathrm{e}^{-t}\cos3t + \frac{1}{3}\mathrm{e}^{-t}\sin3t.$$

由［例2］可知，有些象函数在表中无法直接找到象原函数．为了求出象原函数，需先对象函数作适当变形．在实际问题中将会遇到大量的象函数为有理真分式，这就需用部分分式法先将其分解成若干简单分式之和，然后结合性质"凑"得象原函数．

【例3】 求 $F(s) = \dfrac{s+3}{s^2+3s+2}$ 的拉氏逆变换.

解 先将 $F(s)$ 分解为两个简单分式之和

$$\frac{s+3}{s^2+3s+2} = \frac{s+3}{(s+1)(s+2)} = \frac{A}{s+1} + \frac{B}{s+2}$$

其中 A、B 为待定的常数，上式两边同乘以 $(s+1)(s+2)$，得

$$s+3 = A(s+2) + B(s+1) = (A+B)s + (2A+B)$$

比较两边系数有

$$\begin{cases} A+B = 1 \\ 2A+B = 3 \end{cases}$$

所以 $A=2$，$B=-1$，

$$F(s) = \frac{2}{s+1} - \frac{1}{s+2}$$

于是

$$f(t) = L^{-1}[F(s)] = 2L^{-1}\left[\frac{1}{s+1}\right] - L^{-1}\left[\frac{1}{s+2}\right] = 2\mathrm{e}^{-t} - \mathrm{e}^{-2t}$$

【例4】 求 $F(s) = \dfrac{5s+1}{(s-1)(s^2+1)}$ 的拉氏逆变换.

解 设 $\dfrac{5s+1}{(s-1)(s^2+1)} = \dfrac{A}{s-1} + \dfrac{Bs+C}{s^2+1}$（因为分母有一个因式 s^2+1 为二次式，所以它的分子要写成一次式形式），由上式得

$$5s + 1 = A(s^2 + 1) + (Bs + C)(s - 1) = (A + B)s^2 + (C - B)s + (A - C).$$

比较两边系数，得

$$\begin{cases} A + B = 0 \\ C - B = 5 \\ A - C = 1 \end{cases}$$

解得 $A = 3$，$B = -3$，$C = 2$. 所以

$$F(s) = \frac{3}{s-1} + \frac{-3s+2}{s^2+1}$$

于是

$$f(t) = L^{-1}[F(s)] = 3L^{-1}\left[\frac{1}{s-1}\right] - 3L^{-1}\left[\frac{s}{s^2+1}\right] + 2L^{-1}\left[\frac{1}{s^2+1}\right]$$

$$= 3e^t - 3\cos t + 2\sin t.$$

【例 5】 求 $F(s) = \dfrac{s+3}{s(s+2)^2}$ 的拉氏逆变换.

解 设 $F(s) = \dfrac{s+3}{s(s+2)^2} = \dfrac{A}{s} + \dfrac{B}{s+2} + \dfrac{C}{(s+2)^2}$. 因为 $s+2$ 是二重因子，所以要分成一次和二次两项；如果是三重因子，就要分成一次、二次、三次三项，以此类推. 由上式得

$$s + 3 = A(s+2)^2 + Bs(s+2) + Cs = (A+B)s^2 + (4A+2B+C)s + 4A,$$

比较系数得

$$\begin{cases} A + B = 0 \\ 4A + 2B + C = 1 \\ 4A = 3 \end{cases}$$

得 $A = \dfrac{3}{4}$，$B = -\dfrac{3}{4}$，$C = -\dfrac{1}{2}$，

于是

$$F(s) = \frac{\dfrac{3}{4}}{s} + \frac{-\dfrac{3}{4}}{s+2} + \frac{-\dfrac{1}{2}}{(s+2)^2}$$

$$f(t) = L^{-1}\left[\frac{\dfrac{3}{4}}{s} + \frac{-\dfrac{3}{4}}{s+2} + \frac{-\dfrac{1}{2}}{(s+2)^2}\right]$$

$$= \frac{3}{4}L^{-1}\left[\frac{1}{s}\right] - \frac{3}{4}L^{-1}\left[\frac{1}{s+2}\right] - \frac{1}{2}L^{-1}\left[\frac{1}{(s+2)^2}\right]$$

$$= \frac{3}{4} - \frac{3}{4}e^{-2t} - \frac{1}{2}te^{-2t}$$

$$= \frac{1}{4}(3 - 3e^{-2t} - 2te^{-2t}).$$

对上述几种情况进行归纳如下：

(1) 象函数为 $\dfrac{p(s)}{(s-a)(s-b)}$，分解为 $\dfrac{A}{s-a} + \dfrac{B}{s-b}$；

（2）象函数为 $\dfrac{p(s)}{(s-a)(s-b)^2}$，分解为 $\dfrac{A}{s-a}+\dfrac{B}{s-b}+\dfrac{C}{(s-b)^2}$；

（3）象函数为 $\dfrac{p(s)}{(s-a)(s^2+b)}$，分解为 $\dfrac{A}{s-a}+\dfrac{Bs+C}{s^2+b}$.

其中，$p(s)$ 的次数低于分母的次数.

【例 6】 利用拉氏变换求微分方程 $y'+2y=t$ 满足初始条件 $f(0)=1$ 的解.

解 由第二节［例 8］知

$$L[f(t)]=\frac{1+s^2}{(s+2)s^2}=\frac{\dfrac{5}{4}}{s+2}-\frac{\dfrac{1}{4}}{s}+\frac{\dfrac{1}{2}}{s^2},$$

$$\begin{aligned}
f(t)&=L^{-1}\left[\frac{\dfrac{5}{4}}{s+2}-\frac{\dfrac{1}{4}}{s}+\frac{\dfrac{1}{2}}{s^2}\right]\\
&=\frac{5}{4}L^{-1}\left[\frac{1}{s+2}\right]-\frac{1}{4}L^{-1}\left[\frac{1}{s}\right]+\frac{1}{2}L^{-1}\left[\frac{1}{s^2}\right]\\
&=\frac{5}{4}\mathrm{e}^{-2t}-\frac{1}{4}+\frac{1}{2}t.
\end{aligned}$$

习 题 8 - 3

1. 填空：

（1）$L[\quad]=\dfrac{1}{s-2}$；

（2）$L[\quad]=\dfrac{1}{2s+3}$；

（3）$L[\quad]=\dfrac{2s}{s^2+25}$；

（4）$L[\quad]=\dfrac{2}{4s^2+9}$；

（5）$L[\quad]=\dfrac{3s-5}{s^2+16}$；

（6）$L[\quad]=\dfrac{s^3-s^2+s-1}{s^5}$；

（7）$L[\quad]=\dfrac{2s}{(s+3)^2}$；

（8）$L[\quad]=\dfrac{s+3}{s^2+4s+5}$；

（9）$L[\quad]=\dfrac{2s}{(s+2)(s+3)}$.

2. 求下列各式的拉氏逆变换：

（1）$L^{-1}\left[\dfrac{2s+1}{s(s+1)}\right]$；

（2）$L^{-1}\left[\dfrac{1}{s(s-3)}\right]$；

（3）$L^{-1}\left[\dfrac{1}{(s-2)^4}\right]$；

（4）$L^{-1}\left[\dfrac{3s+9}{s^2+2s+10}\right]$；

（5）$L^{-1}\left[\dfrac{8-10s}{(s+1)(s-2)^2}\right]$；

（6）$L^{-1}\left[\dfrac{1}{s^2(s+2)}\right]$；

（7）$L^{-1}\left[\dfrac{4s+3}{(s+1)(s^2+1)}\right]$；

（8）$L^{-1}\left[\dfrac{2}{s(s^2+4)}\right]$；

（9）$L^{-1}\left[\dfrac{1}{s^3-s^2}\right]$；

（10）$L^{-1}\left[\dfrac{1}{(s^2+1)(s^2+4)}\right]$.

第四节 拉氏变换的应用

解微分方程（组）

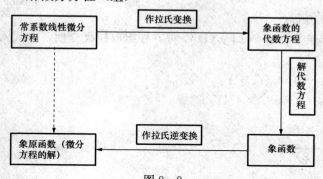

图 8-8

从本章第二节［例 8］和第三节［例 6］可得用拉氏变换解微分方程的一般步骤为：

（1）对方程两边分别求拉氏变换；

（2）解出未知函数的拉氏变换；

（3）求出象函数的拉氏逆变换，解出未知函数.

其步骤可用图像表示（见图 8-8）.

【例 1】 求解 $y''(t) + y(t) = 1$，已知 $y(0) = 1$，$y'(0) = 0$.

解 第一步，对方程两边取拉氏变换，并设 $Y = Y(s) = L[y(t)]$，得

$$L[y''(t) + y(t)] = L[1],$$

$$s^2 Y - s y(0) - y'(0) + Y = \frac{1}{s},$$

由于 $y(0) = 1$，$y'(0) = 0$，所以上式变为 $s^2 Y - s + Y = \frac{1}{s}$；

第二步，解出 $Y(s)$，

$$Y = \frac{s + \dfrac{1}{s}}{s^2 + 1} = \frac{1}{s}$$

第三步，求象函数 $Y(s)$ 的逆变换，

$$y(t) = L^{-1}[Y] = L^{-1}\left[\frac{1}{s}\right] = 1$$

【例 2】 求微分方程 $y''(t) + y(t) = 2\cos t$，满足初始条件：$y(0) = 2$，$y'(0) = 0$ 的解.

解 对方程两边求拉氏变换，并设 $Y = Y(s) = L[y(t)]$，得

$$L[y''(t) + y(t)] = L[2\cos t]$$

$$s^2 Y - s y(0) - y'(0) + Y = 2\frac{s}{s^2 + 1}$$

将 $y(0) = 2$，$y'(0) = 0$ 代入，得

$$s^2 Y - s + Y = \frac{2s}{s^2 + 1}$$

于是

$$Y = \frac{2s}{s^2 + 1} + \frac{2s}{(s^2 + 1)^2}$$

再对上式取拉氏逆变换，得

$$y(t) = L^{-1}[Y] = L^{-1}\left[\frac{2s}{s^2 + 1} + \frac{2s}{(s^2 + 1)^2}\right] = 2\cos t + t\sin t$$

这就是所求微分方程的解.

【例 3】 求方程组

$$\begin{cases} y'_1 = 2y_1 + y_2 \\ y'_2 = -y_1 + 4y_2 \end{cases}$$

满足初始条件：$y_1(0) = 0$，$y_2(0) = 1$ 的解.

解 令 $Y_1 = Y_1(s) = L[y_1(t)]$，$Y_2 = Y_2(s) = L[y_2(t)]$，对方程组取拉氏变换，并代入初始条件，得

$$\begin{cases} sY_1 - 0 = 2Y_1 + Y_2 \\ sY_2 - 1 = -Y_1 + 4Y_2 \end{cases}$$

整理后得

$$\begin{cases} Y_1 = \dfrac{1}{(s-3)^2} \\ Y_2 = \dfrac{s-2}{(s-3)^2} = \dfrac{1}{s-3} + \dfrac{1}{(s-3)^2} \end{cases}$$

取拉氏逆变换，得原方程组的解为

$$\begin{cases} y_1(t) = te^{3t} \\ y_2(t) = e^{3t} + te^{3t} \end{cases}$$

由 ［例 3］ 可以看到，应用拉氏变换可以将求解线性微分方程（组）的解 $y(t)$ 的问题，转化为求其象函数 $Y(s)$ 的线性代数方程（组）的解的问题，然后再取逆变换就得到原线性微分方程的解. 这是拉氏变换法的一大特点.

【例 4】 一个 $R = 10\Omega$ 的电阻，$L = 2H$ 的电感和一个 E（V）的电源连同开关 S 串联起来（见图 8 - 9），在 $t = 0$ 时开关闭合，此时电流 $i = 0$，若：

(1) $E = 40$；(2) $E = 20e^{-3t}$；

(3) $E = 50\sin 5t$. 求 $t > 0$ 时的电流 $i(t)$.

解 根据基尔霍夫定律，有

$$\begin{cases} i'(t) + 5i(t) = \dfrac{E}{2} \qquad ① \\ i(0) = 0 \end{cases}$$

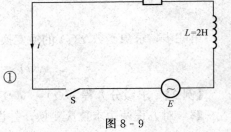

图 8 - 9

令 $I = I(s) = L[i(t)]$.

(1) 若 $E = 40$，对①取拉氏变换，并代入初始条件有

$$I = \frac{20}{s(s+5)} = 4\left(\frac{1}{s} - \frac{1}{s+5}\right)$$

取逆变换，得到电流

$$i(t) = L^{-1}[I] = 4(1 - e^{-5t})$$

(2) 若 $E = 20e^{-3t}$，则

$$I = \frac{10}{(s+3)(s+5)} = 5\left(\frac{1}{s+3} - \frac{1}{s+5}\right)$$

取逆变换，得到电流

$$i(t) = L^{-1}[I] = 5(e^{-3t} - e^{-5t})$$

（3）若 $E=50\sin 5t$，则

$$I=\frac{125}{(s+5)(s^2+5)}=\frac{25}{s+5}+\frac{\left(-\dfrac{5}{2}\right)s+\dfrac{25}{2}}{s^2+5}$$

取逆变换，得到电流

$$i(t)=L^{-1}[I]=\frac{5}{2}(\mathrm{e}^{-5t}-\cos 5t+\sin 5t)$$

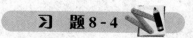 习 题 8 - 4

1. 解下列微分方程：

（1）$y''(t)-3y'(t)+2y(t)=4$，$y(0)=3$，$y'(0)=-2$；

（2）$y''(t)+16y(t)=32t$，$y(0)=3$，$y'(0)=-2$；

（3）$y''(t)+4y'(t)+4y(t)=6\mathrm{e}^{-2t}$，$y(0)=-2$，$y'(0)=8$；

（4）$y''(t)-3y'(t)+2y(t)=\mathrm{e}^{3t}$，$y(0)=1$，$y'(0)=0$.

2. 解下列各微分方程组：

（1）$\begin{cases}x'+x-y=\mathrm{e}^t\\y'+3x-2y=2\mathrm{e}^t\\x(0)=y(0)=1\end{cases}$
（2）$\begin{cases}x''+2y=0\\y'+x+y=0\\x(0)=0,x'(0)=1\\y(0)=1\end{cases}.$

本 章 小 结

一、基本要求

（1）掌握拉氏变换概念，能将分段函数用单位阶梯函数合写成一个表达式；

（2）掌握拉氏变换的性质，能够熟练利用拉氏变换的性质及拉氏变换表求函数的拉氏变换；

（3）掌握拉氏逆变换的概念和用拉氏变换表求逆变换；

（4）用拉氏变换解微分方程.

二、常用公式

（1）利用阶梯函数 $I(t)$ 将分段函数 $f(t)=\begin{cases}0,t<0\\c_1,0\leqslant t<a_1\\c_2,a_1\leqslant t<a_2\\c_3,a_2\leqslant t<a_3\\\cdots\end{cases}$ 合写成一个表达式

$$f(t)=c_1I(t)+(c_2-c_1)I(t-a_1)+(c_3-c_2)I(t-a_2)+(c_4-c_3)I(t-a_3)+\cdots,$$
其中 c_i 可以是常数，还可以是函数.

（2）求拉氏变换和拉氏逆变换，见拉氏变换表.

复习题八

1. 判断题：

(1) $L[\sin\omega t]=\dfrac{\omega}{s^2+\omega^2}$ $(s>0)$；　　　　　　　　　　　　（　　）

(2) $L[t^n]=\dfrac{n}{s^{n+1}}$ $(s>0)$；　　　　　　　　　　　　　　（　　）

(3) $L[e^{-3t}]=\dfrac{1}{s+3}$ $(s>0)$；　　　　　　　　　　　　　（　　）

(4) $L^{-1}\left[\dfrac{1}{s+1}\right]=e^t$；　　　　　　　　　　　　　　　（　　）

(5) $L^{-1}\left[\dfrac{1}{s^2}\right]=t$；　　　　　　　　　　　　　　　　（　　）

(6) $L^{-1}\left[-\dfrac{3s}{s^2+9}\right]=-\cos 3t$.　　　　　　　　　　（　　）

2. 填空题：

(1) $L^{-1}\left[\dfrac{1}{s^3}\right]=$ _____；　　　(2) $L^{-1}\left[\dfrac{1}{s^2+2s}\right]=$ _____；

(3) $L\left[\cos\dfrac{t}{\sqrt{2}}\right]=$ _____；　　　(4) $L[\sin 2t]=$ _____；

(5) $L\left[\sin 2t\cos 2t\right]=$ _____；

(6) 若 $L[f(t)]=F(s)$，则 $L[f(t)e^{\lambda t}]=$ _____；

(7) 若 $L[f(t)]=F(s)$，则 $L^{-1}[e^{-as}F(s)]=$ _____ $(a>0)$；

(8) $L^{-1}\left[\dfrac{2s}{s^2+9}\right]=$ _____.

3. 求下列各函数的拉氏变换：

(1) $2\sin 3t+5\cos 3t$；　　　　　　　(2) $e^{-t}\cos 2t$；

(3) $3t\cos 2t$；　　　　　　　　　　(4) $10\sin 3t\cos 3t$.

4. 求下列各拉氏逆变换：

(1) $L^{-1}\left[\dfrac{s}{(s-5)^3}\right]$；　　　　　　(2) $L^{-1}\left[\dfrac{s^2}{(s+1)^2}\right]$；

(3) $L^{-1}\left[\dfrac{1}{s(s+1)(s+2)}\right]$；　　(4) $L^{-1}\left[\dfrac{3s-12}{(s^2+8)(s-1)}\right]$；

(5) $L^{-1}\left[\dfrac{1}{s^4-2s^3}\right]$；　　　　　(6) $L^{-1}\left[\dfrac{1}{(s+1)^2}\right]$.

5. 解下列各微分方程：

(1) $y''(t)-3y'(t)+2y(t)=2e^{3t}$, $y(0)=0$, $y'(0)=0$；

(2) $y''(t)-y(t)=4\sin t+5\cos 2t$, $y(0)=-1$, $y'(0)=-2$；

(3) $x''(t)+4x'(t)+29x(t)=0$, $x(0)=-1$, $x'(0)=15$.

6. 解下列微分方程组：

$$(1) \begin{cases} 2x' - y - y' = 4(1 - \mathrm{e}^{-t}) \\ 2x' + y = 2(1 + 3\mathrm{e}^{-2t}) \\ x(0) = y(0) = 0 \end{cases} ;$$

$$(2) \begin{cases} x'' + y' + 3x = \cos 2t \\ y'' - 4x' + 3y = \sin 2t \\ x(0) = \dfrac{1}{5}, x'(0) = 0 . \\ y(0) = 0, \ y'(0) = \dfrac{6}{5} \end{cases}$$

第九章 行列式和矩阵

在科学研究和实际生产中，经常要遇到解多元一次线性方程组等问题，行列式和矩阵就是讨论和计算线性方程组的重要工具．本章将介绍行列式和矩阵的一些基本概念，并讨论线性方程组的解法．

第一节 二、三 阶 行 列 式

一、二阶行列式

行列式是在解线性方程组的过程中引入的，下面先研究二元一次线性方程组．

二元一次线性方程组的一般形式为

$$\begin{cases} a_{11}x_1 + a_{12}x_2 = b_1 \quad (1) \\ a_{21}x_1 + a_{22}x_2 = b_2 \quad (2) \end{cases} \qquad (9\text{-}1)$$

其中，x_1、x_2 为未知数；a_{11}、a_{12}、a_{21}、a_{22} 为未知数的系数；b_1、b_2 是常数项．

现在用加减消元法讨论这个方程组的解．

$(1)\times a_{22} - (2)\times a_{12}$ 得

$$(a_{11}a_{22} - a_{12}a_{21})x_1 = b_1 a_{22} - b_2 a_{12} \quad (3)$$

$(1)\times a_{21} - (2)\times a_{11}$ 得

$$(a_{11}a_{22} - a_{12}a_{21})x_2 = b_2 a_{11} - b_1 a_{21} \quad (4)$$

当 $a_{11}a_{22} - a_{12}a_{21} \neq 0$ 时，方程组有唯一解

$$\begin{cases} x_1 = \dfrac{b_1 a_{22} - b_2 a_{12}}{a_{11}a_{22} - a_{12}a_{21}} \\[2mm] x_2 = \dfrac{b_2 a_{11} - b_1 a_{21}}{a_{11}a_{22} - a_{12}a_{21}} \end{cases} \qquad (9\text{-}2)$$

式（9‐2）就是式（9‐1）解的公式．为了便于记忆和研究这个公式，下面对式（9‐2）再进行一些分析：式（9‐2）右端的分母都是

$$a_{11}a_{22} - a_{12}a_{21}$$

它只由方程组中未知数的系数确定，为此把方程组中未知数的系数按照它们原来的位置和顺序排成一个正方形表，并用实线画出正方形表从左上角到右下角的对角线，用虚线画出从左下角到右上角的对角线，即

可以看出，式（9‐2）右端的分母 $a_{11}a_{22} - a_{12}a_{21}$ 恰好为正方形表中实线对角线（称为主对角线）上两个数的乘积减去虚线对角线（称为次对角线）上两个数乘积之差，这种由数组成的正方形表的上述运算，可采用在表的两边各加上一条竖线的记号来表示，为此给出如下

定义：

定义 1 把四个数 a_{ij} ($i=1$，2；$j=1$，2)，排成如下方表：

$$a_{11} \quad a_{12}$$
$$a_{21} \quad a_{22}$$

并在表的两边各加上一竖线，即

$$\begin{vmatrix} a_{11} & a_{12} \\ a_{21} & a_{22} \end{vmatrix}$$

称它为二阶行列式，$a_{11}a_{22}-a_{12}a_{21}$ 称为该行列式的展开式．在二阶行列式中，横排叫作行，竖排叫作列，a_{ij} ($i=1$，2；$j=1$，2) 表示第 i 行第 j 列的数，叫作二阶行列式的元素，下标 i 叫作行标，下标 j 叫作列标（这个概念可以推广到所有的行列式）．求二阶行列式的展开式的方法，就是由主对角线上两个元素乘积减去次对角线上两个元素乘积，即

$$\begin{vmatrix} a_{11} & a_{12} \\ a_{21} & a_{22} \end{vmatrix} = a_{11}a_{22} - a_{12}a_{21} \tag{9-3}$$

称为求二阶行列式的对角线法则.

利用二阶行列式的对角线法则，去看式（9 - 2）右端的分子，显然有

$$b_1 a_{22} - b_2 a_{12} = \begin{vmatrix} b_1 & a_{12} \\ b_2 & a_{22} \end{vmatrix}$$

$$b_2 a_{11} - b_1 a_{21} = \begin{vmatrix} a_{11} & b_1 \\ a_{12} & b_2 \end{vmatrix}$$

式（9 - 1）的系数构成的行列式 $D=\begin{vmatrix} a_{11} & a_{12} \\ a_{21} & a_{22} \end{vmatrix}$ 称为系数行列式．用常数构成的一列数 $\begin{smallmatrix} b_1 \\ b_2 \end{smallmatrix}$ 置换系数行列式第一、第二列构成的行列式，分别记为 D_1、D_2．当 $D \neq 0$ 时，方程组（9 - 1）的解（9 - 2）可简单地表示为

$$x_i = \frac{D_i}{D} (i = 1,2)$$

这一公式称为二阶克莱姆法则.

【例 1】 利用克莱姆法则，解线性方程组 $\begin{cases} 2x+y=5 \\ x-3y=-1 \end{cases}$．

解 $D = \begin{vmatrix} 2 & 1 \\ 1 & -3 \end{vmatrix} = 2 \times (-3) - 1 \times 1 = -7$，

$D_1 = \begin{vmatrix} 5 & 1 \\ -1 & -3 \end{vmatrix} = 5 \times (-3) - 1 \times (-1) = -14$，

$D_2 = \begin{vmatrix} 2 & 5 \\ 1 & -1 \end{vmatrix} = 2 \times (-1) - 5 \times 1 = -7$.

所以，方程组的解为：$x = \frac{D_1}{D} = \frac{-14}{-7} = 2$，$y = \frac{D_2}{D} = \frac{-7}{-7} = 1$.

二、三阶行列式

仿照二阶行列式的定义，给出三阶行列式的定义：

定义 2　称 $\begin{vmatrix} a_{11} & a_{12} & a_{13} \\ a_{21} & a_{22} & a_{23} \\ a_{31} & a_{32} & a_{33} \end{vmatrix}$ 为三阶行列式.

它的展开式为 $a_{11}a_{22}a_{33}+a_{12}a_{23}a_{31}+a_{13}a_{21}a_{32}-a_{13}a_{22}a_{31}-a_{12}a_{21}a_{33}-a_{11}a_{23}a_{32}$，即

$$\begin{vmatrix} a_{11} & a_{12} & a_{13} \\ a_{21} & a_{22} & a_{23} \\ a_{31} & a_{32} & a_{33} \end{vmatrix} = a_{11}a_{22}a_{33}+a_{12}a_{23}a_{31}+a_{13}a_{21}a_{32}-a_{13}a_{22}a_{31}-a_{12}a_{21}a_{33}-a_{11}a_{23}a_{32}.$$

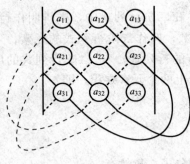

图 9 - 1

为了便于记忆，求展开式的方法如图 9 - 1 所示：

图 9 - 1 中，用实线连接的三个元素之积取"＋"，用虚线连接的三个元素之积取"－"，然后相加即得展开式，这种展开三阶行列式的方法，称为求三阶行列式值的对角线法则.

三元线性方程组 $\begin{cases} a_{11}x_1+a_{12}x_2+a_{13}x_3=b_1 \\ a_{21}x_1+a_{22}x_2+a_{23}x_3=b_2 \\ a_{31}x_1+a_{32}x_2+a_{33}x_3=b_3 \end{cases}$ 的克莱姆法则为：

$$x_i=\frac{D_i}{D}(i=1,2,3)$$

D 为系数行列式，D_i 是常数构成的一列数 $\begin{matrix} b_1 \\ b_2 \\ b_3 \end{matrix}$ 分别置换系数行列式的第 i（$i=1$，2，3）列.

【例2】　计算下列各行列式：

(1) $D_1=\begin{vmatrix} 1 & 2 & 3 \\ 2 & 3 & 5 \\ 3 & 2 & 4 \end{vmatrix}$；　(2) $D_2=\begin{vmatrix} a & 0 & 0 \\ b & b & 0 \\ c & c & c \end{vmatrix}$.

解　由对角线法则可得：

(1) $D_1=1\times3\times4+2\times2\times3+3\times5\times2-3\times3\times3-2\times5\times1-4\times2\times2$
　　 $=1$；

(2) $D_2=abc+0+0-0-0-0=abc.$

【例3】　用行列式解三元一次线性方程组 $\begin{cases} x+2y-5z=-3 \\ 4x+3y-2z=9 \\ -y+z=-1 \end{cases}$.

解　$D=\begin{vmatrix} 1 & 2 & -5 \\ 4 & 3 & -2 \\ 0 & -1 & 1 \end{vmatrix}=13$，$D_1=\begin{vmatrix} -3 & 2 & -5 \\ 9 & 3 & -2 \\ -1 & -1 & 1 \end{vmatrix}=13$，

$D_2=\begin{vmatrix} 1 & -3 & -5 \\ 4 & 9 & -2 \\ 0 & -1 & 1 \end{vmatrix}=39$，$D_3=\begin{vmatrix} 1 & 2 & -3 \\ 4 & 3 & 9 \\ 0 & -1 & -1 \end{vmatrix}=26.$

所以原方程组的解为：
$$\begin{cases} x=\dfrac{D_1}{D}=\dfrac{13}{13}=1 \\[2mm] y=\dfrac{D_2}{D}=\dfrac{39}{13}=3. \\[2mm] z=\dfrac{D_3}{D}=\dfrac{26}{13}=2 \end{cases}$$

习 题 9-1

1. 计算下列各二阶行列式：

(1) $\begin{vmatrix} 3 & 4 \\ -5 & 6 \end{vmatrix}$； (2) $\begin{vmatrix} \sin\alpha & \cos\alpha \\ -\cos\alpha & \sin\alpha \end{vmatrix}$； (3) $\begin{vmatrix} a-b & b \\ -b & a+b \end{vmatrix}$；

(4) $\begin{vmatrix} x-1 & 1 \\ x^3 & x^2+x+1 \end{vmatrix}$； (5) $\begin{vmatrix} 1+\sqrt{2} & 2-\sqrt{3} \\ 2+\sqrt{3} & 1-\sqrt{2} \end{vmatrix}$.

2. 用行列式解下列各方程组：

(1) $\begin{cases} 2x+y=12 \\ 5x-3y=-14 \end{cases}$； (2) $\begin{cases} 3x_1-x_2=6 \\ x_1-4x_2=3 \end{cases}$； (3) $\begin{cases} 2x-3y=9k \\ 4x-y=8k \end{cases}$；

(4) $\begin{cases} 8x_1-3x_2=36 \\ 9x_1+4x_2=70 \end{cases}$.

3. 求下列各行列式的值：

(1) $\begin{vmatrix} 1 & 3 & 7 \\ 8 & 2 & 1 \\ 1 & 2 & 3 \end{vmatrix}$； (2) $\begin{vmatrix} 4 & 2 & 3 \\ 7 & 5 & 0 \\ 9 & 0 & 0 \end{vmatrix}$； (3) $\begin{vmatrix} a & ka & x \\ b & kb & y \\ c & kc & z \end{vmatrix}$； (4) $\begin{vmatrix} a & b & 0 \\ c & 0 & b \\ 0 & c & a \end{vmatrix}$.

4. 用行列式解下列各线性方程组：

(1) $\begin{cases} x_1-x_2+2x_3=13 \\ x_1+x_2+x_3=10 \\ 2x_1+3x_2-x_3=1 \end{cases}$； (2) $\begin{cases} x+2y-z=-5 \\ 2x-y+z=6 \\ x-y-3z=-3 \end{cases}$； (3) $\begin{cases} x_1+x_2-3x_3=0 \\ 2x_1-x_2+4x_3=0 \\ x_1+x_2+x_3=0 \end{cases}$；

(4) $\begin{cases} ax_1+bx_2=c \\ bx_2+cx_3=a \quad (abc\neq0). \\ ax_1+cx_3=b \end{cases}$

5. 用二阶、三阶行列式的展开式，证明下列各等式：

(1) $\begin{vmatrix} a & kx \\ b & ky \end{vmatrix}=k\begin{vmatrix} a & x \\ b & y \end{vmatrix}$； (2) $\begin{vmatrix} a_1 & b_1 \\ a_2 & b_2 \end{vmatrix}=\begin{vmatrix} a_1+a_2 & b_1+b_2 \\ a_2 & b_2 \end{vmatrix}$；

(3) $\begin{vmatrix} a_1 & b_1 & c_1 \\ a_2 & b_2 & c_2 \\ a_3 & b_3 & c_3 \end{vmatrix}=a_1\begin{vmatrix} b_2 & c_2 \\ b_3 & c_3 \end{vmatrix}-b_1\begin{vmatrix} a_2 & c_2 \\ a_3 & c_3 \end{vmatrix}+c_1\begin{vmatrix} a_2 & b_2 \\ a_3 & b_3 \end{vmatrix}$.

第二节 行 列 式 的 性 质

为了简化求行列式值的计算，下面以三阶行列式为例，介绍行列式的一些重要性质，这些行列式的性质的正确性可用行列式的展开式证明.

定义 设行列式

$$D = \begin{vmatrix} a_{11} & a_{12} & a_{13} \\ a_{21} & a_{22} & a_{23} \\ a_{31} & a_{32} & a_{33} \end{vmatrix} \tag{9-4}$$

将 D 的行与列依次互换所得的行列式称为 D 的转置行列式，记为 D'，即

$$D' = \begin{vmatrix} a_{11} & a_{21} & a_{31} \\ a_{12} & a_{22} & a_{32} \\ a_{13} & a_{23} & a_{33} \end{vmatrix}$$

性质 1 行列互换，其值不变，即 $D = D'$.

这个性质说明了行列式关于行成立的性质，对列也同样成立. 因此，下面主要讨论行列式的行所具有的性质.

性质 2 行行互换，其值变号.

例如，将 D 的第一行与第三行互换，有

$$\begin{vmatrix} a_{11} & a_{12} & a_{13} \\ a_{21} & a_{22} & a_{23} \\ a_{31} & a_{32} & a_{33} \end{vmatrix} = - \begin{vmatrix} a_{31} & a_{32} & a_{33} \\ a_{21} & a_{22} & a_{23} \\ a_{11} & a_{12} & a_{13} \end{vmatrix}$$

性质 3 行列式某行的各元素有公因子时，可将公因子提到行列式符号的外面.

例如，$$\begin{vmatrix} a_{11} & a_{12} & a_{13} \\ a_{21} & a_{22} & a_{23} \\ ka_{31} & ka_{32} & ka_{33} \end{vmatrix} = k \begin{vmatrix} a_{11} & a_{12} & a_{13} \\ a_{21} & a_{22} & a_{23} \\ a_{31} & a_{32} & a_{33} \end{vmatrix}.$$

性质 4 若行列式中某两行对应元素成比例，则此行列式的值为零.

例如，$$\begin{vmatrix} a_{11} & a_{12} & a_{13} \\ a_{21} & a_{22} & a_{23} \\ a_{21} & a_{22} & a_{23} \end{vmatrix} = 0.$$

推论 1 若行列式中某两行对应元素相同，则此行列式的值为零.

推论 2 若行列式中某一行的元素都为零，则此行列式的值为零.

性质 5 若行列式的某一行元素都是二项式，那么这个行列式等于把这些二项式各取一项作为相应的行，而其余的行不变的两个行列式之和.

例如，$$\begin{vmatrix} a_{11} & a_{12} & a_{13} \\ a_{21} & a_{22} & a_{23} \\ a_{31}+x & a_{32}+y & a_{33}+z \end{vmatrix} = \begin{vmatrix} a_{11} & a_{12} & a_{13} \\ a_{21} & a_{22} & a_{23} \\ a_{31} & a_{32} & a_{33} \end{vmatrix} + \begin{vmatrix} a_{11} & a_{12} & a_{13} \\ a_{21} & a_{22} & a_{23} \\ x & y & z \end{vmatrix}.$$

性质 6 行列式的某一行的各元素乘以一个数加在另外一行对应元素上去，则此行列式的值不变.

例如，$\begin{vmatrix} a_{11} & a_{12} & a_{13} \\ a_{21} & a_{22} & a_{23} \\ a_{31} & a_{32} & a_{33} \end{vmatrix} = \begin{vmatrix} a_{11} & a_{12} & a_{13} \\ a_{21} & a_{22} & a_{23} \\ a_{31}+ka_{21} & a_{32}+ka_{22} & a_{33}+ka_{23} \end{vmatrix}.$

下面先介绍余子式和代数余子式的概念，再介绍性质 7 和性质 8.

在行列式中，划去元素 a_{ij} 所在的第 i 行和第 j 列后，由剩下的元素按原来的顺序所组成的行列式，称为元素 a_{ij} 的余子式，记为 M_{ij}. 例如，对式（9-4）中的行列式 D，则有

$$M_{12} = \begin{vmatrix} a_{21} & a_{23} \\ a_{31} & a_{33} \end{vmatrix}, M_{33} = \begin{vmatrix} a_{11} & a_{12} \\ a_{21} & a_{22} \end{vmatrix}$$

行列式中，元素 a_{ij} 的余子式 M_{ij} 与 $(-1)^{i+j}$ 的乘积，称为元素 a_{ij} 的代数余子式，记为 A_{ij}，即 $A_{ij} = (-1)^{i+j}M_{ij}$.

性质 7 行列式 D 的值，等于任意一行的元素分别与它的代数余子式的乘积之和，即

$$D = a_{i1}A_{i1} + a_{i2}A_{i2} + a_{i3}A_{i3}(i = 1,2,3)$$

性质 8 行列式的某一行的各元素与另一行的对应元素的代数余子式的乘积之和等于零.

例如，对式（9-4）中的行列式 D，则有 $a_{21}A_{11}+a_{22}A_{12}+a_{23}A_{13}=0$. 这相当于将行列式 $\begin{vmatrix} a_{21} & a_{22} & a_{23} \\ a_{21} & a_{22} & a_{23} \\ a_{31} & a_{32} & a_{33} \end{vmatrix}$ 按第一行展开，明显其结果为 0.

上面 8 个性质对列同样也成立.

【例 1】 按第二列的元素展开行列式 $\begin{vmatrix} -2 & 1 & 3 \\ 5 & -4 & 8 \\ 3 & 0 & 5 \end{vmatrix}$，计算该行列式的值.

解 $A_{12}=(-1)^{1+2}\begin{vmatrix} 5 & 8 \\ 3 & 5 \end{vmatrix}=-1, A_{22}=(-1)^{2+2}\begin{vmatrix} -2 & 3 \\ 3 & 5 \end{vmatrix}=-19,$

$A_{32}=(-1)^{3+2}\begin{vmatrix} -2 & 3 \\ 5 & 8 \end{vmatrix}=31,$

$\begin{vmatrix} -2 & 1 & 3 \\ 5 & -4 & 8 \\ 3 & 0 & 5 \end{vmatrix}=1\times(-1)+(-4)\times(-19)+0\times31=75.$

【例 2】 利用行列式的性质计算下列各行列式：

(1) $\begin{vmatrix} 3 & 2 & 6 \\ 8 & 10 & 9 \\ 6 & -2 & 21 \end{vmatrix}$； (2) $\begin{vmatrix} 5 & -1 & 3 \\ 3 & 2 & 1 \\ 295 & 201 & 97 \end{vmatrix}$.

解 (1) 原式 $=2\times3\begin{vmatrix} 3 & 1 & 2 \\ 8 & 5 & 3 \\ 6 & -1 & 7 \end{vmatrix}=6\begin{vmatrix} 3 & 1+2 & 2 \\ 8 & 5+3 & 3 \\ 6 & -1+7 & 7 \end{vmatrix}=6\begin{vmatrix} 3 & 3 & 2 \\ 8 & 8 & 3 \\ 6 & 6 & 7 \end{vmatrix}=0;$

(2) 原式 $=\begin{vmatrix} 5 & -1 & 3 \\ 3 & 2 & 1 \\ 300 & 200 & 100 \end{vmatrix}=0.$

【例 3】 利用行列式的性质，证明：

$$\begin{vmatrix} a+b & c & -a \\ a+c & b & -c \\ b+c & a & -b \end{vmatrix} = \begin{vmatrix} b & a & c \\ a & c & b \\ c & b & a \end{vmatrix}.$$

证 左边 $= \begin{vmatrix} b & c & -a \\ a & b & -c \\ c & a & -b \end{vmatrix} = - \begin{vmatrix} b & c & a \\ a & b & c \\ c & a & b \end{vmatrix} = \begin{vmatrix} b & a & c \\ a & c & b \\ c & b & a \end{vmatrix} =$ 右边.

习 题 9 - 2

1. 利用行列式的性质，计算下列各行列式：

(1) $\begin{vmatrix} 6 & 7 & -2 \\ 1 & -1 & 3 \\ 12 & 14 & -4 \end{vmatrix}$;   (2) $\begin{vmatrix} 3 & 1 & 2 \\ 290 & 106 & 196 \\ 5 & -3 & 2 \end{vmatrix}$.

2. 利用行列式的性质，证明下列各等式：

(1) $\begin{vmatrix} a+b-c & c & -a \\ a-b+c & b & -c \\ -a+b+c & a & -b \end{vmatrix} = \begin{vmatrix} b & a & c \\ a & c & b \\ c & b & a \end{vmatrix}$;   (2) $\begin{vmatrix} 1 & a & a^2 \\ 1 & b & b^2 \\ 1 & c & c^2 \end{vmatrix} = (b-a)(c-a)(c-b)$;

(3) $\begin{vmatrix} 0 & -ma & nab \\ c & 0 & -nb \\ -c & m & 0 \end{vmatrix} = 0$;   (4) $\begin{vmatrix} 1 & 1 & 1 \\ p & q & p+q \\ q & p & 0 \end{vmatrix} = 0$;

(5) $\begin{vmatrix} 2 & 5 & 4 \\ -1 & 3 & 1 \\ 3 & 2 & 3 \end{vmatrix} + \begin{vmatrix} -1 & 2 & 3 \\ 3 & 5 & 2 \\ 1 & 4 & 3 \end{vmatrix} = 0$.

第三节　高阶行列式

与二阶、三阶行列式定义相类似，可以得出 n 阶行列式的定义.

定义 称 $\begin{vmatrix} a_{11} & a_{12} & \cdots & a_{1n} \\ a_{21} & a_{22} & \cdots & a_{2n} \\ \vdots & \vdots & \cdots & \vdots \\ a_{n1} & a_{n2} & \cdots & a_{nn} \end{vmatrix}$ 为 n 阶行列式，可简记为 D，它是由 n^2 个元素 a_{ij} $(i, j=1,$

$2, \cdots, n)$ 组成，排成 n 行 n 列，从左上角到右下角的对角线，称为行列式的主对角线，从左下角到右上角的对角线，称为行列式的次对角线. 划去 a_{ij} 所在的行与列的元素，其余元素按原来的位置关系排列，得到的 $n-1$ 阶行列式称为 a_{ij} 的余子式，记为 M_{ij}，$A_{ij} = (-1)^{i+j} M_{ij}$ 称为 a_{ij} 的代数余子式. n 阶行列式表示一个代数式，要求这个代数式，即行列式的展开式，可用性质 7，将 n 阶行列式按任一行（或列）展开成 n 个 $n-1$ 阶行列式之和，就可以算出这个 n 阶行列式的值. 这里着重讲四阶行列式的计算.

【例 1】 已知 $D=\begin{vmatrix} 1 & -1 & 2 & 1 \\ 2 & 1 & 2 & 0 \\ 3 & 1 & 0 & -1 \\ -2 & 0 & 1 & 2 \end{vmatrix}$，计算行列式的值.

解 （方法一）按第二行将行列式展开得

$$D=2\times(-1)^{2+1}\begin{vmatrix} -1 & 2 & 1 \\ 1 & 0 & -1 \\ 0 & 1 & 2 \end{vmatrix}+(-1)^{2+2}\begin{vmatrix} 1 & 2 & 1 \\ 3 & 0 & -1 \\ -2 & 1 & 2 \end{vmatrix}+2\times(-1)^{2+3}\begin{vmatrix} 1 & -1 & 1 \\ 3 & 1 & -1 \\ -2 & 0 & 2 \end{vmatrix}$$

$$=2\times4+(-4)+2\times(-8)=-12.$$

（方法二）综合使用性质 2～性质 7，化简得

$$D=\begin{vmatrix} 1 & -1 & 2 & 1 \\ 2 & 1 & 2 & 0 \\ 4 & 0 & 2 & 0 \\ -4 & 2 & -3 & 0 \end{vmatrix}=1\times(-1)^{1+4}\begin{vmatrix} 2 & 1 & 2 \\ 4 & 0 & 2 \\ -4 & 2 & -3 \end{vmatrix}=-2\begin{vmatrix} 1 & 1 & 2 \\ 2 & 0 & 2 \\ -2 & 2 & -3 \end{vmatrix}$$

$$=-2\begin{vmatrix} 1 & 1 & 2 \\ 0 & -2 & -2 \\ 0 & 4 & 1 \end{vmatrix}=-2\times(-1)^{1+1}\begin{vmatrix} -2 & -2 \\ 4 & 1 \end{vmatrix}=-2\times(-2+8)=-12.$$

明显方法二比方法一简单，因为第四列只有一个元素不为 0，其余元素都为 0，只需算一个三阶行列式的值就行. 这种方法对四阶行列式很适用，但当阶数增加时，即阶数很大时，计算也很麻烦，下面介绍另一种计算方法，对阶数很大时，计算比较方便.

主对角线下方（或上方）的元素全为零的行列式，称为上（或下）三角行列式，上三角行列式和下三角行列式合称为三角行列式.

例如，$\begin{vmatrix} 1 & 0 & 0 & 0 \\ 2 & 3 & 0 & 0 \\ 2 & 1 & 2 & 0 \\ 1 & 2 & 3 & 4 \end{vmatrix}$，$\begin{vmatrix} 1 & 3 & 5 & 7 \\ 0 & -3 & 3 & 5 \\ 0 & 0 & 3 & 2 \\ 0 & 0 & 0 & 4 \end{vmatrix}$ 都是三角行列式.

三角行列式的值等于主对角线上全体元素的乘积. 这一结论同三阶三角行列式一样.

在行列式进行等值变形时，本书约定：将第 n 行加到第 m 行时，记为 $(n)+(m)$；将第 n 行的 k 倍加到第 m 行时，记为 $k(n)+(m)$；第 n 行第 m 行交换时，记 $(n)\leftrightarrow(m)$. 在作列的等值变形时，只需将行的记号 ( ) 改为 [ ] 就行，比如，第 n 列加到第 m 列，记为 $[n]+[m]$，其余类推.

【例 2】 计算行列式 $\begin{vmatrix} 4 & 1 & 2 & 3 \\ -5 & 1 & 2 & 0 \\ 2 & 1 & 0 & 1 \\ 0 & 3 & -1 & -1 \end{vmatrix}$.

解 根据性质 6，

$$\text{原式}[1]\leftrightarrow[2]-\begin{vmatrix}1&4&2&3\\1&-5&2&0\\1&2&0&1\\3&0&-1&-1\end{vmatrix}\begin{array}{l}-(1)+(2)\\-(1)+(3)\\-3(1)+(4)\end{array}-\begin{vmatrix}1&4&2&3\\0&-9&0&-3\\0&-2&-2&-2\\0&-12&-7&-10\end{vmatrix}$$

$$=-(-3)\times(-2)\begin{vmatrix}1&4&2&3\\0&3&0&1\\0&1&1&1\\0&-12&-7&-10\end{vmatrix}\underline{(2)\leftrightarrow(3)6}\begin{vmatrix}1&4&2&3\\0&1&1&1\\0&3&0&1\\0&-12&-7&-10\end{vmatrix}$$

$$\begin{array}{l}-3(2)+(3)\\12(2)+(4)\end{array}6\begin{vmatrix}1&4&2&3\\0&1&1&1\\0&0&-3&-2\\0&0&5&2\end{vmatrix}\underline{2(3)+(4)6}\begin{vmatrix}1&4&2&3\\0&1&1&1\\0&0&-3&-2\\0&0&-1&-2\end{vmatrix}$$

$$\underline{(3)\leftrightarrow(4)-6}\begin{vmatrix}1&4&2&3\\0&1&1&1\\0&0&-1&-2\\0&0&-3&-2\end{vmatrix}\underline{-3(3)+(4)-6}\begin{vmatrix}1&4&2&3\\0&1&1&1\\0&0&-1&-2\\0&0&0&4\end{vmatrix}$$

$$=-6\times1\times1\times(-1)\times4=24.$$

【例3】 计算行列式 $\begin{vmatrix}b&a&a&a\\a&b&a&a\\a&a&b&a\\a&a&a&b\end{vmatrix}$.

解 该行列式的特点是各行（或各列）的元素之和均为 $3a+b$，因此

$$\text{原式}\begin{array}{l}(2)+(1)\\(3)+(1)\\(4)+(1)\end{array}\begin{vmatrix}3a+b&3a+b&3a+b&3a+b\\a&b&a&a\\a&a&b&a\\a&a&a&b\end{vmatrix}=(3a+b)\begin{vmatrix}1&1&1&1\\a&b&a&a\\a&a&b&a\\a&a&a&b\end{vmatrix}$$

$$\begin{array}{l}-a(1)+(2)\\-a(1)+(3)\\-a(1)+(4)\end{array}\begin{vmatrix}1&1&1&1\\0&b-a&0&0\\0&0&b-a&0\\0&0&0&b-a\end{vmatrix}=(3a+b)(b-a)^3.$$

【例4】 计算行列式 $\begin{vmatrix}1&1&1&1\\a&b&c&d\\a^2&b^2&c^2&d^2\\a^3&b^3&c^3&d^3\end{vmatrix}$.

解 由第四行开始，每一行减去上面一行的 a 倍得

原式 $=\begin{vmatrix} 1 & 1 & 1 & 1 \\ 0 & b-a & c-a & d-a \\ 0 & b(b-a) & c(c-a) & d(d-a) \\ 0 & b^2(b-a) & c^2(c-a) & d^2(d-a) \end{vmatrix}$

$=\begin{vmatrix} b-a & c-a & d-a \\ b(b-a) & c(c-a) & d(d-a) \\ b^2(b-a) & c^2(c-a) & d^2(d-a) \end{vmatrix} = (b-a)(c-a)(d-a)\begin{vmatrix} 1 & 1 & 1 \\ b & c & d \\ b^2 & c^2 & d^2 \end{vmatrix}$

$=(b-a)(c-a)(d-a)\begin{vmatrix} 1 & 1 & 1 \\ 0 & c-b & d-b \\ 0 & c(c-b) & d(d-b) \end{vmatrix}$

$=(b-a)(c-a)(d-a)\begin{vmatrix} c-b & d-b \\ c(c-b) & d(d-b) \end{vmatrix}$

$=(b-a)(c-a)(d-a)(c-b)(d-b)\begin{vmatrix} 1 & 1 \\ c & d \end{vmatrix}$

$=(b-a)(c-a)(d-a)(c-b)(d-b)(d-c).$

由上例可以看出，利用化简—展开—再化简—再展开的方法来计算行列式，比一直化成三角行列式再求值的方法要简单一些，因为再化简时，行列式已降低了阶数，这两种方法都是计算行列式值的常用方法，读者可以通过练习进行比较，以便很好掌握这两种方法.

习 题 9 - 3

1. 计算下列各行列式：

(1) $\begin{vmatrix} 1 & 2 & 3 & 4 \\ 2 & 4 & 7 & 8 \\ 0 & 0 & 1 & 0 \\ 9 & -7 & 8 & -3 \end{vmatrix}$;

(2) $\begin{vmatrix} 2 & 1 & -5 & 8 \\ 1 & -3 & 0 & 9 \\ 0 & 2 & -1 & -5 \\ 1 & 4 & -7 & 0 \end{vmatrix}$;

(3) $\begin{vmatrix} \dfrac{1}{\sqrt{2}} & \dfrac{1}{\sqrt{6}} & -\dfrac{1}{\sqrt{12}} & \dfrac{1}{2} \\ \dfrac{1}{\sqrt{2}} & -\dfrac{1}{\sqrt{6}} & \dfrac{1}{\sqrt{12}} & -\dfrac{1}{2} \\ 0 & \dfrac{2}{\sqrt{6}} & \dfrac{1}{\sqrt{12}} & -\dfrac{1}{2} \\ 0 & 0 & \dfrac{3}{\sqrt{12}} & \dfrac{1}{2} \end{vmatrix}$;

(4) $\begin{vmatrix} 1 & 2 & 3 & \cdots & n-1 & n \\ 1 & 3 & 3 & \cdots & n-1 & n \\ 1 & 2 & 5 & \cdots & n-1 & n \\ \cdots & \cdots & \cdots & \cdots & \cdots & \cdots \\ 1 & 2 & 3 & \cdots & 2n-3 & n \\ 1 & 2 & 3 & \cdots & n-1 & 2n-1 \end{vmatrix}$.

2. 证明：

(1) $\begin{vmatrix} a & c & d & b \\ a & c & b & d \\ c & a & b & d \\ c & a & d & b \end{vmatrix}=0$;

(2) $\begin{vmatrix} a^2 & (a+1)^2 & (a+2)^2 & (a+3)^2 \\ b^2 & (b+1)^2 & (b+2)^2 & (b+3)^2 \\ c^2 & (c+1)^2 & (c+2)^2 & (c+3)^2 \\ d^2 & (d+1)^2 & (d+2)^2 & (d+3)^2 \end{vmatrix}=0$;

(3) $\begin{vmatrix} 1+x & 1 & 1 & 1 \\ 1 & 1-x & 1 & 1 \\ 1 & 1 & 1+y & 1 \\ 1 & 1 & 1 & 1-y \end{vmatrix} = x^2 y^2;$

(4) $\begin{vmatrix} a_{11} & a_{12} & a_{13} & a_{14} & a_{15} \\ a_{21} & a_{22} & a_{23} & a_{24} & 0 \\ a_{31} & a_{32} & a_{33} & 0 & 0 \\ a_{41} & a_{42} & 0 & 0 & 0 \\ a_{51} & 0 & 0 & 0 & 0 \end{vmatrix} = a_{15}a_{24}a_{33}a_{42}a_{51}.$

第四节 克 莱 姆 法 则

与二元、三元线性方程组的行列式解法相仿，由 n 个方程组成的 n 元线性方程组的解也可以用 n 阶行列式来表示.

n 元线性方程组

$$\begin{cases} a_{11}x_1 + a_{12}x_2 + \cdots + a_{1n}x_n = b_1 \\ a_{21}x_1 + a_{22}x_2 + \cdots + a_{2n}x_n = b_2 \\ \cdots \\ a_{n1}x_1 + a_{n2}x_2 + \cdots + a_{nn}x_n = b_n \end{cases} \tag{9-5}$$

定理（克莱姆法则） 若 n 元线性方程组（9-5）的系数行列式

$$D = \begin{vmatrix} a_{11} & a_{12} & \cdots & a_{1n} \\ a_{21} & a_{22} & \cdots & a_{2n} \\ \vdots & \vdots & \cdots & \vdots \\ a_{n1} & a_{n2} & \cdots & a_{nn} \end{vmatrix} \neq 0$$

则方程组有唯一解：$x_j = \dfrac{D_j}{D}$, $(j=1, 2, \cdots, n)$, 其中, D_j 是用方程组中的常数项构成一

列数 $\begin{matrix} b_1 \\ b_2 \\ \vdots \\ b_n \end{matrix}$ 替换 D 中第 j 列所得的行列式.

【例1】 解方程组 $\begin{cases} x_1 + x_2 + 2x_3 + 3x_4 = 4 \\ x_1 + x_2 + x_4 = 4 \\ 3x_1 + 2x_2 + 5x_3 + 10x_4 = 12 \\ 4x_1 + 5x_2 + 9x_3 + 13x_4 = 18 \end{cases}.$

解 系数数行列式 $D = \begin{vmatrix} 1 & 1 & 2 & 3 \\ 1 & 1 & 0 & 1 \\ 3 & 2 & 5 & 10 \\ 4 & 5 & 9 & 13 \end{vmatrix} = -4 \neq 0$，故方程组有唯一解.

$$D_1 = \begin{vmatrix} 4 & 1 & 2 & 3 \\ 4 & 1 & 0 & 1 \\ 12 & 2 & 5 & 10 \\ 18 & 5 & 9 & 13 \end{vmatrix} = -4, \quad D_2 = \begin{vmatrix} 1 & 4 & 2 & 3 \\ 1 & 4 & 0 & 1 \\ 3 & 12 & 5 & 10 \\ 4 & 18 & 9 & 13 \end{vmatrix} = -8,$$

$$D_3 = \begin{vmatrix} 1 & 1 & 4 & 3 \\ 1 & 1 & 4 & 1 \\ 3 & 2 & 12 & 10 \\ 4 & 5 & 18 & 13 \end{vmatrix} = 4, \quad D_4 = \begin{vmatrix} 1 & 1 & 2 & 4 \\ 1 & 1 & 0 & 4 \\ 3 & 2 & 5 & 12 \\ 4 & 5 & 9 & 18 \end{vmatrix} = -4.$$

则方程组的解为：$x_1 = \dfrac{D_1}{D} = \dfrac{-4}{-4} = 1$，$x_2 = \dfrac{D_2}{D} = \dfrac{-8}{-4} = 2$，

$$x_3 = \frac{D_3}{D} = \frac{4}{-4} = -1, \quad x_4 = \frac{D_4}{D} = \frac{-4}{-4} = 1.$$

【例2】 工厂生产技术科一项资料反映，若一次投料生产，能获得产品和副产品共四种，每一种产品的成本未单独核算，现投料4次实验的总成本如表9-1所示，试求每种产品的单位成本.

表9-1   实 验 的 总 成 本

批 次	产品（kg）				总成本（元）
	A	B	C	D	
第一批	40	20	20	10	580
第二批	10	50	40	20	510
第三批	20	8	8	4	272
第四批	80	36	32	12	1100

解 设 A、B、C、D 四种产品的单位成本分别为 x、y、z、w（单位：元），由题意得

方程组：$\begin{cases} 40x + 20y + 20z + 10w = 580 \\ 10x + 50y + 40z + 20w = 510 \\ 20x + 8y + 8z + 4w = 272 \\ 80x + 36y + 32z + 12w = 1100 \end{cases}$

方程组简化为 $\begin{cases} 4x + 2y + 2z + w = 58 \\ x + 5y + 4z + 2w = 51 \\ 5x + 2y + 2z + w = 68 \\ 20x + 9y + 8z + 3w = 275 \end{cases}$,

系数行列式 $D = \begin{vmatrix} 4 & 2 & 2 & 1 \\ 1 & 5 & 4 & 2 \\ 5 & 2 & 2 & 1 \\ 20 & 9 & 8 & 3 \end{vmatrix} = 2 \neq 0$，故方程组有唯一解.

$$D_1 = \begin{vmatrix} 58 & 2 & 2 & 1 \\ 51 & 5 & 4 & 2 \\ 68 & 2 & 2 & 1 \\ 275 & 9 & 8 & 3 \end{vmatrix} = 20, \quad D_2 = \begin{vmatrix} 4 & 58 & 2 & 1 \\ 1 & 51 & 4 & 2 \\ 5 & 68 & 2 & 1 \\ 20 & 275 & 8 & 3 \end{vmatrix} = 10,$$

$$D_3 = \begin{vmatrix} 4 & 2 & 58 & 1 \\ 1 & 5 & 51 & 2 \\ 5 & 2 & 68 & 1 \\ 20 & 9 & 275 & 3 \end{vmatrix} = 6, \quad D_4 = \begin{vmatrix} 4 & 2 & 2 & 58 \\ 1 & 5 & 4 & 51 \\ 5 & 2 & 2 & 68 \\ 20 & 9 & 8 & 275 \end{vmatrix} = 4.$$

则方程组的解为：$x = \dfrac{D_1}{D} = \dfrac{20}{2} = 10$，$y = \dfrac{D_2}{D} = \dfrac{10}{2} = 5$，

$$z = \frac{D_3}{D} = \frac{6}{2} = 3, \quad w = \frac{D_4}{D} = \frac{4}{2} = 2.$$

所以，这四种产品的单位成本分别为 10 元、5 元、3 元、2 元.

习 题 9 - 4

1. 用克莱姆法则解下列各线性方程组：

(1) $\begin{cases} x_1 + x_2 + x_3 + x_4 = 5 \\ x_1 + 2x_2 - x_3 + 4x_4 = -2 \\ 2x_1 - 3x_2 - x_3 - 5x_4 = -2 \\ 3x_1 + x_2 + 2x_3 + 11x_4 = 0 \end{cases}$；

(2) $\begin{cases} 5x_1 + 6x_2 = 1 \\ x_1 + 5x_2 + 6x_3 = -2 \\ x_2 + 5x_3 + 6x_4 = 2 \\ x_3 + 5x_4 + 6x_5 = -2 \\ x_4 + 5x_5 = -4 \end{cases}$；

(3) $\begin{cases} 3x_1 + 4x_2 + 3x_3 - 10x_4 = 1 \\ 2x_1 - x_2 - x_3 - 2x_4 = 5 \\ x_1 + x_2 + 4x_3 + x_4 = -2 \\ x_1 - x_2 + 3x_3 + 3x_4 = -2 \end{cases}$.

2. 已知 $a^2 \neq b^2$，试证方程组 $\begin{cases} ax_1 + bx_4 = 0 \\ ax_2 + bx_3 = 0 \\ bx_2 + ax_3 = 0 \\ bx_1 + ax_4 = 0 \end{cases}$ 只有零解.

第五节　矩阵概念及其基本运算

一、矩阵的概念

四川电院电气系有三个班数学期末考试成绩统计如表 9 - 2 所示.

表 9 - 2　　　　　　　　　　期 末 考 试 成 绩 统 计

班级 ＼ 分数	60 分以下	60～70 分	70～80 分	80～90 分	90 分以上
用电 051	6	12	13	9	5
用电 052	4	11	12	14	6
用电 053	5	10	13	12	6

去掉统计表的栏目，将学生成绩按不同班级，不同分数段排成三行四列的矩形数表：

$$\begin{matrix} 6 & 12 & 13 & 9 & 5 \\ 4 & 11 & 12 & 14 & 6 \\ 5 & 10 & 13 & 12 & 6 \end{matrix}$$

又例如，n 个未知数，m 个方程的线性方程组（称为 n 元线性方程组）

$$\begin{cases} a_{11}x_1 + a_{12}x_2 + \cdots + a_{1n}x_n = b_1 \\ a_{21}x_1 + a_{22}x_2 + \cdots + a_{2n}x_n = b_2 \\ \cdots \\ a_{m1}x_1 + a_{m2}x_2 + \cdots + a_{mn}x_n = b_m \end{cases} \tag{9-6}$$

若将系数和常数项按照它们原来的位置顺序排出来，也可以得一矩形数表：

$$\begin{matrix} a_{11} & a_{12} & \cdots & a_{1n} & b_1 \\ a_{21} & a_{22} & \cdots & a_{2n} & b_2 \\ \vdots & \vdots & \vdots & \vdots & \vdots \\ a_{m1} & a_{m2} & \cdots & a_{mn} & b_m \end{matrix}$$

为了研究这些数表，下面给出矩阵的定义.

定义 1 由 $m \times n$ 个数排成 m 行 n 列的数表，两边再加上圆括号（或方括号），称为 $m \times n$ 矩阵（或称 m 行 n 列矩阵），记为 $(a_{ij})_{m \times n}$，即

$$(a_{ij})_{m \times n} = \begin{bmatrix} a_{11} & a_{12} & \cdots & a_{1n} \\ a_{21} & a_{22} & \cdots & a_{2n} \\ \vdots & \vdots & \vdots & \vdots \\ a_{m1} & a_{m2} & \cdots & a_{mn} \end{bmatrix}$$

矩阵中的每个数都称为矩阵的元素，a_{ij} 表示矩阵的第 i 行与第 j 列交点处的元素，矩阵常用大写字母 A、B、C…表示，矩阵也可简记为 $(a_{ij})_{m \times n}$ 或 $A_{m \times n}$.

在此须指出，矩阵与行列式是不同的概念，行列式表示的是由它的元素按照一定的运算规则所确定的一个代数式，而矩阵表示的仅是个数表；另外行列式行数与列数相等，而矩阵的行数与列数不一定相等.

定义 2 如果矩阵 A、B 有相同的行数与列数，并且对应位置上的元素均相等，则称矩阵与矩阵相等，记为 $A = B$.

二、几种特殊的矩阵

有些特殊结构的矩阵在矩阵的运算及其应用中，具有特殊的含义及作用. 下面将其名称介绍如下：

当 $m = n$ 时，矩阵 A 称为 n 阶方阵，方阵 A 的行列式，记为 $\det A$. n 阶方阵中，从左上角到右下角的对角线，称为主对角线，主对角线上的元素称为主对角线元素.

当 $m = 1$ 时，矩阵 A 只有一行，称为行矩阵.

当 $n = 1$ 时，矩阵 A 只有一列，称为列矩阵.

在 n 阶方阵中，主对角线以外的元素全为零的矩阵，称为对角阵.

主对角线元素全为 1 的对角阵，称为单位矩阵（或单位阵），记为 I_n 或 I.

主对角线一侧的所有元素均为零的方阵，称为三角形矩阵（三角阵），记为 L. 三角阵分为上三角阵（主对角线下侧的所有元素均为零）与下三角阵（主对角线上侧的所有元素均为零），分别记为 $L_上$ 或 $L_下$.

比如：$L_{上} = \begin{bmatrix} 1 & 2 & 3 \\ 0 & 3 & 4 \\ 0 & 0 & 5 \end{bmatrix}$，$L_{下} = \begin{bmatrix} 2 & 0 & 0 & 0 \\ 3 & 1 & 0 & 0 \\ 1 & 3 & 5 & 0 \\ 2 & 2 & 3 & 1 \end{bmatrix}$.

所有元素均为零的矩阵，称为零矩阵（零阵），记为 O.

将矩阵 A 的行列互换所得的矩阵，称为矩阵的转置矩阵，记为 A'. 显然，对任何矩阵 A 都有 $(A')' = A$.

由 n 元线性方程组（9-6）的未知数的系数，按原来位置排列所构成的矩阵，称为方程组的系数矩阵，记为 A，由未知数的系数与常数项按原来位置排列所构成的矩阵，称为方程组的增广矩阵，记为 $\widetilde{A}$，即

$$A = \begin{bmatrix} a_{11} & a_{12} & \cdots & a_{1n} \\ a_{21} & a_{22} & \cdots & a_{2n} \\ \vdots & \vdots & \vdots & \vdots \\ a_{m1} & a_{m2} & \cdots & a_{mn} \end{bmatrix}, \widetilde{A} = \begin{bmatrix} a_{11} & a_{12} & \cdots & a_{1n} & b_1 \\ a_{21} & a_{22} & \cdots & a_{2n} & b_2 \\ \vdots & \vdots & \vdots & \vdots & \vdots \\ a_{m1} & a_{m2} & \cdots & a_{mn} & b_m \end{bmatrix}.$$

三、矩阵的运算

矩阵这一数学工具之所以有广泛的应用，不在于把一些数据排成矩形表本身，而在于对它所规定的一些有重要意义的运算.

1. 矩阵的加法与减法

定义 3　设矩阵 $A = (a_{ij})_{m \times n}$，$B = (b_{ij})_{m \times n}$，它们的和（差）为 $A \pm B = (a_{ij} \pm b_{ij})_{m \times n}$.

例如：$A = \begin{bmatrix} 1 & 3 \\ 2 & 5 \\ 0 & 4 \end{bmatrix}$，$B = \begin{bmatrix} -2 & 2 \\ 1 & 4 \\ -3 & 1 \end{bmatrix}$，则 $A + B = \begin{bmatrix} -1 & 5 \\ 3 & 9 \\ -3 & 5 \end{bmatrix}$.

显然，两矩阵的和（差）只有当矩阵的行数和列数分别相等时才有意义，否则不能相加（减）.

2. 数乘矩阵

定义 4　设 k 是一个数，用数 k 乘矩阵 $A = (a_{ij})$ 的每个元素，称为数 k 乘矩阵 A，即
$$kA = k(a_{ij}) = (ka_{ij}) = Ak.$$

比如，$A = \begin{bmatrix} 1 & 3 \\ 2 & 5 \end{bmatrix}$，$3A = \begin{bmatrix} 3 & 9 \\ 6 & 15 \end{bmatrix}$.

矩阵的加法与数的乘法，满足下列运算律：

(1) 交换律　$A + B = B + A$，$kA = Ak$；

(2) 结合律　$A + (B + C) = (A + B) + C$，$k(lA) = (kl)A$；

(3) 分配律　$(k + l)A = kA + lA$，$k(A + B) = kA + kB$.

【例 1】　甲、乙两同学期中考试和期末考试的数理化三科成绩如表 9-3、表 9-4 所示.

表 9-3	期　中　考　试		
科目	数	理	化
甲	70	85	85
乙	90	84	73

表 9-4	期　末　考　试		
科目	数	理	化
甲	80	60	90
乙	85	65	74

试求甲、乙两同学这两次考试中，每人数理化的各科总分.

解 将这两次考试中三科成绩分别用矩阵来表示，即

$$A = \begin{bmatrix} 70 & 85 & 85 \\ 90 & 84 & 73 \end{bmatrix}, B = \begin{bmatrix} 80 & 60 & 90 \\ 85 & 65 & 74 \end{bmatrix}$$

所以甲、乙两同学这两次考试中每人数理化的各科总分为

$$A + B = \begin{bmatrix} 150 & 145 & 175 \\ 175 & 149 & 147 \end{bmatrix}$$

3. 矩阵的乘法

某工厂有 Ⅰ、Ⅱ、Ⅲ 三种商品，其价格分别为 a_{11}、a_{12}、a_{13}，每件产品的包装费分别为 a_{21}、a_{22}、a_{23}，甲商店购进这三种产品的数量分别是 b_{11}、b_{21}、b_{31}，乙商店购进这三种产品的数量分别是 b_{12}、b_{22}、b_{32}. 如果设矩阵

$$A = \begin{bmatrix} a_{11} & a_{12} & a_{13} \\ a_{21} & a_{22} & a_{23} \end{bmatrix}, B = \begin{bmatrix} b_{11} & b_{12} \\ b_{21} & b_{22} \\ b_{31} & b_{32} \end{bmatrix}.$$

则甲、乙商店购进 Ⅰ、Ⅱ、Ⅲ 三种商品应付的货款及包装费由下面的矩阵 C 表示：

$$\begin{bmatrix} a_{11}b_{11} + a_{12}b_{21} + a_{13}b_{31} & a_{11}b_{12} + a_{12}b_{22} + a_{13}b_{32} \\ a_{21}b_{11} + a_{22}b_{21} + a_{23}b_{31} & a_{21}b_{12} + a_{22}b_{22} + a_{23}b_{32} \end{bmatrix} = \begin{bmatrix} c_{11} & c_{12} \\ c_{21} & c_{22} \end{bmatrix} = C$$

其中，c_{11}、c_{21} 为甲商店应付的货款和包装费，c_{12}、c_{22} 为乙商店应付的货款和包装费. 这里把矩阵 C 称为矩阵 A 与 B 的积，有以下定义：

定义 5 设矩阵 $A = (a_{ij})_{m \times s}$，$B = (b_{ij})_{s \times n}$，则由元素

$$c_{ij} = a_{i1}b_{1j} + a_{i2}b_{2j} + \cdots + a_{is}b_{sj} = \sum_{k=1}^{s} a_{ik}b_{kj} (i = 1, 2, \cdots, m; j = 1, 2, \cdots, n)$$

所构成的 m 行 n 列的矩阵 $C = (c_{ij})_{m \times n}$，称为矩阵 A 与 B 的乘积，记为 $C = A \cdot B$ 或 $C = AB$，读作 "A 左乘 B".

上述定义是说：当左矩阵 A 的列数等于右矩阵的行数时，则 A 与 B 的积中第 i 行第 j 列相交处的元素 c_{ij} 等于 A 的第 i 行与 B 的第 j 列对应元素乘积之和，并且乘积 C 的行数等于左矩阵 A 的行数、列数等于右矩阵 B 的列数.

由定义可以看出，矩阵 A 与 B 相乘，当且仅当左矩阵 A 的列数等于右矩阵 B 的行数时才有意义，否则不能相乘.

在此还要指出，当 AB 有意义时，BA 不一定有意义，当 AB、BA 均有意义时，两者也不一定相等. 所以矩阵乘法对交换律不成立.

【例 2】 设 $I = \begin{bmatrix} 1 & 0 \\ 0 & 1 \end{bmatrix}$，$A = \begin{bmatrix} 3 & 0 \\ 0 & 3 \end{bmatrix}$，$B = \begin{bmatrix} 1 & 2 & 0 \\ 2 & 3 & 1 \end{bmatrix}$，求 IB 和 AB.

解 $IB = \begin{bmatrix} 1 & 2 & 0 \\ 2 & 3 & 1 \end{bmatrix}$，$AB = \begin{bmatrix} 3 & 6 & 0 \\ 6 & 9 & 3 \end{bmatrix}$.

【例 3】 设 $A = \begin{bmatrix} 2 & -1 \\ -6 & 3 \end{bmatrix}$，$B = \begin{bmatrix} 1 & -2 \\ 2 & -4 \end{bmatrix}$，求 AB.

解 $AB = \begin{bmatrix} 0 & 0 \\ 0 & 0 \end{bmatrix} = O$.

【例 4】 设 $A=\begin{bmatrix} 2 & -1 \\ -6 & 3 \end{bmatrix}$，$B=\begin{bmatrix} 3 & 1 & -2 \\ 4 & 1 & -3 \end{bmatrix}$，$C=\begin{bmatrix} 0 & 4 & 0 \\ -2 & 7 & 1 \end{bmatrix}$，求 AB 和 AC.

解　$AB=\begin{bmatrix} 2 & 1 & -1 \\ -6 & -3 & 3 \end{bmatrix}=AC.$

由上两例可以看出：

(1) $AB=O$，但 A、B 不一定为零阵；

(2) $AB=AC$，但 B、C 不一定相等.

这两点与数的运算是不相同的.

【例 5】　某投资单位在甲、乙、丙三家公司拥有股份情况统计如表 9-5 所示. 求投资单位 2001 年、2002 年和 2003 年分别得到的红利总额.

表 9-5　　　　　　　　　　　　拥 有 股 份 情 况 统 计

公司	股份数（万股）	2001 年每股红利（元）	2002 年每股红利（元）	2003 年每股红利（元）
甲	100	0.5	1.25	1.50
乙	200	2.00	0.25	0.50
丙	150	1.50	3.00	2.00

解　将表 9-5 中股份数和三年每股红利分别用矩阵 S 和 A 表示，即

$$S=\begin{bmatrix} 100 & 200 & 150 \end{bmatrix},A=\begin{bmatrix} 0.50 & 1.25 & 1.50 \\ 2.00 & 0.25 & 0.50 \\ 1.50 & 3.00 & 2.00 \end{bmatrix},$$

则该投资单位这三年分到的红利总额为

$$SA=\begin{bmatrix} 675.00 & 625.00 & 550.00 \end{bmatrix}$$

所以该投资单位在 2001 年、2002 年和 2003 年每年分到的红利总额分别为 675 万元、625 万元和 550 万元.

矩阵的乘法有以下性质：

(1) 结合律　$(AB)C=A(BC)$；

(2) 分配律　$A(B+C)=AB+AC,(A+B)C=AC+BC$；

(3) 结合律　$k(AB)=(kA)B$（k 为常数）；

(4) 反序律　$(AB)'=B'A'$；

(5) $AI=A$，$IA=A$.

最后，关于矩阵的乘法，还有下面一个重要性质：

定理　同阶方阵 A 与 B 的乘积的行列式，等于矩阵 A 的行列式与矩阵 B 的行列式的乘积，即 $\det(AB)=\det A \cdot \det B$.

四、矩阵的初等变换

定义 6　对于矩阵 A 的行施行以下三种变换，称为初等行变换.

(1) 两行互换 [第 i 行与第 j 行互换，记为 $(i) \leftrightarrow (j)$]；

(2) 用一个非零常数乘矩阵 A 的某一行的每个元素 [第 i 行的每一个元素都乘以 k，记为 $k(i)$]；

(3) 某一行的每一个元素同乘以一个非零常数 k 加到另一行的对应元素上去 [第 j 行的每一个元素乘常数 k 加到第 i 行的对应元素上去，记为 $k(j)+(i)$].

相应地也有初等列变换（上面三种变换只需将行改成列就可以），它们的表示方法与初等变换相仿，只需把（ ）换成 [ ] 即可. 如第 i 列与第 j 列互换，记为 $[i] \leftrightarrow [j]$.

矩阵的初等行变换与初等列变换统称为矩阵的初等变换.

矩阵的初等变换，在解决矩阵的有关问题中应用很广，后面将分别介绍.

习 题 9-5

1. 已知 $A = \begin{bmatrix} 1 & -1 & 2 \\ 2 & 3 & -2 \\ 4 & 1 & 3 \end{bmatrix}$，$B = \begin{bmatrix} 0 & 1 & 3 \\ -1 & 2 & 0 \\ 5 & 2 & 1 \end{bmatrix}$，求 $3A - 2B$ 及 $2A - \dfrac{1}{2}B$.

2. 设 $A = \begin{bmatrix} 1 & 5 & 1 \\ 1 & 2 & -3 \\ 9 & -5 & 3 \end{bmatrix}$，$B = \begin{bmatrix} 1 & x_1 & x_2 \\ x_1 & 1 & x_3 \\ x_2 & x_3 & 1 \end{bmatrix}$，$C = \begin{bmatrix} 0 & y_1 & y_2 \\ -y_1 & 1 & y_3 \\ -y_2 & -y_3 & 2 \end{bmatrix}$，且 $A = B + C$，求矩阵 B 和 C.

3. 已知 $\begin{cases} 3X + 2Y = A \\ X - Y = B \end{cases}$，其中 $A = \begin{bmatrix} 7 & 10 & -2 \\ 1 & -5 & -10 \end{bmatrix}$，$B = \begin{bmatrix} 5 & -2 & -6 \\ -5 & -15 & -14 \end{bmatrix}$，求矩阵 X 和 Y.

4. 计算：

(1) $\begin{bmatrix} 1 \\ 2 \\ 3 \end{bmatrix} [1 \ \ 0] + \begin{bmatrix} 1 & 2 \\ -1 & 3 \\ 0 & -1 \end{bmatrix} \begin{bmatrix} 0 & 1 \\ -1 & 0 \end{bmatrix}$；　(2) $\begin{bmatrix} -1 \\ 2 \\ -1 \\ 3 \end{bmatrix} [1 \ \ 0 \ \ -2]$；

(3) $\begin{bmatrix} 1 & 2 \\ -1 & 0 \end{bmatrix} \begin{bmatrix} 2 & 3 \\ 1 & 0 \end{bmatrix} - 3 \begin{bmatrix} 1 & 2 \\ 3 & 1 \end{bmatrix} + 2 \begin{bmatrix} 1 & 0 \\ 0 & 1 \end{bmatrix}^4$；　(4) $\begin{bmatrix} 1 & 0 & 0 & 0 \\ 0 & 1 & 0 & 0 \\ 4 & 1 & 2 & 3 \\ 0 & 0 & 0 & 1 \end{bmatrix} \begin{bmatrix} 3 & 1 & 2 & 4 \\ 5 & 1 & 0 & 1 \\ 2 & 1 & 2 & 3 \\ 4 & 1 & 2 & 2 \end{bmatrix}$.

5. 设 n 阶方阵 A 和 B 满足 $AB = BA$，证明：

(1) $(A + B)^2 = A^2 + 2AB + B^2$；　(2) $A^2 - B^2 = (A + B)(A - B)$.

6. 设 $A = \begin{bmatrix} 1 & 1 \\ 1 & 1 \end{bmatrix}$，求证：$A^n = 2^{n-1}A$ $(n \in \mathbf{N}^*)$.

7. 设 A 是二阶方阵，$B = \begin{bmatrix} 0 & -1 \\ -1 & 0 \end{bmatrix}$，且满足：$AB = BA$ 和 $A^2 = \begin{bmatrix} 25 & -24 \\ -24 & 25 \end{bmatrix}$，求矩阵 A.

8. 已知 $A = \begin{bmatrix} 1 & 2 \\ -1 & 0 \\ 0 & 3 \end{bmatrix}$，$B = \begin{bmatrix} 1 & 1 & 0 \\ -1 & 0 & 1 \end{bmatrix}$，计算：$(AB)'$ 与 $A'B'$.

9. 某商店 1 月底盘存的存货单为 $A = \begin{bmatrix} 26 & 43 & 52 & 40 \\ 31 & 25 & 50 & 46 \\ 35 & 29 & 63 & 41 \end{bmatrix}$，二月份卖出的数量为 $B = \begin{bmatrix} 5 & 9 & 2 & 12 \\ 6 & 8 & 11 & 10 \\ 7 & 10 & 15 & 4 \end{bmatrix}$，试问二月末剩下的存货应该用哪一个矩阵表示？

10. 设有 A_1、A_2、A_3、A_4 四个工厂，生产甲、乙、丙三种产品，其产量如表 9-6 所示（单位：百台），各种产品的单位售价和单位利润如表 9-7 所示（单位：万元/百台），试用矩阵的乘法计算各工厂的总收入和总利润.

表 9-6	产　　量		
工厂	产　品		
	甲	乙	丙
A_1	8	1	5
A_2	2	4	6
A_3	4	7	9
A_4	3	6	1

表 9-7	单位售价和单位利润	
产　品	单　价	单位利润
甲	70	15
乙	50	10
丙	40	8

11. 若矩阵 $A = \begin{bmatrix} -2 & 3 \\ -5 & 0 \end{bmatrix}$，$B = \begin{bmatrix} 1 & 2 \\ 3 & 4 \end{bmatrix}$，验证：$\det(AB) = \det A \times \det B$.

第六节　逆　矩　阵

一、逆矩阵的概念

在线性方程组

$$\begin{cases} a_{11}x_1 + a_{12}x_2 + \cdots + a_{1n}x_n = b_1 \\ a_{21}x_1 + a_{22}x_2 + \cdots + a_{2n}x_n = b_2 \\ \cdots \\ a_{n1}x_1 + a_{n2}x_2 + \cdots + a_{nn}x_n = b_n \end{cases} \tag{9-7}$$

中，如果令 $A = \begin{bmatrix} a_{11} & a_{12} & \cdots & a_{1n} \\ a_{21} & a_{22} & \cdots & a_{2n} \\ \vdots & \vdots & & \vdots \\ a_{n1} & a_{n2} & \cdots & a_{nn} \end{bmatrix}$，$X = \begin{bmatrix} x_1 \\ x_2 \\ \vdots \\ x_n \end{bmatrix}$，$B = \begin{bmatrix} b_1 \\ b_2 \\ \vdots \\ b_n \end{bmatrix}$，

则式（9-7）可表示为

$$AX = B \tag{9-8}$$

于是，求线性方程组（9-7）的解的问题，可转化为求式（9-8）中未知矩阵 X 的问题.

一元一次方程 $ax = b$ 的解为 $x = a^{-1}b$ $(a \neq 0)$.

那么，式（9-8）的解是否可以写成 $X = A^{-1}B$ 呢？回答是肯定的，但这里 A^{-1} 应该赋予什么意义呢？由此，引入逆矩阵的定义.

定义　对一个 n 阶方阵 A，如果存在一个 n 阶方阵 B，使得

$$AB = BA = I$$

则称方阵 B 是方阵 A 的逆矩阵，记为 $B = A^{-1}$. 因此

$$AA^{-1} = A^{-1}A = I$$

若方阵 A 的逆矩阵存在，则称 A 是可逆的；若 A 是可逆的，则它的逆矩阵只有一个，且有 $(A^{-1})^{-1} = A$.

逆矩阵有以下性质：

(1) $\boldsymbol{I}^{-1} = \boldsymbol{I}$；

(2) $(\boldsymbol{A}')^{-1} = (\boldsymbol{A}^{-1})'$；

(3) $(\boldsymbol{AB})^{-1} = \boldsymbol{B}^{-1}\boldsymbol{A}^{-1}$.

二、逆矩阵的求法

利用代数余子式求逆矩阵.

定理 设 $\boldsymbol{A} = (a_{ij})_{n \times n}$，且 $\det\boldsymbol{A} \neq 0$，则 $\boldsymbol{A}$ 的逆矩阵为

$$\boldsymbol{A}^{-1} = \frac{1}{\det\boldsymbol{A}} \begin{bmatrix} A_{11} & A_{21} & \cdots & A_{n1} \\ A_{12} & A_{22} & \cdots & A_{n2} \\ \vdots & \vdots & \vdots & \vdots \\ A_{1n} & A_{2n} & \cdots & A_{nn} \end{bmatrix} \tag{9-9}$$

其中，A_{ij} 是 $\det\boldsymbol{A}$ 中元素 a_{ij} 的代数余子式. $\begin{bmatrix} A_{11} & A_{21} & \cdots & A_{n1} \\ A_{12} & A_{22} & \cdots & A_{n2} \\ \vdots & \vdots & \vdots & \vdots \\ A_{1n} & A_{2n} & \cdots & A_{nn} \end{bmatrix}$ 是矩阵 $\boldsymbol{A}$ 中的元素小写字

母换成大写字母转置而得的矩阵，故称为 $\boldsymbol{A}$ 的伴随矩阵，记为 $\boldsymbol{A}^*$，即

$$\boldsymbol{A}^* = \begin{bmatrix} A_{11} & A_{21} & \cdots & A_{n1} \\ A_{12} & A_{22} & \cdots & A_{n2} \\ \vdots & \vdots & \vdots & \vdots \\ A_{1n} & A_{2n} & \cdots & A_{nn} \end{bmatrix}$$

式（9-9）就可写成 $\boldsymbol{A}^{-1} = \dfrac{1}{\det\boldsymbol{A}}\boldsymbol{A}^*$.

由定理可知：一个 n 阶方阵 $\boldsymbol{A}$ 可逆的充要条件是 $\det\boldsymbol{A} \neq 0$.

【例 1】 求矩阵 $\boldsymbol{A} = \begin{bmatrix} 3 & 2 & 1 \\ 4 & 3 & 1 \\ -1 & 2 & -4 \end{bmatrix}$ 的逆矩阵.

解 由于 $\det\boldsymbol{A} = \begin{vmatrix} 3 & 2 & 1 \\ 4 & 3 & 1 \\ -1 & 2 & -4 \end{vmatrix} = -1 \neq 0$，所以，矩阵 $\boldsymbol{A}$ 的逆矩阵存在，现计算 $\det\boldsymbol{A}$

中各元素的代数余子式.

$$A_{11} = \begin{vmatrix} 3 & 1 \\ 2 & -4 \end{vmatrix} = -14, \quad A_{21} = -\begin{vmatrix} 2 & 1 \\ 2 & -4 \end{vmatrix} = 10, \quad A_{31} = \begin{vmatrix} 2 & 1 \\ 3 & 1 \end{vmatrix} = -1,$$

$$A_{12} = -\begin{vmatrix} 4 & 1 \\ -1 & -4 \end{vmatrix} = 15, \quad A_{22} = \begin{vmatrix} 3 & 1 \\ -1 & -4 \end{vmatrix} = -11, \quad A_{32} = -\begin{vmatrix} 3 & 1 \\ 4 & 1 \end{vmatrix} = 1,$$

$$A_{13} = \begin{vmatrix} 4 & 3 \\ -1 & 2 \end{vmatrix} = 11, \quad A_{23} = -\begin{vmatrix} 3 & 2 \\ -1 & 2 \end{vmatrix} = -8, \quad A_{33} = \begin{vmatrix} 3 & 2 \\ 4 & 3 \end{vmatrix} = 1.$$

所以，$\boldsymbol{A}^{-1} = \dfrac{1}{-1}\begin{bmatrix} -14 & 10 & -1 \\ 15 & -11 & 1 \\ 11 & -8 & 1 \end{bmatrix} = \begin{bmatrix} 14 & -10 & 1 \\ -15 & 11 & -1 \\ -11 & 8 & -1 \end{bmatrix}$.

【例 2】 设 $A = \begin{bmatrix} a & b \\ c & d \end{bmatrix}$，求逆矩阵.

解 因为 $\det A = \begin{vmatrix} a & b \\ c & d \end{vmatrix} = ad - bc,$

当 $ad - bc = 0$ 时，矩阵 A 是不可逆的，即矩阵 A 的逆矩阵不存在.

当 $ad - bc \neq 0$，矩阵 A 是可逆的，又因为 $A_{11} = d$, $A_{12} = -c$, $A_{21} = -b$, $A_{22} = a$，所以 $A^{-1} = \frac{1}{ad-bc} \begin{bmatrix} d & -b \\ -c & a \end{bmatrix}.$

［例 2］结果可作为二阶方阵求逆矩阵的公式.

三、用初等变换求逆矩阵

求逆矩阵方法如下：先把 n 阶方阵 A 和 A 的同阶单位阵 I_n，合在一起写成下面的形式，中间用虚线分开，即写成 $(A \vdots I_n)$ 的形式，然后只对它的行施行初等变换，使前 n 列的 A 变成单位阵 I_n，那么后 n 列 I_n 就变成矩阵 A 的逆矩阵 A^{-1}，即

$$(A \vdots I_n) \xrightarrow{\text{初等行变换}} (I_n \vdots A^{-1})$$

【例 3】 设 $A = \begin{bmatrix} 1 & -1 & 2 \\ -5 & 2 & 3 \\ -2 & 3 & 1 \end{bmatrix}$，求逆矩阵.

解 $(A \vdots I_3) = \begin{bmatrix} 1 & -1 & 2 & 1 & 0 & 0 \\ -5 & 2 & 3 & 0 & 1 & 0 \\ -2 & 3 & 1 & 0 & 0 & 1 \end{bmatrix} \xrightarrow[2(1)+(3)]{5(1)+(2)} \begin{bmatrix} 1 & -1 & 2 & 1 & 0 & 0 \\ 0 & -3 & 13 & 5 & 1 & 0 \\ 0 & 1 & 5 & 2 & 0 & 1 \end{bmatrix}$

$\xrightarrow{(2) \leftrightarrow (3)} \begin{bmatrix} 1 & -1 & 2 & 1 & 0 & 0 \\ 0 & 1 & 5 & 2 & 0 & 1 \\ 0 & -3 & 15 & 5 & 1 & 0 \end{bmatrix} \xrightarrow[3(2)+(3)]{(2)+(1)} \begin{bmatrix} 1 & 0 & 7 & 3 & 0 & 1 \\ 0 & 1 & 5 & 2 & 0 & 1 \\ 0 & 0 & 28 & 11 & 1 & 3 \end{bmatrix}$

$\xrightarrow{\frac{1}{28}(3)} \begin{bmatrix} 1 & 0 & 7 & 3 & 0 & 1 \\ 0 & 1 & 5 & 2 & 0 & 1 \\ 0 & 0 & 1 & \frac{11}{28} & \frac{1}{28} & \frac{3}{28} \end{bmatrix} \xrightarrow[-5(3)+(2)]{-7(3)+(1)} \begin{bmatrix} 1 & 0 & 0 & \frac{7}{28} & -\frac{7}{28} & \frac{7}{28} \\ 0 & 1 & 0 & \frac{1}{28} & -\frac{5}{28} & \frac{13}{28} \\ 0 & 0 & 1 & \frac{11}{28} & \frac{1}{28} & \frac{3}{28} \end{bmatrix}.$

所以，$A^{-1} = \frac{1}{28} \begin{bmatrix} 7 & -7 & 7 \\ 1 & -5 & 13 \\ 11 & 1 & 3 \end{bmatrix}.$

四、用逆矩阵解线性方程组

对于线性方程组（9-7），我们用矩阵表示为 $AX = B$，若 A 可逆，求得逆矩阵 A^{-1}，则方程组的解为

$$X = A^{-1}B$$

【例 4】 用逆矩阵解线性方程组：$\begin{cases} 2y + z = 7 \\ -x + y + 4z = 12. \\ 2x - y - 3z = -7 \end{cases}$

解 令 $A = \begin{bmatrix} 0 & 2 & 1 \\ -1 & 1 & 4 \\ 2 & -1 & -3 \end{bmatrix}$, $X = \begin{bmatrix} x \\ y \\ z \end{bmatrix}$, $B = \begin{bmatrix} 7 \\ 12 \\ -7 \end{bmatrix}$,

可求得逆矩阵 $A^{-1} = \dfrac{1}{9} \begin{bmatrix} 1 & 5 & 7 \\ 5 & -2 & -1 \\ -1 & 4 & 2 \end{bmatrix}$,

所以，$X = A^{-1}B = \dfrac{1}{9} \begin{bmatrix} 1 & 5 & 7 \\ 5 & -2 & -1 \\ -1 & 4 & 2 \end{bmatrix} \begin{bmatrix} 7 \\ 12 \\ -7 \end{bmatrix} = \begin{bmatrix} 2 \\ 2 \\ 3 \end{bmatrix}$,

由此可得原方程组的解为 $\begin{cases} x = 2 \\ y = 2. \\ z = 3 \end{cases}$

习 题 9 - 6

1. 求下列各方阵的逆矩阵：

(1) $\begin{bmatrix} 0 & 1 & 2 \\ 1 & 1 & 4 \\ 2 & -1 & 0 \end{bmatrix}$; (2) $\begin{bmatrix} 1 & 2 & -3 \\ 3 & 2 & -4 \\ 2 & -1 & 0 \end{bmatrix}$; (3) $\begin{bmatrix} 1 & 0 & 0 & 0 \\ 2 & 1 & 0 & 0 \\ 3 & 2 & 1 & 0 \\ 4 & 3 & 2 & 1 \end{bmatrix}$; (4) $\begin{bmatrix} 1 & 0 & 0 & 0 & 0 \\ 0 & 2 & 0 & 0 & 0 \\ 0 & 0 & 3 & 0 & 0 \\ 0 & 0 & 0 & 4 & 0 \\ 0 & 0 & 0 & 0 & 5 \end{bmatrix}$.

2. 利用逆矩阵，解下列各线性方程组：

(1) $\begin{cases} 3x + y + 3z = 2 \\ 3x + 3y + z = 8; \\ 2x + 3z = -1 \end{cases}$ (2) $\begin{cases} x_1 + 2x_2 + 3x_3 = -3 \\ 2x_1 - x_2 + 2x_3 = 3 \\ x_1 + 3x_2 = -1 \end{cases}$.

3. 求下列各方程中的未知矩阵 X：

(1) $\begin{bmatrix} 1 & 2 \\ 3 & 5 \end{bmatrix} X = \begin{bmatrix} 3 & -2 \\ 1 & 4 \end{bmatrix}$; (2) $X \begin{bmatrix} 3 & 4 \\ -3 & -2 \end{bmatrix} = \begin{bmatrix} 6 & 9 \\ 3 & 6 \end{bmatrix}$.

4. 用初等行变换求下列各矩阵的逆矩阵：

(1) $\begin{bmatrix} 3 & -4 & 5 \\ 2 & -3 & 1 \\ 3 & -5 & -1 \end{bmatrix}$; (2) $\begin{bmatrix} 1 & 2 & 2 \\ 2 & 1 & -2 \\ 2 & -2 & 1 \end{bmatrix}$; (3) $\begin{bmatrix} 3 & -2 & 0 & -1 \\ 0 & 2 & 2 & 1 \\ 1 & -2 & -3 & -2 \\ 0 & 1 & 2 & 1 \end{bmatrix}$.

第七节 矩 阵 的 秩

一、矩阵的秩的概念

今要解线性方程组 $\begin{cases} 2x + 3y - 2z = 5 \\ 3x - 5y - 3z = 1 \\ 5x - 2y - 5z = 6 \end{cases}$ 不难算出它的系数行列式为零，不能用克莱姆法则

或逆矩阵来求解. 但容易发现该方程组的前两个方程相加即得第三个方程, 这样满足前两个方程的解一定会满足第三个方程, 也就是说该方程组中第三个方程是多余的, 一般称之为不独立的. 解像这样的方程组, 要确定方程组中独立方程的个数, 去掉不独立的方程, 这就涉及所谓矩阵秩的概念, 下面介绍矩阵的秩, 为今后讨论一般方程组的解做好准备.

在定义矩阵的秩之前, 首先介绍矩阵的 r 阶子式的定义.

定义 1　在矩阵 $A = (a_{ij})_{m \times n}$ 中任取 r 行 r 列（$r \leqslant \min(m, n)$）相交处的 r^2 个元素, 按原来顺序所组成的 r 阶行列式, 称为 A 的一个 r 阶子式.

例如, 矩阵 $A = \begin{bmatrix} 8 & 1 & 2 \\ 3 & 5 & 0 \end{bmatrix}$, 有 6 个一阶子式（规定只有一个元素 a 的行列式 $\det a = a$）, 三个二阶子式, 即

$$\begin{vmatrix} 8 & 1 \\ 3 & 5 \end{vmatrix}, \quad \begin{vmatrix} 8 & 2 \\ 3 & 0 \end{vmatrix}, \quad \begin{vmatrix} 1 & 2 \\ 5 & 0 \end{vmatrix}$$

定义 2　矩阵 $A = (a_{ij})_{m \times n}$ 中不为零的子式的最高阶数 r, 称为矩阵的秩, 记为 r_A 或 $r(A)$, 即 $r_A = r$.

【例 1】　矩阵 $A = \begin{bmatrix} 3 & 1 & 2 & 1 \\ 2 & 0 & -3 & 4 \\ 5 & 1 & -1 & 5 \end{bmatrix}$ 的秩.

解　通过计算知, 所有三阶子式均为零, 而二阶子式 $\begin{vmatrix} 3 & 1 \\ 2 & 0 \end{vmatrix} = -2 \neq 0$, 所以, $r_A = 2$.

由定义 2 可以得到：若矩阵 A 的秩为 r, 则 A 至少有一个 r 阶子式不为零, 并且任何 $r+1$ 阶子式（如果有的话）均为零.

定义 3　设 A 为 n 阶方阵, 若 $r_A = n(\det A \neq 0)$, 则称 A 为满秩矩阵, 否则称为非满秩矩阵.

二、利用初等变换求矩阵的秩

定理　对矩阵实行任何一种初等变换后, 其秩不变.

利用矩阵秩的定义, 求矩阵的秩, 是相当麻烦的, 但利用这个定理就较为简便.

比如：$B = \begin{bmatrix} 1 & 2 & 3 & 4 \\ 2 & 1 & 0 & 1 \\ 3 & 3 & 3 & 5 \end{bmatrix}$, 通过初等变换变为 $\begin{bmatrix} 1 & 2 & 3 & 4 \\ 0 & 3 & 6 & 7 \\ 0 & 0 & 0 & 0 \end{bmatrix}$, 因为第三行元素全为零,

所以所有三阶子式都为零, 而左上角的二阶行列式为 $\begin{vmatrix} 1 & 2 \\ 0 & 3 \end{vmatrix} = 3 \neq 0$, 即 $r_B = 2$.

这种方法是：把矩阵 A 中元素下标行列相同的元素画一条斜线（用虚线）, 把这条斜线以下的元素通过初等变换全变为零, 数不为零的行数, 这个数值就是矩阵的秩.

【例 2】　求矩阵 $A = \begin{bmatrix} -1 & 1 & 1 \\ 3 & -3 & 5 \\ 1 & 2 & -2 \end{bmatrix}$ 的秩.

解　$A \xrightarrow[\ (1)+(3)\ ]{\ 3(1)+(2)\ } \begin{bmatrix} 1 & -1 & 1 \\ 0 & 0 & 8 \\ 0 & 3 & -1 \end{bmatrix} \xrightarrow{\ (2) \leftrightarrow (3)\ } \begin{bmatrix} 1 & -1 & 1 \\ 0 & 3 & -1 \\ 0 & 0 & 8 \end{bmatrix} = B,$

因为 $r_B = 3$, 所以 $r_A = 3$.

【例3】 求矩阵 $A = \begin{bmatrix} 1 & -1 & 2 & 4 & -3 \\ 0 & 4 & -5 & 2 & 1 \\ -2 & 1 & 3 & -1 & 2 \\ -1 & 4 & 0 & 5 & 0 \end{bmatrix}$ 的秩.

解 $A \xrightarrow[\substack{2(1)+(3) \\ (1)+(4)}]{} \begin{bmatrix} 1 & -1 & 2 & 4 & -3 \\ 0 & 4 & -5 & 2 & 1 \\ 0 & -1 & 7 & 7 & -4 \\ 0 & 3 & 2 & 9 & -3 \end{bmatrix}$

$\xrightarrow[\substack{(2)\leftrightarrow(3)}]{} \begin{bmatrix} 1 & -1 & 2 & 4 & -3 \\ 0 & -1 & 7 & 7 & -4 \\ 0 & 4 & -5 & 2 & 1 \\ 0 & 3 & 2 & 9 & -3 \end{bmatrix}$

$\xrightarrow[\substack{4(2)+(3) \\ 3(2)+(4)}]{} \begin{bmatrix} 1 & -1 & 2 & 4 & 3 \\ 0 & -1 & 7 & 7 & -4 \\ 0 & 0 & 23 & 30 & -15 \\ 0 & 0 & 23 & 30 & -15 \end{bmatrix} \xrightarrow[\substack{-(3)+(4)}]{} \begin{bmatrix} 1 & -1 & 2 & 4 & -3 \\ 0 & -1 & 7 & 7 & -4 \\ 0 & 0 & 23 & 30 & -15 \\ 0 & 0 & 0 & 0 & 0 \end{bmatrix} = B,$

因为 $r_B = 3$，所以 $r_A = 3$.

最后指出，线性方程组有解时，线性方程组增广矩阵的秩就是该方程组中独立方程的个数.

习 题 9-7

1. 求下列各矩阵的秩：

(1) $\begin{bmatrix} 5 & 6 & -3 \\ -3 & 1 & 11 \\ -4 & -2 & 8 \end{bmatrix}$；

(2) $\begin{bmatrix} 1 & 0 & 0 & 1 \\ 1 & 2 & 0 & -1 \\ 3 & -1 & 0 & 4 \\ 1 & 4 & 5 & 1 \end{bmatrix}$；

(3) $\begin{bmatrix} 1 & 1 & 1 & 0 & 5 \\ 2 & 1 & -1 & 1 & 1 \\ 1 & 2 & -1 & 1 & 2 \\ 0 & 1 & 2 & 3 & 3 \end{bmatrix}$；

(4) $\begin{bmatrix} 1 & 1 & -1 & 0 & 1 \\ 1 & 2 & 1 & -1 & 8 \\ 2 & -1 & 0 & -3 & 3 \\ 3 & 3 & 5 & -6 & 5 \end{bmatrix}$.

2. 求下列各线性方程组的系数矩阵与增广矩阵的秩：

(1) $\begin{cases} x_1 - 2x_2 - 7x_3 - 13x_4 = 2 \\ 2x_1 + 2x_2 + 8x_3 + 14x_4 = 1 \\ 4x_1 + x_2 - x_3 + 2x_4 = -4 \end{cases}$；

(2) $\begin{cases} x - y + z = -1 \\ 3x + 2y + z = 0 \\ x - y - z = 3 \\ 2x + 3y = 6 \end{cases}$.

第八节 高 斯 消 元 法

下面通过例子来考察用消元法解线性方程组时，得到的一系列同解方程组的增广矩阵的变换情况.

【例 1】　消元法解线性方程组 $\begin{cases} x+2y+3z=-7 \\ 2x-y+2z=-8. \\ x+3y=7 \end{cases}$

解　为了便于考察，把方程组的消元法与方程组对应的增广矩阵的变换过程，对照列成表 9‑8. 表 9‑8 中方程组消元法所用的标记方法与初等变换的标记方法相同.

表 9‑8　　　　　　　　　　　方程组与增广矩阵的消元过程

方程组的消元过程	增广矩阵的消元过程
$\begin{cases} x+2y+3z=-7 \\ 2x-y+2z=-8 \\ x+3y=7 \end{cases} \xrightarrow[-(1)+(3)]{-2(1)+(2)}$	$\begin{bmatrix} 1 & 2 & 3 & -7 \\ 2 & -1 & 2 & -8 \\ 1 & 3 & 0 & 7 \end{bmatrix} \xrightarrow[-(1)+(3)]{-2(1)+(2)}$
$\begin{cases} x+2y+3z=-7 \\ -5y-4z=6 \\ y-3z=14 \end{cases} \xrightarrow{(2)\leftrightarrow(3)}$	$\begin{bmatrix} 1 & 2 & 3 & -7 \\ 0 & -5 & -4 & 6 \\ 0 & 1 & -3 & 14 \end{bmatrix} \xrightarrow{(2)\leftrightarrow(3)}$
$\begin{cases} x+2y+3z=-7 \\ y-3z=14 \\ -5y-4z=6 \end{cases} \xrightarrow{5(2)+(3)}$	$\begin{bmatrix} 1 & 2 & 3 & -7 \\ 0 & 1 & -3 & 14 \\ 0 & -5 & -4 & 6 \end{bmatrix} \xrightarrow{5(2)+(3)}$
$\begin{cases} x+2y+3z=-7 \\ y-3z=14 \\ -19z=76 \end{cases} \xrightarrow{-\frac{1}{19}(3)}$	$\begin{bmatrix} 1 & 2 & 3 & -7 \\ 0 & 1 & -3 & 14 \\ 0 & 0 & -19 & 76 \end{bmatrix} \xrightarrow{-\frac{1}{19}(3)}$
$\begin{cases} x+2y+3z=-7 \\ y-3z=14 \\ z=-4 \end{cases} \xrightarrow[3(3)+(2)]{-3(3)+(1)}$	$\begin{bmatrix} 1 & 2 & 3 & -7 \\ 0 & 1 & -3 & 14 \\ 0 & 0 & 1 & -4 \end{bmatrix} \xrightarrow[3(3)+(2)]{-3(3)+(1)}$
$\begin{cases} x+2y=5 \\ y=2 \\ z=-4 \end{cases} \xrightarrow{-2(2)+(1)}$	$\begin{bmatrix} 1 & 2 & 0 & 5 \\ 0 & 1 & 0 & 2 \\ 0 & 0 & 1 & -4 \end{bmatrix} \xrightarrow{-2(2)+(1)}$
$\begin{cases} x=1 \\ y=2 \\ z=-4 \end{cases}$	$\begin{bmatrix} 1 & 0 & 0 & 1 \\ 0 & 1 & 0 & 2 \\ 0 & 0 & 1 & -4 \end{bmatrix}$

从表 9‑8 可以看出，将方程组步步消元得到一系列同解方程组，相当于把对应的增广矩阵步步作行的初等变换. 或者说将增广矩阵作行的初等变换后，得到的矩阵表示的方程组与原方程组同解. 当增广矩阵中系数矩阵变为单位矩阵时，相应的常数列即是原方程组的解. 因此以后用消元法解线性方程组时，只要对其增广矩阵作行的初等变换即可.

一般地，将线性方程组（9‑7）中的增广矩阵通过初等行变换变为如下形式：

$$\begin{bmatrix} 1 & 0 & \cdots & 0 & c_1 \\ 0 & 1 & \cdots & 0 & c_2 \\ \cdots & \cdots & \cdots & \cdots & \cdots \\ 0 & 0 & \cdots & 1 & c_n \end{bmatrix}$$

这时可得方程组的解为 $x_j = c_j$ $(j=1, 2, \cdots, n)$. 这种消元方法称为高斯消元法.

【例2】 用高斯消元法解线性方程组 $\begin{cases} 3x_1 + x_2 + x_3 + x_4 = 0 \\ 2x_1 - 3x_2 + x_3 - x_4 = 3 \\ 4x_1 - x_2 - x_3 - x_4 = 7 \\ -2x_1 - x_2 + x_3 + x_4 = -5 \end{cases}$.

解 $\widetilde{A} = \begin{bmatrix} 3 & 1 & 1 & 1 & 0 \\ 2 & -3 & 1 & -1 & 3 \\ 4 & -1 & -1 & -1 & 7 \\ -2 & -1 & 1 & 1 & -5 \end{bmatrix} \xrightarrow{(3)+(1)} \begin{bmatrix} 7 & 0 & 0 & 0 & 7 \\ 2 & -3 & 1 & -1 & 3 \\ 4 & -1 & -1 & -1 & 7 \\ -2 & -1 & 1 & 1 & -5 \end{bmatrix}$

$\xrightarrow{\frac{1}{7}(1)} \begin{bmatrix} 1 & 0 & 0 & 0 & 1 \\ 2 & -3 & 1 & -1 & 3 \\ 4 & -1 & -1 & -1 & 7 \\ -2 & -1 & 1 & 1 & -5 \end{bmatrix} \xrightarrow[\substack{-4(1)+(4)\\2(1)+(4)}]{-2(1)+(2)} \begin{bmatrix} 1 & 0 & 0 & 0 & 1 \\ 0 & -3 & 1 & -1 & 1 \\ 0 & -1 & -1 & -1 & 3 \\ 0 & -1 & 1 & 1 & -3 \end{bmatrix}$

$\xrightarrow{(2)\leftrightarrow(3)} \begin{bmatrix} 1 & 0 & 0 & 0 & 1 \\ 0 & -1 & -1 & -1 & 3 \\ 0 & -3 & 1 & -1 & 1 \\ 0 & -1 & 1 & 1 & -3 \end{bmatrix} \xrightarrow[\substack{-(2)+(4)}]{-3(2)+(3)} \begin{bmatrix} 1 & 0 & 0 & 0 & 1 \\ 0 & -1 & -1 & -1 & 3 \\ 0 & 0 & 4 & 2 & -8 \\ 0 & 0 & 2 & 2 & -6 \end{bmatrix}$

$\xrightarrow[\substack{(3)\leftrightarrow(4)}]{-(2)} \begin{bmatrix} 1 & 0 & 0 & 0 & 1 \\ 0 & 1 & 1 & 1 & -3 \\ 0 & 0 & 2 & 2 & -6 \\ 0 & 0 & 4 & 2 & -8 \end{bmatrix} \xrightarrow{-2(3)+(4)} \begin{bmatrix} 1 & 0 & 0 & 0 & 1 \\ 0 & 1 & 1 & 1 & -3 \\ 0 & 0 & 2 & 2 & -6 \\ 0 & 0 & 0 & -2 & 4 \end{bmatrix}$

$\xrightarrow[\substack{-\frac{1}{2}(4)}]{\frac{1}{2}(3)} \begin{bmatrix} 1 & 0 & 0 & 0 & 1 \\ 0 & 1 & 1 & 1 & -3 \\ 0 & 0 & 1 & 1 & -3 \\ 0 & 0 & 0 & 1 & -2 \end{bmatrix} \xrightarrow[\substack{-(4)+(3)}]{-(3)+(2)} \begin{bmatrix} 1 & 0 & 0 & 0 & 1 \\ 0 & 1 & 0 & 0 & 0 \\ 0 & 0 & 1 & 0 & -1 \\ 0 & 0 & 0 & 1 & -2 \end{bmatrix}$

因此方程组的解为 $\begin{cases} x_1 = 1 \\ x_2 = 0 \\ x_3 = -1 \\ x_4 = -2 \end{cases}$.

【例3】 某工厂生产三种 A、B、C 产品，每件产品所需工时数由表9-9给出（单位：h），已知机器甲、乙、丙能提供的工时数分别是 550h、1200h、850h，如果要充分利用所有的工时，产品 A、B、C 的产量分别应为多少件？

表9-9 产品所需工时数

机器＼产品	A	B	C
甲	1	1	2
乙	4	2	1
丙	2	1	3

解　设产品 A、B、C 的产量分别为 x、y、z，根据题意可得方程组

$$\begin{cases} x+y+2z=550 \\ 4x+2y+z=1200, \\ 2x+y+3z=850 \end{cases}$$

$$\begin{bmatrix} 1 & 1 & 2 & 550 \\ 4 & 2 & 1 & 1200 \\ 2 & 1 & 3 & 850 \end{bmatrix} \xrightarrow[-2(1)+(3)]{-4(1)+(2)} \begin{bmatrix} 1 & 1 & 2 & 550 \\ 0 & -2 & -7 & -1000 \\ 0 & -1 & -1 & -250 \end{bmatrix}$$

$$\xrightarrow[(2)\leftrightarrow(3)]{(3)+(1)} \begin{bmatrix} 1 & 0 & 1 & 300 \\ 0 & -1 & -1 & -250 \\ 0 & -2 & -7 & -1000 \end{bmatrix} \xrightarrow[-(2)]{-2(2)+(3)} \begin{bmatrix} 1 & 0 & 1 & 300 \\ 0 & 1 & 1 & 250 \\ 0 & 0 & -5 & -500 \end{bmatrix}$$

$$\xrightarrow{\frac{1}{5}(3)} \begin{bmatrix} 1 & 0 & 1 & 300 \\ 0 & 1 & 1 & 250 \\ 0 & 0 & 1 & 100 \end{bmatrix} \xrightarrow[-(3)+(2)]{-(3)+(1)} \begin{bmatrix} 1 & 0 & 0 & 200 \\ 0 & 1 & 0 & 150 \\ 0 & 0 & 1 & 100 \end{bmatrix}.$$

因此，$\begin{cases} x=200 \\ y=150, \\ z=100 \end{cases}$

则产品 A、B、C 的产量分别为 200 件、150 件、100 件.

习　题 9 - 8

1. 用高斯消元法解下列各线性方程组：

(1) $\begin{cases} x_1-2x_2+3x_3-4x_4=4 \\ x_2-x_3+x_4=-3 \\ x_1+3x_2+x_4=1 \\ -7x_2+3x_3+x_4=-3 \end{cases}$ ；　(2) $\begin{cases} 6x_1+4x_3+x_4=3 \\ x_1-x_2+2x_3+x_4=1 \\ 4x_1+x_2+2x_3=1 \\ x_1+x_2+x_3+x_4=0 \end{cases}$ ；　(3) $\begin{cases} 5x_1+6x_2=1 \\ x_1+5x_2+6x_3=-2 \\ x_2+5x_3+6x_4=2 \\ x_3+5x_4+6x_5=-2 \\ x_4+5x_5=-4 \end{cases}$ ．

2. 某商店销售 A、B、C 三种特殊灯泡，三个月以来销售资料如表 9 - 10 所示.

表 9 - 10　　　　　　　　　　　　销 售 资 料

月份	单位（个）			总营业额（元）
	A	B	C	
一月	10	30	40	1900
二月	20	70	50	3100
三月	30	100	80	4700

试求三种灯泡的销售价格是多少.

第九节 一般线性方程组解的讨论

一、一般线性方程组

前面讨论了特殊线性方程组（即方程的个数与未知数的个数相同，且系数行列式不等于零）的解法. 这一节讨论一般线性方程组及其解法.

一般线性方程组的形式为

$$\begin{cases} a_{11}x_1 + a_{12}x_2 + \cdots + a_{1n}x_n = b_1 \\ a_{21}x_1 + a_{22}x_2 + \cdots + a_{2n}x_n = b_2 \\ \cdots \\ a_{m1}x_1 + a_{m2}x_2 + \cdots + a_{mn}x_n = b_m \end{cases} \tag{9-10}$$

增广矩阵为

$$\widetilde{A} = \begin{bmatrix} a_{11} & a_{12} & \cdots & a_{1n} & b_1 \\ a_{21} & a_{22} & \cdots & a_{2n} & b_2 \\ \vdots & \vdots & \vdots & \vdots & \vdots \\ a_{m1} & a_{m2} & \cdots & a_{mn} & b_m \end{bmatrix} \tag{9-11}$$

对增广矩阵（9-11）作初等行变换，其解就可以相应得出.

【例 1】 讨论线性方程组 $\begin{cases} x_1 + 2x_2 - x_3 - 2x_4 = 0 \\ 2x_1 - x_2 - x_3 + x_4 = 1 \\ 3x_1 + x_2 - 2x_3 - x_4 = 2 \end{cases}$ 的解.

解 $\widetilde{A} = \begin{bmatrix} 1 & 2 & -1 & -2 & 0 \\ 2 & -1 & -1 & 1 & 1 \\ 3 & 1 & -2 & -1 & 2 \end{bmatrix} \xrightarrow[\substack{-2(1)+(2) \\ -3(1)+(3)}]{} \begin{bmatrix} 1 & 2 & -1 & -2 & 0 \\ 0 & -5 & 1 & 5 & 1 \\ 0 & -5 & 1 & 5 & 2 \end{bmatrix}$

$\xrightarrow{-(2)+(3)} \begin{bmatrix} 1 & 2 & -1 & -2 & 0 \\ 0 & -5 & 1 & 5 & 1 \\ 0 & 0 & 0 & 0 & 1 \end{bmatrix}$,

这里最后一个方程为：$0=1$，这是不可能的，所以说方程组无解.

【例 2】 解线性方程组 $\begin{cases} x - 2y - 4z = 9 \\ 3x + 2y - z = 5 \\ 4x + 3y - z = 6 \\ 6x + 7y + 2z = 2 \end{cases}$.

解 $\widetilde{A} = \begin{bmatrix} 1 & -2 & -4 & 9 \\ 3 & 2 & -1 & 5 \\ 4 & 3 & -1 & 6 \\ 6 & 7 & 2 & 2 \end{bmatrix} \xrightarrow[\substack{-3(1)+(2) \\ -4(1)+(3) \\ -6(1)+(4)}]{} \begin{bmatrix} 1 & -2 & -4 & 9 \\ 0 & 8 & 11 & -22 \\ 0 & 11 & 15 & -30 \\ 0 & 19 & 26 & -52 \end{bmatrix}$

$\xrightarrow[\substack{-(2)+(3) \\ -2(2)+(4)}]{} \begin{bmatrix} 1 & -2 & -4 & 9 \\ 0 & 8 & 11 & -22 \\ 0 & 3 & 4 & -8 \\ 0 & 3 & 4 & -8 \end{bmatrix} \xrightarrow[\substack{-(3)+(4) \\ -3(3)+(2)}]{} \begin{bmatrix} 1 & -2 & -4 & 9 \\ 0 & -1 & -1 & 2 \\ 0 & 3 & 4 & -8 \\ 0 & 0 & 0 & 0 \end{bmatrix}$

$$\xrightarrow[\substack{-2(2)+(1) \\ 3(2)+(3) \\ -(2)}]{} \begin{bmatrix} 1 & 0 & -2 & 5 \\ 0 & 1 & 1 & -2 \\ 0 & 0 & 1 & -2 \\ 0 & 0 & 0 & 0 \end{bmatrix}$$

$$\xrightarrow[\substack{2(3)+(1) \\ -(3)+(2)}]{} \begin{bmatrix} 1 & 0 & 0 & 1 \\ 0 & 1 & 0 & 0 \\ 0 & 0 & 1 & -2 \\ 0 & 0 & 0 & 0 \end{bmatrix}.$$

因此方程组有唯一解：$\begin{cases} x=1 \\ y=0 \\ z=-2 \end{cases}$.

【例 3】 解线性方程组：$\begin{cases} x_1+2x_2+3x_3-x_4=2 \\ 3x_1+6x_2+x_3-x_4=4. \\ x_1+2x_2-5x_3+x_4=0 \end{cases}$

解 $\tilde{\mathbf{A}} = \begin{bmatrix} 1 & 2 & 3 & -1 & 2 \\ 3 & 6 & 1 & -1 & 4 \\ 1 & 2 & -5 & 1 & 0 \end{bmatrix} \xrightarrow[\substack{-3(1)+(2) \\ -(1)+(3)}]{} \begin{bmatrix} 1 & 2 & 3 & -1 & 2 \\ 0 & 0 & -8 & 2 & -2 \\ 0 & 0 & -8 & 2 & -2 \end{bmatrix}$

$$\xrightarrow[\substack{-3(2)+(1) \\ -\frac{1}{8}(2)}]{} \begin{bmatrix} 1 & 2 & 3 & -1 & 2 \\ 0 & 0 & 1 & -\frac{1}{4} & \frac{1}{4} \\ 0 & 0 & 0 & 0 & 0 \end{bmatrix} \xrightarrow[\substack{-3(2)+(1)}]{} \begin{bmatrix} 1 & 2 & 0 & -\frac{1}{4} & \frac{5}{4} \\ 0 & 0 & 1 & -\frac{1}{4} & \frac{1}{4} \\ 0 & 0 & 0 & 0 & 0 \end{bmatrix}.$$

最后一个矩阵对应的方程为：$\begin{cases} x_1+2x_2-\frac{1}{4}x_4=\frac{5}{4} \\ x_3-\frac{1}{4}x_4=\frac{1}{4} \end{cases}$,

此时令 $x_2=a$，$x_4=b$，这里的 a 与 b 为任意常数（也称为自由变量），即得方程组的解为

$$\begin{cases} x_1=\frac{5}{4}-2a+\frac{1}{4}b \\ x_2=a \\ x_3=\frac{1}{4}+\frac{1}{4}b \\ x_4=b \end{cases}$$

由 a 与 b 的任意性，原方程组有无穷多组解，上述解也称为原方程组的通解.

由［例 1］～［例 3］可以看出，线性方程组（9 - 10）有解的条件，这就是下面的定理.

定理 1 线性方程组（9 - 10）有解的充要条件是系数矩阵与增广矩阵的秩相等.

定理 2 在线性方程组（9 - 10）中，设 $r_A=r_{\tilde{A}}=r$，

（1）若 $r<n$，则方程组有无穷多组解；

（2）若 $r=n$，则方程组有唯一解.

解线性方程组（9-10），就是对增广矩阵作初等行变换，判定方程组是否有解；若方程组有唯一解，可得出其解（如［例 2］）；若方程组有无穷多组解，而 $r_A = r$，自由变量应有 $n-r$ 个，自由变量设定后，方程组的解也可相应得出（如［例 3］）.

【例 4】 当 λ 取何值时，方程组 $\begin{cases} x_1 + 3x_2 - 3x_4 = 1 \\ x_2 - x_3 + x_4 = -3 \\ x_1 - 2x_2 + 3x_3 - 4x_4 = \lambda \\ -7x_2 + 3x_3 + x_4 = -3 \end{cases}$ 有解，并求出它的解.

解 $\tilde{\boldsymbol{A}} = \begin{bmatrix} 1 & 3 & 0 & -3 & 1 \\ 0 & 1 & -1 & 1 & -3 \\ 1 & -2 & 3 & -4 & \lambda \\ 0 & -7 & 3 & 1 & -3 \end{bmatrix} \xrightarrow{-(1)+(3)} \begin{bmatrix} 1 & 3 & 0 & -3 & 1 \\ 0 & 1 & -1 & 1 & -3 \\ 0 & -5 & 3 & -1 & \lambda-1 \\ 0 & -7 & 3 & 1 & -3 \end{bmatrix}$

$\xrightarrow[7(2)+(4)]{5(2)+(3)} \begin{bmatrix} 1 & 3 & 0 & -3 & 1 \\ 0 & 1 & -1 & 1 & -3 \\ 0 & 0 & -2 & 4 & \lambda-16 \\ 0 & 0 & -4 & 8 & -24 \end{bmatrix} \xrightarrow{-2(3)+(4)} \begin{bmatrix} 1 & 3 & 0 & -3 & 1 \\ 0 & 1 & -1 & 1 & -3 \\ 0 & 0 & -2 & 4 & \lambda-16 \\ 0 & 0 & 0 & 0 & 8-2\lambda \end{bmatrix} = \boldsymbol{G}$

显然，当 $8-2\lambda \neq 0$，即 $\lambda \neq 4$ 时，原方程组无解；当 $\lambda = 4$ 时，原方程组有解. 此时，

$\boldsymbol{G} = \begin{bmatrix} 1 & 3 & 0 & -3 & 1 \\ 0 & 1 & -1 & 1 & -3 \\ 0 & 0 & -2 & 4 & -12 \\ 0 & 0 & 0 & 0 & 0 \end{bmatrix} \xrightarrow{-\frac{1}{2}(3)} \begin{bmatrix} 1 & 3 & 0 & -3 & 1 \\ 0 & 1 & -1 & 1 & -3 \\ 0 & 0 & 1 & -2 & 6 \\ 0 & 0 & 0 & 0 & 0 \end{bmatrix}$

$\xrightarrow{(3)+(2)} \begin{bmatrix} 1 & 3 & 0 & -3 & 1 \\ 0 & 1 & 0 & -1 & 3 \\ 0 & 0 & 1 & -2 & 6 \\ 0 & 0 & 0 & 0 & 0 \end{bmatrix} \xrightarrow{-3(2)+(1)} \begin{bmatrix} 1 & 0 & 0 & 0 & -8 \\ 0 & 1 & 0 & -1 & 3 \\ 0 & 0 & 1 & -2 & 6 \\ 0 & 0 & 0 & 0 & 0 \end{bmatrix}.$

设 $x_4 = a$（自由变量），则原方程组的通解为：$\begin{cases} x_1 = -8 \\ x_2 = 3+a \\ x_3 = 6+2a \\ x_4 = a \end{cases}.$

二、齐次线性方程组

线性方程组（9-10）中，当 $b_1 = b_2 = \cdots = b_n = 0$ 时，则称方程组为齐次线性方程组.

设 n 个未知数，m 个方程的齐次线性方程组为：

$$\begin{cases} a_{11}x_1 + a_{12}x_2 + \cdots + a_{1n}x_n = 0 \\ a_{21}x_1 + a_{22}x_2 + \cdots + a_{2n}x_n = 0 \\ \cdots \\ a_{m1}x_1 + a_{m2}x_2 + \cdots + a_{mn}x_n = 0 \end{cases} \tag{9-12}$$

因为齐次线性方程组（9-12）的系数矩阵和增广矩阵的秩是相等的，故齐次线性方程组（9-12）一定有解. 事实上，齐次线性方程组（9-12）至少有一组零解，即 $x_1 = x_2 = \cdots = x_n = 0$. 同时，根据定理 2，不难得出以下定理：

定理 3 在齐次线性方程组（9-12）中，$r_A = r$，

（1）若 $r=n$，则齐次线性方程组（9-12）只有零解；

（2）若 $r<n$，则齐次线性方程组（9-12）有无穷多组非零解.

对于 n 个未知数，n 个方程的齐次线性方程组

$$\begin{cases} a_{11}x_1+a_{12}x_2+\cdots+a_{1n}x_n=0 \\ a_{21}x_1+a_{22}x_2+\cdots+a_{2n}x_n=0 \\ \cdots \\ a_{n1}x_1+a_{n2}x_2+\cdots+a_{nn}x_n=0 \end{cases} \qquad (9\text{-}13)$$

还有下面的定理：

定理 4 若齐次线性方程组（9-13）有非零解，则它的系数行列式为零，即 $\det\boldsymbol{A}=0$；反之，结论也成立.

【例 5】 当 k 取何值时，方程组 $\begin{cases} x+y+z=0 \\ kx-y+2z=0 \\ x+ky+3z=0 \end{cases}$ 有非零解，并求出其解.

解 由定理 4，方程组有非零解的条件为

$$\begin{vmatrix} 1 & 1 & 1 \\ k & -1 & 2 \\ 1 & k & 3 \end{vmatrix}=0，即 k^2-5k=0，$$

解之得，$k=0$ 或 $k=5$.

当 $k=0$ 时，对方程组的系数矩阵进行初等行变换：

$$\boldsymbol{A}_1=\begin{bmatrix} 1 & 1 & 1 \\ 0 & -1 & 2 \\ 1 & 0 & 3 \end{bmatrix}\rightarrow\begin{bmatrix} 1 & 1 & 1 \\ 0 & 1 & -2 \\ 0 & -1 & 2 \end{bmatrix}\rightarrow\begin{bmatrix} 1 & 1 & 1 \\ 0 & 1 & -2 \\ 0 & 0 & 0 \end{bmatrix}\rightarrow\begin{bmatrix} 1 & 0 & 3 \\ 0 & 1 & -2 \\ 0 & 0 & 0 \end{bmatrix}.$$

设 $z=a$，则原方程组的解为：$\begin{cases} x=-3a \\ y=2a \\ z=a \end{cases}$（$a$ 为自由变量）.

当 $k=5$ 时，对方程组的系数矩阵进行初等行变换：

$$\boldsymbol{A}_2=\begin{bmatrix} 1 & 1 & 1 \\ 5 & -1 & 2 \\ 1 & 5 & 3 \end{bmatrix}\rightarrow\begin{bmatrix} 1 & 1 & 1 \\ 0 & -6 & -3 \\ 0 & 4 & 2 \end{bmatrix}\rightarrow\begin{bmatrix} 1 & 1 & 1 \\ 0 & 1 & 0.5 \\ 0 & 0 & 0 \end{bmatrix}\rightarrow\begin{bmatrix} 1 & 0 & 0.5 \\ 0 & 1 & 0.5 \\ 0 & 0 & 0 \end{bmatrix}.$$

设 $z=b$，则原方程组的解为：$\begin{cases} x=-0.5b \\ y=-0.5b. \\ z=b \end{cases}$

习 题 9-9

1. 解下列各线性方程组：

（1）$\begin{cases} x_1-2x_2-7x_3-13x_4=2 \\ -2x_1+2x_2+8x_3+14x_4=1; \\ 4x_1+x_2-x_3+2x_4=-4 \end{cases}$ （2）$\begin{cases} x+3y+z=5 \\ 2x+3y-3z=14; \\ x+y+5z=-7 \end{cases}$

(3) $\begin{cases} x_1+x_2+x_3+x_4+x_5=7 \\ 3x_1+2x_2+x_3+x_4-3x_5=-2 \\ 5x_1+4x_2+3x_3+3x_4-x_5=12 \\ x_2+2x_3+2x_4+6x_5=23 \end{cases};$ (4) $\begin{cases} x-y+3z=0 \\ x+y-2z=0 \\ 3x+y-z=0 \\ x-3y+8z=0 \end{cases};$

(5) $\begin{cases} x_1+x_2-x_3-2x_4+x_5=0 \\ -x_1+2x_2+x_3+x_4-x_5=0 \\ -5x_1+x_2+5x_3+7x_4-5x_5=0 \\ -2x_1+3x_2-x_3-x_4+x_5=0 \end{cases}.$

2. 确定 m 的值，使方程组 $\begin{cases} 2x_1-x_2+x_3+x_4=1 \\ x_1+2x_2-x_3+4x_4=2 \\ x_1+7x_2-4x_3+11x_4=m \end{cases}$ 有解，并求出其解.

3. 设下列线性方程组有非零解，试确定 λ 的值，并求出其解：

(1) $\begin{cases} x-y-\lambda z=0 \\ 2x+y-z=0 \\ x+z=0 \end{cases};$ (2) $\begin{cases} x+2y+3z=\lambda x \\ 2x+y+3z=\lambda y \\ 3x+3y+6z=\lambda z \end{cases}.$

本 章 小 结

一、基本要求

(1) 掌握二、三阶行列式的对角线法则，并能用对角线法则直接计算二、三阶行列式.

(2) 掌握行列式的性质，特别是行列式的降阶性质，重点是用降阶性质计算四阶行列式的值，用三角行列式计算四阶行列式也是很重要的一种方法.

(3) 理解克莱姆法则.

(4) 理解矩阵的概念，掌握矩阵的运算，能正确求矩阵的加、减、乘三种运算.

(5) 理解逆矩阵的概念，能用余子式求逆矩阵，还能用初等变换求逆矩阵.

(6) 了解矩阵秩的概念.

(7) 理解高斯消元法，能正确解三、四、五元线性方程组.

(8) 理解一般线性方程组解的结构的相关定理；重点是用初等行变换解一般线性方程组.

二、常用公式

1. 克莱姆法则

$$x_j = \frac{D_j}{D} \ (j=1,2,\cdots,n)$$

2. 求逆矩阵

(1) 公式法：$\boldsymbol{A}^{-1}=\dfrac{1}{\det \boldsymbol{A}}\boldsymbol{A}^*,\ \boldsymbol{A}^*=\begin{bmatrix} A_{11} & A_{21} & \cdots & A_{n1} \\ A_{12} & A_{22} & \cdots & A_{n2} \\ \vdots & \vdots & \vdots & \vdots \\ A_{1n} & A_{2n} & \cdots & A_{nn} \end{bmatrix};$

(2) 初等变换法：$(\boldsymbol{A} \vdots \boldsymbol{I}_n) \xrightarrow{\text{初等行变换}} (\boldsymbol{I}_n \vdots \boldsymbol{A}^{-1}).$

3. 高斯消元法

$$\widetilde{\boldsymbol{A}} = \begin{bmatrix} a_{11} & a_{12} & \cdots & a_{1n} & b_1 \\ a_{21} & a_{22} & \cdots & a_{2n} & b_2 \\ \vdots & \vdots & \vdots & \vdots & \vdots \\ a_{n1} & a_{n2} & \cdots & a_{nn} & b_n \end{bmatrix} \xrightarrow{\text{初等行变换}} \begin{bmatrix} 1 & 0 & \cdots & 0 & c_1 \\ 0 & 1 & \cdots & 0 & c_2 \\ \cdots & \cdots & \cdots & \cdots & \cdots \\ 0 & 0 & \cdots & 1 & c_n \end{bmatrix},$$

所以方程组的解为：$x_j = c_j \ (j = 1, 2, \cdots, n)$.

复习题九

1. 判断题：

(1) $2 \begin{vmatrix} 1 & 2 \\ 3 & 4 \end{vmatrix} = \begin{vmatrix} 2 & 4 \\ 6 & 8 \end{vmatrix}$;   (   )

(2) $\begin{vmatrix} \sin\alpha & \cos\alpha \\ \cos\alpha & \sin\alpha \end{vmatrix} = -\cos2\alpha$;   (   )

(3) $\begin{vmatrix} 1 & -2 & 3 \\ -1 & 0 & 5 \\ 2 & 4 & -3 \end{vmatrix} = \begin{vmatrix} 3 & 2 & 1 \\ 5 & 0 & -1 \\ -3 & -4 & 2 \end{vmatrix}$;   (   )

(4) $\begin{vmatrix} 3 & -2 & 1 \\ 0 & 8 & 7 \\ 4 & -1 & 5 \end{vmatrix} = \begin{vmatrix} 3 & 0 & 4 \\ -2 & 8 & -1 \\ 1 & 7 & 5 \end{vmatrix}$;   (   )

(5) $\begin{vmatrix} 2 & 2 & 2 & 2 \\ 3 & 1 & 2 & 4 \\ -2 & 3 & 9 & 6 \\ 5 & 7 & 8 & 3 \end{vmatrix} = 2 \begin{vmatrix} 1 & 1 & 1 & 1 \\ 1 & -1 & 0 & 2 \\ 0 & 5 & 11 & 8 \\ 1 & 3 & 4 & -1 \end{vmatrix}$;   (   )

(6) 两个行列式相加减，等于这两个行列式的对应元素相加减；   (   )

(7) n 个未知数 n 个方程的线性方程组都可以用克莱姆法则求解；   (   )

(8) 矩阵的乘法满足交换律；   (   )

(9) 若 $\boldsymbol{AB} = \boldsymbol{O}$，则 $\boldsymbol{A} = \boldsymbol{O}$ 或 $\boldsymbol{B} = \boldsymbol{O}$，若 $\boldsymbol{AB} = \boldsymbol{AC}$，$\boldsymbol{A} \neq \boldsymbol{O}$，则 $\boldsymbol{B} = \boldsymbol{C}$；   (   )

(10) n 阶方阵 $\boldsymbol{A}$ 必有逆矩阵 $\boldsymbol{A}^{-1}$；   (   )

(11) 用初等变换求矩阵 $\boldsymbol{A}$ 的逆矩阵时，可以同时对行与列施行初等变换；   (   )

(12) 齐次线性方程组一定有解；   (   )

(13) n 个未知数的线性方程组有唯一解，则系数矩阵的秩为 n；   (   )

(14) n 个未知数的齐次线性方程组有非零解，则系数矩阵的秩小于 n；   (   )

(15) 如果 n 个方程 n 个未知数的齐次线性方程组有唯一解，则它的系数数行列式不为零；   (   )

(16) 若 $\boldsymbol{A}$、$\boldsymbol{B}$ 同为 n 阶方阵，则 $\det(\boldsymbol{AB}) = \det\boldsymbol{A}\det\boldsymbol{B}$；   (   )

(17) 设 $\boldsymbol{A}$ 为 n 阶方阵，k 为一个非零常数，则 $\det(k\boldsymbol{A}) = k\det\boldsymbol{A}$；   (   )

(18) 设 $\boldsymbol{A}$、$\boldsymbol{B}$ 为 n 阶方阵，则 $(\boldsymbol{A}+\boldsymbol{B})(\boldsymbol{A}-\boldsymbol{B}) = \boldsymbol{A}^2 - \boldsymbol{B}^2$.   (   )

2. 选择题:

(1) 用初等变换求矩阵秩时,所做的变换是( );

A. 对行做初等变换　　　　　　　B. 对列做初等变换

C. 既可对行又可对列做初等变换　　D. 以上做法都不对

(2) 用初等变换解线性方程组 $AX=B$ 时,对增广矩阵所做的变换是( );

A. 对行做初等变换　　　　　　　B. 对列做初等变换

C. 既可对行又可对列做初等变换　　D. 以上做法都不对

(3) 若 $A=\begin{bmatrix} 1 & 2 & 3 & 2 & 1 \\ 2 & 3 & 5 & 3 & 2 \\ 3 & 4 & 5 & 4 & 3 \\ 3 & 5 & 8 & 5 & 3 \\ 5 & 8 & 13 & 8 & 5 \end{bmatrix}$,则矩阵 A 的秩为( );

A. 2　　　　　　　B. 3　　　　　　　C. 4　　　　　　　D. 5

(4) 线性方程组 $\begin{cases} x_1-2x_2+x_3+x_4=1 \\ x_1-2x_2+x_3-x_4=1 \\ x_1-2x_2+x_3+5x_4=5 \end{cases}$ 的解为( );

A. 唯一解　　　B. 无穷多组解　　　C. 无解　　　　D. 不能确定

(5) 齐次线性方程组 $\begin{cases} (m-2)x+y=0 \\ x+(m-2)y=0 \\ y+(m-2)z=0 \end{cases}$ 有非零解,则 m 的值为( ).

A. 2　　　　　　B. 1、3　　　　　　C. 1　　　　　　D. 1、2、3

3. 填空题:

(1) $\begin{vmatrix} 2+\cos\alpha & 3+\sin\alpha & 1 \\ 2-\sin\alpha & 3+\cos\alpha & 1 \\ 2 & 3 & 1 \end{vmatrix}=$ _____;

(2) n 阶行列式按第 i 列展开的展开式为_____;

(3) $\begin{vmatrix} k_1a_{11} & k_2a_{12} & k_3a_{13} & k_4a_{14} \\ k_1a_{21} & k_2a_{22} & k_3a_{23} & k_4a_{24} \\ k_1a_{31} & k_2a_{23} & k_3a_{33} & k_4a_{34} \\ k_1a_{41} & k_2a_{42} & k_3a_{43} & k_4a_{44} \end{vmatrix}=$ _____ $\begin{vmatrix} a_{11} & a_{12} & a_{13} & a_{14} \\ a_{21} & a_{22} & a_{23} & a_{24} \\ a_{31} & a_{32} & a_{33} & a_{34} \\ a_{41} & a_{42} & a_{43} & a_{44} \end{vmatrix}$;

(4) $\begin{vmatrix} a_{11} & a_{12} & a_{13} \\ a_{21} & a_{22} & a_{23} \\ a_{31} & a_{32} & a_{33} \end{vmatrix}=$ _____ $\begin{vmatrix} \dfrac{a_{11}}{k} & \dfrac{a_{12}}{k} & \dfrac{a_{13}}{k} \\ k^2a_{21} & k^2a_{22} & k^2a_{23} \\ a_{31} & a_{32} & a_{33} \end{vmatrix}$.

4. 计算下列各行列式的值:

(1) $\begin{vmatrix} a+2b & a+4b & a+6b \\ a+3b & a+5b & a+7b \\ a+4b & a+6b & a+8b \end{vmatrix}$; (2) $\begin{vmatrix} 1 & 1 & 1 & 1 \\ a & x & b & b \\ b & b & x & c \\ c & c & c & x \end{vmatrix}$;

(3) $\begin{vmatrix} -1 & -2 & -3 & 4 \\ -2 & -1 & 4 & 3 \\ 3 & 4 & 1 & 2 \\ 4 & -3 & 2 & 1 \end{vmatrix}$;　　(4) $\begin{vmatrix} 1 & 4 & 9 & 16 \\ 4 & 9 & 16 & 25 \\ 9 & 16 & 25 & 36 \\ 16 & 25 & 36 & 49 \end{vmatrix}$.

5. 求证：

(1) $\begin{vmatrix} a_1+b_1 & b_1+c_1 & c_1+a_1 \\ a_2+b_2 & b_2+c_2 & c_2+a_2 \\ a_3+b_3 & b_3+c_3 & c_3+a_3 \end{vmatrix} = 2 \begin{vmatrix} a_1 & b_1 & c_1 \\ a_2 & b_2 & c_2 \\ a_3 & b_3 & c_3 \end{vmatrix}$;

(2) $\begin{vmatrix} \cos(\alpha-\beta) & \sin\alpha & \cos\alpha \\ \sin(\alpha-\beta) & \cos\alpha & \sin\alpha \\ 1 & \sin\beta & \cos\beta \end{vmatrix} = 0$;

(3) $\begin{vmatrix} a-b-c & 2a & 2a \\ 2b & b-c-a & 2b \\ 2c & 2c & c-a-b \end{vmatrix} = (a+b+c)^3$;

(4) $\begin{vmatrix} 1 & 1 & 1 & 1 \\ a & b & c & d \\ a^2 & b^2 & c^2 & d^2 \\ a^3 & b^3 & c^3 & d^3 \end{vmatrix} = (b-a)(c-a)(d-a)(c-b)(d-b)(d-c)$.

6. 用克莱姆法则解下列各线性方程组：

(1) $\begin{cases} x_1-x_2+2x_4=-5 \\ 3x_1+2x_2-x_3-2x_4=6 \\ 4x_1+3x_2-x_3-x_4=0 \\ 2x_1-x_3=0 \end{cases}$;　　(2) $\begin{cases} 3x_1+2x_2=1 \\ x_1+3x_2+2x_3=0 \\ x_2+3x_3+2x_4=0 \\ x_3+3x_4=-2 \end{cases}$.

7. 求下列各矩阵的逆矩：

(1) $\begin{bmatrix} 1 & 3 & 0 \\ 2 & 7 & -1 \\ 0 & -2 & 3 \end{bmatrix}$;　　(2) $\begin{bmatrix} 1 & 1 & 1 & 1 \\ 1 & 1 & -1 & -1 \\ 1 & -1 & 1 & -1 \\ 1 & -1 & -1 & 1 \end{bmatrix}$.

8. 设 $A = \begin{bmatrix} 0 & 10 & 6 \\ 1 & -3 & -3 \\ -2 & 10 & 8 \end{bmatrix}$, $P = \begin{bmatrix} 2 & 2 & 3 \\ 1 & -1 & 0 \\ -1 & 2 & 1 \end{bmatrix}$, 求 $P^{-1}AP$.

9. 解下列各线性方程组：

(1) $\begin{cases} x_1+2x_2+3x_3-2x_4=6 \\ 2x_1-x_2-2x_3-3x_4=8 \\ 3x_1-2x_2-x_3+2x_4=-4 \\ 2x_1-3x_2+2x_3+x_4=-8 \end{cases}$;　　(2) $\begin{cases} x_1+x_2+5x_3-x_4=0 \\ x_1+x_2-2x_3+3x_4=0 \\ 3x_1-x_2+8x_3+x_4=0 \\ x_1+3x_2-9x_3+7x_4=0 \end{cases}$.

10. k、m 取何值时，方程组 $\begin{cases} x_1+2x_2+3x_3=6 \\ 2x_1+3x_2+x_3=-1 \\ x_1+x_2+kx_3=-7 \\ 3x_1+5x_2+4x_3=m \end{cases}$,

(1) 无解；

(2) 有唯一解；

(3) 有无穷多组解.

并求出方程组的解.

第十章 概 率 论 初 步

概率论是从数量方面研究随机现象规律性的数学学科，理论严谨，应用广泛，发展迅速. 概率论与其他数学分支有着紧密的联系，它是近代数学的重要组成部分.

目前，概率论的理论与方法已广泛应用于工业、农业、军事和科学技术中. 概率论的理论和方法向各个基础学科、工程学科的渗透，是近代科学技术发展的特征之一. 概率论与其他学科相结合发展成不少边缘学科，如生物统计、统计物理和数学地质等；它又是许多新的重要学科的基础，如信息论、控制论、可靠性理论和人工智能等. 因此，掌握一些概率论的基本知识是十分必要的. 本章将介绍随机事件及其概率的基本概念和重要公式.

第一节 随 机 事 件

一、随机现象和随机试验

自然界和人类社会发生的现象，大体可分成两种不同类型.

1. 在一定条件下，某一结果必然发生或必然不发生的现象称为确定性现象. 例如：在没有外力作用的条件下，作等速直线运动的物体必然继续作等速直线运动；在标准大气压下，水加热到 100℃时必然会沸腾；从一批全是 15W 的电灯泡中，任取一只，取到的必然不是 25W 的电灯泡；没有空气和水，种子必然不会发芽. 这些现象都是确定性现象.

2. 一定条件下，具有多种可能结果，事先不能确定会出现哪种结果的现象称为随机现象（或不确定性现象）. 例如：在桌面上抛掷一枚硬币，可能是正面（国徽面）向上，也可能是正面向下；抽检一件产品，可能是正品，也可能是次品；过马路交叉口时可能遇上各种颜色的交通指挥灯. 这些现象都是随机现象.

随机现象出现哪种结果事先是不能预言的，它呈现出一种偶然性. 但是人们经过长期实践并深入研究，逐渐发现随机现象的"偶然性"只是对一次或几次观察或试验而言，当在相同条件下进行大量重复观察或试验时，随机现象会呈现出某种规律性. 例如，多次重复抛掷一枚硬币得到"正面向上"大致有一半；多次重复测量某条高速公路长度，总是在某个常数附近摆动等. 我们称这种规律性为随机现象的统计规律性，它是概率论的研究对象.

研究随机现象的统计规律性，通常要在一定的条件下对随机现象进行观察或试验，如果某个试验满足下列三个条件：

（1）试验可以在相同条件下重复进行；

（2）每次试验结果不止一个，并且事先能知道试验的所有可能结果；

（3）在每次试验前无法预知出现哪种结果.

则称此试验为随机试验，简称试验.

二、随机事件

在概率论中，将试验的结果称为事件.

每次试验中，可能发生也可能不发生，而在大量试验中具有某种规律的事件称为随机事件，简称为事件. 通常用大写英文字母 A、B、C 等表示.

例如，在掷一枚硬币的试验中，"正面向上"便是一个随机事件；过马路交叉口时，"遇到红灯"也是一个随机事件；验收一批圆柱形产品时，"直径合格""长度不合格""产品合格"等都是随机事件.

在随机事件中，有些可以看成是由某些事件复合而成的，而有些事件则不能分解为其他事件的组合. 这种不能分解成其他事件组合的最简单的随机事件称为基本事件；由若干个基本事件组合而成的事件称为复合事件. 例如，掷一颗骰子的试验中，其出现的点数，"1 点""2 点"…"6 点"都是基本事件. "奇数点"是复合事件，它是由"1 点""3 点""5 点"这三个基本事件组成的，只要这三个基本事件中的一个发生，"奇数点"这个事件就发生.

在试验中，必然会发生的事件称为必然事件，记为 Ω；不可能发生的事件称为不可能事件，记为 Φ. 例如，普查我国人口的身高，"身高低于 3m"是必然事件，而"身高高于 3m"则是不可能事件；掷一颗骰子，"点数小于 7"是必然事件，"点数不小于 7"是不可能事件.

应当指出：必然事件与不可能事件有着紧密的联系. 如果每次试验中，某一个结果必然发生（如"点数小于 7"），那么这个结果的反面（即"点数不小于 7"）就一定不发生；不论必然事件、不可能事件还是随机事件，都是相对于一定的试验条件而言的，如果试验的条件变了，事件的性质也会发生变化. 比如，掷两颗骰子时，"点数总和小于 7"是随机事件，而掷 10 颗时，"点数总和小于 7"是不可能事件. 概率论所研究的都是随机事件，为讨论问题方便，将必然事件及不可能事件作为随机事件的两个极端情况.

三、基本事件空间

应用点集的概念来研究事件间的关系比较容易理解. 如果把每一个基本事件看成一个点（元素），则全体基本事件就构成了一个点集（全集），称这个点集为随机试验的基本事件空间或样本空间，常用字母 Ω 表示. 全集 Ω 中的每一个点就是一个基本事件，又称为样本点，用字母 ω 表示.

例 1：一个盒子中有 10 个相同的球，但 5 个是白色的，另外 5 个是黑色的，搅匀后从中任意摸取一球. 令 $\omega_1=\{$取得白球$\}$，$\omega_2=\{$取得黑球$\}$，则 $\Omega=\{\omega_1, \omega_2\}$.

例 2：一个盒子中有 10 个完全相同的球，分别标以号码 1，2，…，10，从中任取一球，令 $i=\{$取得球的标号为 $i\}$，则 $\Omega=\{1, 2, \cdots, 10\}$.

例 3：讨论某电话交换台在单位时间内收到的呼唤次数，令 $i=\{$收到的呼唤次数为 $i\}$，则 $\Omega=\{0, 1, 2, \cdots\}$.

例 4：测量某地水温，令 $t=\{$测得的水温为 $t℃\}$，则 $\Omega=[0, 100]$.

由前面已经知道，样本空间 Ω 包含了全体基本事件，而随机事件不过是有某些特征的基本事件所组成，所以从集合论的观点来看，一个随机事件不过是样本空间 Ω 的一个子集而已. 又因为 Ω 是所有基本事件所组成，因而在任一次试验中，必然要出现 Ω 中的某一基本事件 ω，即 $\omega\in\Omega$，也就是在试验中，Ω 必然会发生，所以今后又用 Ω 来代表一个必然事件. 相应地，空集 Φ 可以看作是 Ω 的子集，在任意一次试验中，不可能有 $\omega\in\Phi$，也就是说 Φ 永远不可能发生，所以 Φ 是不可能事件. 必然事件和不可能事件的发生与否，已经失去了"不确定性"，因而本质上它们不是随机事件. 但是为了方便起见，还是把它们看作随机事件，它们不过是随机事件的两个极端情形而已.

四、事件间的关系与运算

一个样本空间 Ω 中，可以有很多的随机事件．概率论的任务之一，是研究随机事件的规律，通过对较简单事件规律的研究去掌握更复杂事件的规律．为此，需要研究事件之间的关系和事件之间的一些运算．

1. 包含关系

如果事件 A 发生必然导致事件 B 发生，则称事件 B 包含事件 A，记为 $B \supset A$ 或 $A \subset B$．

如在［例2］中，$A=\{$球的标号为6$\}$ 这一事件的发生就导致事件 $B=\{$球的标号是偶数$\}$ 的发生．因为摸到标号为6的球意味着标号为偶数的球出现了，即后者包含了前者．

事件间的包含关系可用图 10-1 直观地说明．图 10-1 中的矩形区域表示样本空间 Ω，A、B 两个圆形区域分别表示事件 A、B．在点集观点下，事件 A 与事件 B 是全集 Ω 的两个子集．

"A 发生必然导致事件 B 发生"的意义，就是集合 A 是集合 B 的子集．

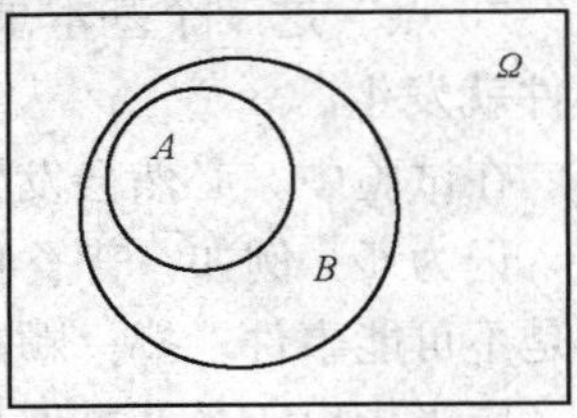

因为不可能事件 Φ 不含有任何 ω，所以对任一事件，约定 $\Phi \subset A$．

图 10-1

2. 相等关系

如果事件 B 包含事件 A，事件 A 也包含事件 B，即 $A \subset B$，且 $B \supset A$，则称事件 A 与事件 B 相等，记为 $A=B$．

易知，相等的两个事件 A、B，总是同时发生或同时不发生．

如在［例2］中，若 $A=\{$球的标号为偶数$\}$，$B=\{$球的标号为2、4、6、8、10$\}$，则显然有 $A=B$．

在点集观点下，"事件 A 与事件 B 相等"就是集合 A 等于集合 B，即 A、B 含有相同的样本点．相等关系是包含关系的一个特例．

3. 事件的和（并）

如果事件 A 与事件 B 至少有一个发生，这样的事件称为事件 A 与事件 B 的和，记为 $A+B$（或 $A \cup B$）．

如在［例2］中，若 $A=\{$球的标号为偶数$\}$，$B=\{$球的标号 $\leqslant 3\}$，则 $A+B=\{$球的标号为1、2、3、4、6、8、10$\}$．

事件 A 与事件 B 的和 $A+B$ 可由图 10-2 中阴影部分直观地说明．在点集观点下，事件 A 与事件 B 都是全集 Ω 的子集，和事件 $A+B$ 就是集合 A 与集合 B 的并集．

4. 事件的积（交）

如果事件 A 与事件 B 同时发生，则称此事件为事件 A 与事件 B 的积（或交），记为 AB（或 $A \cap B$）．

如在［例2］中，若 A、B 同上，则 $AB=\{$球的标号为2$\}$．

事件 A 与事件 B 积的意义由图 10-3 中阴影部分所示．

在点集观点下，事件 A 与事件 B 的积就是集合 A 与集合 B 的交集．

5. 事件的差

如果事件 A 发生而事件 B 不发生，则称这样的事件为事件 A

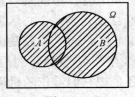

图 10-2

与事件 B 的差，记为 $A-B$.

如在［例 2］中，若 A、B 同上，则 $A-B=\{$球的标号为 4、6、8、10$\}$.

事件 A 与事件 B 的差的直观意义由图 10-4 的阴影部分所示，在点集观点下，事件 A 与事件 B 的差就是集合 A 与集合 B 的差.

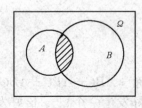
图 10-3

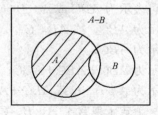
图 10-4

6. 互不相容关系

如果事件 A 与事件 B 不能同时发生，即 $AB=\Phi$，则称事件 A 与事件 B 互不相容或互斥.

如在［例 2］中，若 $A=\{$球的标号为偶数$\}$，$B=\{$球的标号为 3$\}$，则显然 A 与 B 不能同时发生，即 $AB=\Phi$，它们是不相容的事件.

事件 A、B 不相容的直观意义由图 10-5 所示. 在点集观点下，事件 A 与事件 B 互不兼容就是集合 A 与集合 B 的交集为空集.

7. 对立事件（逆事件）

如果事件 A 不发生，即 $\Omega-A$，这一事件称为事件 A 的对立事件，记为 $\overline{A}$.

如在［例 2］中，若 $A=\{$球的标号为偶数$\}$，$\overline{A}=\{$球的标号为奇数$\}$.

事件 A 的对立事件的直观意义由图 10-6 阴影部分所示. 在点集观点下，A 的对立事件 $\overline{A}$ 就是集合 A 的补集.

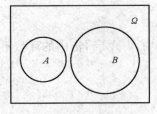
图 10-5

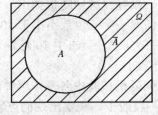
图 10-6

由上面的讨论知，在一次试验中 A 与 $\overline{A}$ 二者只能发生其中之一，且必然发生其中之一. 对立事件有下面一些简单性质：

(1) $A\overline{A}=\Phi$；

(2) $A+\overline{A}=\Omega$；

(3) $\overline{\overline{A}}=A$，即对立事件是相互的.

两个相互对立的事件一定是不相容的事件，但不相容的两个事件却不一定是相互对立的事件.

【例】 设 A、B、C 为 Ω 中的三个事件，试用事件 A、B、C 表示下列事件：

(1) $\{A$ 发生而 B 与 C 都不发生$\}$；

(2) {A 与 B 都发生而 C 不发生}；

(3) {A、B、C 都不发生}；

(4) {A、B、C 中恰有一个发生}；

(5) {A、B、C 中至少有一个发生}.

解　(1) 可表示为 $A\overline{B}\overline{C}$ 或 $A-B-C$；

(2) 可表示为 $AB\overline{C}$，或 $AB-C$；

(3) 可表示为 $\overline{A}\overline{B}\overline{C}$；

(4) 可表示为 $A\overline{B}\overline{C}+\overline{A}B\overline{C}+\overline{A}\overline{B}C$；

(5) 可表示为 $A+B+C$ 或 $A\overline{B}\overline{C}+\overline{A}B\overline{C}+\overline{A}\overline{B}C+AB\overline{C}+A\overline{B}C+\overline{A}BC+ABC$.

这里最后一个式子包含了 A、B、C 三个事件 {恰好发生一个}、{恰好发生两个} 和 {三个都发生} 这三种情况.

五、事件的运算律

事件的运算满足以下规律：

(1) 交换律　$A+B=B+A$，$AB=BA$；

(2) 结合律　$A+(B+C)=(A+B)+C$，$A(BC)=(AB)C$；

(3) 分配律　$(A+B)C=AC+BC$；

(4) 对偶律　$\overline{A+B}=\overline{A}\overline{B}$，$\overline{AB}=\overline{A}+\overline{B}$.

这些运算律和集合的运算律是一致的.

习　题 10-1

1. 指出下列事件中哪些是必然事件，哪些是不可能事件？哪些是随机事件？

(1) $A=\{$任取一个三位数是 105$\}$；

(2) $B=\{$一副扑克牌中随机抽出一张是红桃$\}$；

(3) $C=\{$任取一个三位数不小于 100$\}$；

(4) 射击一次，$A_1=\{$击中 10 环$\}$，$A_2=\{$没有击中$\}$，$A_3=\{$击中的环数不大于 10 环$\}$，$A_4=\{$击中的环数小于 0$\}$.

2. 写出下列随机试验中各基本事件的全集 Ω：

(1) 投掷一枚骰子，观察出现的点数；

(2) 袋里装有四个球，其中有两个白球两个黑球，每次从中任取两个.

3. 写出下列随机试验的基本事件数：

(1) 同时掷两枚相同的硬币；

(2) 连续两次掷同一枚硬币；

(3) 一批产品有 5 件，其中 2 件次品，3 件正品，从中任取 3 件.

4. 对立事件与互不相容事件有何异同？

5. 一批产品中含有正品和次品，从中任取三件，设：

$A_1=\{$至少有一件次品$\}$，　　$A_2=\{$恰有一件次品$\}$，　　$A_3=\{$至少有两件次品$\}$，

$A_4=\{$三件都是次品$\}$，　　$A_5=\{$至多有一件次品$\}$，　　$A_6=\{$至少有一件正品$\}$，

$A_7=\{$没有次品$\}$.

试分析：(1) A_1 包含哪些事件？(2) A_2+A_3 为多少？(3) A_1A_5 为多少？(4) A_4 与 A_5 是不是互斥事件？(5) $\overline{A_1}$、$\overline{A_6}$ 表示什么？

6. 从 1 到 100 这 100 个自然数中任取一个数，设：

$A=\{$取到的数能被 5 整除$\}$，$B=\{$取到的数小于 50$\}$，$C=\{$取到的数大于 30$\}$.

问：AB、ABC、$B+C$、$(A+C)B$ 各表示什么意思？$B-C$ 表示什么意思？

7. 设 A、B、C 为 Ω 中的三个随机事件，试用 A、B、C 表示下列事件：

(1) $\{A$、B、C 都发生$\}$；

(2) $\{A$、B、C 中至少两个发生$\}$；

(3) $\{A$、B、C 中不多于一个发生$\}$；

(4) $\{A$、B、C 中不多于两个发生$\}$.

8. 选择题：

(1) 下列关于事件的结论中，正确的是（　　　）；

A. $\overline{AB}=\overline{A}\,\overline{B}$　　　　B. $\overline{A+B}=\overline{A}+\overline{B}$　　　　C. $B\overline{A}=B-A$　　　　D. $(AB)(\overline{AB})=\Phi$

(2) 若事件 A、B 满足 $B-A=B$，则一定有（　　　）；

A. $A=\Phi$　　　　B. $AB=\Phi$　　　　C. $A\overline{B}=\Phi$　　　　D. $B=\overline{A}$

(3) 若事件 A、B 满足 $B\subset A$，则正确的结论是（　　　）.

A. $A+B=B$　　　　B. $\overline{B}\supset\overline{A}$　　　　C. $\overline{B}\,\overline{A}=\overline{A}$　　　　D. $AB=B$

第二节　概率的统计定义和古典概型

随机事件在一次试验中是否发生事先是不能预言的，但它在一次试验中发生的可能性的大小是具有某种规律性的，概率就是用来刻画随机事件在试验中发生的可能性大小的数量指标.

一、概率的统计定义

随机事件发生的可能性的大小是有其客观规律性的，这种规律性常常可以通过大量的重复试验来发现，把这种从大量重复试验得到的规律性，称为随机事件的统计规律性.

定义 1　在一定条件下的 n 次重复试验中，如果事件 A 发生 m 次，则 $\dfrac{m}{n}$ 称为事件 A 的频率，m 称为事件 A 的频数.

经验证明，频率是能反映事件发生的可能性大小的一个量. 当试验次数不多时，频率具有明显的波动性；当试验次数 n 很大时，频率具有一定的稳定性，即在某一常数附近作微小的摆动，并且试验次数越多，频率就越接近这个常数. 例如，历史上有人做过多次掷硬币的试验，试验记录如表 10 - 1 所示.

表 10 - 1　　　　　　　　　　掷硬币试验记录

试验序号	投掷次数 n	正面向上次数 m	频率	试验序号	投掷次数 n	正面向上次数 m	频率
1	2048	1061	0.5181	4	24000	12012	0.5005
2	4040	2048	0.5069	5	30000	14984	0.4996
3	12000	6019	0.5016				

从表 10-1 中可以看出，出现正面的频率接近 0.5，并且抛掷次数越多，频率越接近 0.5. 经验告诉人们，多次重复同一试验时，随机现象呈现出一定的量的规律. 具体地说，就是当试验次数 n 很大时，事件 A 的频率具有一种稳定性. 它的数值徘徊在某个确定的常数附近. 这种在多次重复试验中，事件频率稳定性的统计规律，便是概率这一概念的经验基础. 而所谓某事件发生的可能性大小，就是这个"频率的稳定性".

定义 2　在一定条件下，重复做 n 次试验，当 n 很大时，如果事件 A 的频率稳定在某一确定的常数 p 附近，则把常数 p 称为随机事件 A 的概率，记为 $P(A) = p$.

定义 2 称为概率的统计定义.

例如，在投掷硬币的试验中，事件 $A = \{$正面向上$\}$ 的频率稳定在 0.5 附近，所以 $p = 0.5$，即事件 A 的概率 $P(A) = 0.5$.

概率的统计定义指出了事件的概率是客观存在的，但是在一般情况下，概率值 p 是不可能用统计方法精确得到的，因此，在实际工作中，当 n 充分大时，通常就以频率作为概率的近似值，即

$$P(A) \approx \frac{m}{n}$$

用频率来描述事件的概率，通常有两种方法：一种是通过一次大量的试验，用频率作为概率的近似值. 例如，对某厂的产品抽取 1000 件，测得次品为 10 件，那么就可用频率 $\frac{10}{1000} = 0.01$ 作为该厂产品次品率的近似值. 另一种方法就是用多次重复试验得到的一系列频率的平均值作为概率的近似值. 例如，对某厂的产品测试了 500 次（每次测试若干件产品），平均合格率为 0.95，于是可用平均合格率 0.95 作为该厂的产品合格率的近似值，即从该厂的产品中任取一件，$\{$取得合格品$\}$ 这一事件的概率大约为 0.95.

在 n 次试验中，事件 A 发生的频数 m 总是介于 0 与 n 之间，即 $0 \leqslant m \leqslant n$，所以事件 A 的频率总是介于 0 与 1 之间. 于是，可得概率有下列性质：

(1) $0 \leqslant P(A) \leqslant 1$；

(2) $P(\Omega) = 1$，$P(\Phi) = 0$；

(3) 如果事件 A 与事件 B 是互不相容的，则

$$P(A+B) = P(A) + P(B) \tag{10-1}$$

证　设在相同条件下，重复进行 n 次（n 充分大）试验，其中，事件 A 发生了 m_A 次，事件 B 发生了 m_B 次，由于事件 A、B 互不相容，所以事件 $A+B$ 发生了 $m_A + m_B$ 次. 根据概率的统计定义，事件 A 发生的频率 $\frac{m_A}{n}$ 稳定于事件 A 的概率 $P(A)$，事件 B 的频率 $\frac{m_B}{n}$ 稳定于事件 B 的概率 $P(B)$，事件 $A+B$ 的频率 $\frac{m_A + m_B}{n}$ 稳定于事件 $A+B$ 的概率 $P(A+B)$. 但由于 $\frac{m_A + m_B}{n} = \frac{m_A}{n} + \frac{m_B}{n}$，因此，$\frac{m_A + m_B}{n}$ 还应稳定于 $P(A) + P(B)$，结果 $\frac{m_A + m_B}{n}$ 既稳定于 $P(A+B)$，又稳定于 $P(A) + P(B)$，由频率的稳定性知

$$P(A+B) = P(A) + P(B)$$

式 (10-1) 可推广到有限个事件，即若有 n 个事件 A_1，A_2，…，A_n，它们两两互不相容，则有

$$P(A_1 + A_2 + \cdots + A_n) = P(A_1) + P(A_2) + \cdots + P(A_n) \tag{10-2}$$

式（10-2）称为概率的有限可加性.

二、古典概型

用频率来估算事件的概率，必须通过大量的重复试验才能得到稳定的常数 p，这是比较困难的. 在某些特殊情况下，可以不必借助大量的重复试验，而是根据事件的特点，对事件及其相互关系进行分析，就可直接计算出事件的概率. 例如，抛掷一枚均匀的硬币，出现正面向上与反面向上的结果是等可能的，因此，可以认为这两个事件发生的概率都是 0.5. 又例如，在一个口袋中装有编号为 1，2，3，…，10 的 10 个同样大小重量相等的球，从中任取一个，则每个球被取到的机会完全相同，且只有 10 个最简单的可能结果（即有 10 个基本事件），因此可以认为这 10 个事件发生的概率都是 0.1.

上述两个随机试验中的基本事件的概率之所以能确定出来，是由于这两个试验具有两个显著的特征：①基本事件空间仅含有限个基本事件；②每个基本事件出现的机会是相等的. 下面就讨论具有这些特点的一类随机试验.

定义 3 如果随机试验具有如下两个特征：

（1）试验的所有基本事件（即基本事件空间的样本点）只有有限个，不妨设为 n 个，并记为 ω_1，ω_2，…，ω_n（有限性）；

（2）试验中每个基本事件（样本点）出现的机会相等（等可能性），即

$$P(\omega_1) = P(\omega_2) = \cdots = P(\omega_n)$$

则称这类随机试验的数学模型为古典概型（古典的概率模型）.

如果一个随机试验具有上述两个特征，则称这个随机试验属于古典概型.

例如，上面所述的抛掷一枚均匀的硬币和任取一球的试验都属古典概型.

在古典概型中，它的样本空间 $\Omega = \{\omega_1，\omega_2，\cdots，\omega_n\}$ 作为事件时是必然事件，且为全体基本事件的和，即

$$\Omega = \omega_1 + \omega_2 + \cdots + \omega_n$$

根据概率具有有限可加性有

$$P(\Omega) = P(\omega_1) + P(\omega_2) + \cdots + P(\omega_n)$$

$$P(\omega_1) = P(\omega_2) = \cdots = P(\omega_n)$$

$$P(\omega_1) = P(\omega_2) = \cdots = P(\omega_n) = \frac{1}{n}$$

由此，对古典概率型中任一事件 A 的概率有如下定义：

定义 4 如果一个随机试验的基本事件空间 Ω 共含有 n 个等可能的基本事件，而事件 A 恰包含 m 个基本事件，则称 $\frac{m}{n}$ 为事件 A 的概率，记为 $P(A)$，即

$$P(A) = \frac{m}{n} \tag{10-3}$$

上述定义称为概率的古典定义.

概率的古典定义与概率的统计定义是一致的. 因为对于古典概型的试验，若在相同条件下，进行大量重复试验，则试验中的事件 A 发生的频率总是稳定于数 $\frac{m}{n}$ 的. 例如，在抛掷一枚硬币的试验中，样本空间仅有两个基本事件：$\omega_1 = \{$正面向上$\}$，$\omega_2 = \{$反面向上$\}$，若硬

币是均匀的，则 ω_1 与 ω_2 出现的可能性相同，于是按古典概率计算公式有

$$p(\omega_1) = \frac{1}{2}$$

这与前面按概率的统计定义，进行大量重复试验的结果是一样的，即 ω_1 出现的频率总是稳定于 $\frac{1}{2}$ 的．统计定义具有普遍性，适用于一切随机试验．概率的古典定义仅适用于古典概型这类特殊的随机试验，它是统计定义的特殊情况．

根据概率的古典定义，不难验证事件的古典概率也具有如下性质：

（1）非负性：对任意事件 A，$0 \leqslant P(A) \leqslant 1$；

（2）规范性：$P(\Omega) = 1$，$P(\Phi) = 0$；

（3）有限可加性：若 A_1，A_2，$\cdots$，A_n 为 n 个两两互不相容的事件，则

$$P(A_1 + A_2 + \cdots + A_n) = P(A_1) + P(A_2) + \cdots + P(A_n) = \sum_{i=1}^{n} P(A_i)$$

【例1】 从数字 1，2，3，4，5 中任取 3 个组成三位数．求：

（1）所得三位数是偶数的概率；

（2）所得三位数不小于 200 的概率．

【分析】 从已知的 5 个数字中任取 3 个，不管这 3 个数字怎么排列都可组成一个三位数，每一种排法就是一个基本事件．由于取法是任意的，因此每种排法出现的机会是相等的，于是基本事件的总数 $n = P_5^3$．

（1）偶数的个位数可以是"2"或"4"；十位、百位数可以任取．因此，"三位数是偶数"这一事件含有 $P_2^1 P_4^2$ 个基本事件．

（2）百位数只要取 2，3，4，5 之一，所组成的三位数必大于 200．因此，"不小于 200 的三位数"这一事件含有 $P_4^1 P_4^2$ 个基本事件．

利用概率古典定义便可求解．

解 （1）设 $A = \{$所得三位数是偶数$\}$，由题意得，

基本事件总数 $n = P_5^3 = 5 \times 4 \times 3 = 60$，

A 所含基本事件个数 $m_A = P_2^1 P_4^2 = 2 \times 4 \times 3 = 24$，

由概率的古典定义有

$$P(A) = \frac{m_A}{n} = \frac{24}{60} = \frac{2}{5}$$

（2）设 $B = \{$所得三位数不小于 200$\}$，由题意得，

基本事件总数 $n = P_5^3$，B 所含基本事件个数 $m_B = P_4^1 P_4^2$，由概率的古典定义有

$$P(B) = \frac{m_B}{n} = \frac{4 \times 4 \times 3}{5 \times 4 \times 3} = \frac{4}{5}$$

【例2】 为了减少比赛场次，把 20 个球队分成两组（每个组 10 个队）进行比赛，求最强的两个队分在不同组内的概率．

解 设 $A = \{$最强的两个队分在不同组内$\}$．

将 20 个球队平均分成两组，有 $\dfrac{C_{20}^{10}}{2!}$ 种不同的分法；因此基本事件总数 $n = \dfrac{C_{20}^{10}}{2!}$，两强队分在不同的组有 $\dfrac{C_2^1 C_{18}^9}{2!}$ 种分法，即事件 A 由 $\dfrac{C_2^1 C_{18}^9}{2!}$ 个基本事件组成，于是 $m = \dfrac{C_2^1 C_{18}^9}{2!}$，所以

$$P(A) = \frac{C_2^1 C_{18}^9 / 2!}{C_{20}^{10} / 2!} = 0.526.$$

一般地，利用古典概率定义计算概率时，必须注意以下三点：

（1）所讨论的试验是否属古典概型；

（2）等可能的基本事件是什么及其总数 n；

（3）事件 A 所含的基本事件数 m。

【例3】 设一个盒子中装有 5 件产品，其中有 3 件正品，2 件次品，每次从盒子中任取一件，连续抽取 2 次。

（1）若抽取是不放回的，求取出的两件全是正品的概率；

（2）若抽取是有放回的，求取出的两件全是正品的概率。

解 设 $A = \{$取出的两件都是正品$\}$。

（1）由于抽取是不放回的，则每次抽一件，连续抽取两次的结果相当于 5 个元素中选 2 个的排列，所以有 $P_5^2 = 20$ 种不同的最简的可能结果，即有 20 个基本事件，因而 $n = 20$。又由于抽取是任意的，所以这 20 个基本事件发生是等可能的，试验属古典概型。事件 A 是"两件产品都是正品"，它所含基本事件数等于三件正品中取 2 件的排列数，即 $m = P_3^2 = 6$，因此

$$P(A) = \frac{6}{20} = \frac{3}{10}$$

（2）由于抽取是有放回的，所以每次抽取一件，连续抽取两次的结果相当于被选取元素数为 5，最高重复次数为 2 的重复排列，故共有 5^2 种最简的可能结果，即有 25 个基本事件，因而 $n = 25$。又由于抽取是任意的，这 25 个基本事件是等可能的基本事件，试验属古典概型。事件 A 所含基本事件数 $m = 3^2 = 9$。

因此

$$P(A) = \frac{9}{25}$$

此例说明，所求概率与抽样方式有关。在实际问题中基本事件的等可能性往往根据实际问题来判定。

【例4】 两封信随机地向标号为 Ⅰ、Ⅱ、Ⅲ、Ⅳ 的 4 个邮筒投寄，求第二个邮筒恰好被投入 1 封信的概率。

解 设事件 A 表示第二个邮筒只投入 1 封信。两封信随机地投入 4 个邮筒，共有 4^2 种等可能投法，而组成事件 A 的不同投法只有 $C_2^1 C_3^1$ 种，有 $P(A) = \frac{m}{n} = \frac{C_2^1 C_3^1}{4^2} = \frac{3}{8}$。

同样还可以计算出前两个邮筒中各有一封信的概率 $P(B)$：

$$P(B) = \frac{m}{n} = \frac{C_2^1}{4^2} = \frac{1}{8}$$

【例5】 一批产品共有 a 件，其中有 k 件次品，现从中任取 b 件，求其中恰有 $i(i \leqslant k)$ 件次品的概率。

解 设 $A = \{$恰有 i 件次品$\}$。在 a 件产品中抽取 b 件，所有可能的取法有 C_a^b 种。欲使抽取的 b 件产品中恰有 i 件次品，那么这 i 件次品必须从 k 件次品中抽取，取法有 C_k^i 种；其余的 $(b-i)$ 件正品只能从 $(a-k)$ 件正品中抽取，取法有 C_{a-k}^{b-i} 种。这样，在 a 件产品中抽

取 b 件，其中恰有 i 件次品的取法有 $C_k^i C_{a-k}^{b-i}$ 种，于是所求概率为

$$P(A) = \frac{C_k^i C_{a-k}^{b-i}}{C_a^b} \qquad (10-4)$$

式（10-4）在产品质量控制中很有用．这个公式也是后面讲到的超几何分布的概率计算式子．

【例 6】 根据以往的统计，某厂产品的次品率为 0.01（100 件中平均有 1 件次品），在某段时间生产的 100 件产品中任取 5 件进行检验，发现有 1 件次品．问这段时间的生产是否正常？

解 根据［例 5］有，$a = 100$，$k = 1$，$b = 5$，$i = 1$．

如果生产正常，那么按式（10-4）可知，在任取的 5 件产品中恰有 1 件次品的概率记为 $P(A)$，则

$$P(A) = \frac{C_1^1 C_{99}^4}{C_{100}^5} = 0.05$$

概率很小的事件称为小概率事件，由于其概率很小，可以认为在正常情况下，在一次试验中一般是不会发生的．如果小概率事件在一次试验中发生了，就应该以重视．

在［例 6］，从 100 件产品中任取 5 件，{恰有 1 件次品}这一事件的概率为 0.05，这是小概率事件，现在在一次试验中确实发生了，故可以认为生产中可能有某些不正常的因素，而应予重视．

习 题 10-2

1. 某妇产医院 6 年出生的婴儿性别情况统计如表 10-2 所示．

表 10-2 婴 儿 性 别 情 况 统 计

年份序号	男孩数	女孩数	总　计	年份序号	男孩数	女孩数	总　计
1	2883	2661	5544	4	1883	1787	3670
2	2087	1976	4063	5	2177	2073	4250
3	2039	1874	3913	6	2138	1917	4055

试据此估计生男孩的概率．

2. 从一副扑克 52 张牌中任取 4 张，求其花色各不相同的概率．

3. 某工厂生产的产品中次品率为 5%，每 100 件产品为一批，检查产品质量时，从每批中任取 5 件，如果发现次品就拒绝接受这批产品，求这批产品被接受的概率．

4. 从 10 件产品中（其中 8 件正品，2 件次品）任意抽取 3 件，求：

(1) 3 件都是正品的概率；

(2) 2 件正品，1 件次品的概率；

(3) 1 件正品，2 件次品的概率．

5. 将 3 名新生随机编入 4 个班级，试求：

(1) 3 名学生分别编入不同班级的概率；

(2) 有 2 名学生编在同一班级的概率．

6. 有 8 种不同的包装方式可供选择，现有 5 种不同的商品，各要选一种包装方式，求恰好选中 5 种不同的包装方式的概率.

7. 某保险柜的号码锁由 4 位数字组成，求一次能打开保险柜的概率.

第三节　概率的加法公式

一、概率的可加性

本章第二节中讲了概率的可加性和有限可加性，即本节的定理 1 和推论 1.

定理 1　如果事件 A 与事件 B 互不相容，即 $AB=\Phi$，则有

$$P(A+B) = P(A) + P(B)$$

定理 1 表达了概率的一个重要的特征——概率的可加性.

推论 1　若有 n 个事件 A_1，A_2，$\cdots$，A_n 两两互不相容，即 $A_iA_j=\Phi(1\leqslant i<j\leqslant n)$，则有

$$P(A_1 + A_2 + \cdots + A_n) = P(A_1) + P(A_2) + \cdots + P(A_n)$$

推论 1 表达了概率的有限可加性，它是定理 1 的直接推广.

推论 2（对立事件的概率公式）　对立（互逆）事件的概率之和等于 1，即

$$P(A) + P(\overline{A}) = 1 \tag{10-5}$$

因为 $A\overline{A}=\Phi$ 且 $A+\overline{A}=\Omega$，

所以 $P(A+\overline{A})=P(A)+P(\overline{A})=1$.

式（10-5）还可写成

$$P(A) = 1 - P(\overline{A}) \text{ 或 } P(\overline{A}) = 1 - P(A)$$

由此可知，在对立事件中，其中一个的概率不易计算而另一个易于计算时，应用上述公式能使计算简化.

【例 1】　一个袋内装有大小相同的 7 个球，4 个是白球，3 个是黑球. 从中一次抽取 3 个，计算至少有两个是白球的概率.

解　设事件 A_i 表示抽到的 3 个球中有 i 个白球（$i=2,3$），显然 A_2 与 A_3 互不相容，由式（10-3）有

$$P(A_2) = \frac{C_4^2 C_3^1}{C_7^3} = \frac{18}{35}, \quad P(A_3) = \frac{C_4^3}{C_7^3} = \frac{4}{35}$$

根据加法法则，所求的概率为

$$P(A_2 + A_3) = P(A_2) + P(A_3) = \frac{22}{35}.$$

【例 2】　有 11 台包装相似的电视机，其中有彩色的 4 台，黑白的 7 台，从中随机取 3 台，求取到的电视机中至少有 1 台是彩色的概率.

解　(1) 先把"至少"事件分解成若干个互斥的"恰有"事件，再应用概率的有限可加性求解. 设

$$A = \{\text{取到的 3 台中至少有 1 台是彩色的}\},$$

$$A_i = \{\text{取到的 3 台中恰有 } i \text{ 台是彩色的}\}(i=1,2,3),$$

显然，A_1，A_2，A_3 两两互不相容，且 $A=A_1+A_2+A_3$，由概率的古典定义知

$$P(A_1) = \frac{C_4^1 C_7^2}{C_{11}^3} = \frac{84}{165},$$

$$P(A_2) = \frac{C_4^2 C_7^1}{C_{11}^3} = \frac{42}{165},$$

$$P(A_3) = \frac{C_4^3}{C_{11}^3} = \frac{4}{165}.$$

根据推论 1，便得所求概率为

$$P(A) = P(A_1) + P(A_2) + P(A_3) = \frac{130}{165} = 0.788.$$

（2）由对立事件计算概率. 设

$A = \{$取到的 3 台中至少有 1 台是彩色的$\}$，则 $\overline{A} = \{$取到的 3 台中没有 1 台是彩色的$\}$，从而

$$P(\overline{A}) = \frac{C_7^3}{C_{11}^3} = \frac{35}{165} = 0.212,$$

于是，由推论 2 便得

$$P(A) = 1 - P(\overline{A}) = 0.788.$$

显然，解法（2）比较简便. 本题中所用的两种解法都是概率计算中的基本方法.

二、概率的加法公式

定理 2   对于任意两个事件 A 与 B，则有

$$P(A + B) = P(A) + P(B) - P(AB) \tag{10-6}$$

定理的证明从略，它的直观意义可从图 10-2 中看到.

式（10-6）称为概率的加法公式. 显然，式（10-1）是概率加法公式的特例.

【例 3】   某种圆柱形产品，规定直径或长度有一个不合格者即为次品，已知直径不合格的概率为 0.08，长度不合格的概率为 0.10，直径和长度都不合格的概率为 0.05，求该产品的次品率.

解   用 $P(A)$、$P(B)$、$P(AB)$ 分别表示产品的直径、长度及两者都不合格的概率，则

$$P(A) = 0.08, \quad P(B) = 0.10, \quad P(AB) = 0.05.$$

而 $A + B$ 就是圆柱形产品为次品这一事件，于是由式（10-6），即得所求的次品率为

$$P(A + B) = P(A) + P(B) - P(AB) = 0.13.$$

【例 4】   从 1 到 100 这 100 个整数中任取一数，问被取出的数能被 3 或 4 整除的概率是多少？

解   设 A 表示"取到的数能被 3 整除"；

B 表示"取到的数能被 4 整除"；

C 表示"取到的数能被 3 或 4 整除".

显然，此时有 $C = A + B$.

因为 $P(A) = \frac{33}{100}$, $\quad P(B) = \frac{25}{100}$, $\quad P(AB) = \frac{8}{100}$,

所以 $P(C) = P(A + B) = P(A) + P(B) - P(AB) = \frac{33 + 25 - 8}{100} = \frac{50}{100} = 0.5.$

概率的加法公式可以推广到有限个任意事件的情形，当 $n = 3$ 时，有

$$P(A_1+A_2+A_3)=P(A_1)+P(A_2)+P(A_3)-P(A_1A_2)$$
$$-P(A_1A_3)-P(A_2A_3)+P(A_1A_2A_3).$$

习 题 10 - 3

1. 一批产品共有 10 件，其中有 2 件次品，现随机抽取 5 件，求所取 5 件中至多有 1 件次品的概率.

2. 20 本小说中有 4 本是古典文学，从中任取 4 本，求取得的小说中有古典文学的概率.

3. 一串联电路由 a、b 两个组件组成，已知组件 a 发生故障的概率为 0.08，组件 b 发生故障的概率为 0.05，而组件 a、b 同时发生故障的概率为 0.006，求此电路中断的概率.

4. 甲、乙两人射击同一目标，已知两人的命中率分别为 0.8 和 0.5，而目标被击中的概率是 0.9，求两人都击中目标的概率.

5. 设 A、B、C 是三个事件，已知 $P(A)=P(B)=P(C)=\dfrac{1}{4}$，$P(AB)=P(BC)=0$，$P(AC)=\dfrac{1}{8}$，求 A、B、C 中至少有一事件发生的概率.

第四节　条件概率和概率的乘法公式

一、条件概率

一般地，对随机试验，再附加一个限制条件，事件的概率就要发生变化. 例如，从一副（52 张）扑克牌中任抽一张，{抽到红桃 K} 这一事件的概率是 $\dfrac{1}{52}$，如果附加"{在抽到的红桃花色的牌中}"这样一个条件，{抽到红桃 K} 的概率就变成了 $\dfrac{1}{13}$，对这种有附加限制条件的事件的概率有下面的定义：

定义　在事件 B 已经发生的条件下，事件 A 发生的概率称为事件 A 对事件 B 的条件概率，记为 $P(A|B)$.

例如，在抽一张扑克牌的试验中，若设 $A=${抽到红桃 K}，$B=${抽到这张牌是红桃}，$C=${抽到这张牌是 K}，则在 B 发生的前提下事件 A 发生的概率是 $P(A|B)=\dfrac{1}{13}$；而 $P(A|C)=\dfrac{1}{4}$.

表 10 - 3　优质品及一级品数

产 地	优质品	一级品	合 计
甲	350	50	400
乙	265	35	300
丙	185	15	200

【例 1】　甲、乙、丙三厂生产的某种同类产品中，已知其优质品和一级品数如表 10 - 3 所示.

设 $A=${取得一件优质品}，$B=${取得甲厂产品}，$C=${取得乙厂产品}，$D=${取得丙厂产品}，试求：$P(A)$、$P(A|B)$、$P(\overline{A}|C)$、$P(A|C\cup D)$ 和 $P(B|A)$.

解 根据条件概率定义，可得

$$P(A) = \frac{8}{9}, P(A|B) = \frac{350}{400} = \frac{7}{8}, P(\overline{A}|C) = \frac{35}{300} = \frac{7}{60},$$

$$P(A|C \cup D) = \frac{450}{500} = \frac{9}{10}, P(B|A) = \frac{350}{800} = \frac{7}{16}.$$

从试验的基本事件个数考虑，有

$$P(A|B) = \frac{\text{在 } B \text{ 发生的条件下 } A \text{ 中包含有基本事件数}}{B \text{ 中包含的基本事件数}}$$

关于条件概率，还有如下计算公式

$$P(A|B) = \frac{P(AB)}{P(B)} (P(B) > 0) \qquad (10\text{-}7)$$

式（10-7）是从大量社会实践中总结出来的普遍规律，在古典概型的情形下给出证明。

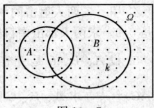

图 10-7

证 设基本事件总数为 n. 图 10-7 中每一个点代表一个基本事件，其中事件 B 包含 k 个基本事件，积事件 AB 包含有 r 个基本事件，显然，这 r 个基本事件就是在 B 发生的条件下 A 中包含的基本事件数，于是

$$P(A|B) = \frac{r}{k} = \frac{\dfrac{r}{n}}{\dfrac{k}{n}} = \frac{P(AB)}{P(B)}$$

二、概率的乘法公式

由式（10-7）可以推得下面的乘法公式：

$$P(AB) = P(B)P(A|B) (P(B) > 0)$$

或
$$P(AB) = P(A)P(B|A) (P(A) > 0) \qquad (10\text{-}8)$$

【例 2】 箱中有 10 只显像管，4 只是次品，6 只是正品。从中接连取两次，每次取 1 只，做不放回抽样。求：

(1) 已知第一次取得的是次品，而第二次取得的是正品的概率；

(2) 第二次才取得正品的概率。

解 设 $A = \{$第一次取得次品$\}$，$B = \{$第二次取得正品$\}$。

(1) 所求的概率是条件概率，即在 A 发生的条件下 B 发生的概率，由定义直接计算，得

$$P(B|A) = \frac{6}{9} = \frac{2}{3}$$

(2) 所求的概率是积事件的概率。"第二次才得到正品"，意味着第一次取得次品与第二次取得正品这两个事件同时发生。由乘法公式得

$$P(AB) = P(A)P(B|A) = \frac{4}{10} \cdot \frac{6}{9} = \frac{4}{15}$$

概率的乘法公式可以推广到有限个事件的情形：

$$P(A_1 A_2 \cdots A_n) = P(A_1)P(A_2|A_1)P(A_3|A_1 A_2) \cdots P(A_n|A_1 A_2 \cdots A_{n-1}) \qquad (10\text{-}9)$$

【例 3】 一批零件 100 个，次品率为 10%，每次从中取一个，取后不放回，求接连四次

取到的都是合格品的概率.

解 设 $A_i = \{第\ i\ 次取到合格品\}$ $(i = 1, 2, 3, 4)$，则

$$A_1 A_2 A_3 A_4 = \{接连四次取到合格品\}$$

因为

$$P(A_1) = \frac{90}{100}, \quad P(A_2 \mid A_1) = \frac{89}{99}, \quad P(A_3 \mid A_1 A_2) = \frac{88}{98}, \quad P(A_4 \mid A_1 A_2 A_3) = \frac{87}{97},$$

由式（10 - 9）得

$$P(A_1 A_2 A_3 A_4) = \frac{90}{100} \cdot \frac{89}{99} \cdot \frac{88}{98} \cdot \frac{87}{97} = 0.6516$$

三、全概率公式

把概率的加法公式和乘法公式结合起来，可推得下面的全概率公式：

设事件 H_1，H_2，$\cdots$，H_n 两两互斥，且

$$H_1 + H_2 + \cdots + H_n = \Omega, \quad P(H_i) > 0 (i = 1, 2, \cdots, n)$$

则对任一事件 A 皆有

$$P(A) = \sum_{i=1}^{n} P(H_i) P(A \mid H_i) \tag{10 - 10}$$

证 因为 $H_1 + H_2 + \cdots + H_n = \Omega$，所以 $A = A\Omega = AH_1 + AH_2 + \cdots + AH_n$.

又由于 H_1，H_2，$\cdots$，H_n 两两互斥. 因此 AH_1，AH_2，$\cdots$，AH_n 也两两互斥，由概率的有限可加性可得

$$P(A) = P(AH_1) + P(AH_2) + \cdots + P(AH_n) = \sum_{i=1}^{n} P(AH_i)$$

再由概率的乘法公式，$P(AH_i) = P(H_i) P(A \mid H_i)$ 代入上式得

$$P(A) = \sum_{i=1}^{n} P(H_i) P(A \mid H_i)$$

全概率公式是概率论中的一个基本公式，它能把复杂事件的概率计算分解成较简单事件的概率之和来计算. 当 $P(H_i)$ 和 $P(A \mid H_i)$ 已知或比较容易计算时，可利用此公式来计算 $P(A)$.

【例4】 设有 10 支枪，分为三个等级，其中一等（经过精密校正）5 支，二等（初步校正）3 支，三等（未校正）2 支，一射手用各等级的枪射击时中靶的概率依次为 0.9，0.6，0.4，今从中任取一支枪射击，求击中靶的概率.

解 设 $H_i = \{取到\ i\ 等枪射击\}$ $(i = 1, 2, 3)$，$A = \{射击中靶\}$.

显然，事件组 H_1，H_2，H_3 满足全概率公式的条件，由题设知

$$P(H_1) = \frac{5}{10}, \quad P(H_2) = \frac{3}{10}, \quad P(H_3) = \frac{2}{10},$$

$$P(A \mid H_1) = 0.9, \quad P(A \mid H_2) = 0.6, \quad P(A \mid H_3) = 0.4.$$

按全概率公式，有

$$P(A) = \sum_{i=1}^{3} P(H_i) P(A \mid H_i) = 0.5 \times 0.9 + 0.3 \times 0.6 + 0.2 \times 0.4 = 0.71$$

在分析上述问题的过程中，可采用下面的"树图"（见图 10 - 8），它可以把诸多的事件相互联系起来，并且能提供计算的数据.

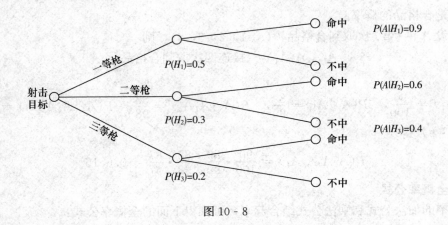

图 10 - 8

【例 5】 甲袋中装有 4 个白球，6 个红球；乙袋中装有 5 个白球，4 个红球. 从甲袋中任取 3 个球放入乙袋中，然后再从乙袋中任取一球，求取得的球是白球的概率.

解 设 B 表示"从甲袋中任取 3 个球放入乙袋，再从乙袋中取得一个白球"；A_i 表示"从甲袋中任取 3 球，其中有 i 个白球（$i=0$，1，2，3）".

这样，$P(B|A_i)$ 表示"从甲袋中取出 i 个白球，$3-i$ 个红球放入乙袋中，然后再在乙袋中任取一球为白球"的概率. 依题意，有

$$P(A_0) = \frac{C_6^3}{C_{10}^3} = \frac{1}{6}, \qquad P(B|A_0) = \frac{5}{12},$$

$$P(A_1) = \frac{C_4^1 C_6^2}{C_{10}^3} = \frac{1}{2}, \qquad P(B|A_1) = \frac{6}{12},$$

$$P(A_2) = \frac{C_4^2 C_6^1}{C_{10}^3} = \frac{3}{10}, \qquad P(B|A_2) = \frac{7}{12},$$

$$P(A_3) = \frac{C_4^3}{C_{10}^3} = \frac{1}{30}, \qquad P(B|A_3) = \frac{8}{12}.$$

将以上数据代入全概率公式，得

$$P(B) = \sum_{i=0}^{3} P(A_i)P(B|A_i) = \frac{31}{60}$$

【例 6】 某厂有三条流水生产线，生产同一种产品，每条流水线的产量依次占总产量的 0.2，0.3，0.5，其不合格品率依次为 0.08，0.06，0.04. 试求产品的合格率.

解 设 $A=\{$任抽一件产品是合格品$\}$，$H_i=\{$抽到一件是第 i 条流水线的产品$\}$，（$i=1$，2，3）. 事件组 H_1，H_2，H_3 满足全概率公式条件，根据题设条件和作"树图"的方法，可得下列数据：

$$P(H_1) = 0.2, \quad P(H_2) = 0.3, \quad P(H_3) = 0.5,$$
$$P(A|H_1) = 0.92, \quad P(A|H_2) = 0.94, \quad P(A|H_3) = 0.96.$$

由式（10 - 10）得所求产品的合格率为

$$P(A) = \sum_{i=1}^{3} P(H_i)P(A|H_i) = 0.2 \times 0.92 + 0.3 \times 0.94 + 0.5 \times 0.96 = 0.946.$$

习 题 10 - 4

1. 盒内装有 10 只杯子，其中重庆产品 7 只，西安产品 3 只，从中每次任取 1 只，取后不放回，共取两次，如果设 $A=\{$第一次取到重庆产品$\}$，$B=\{$第二次取到西安产品$\}$．试求 $P(B|A)$ 和 $P(AB)$．

2. 一批零件有 8 只，其中 2 只是次品，6 只是正品，每次任取 1 只，取后不放回，求接连两次都取到正品的概率．

3. 袋中有红球 90 个，白球 10 个，每次在袋中任取一球，取后不再放回，连续取三次，求在第三次才取到红球的概率.

4. 某人忘了电话号码的最后一位数字而随意拨号，求拨号不超过三次而接通电话的概率.

5. 10 张奖券中只有 3 张是中奖券，现由 10 个人依次抽取，每人抽一张，求：

(1) 第一个抽取者中奖的概率；

(2) 第二个抽取者中奖的概率.

6. 某百货大楼从三个针织厂购进一批同类球衣，甲、乙、丙三厂的产品各占总数的 45％、35％和 20％，而三厂的次品率依次为 1％、2％和 3％，从中抽检一件，

(1) 求该件球衣是次品的概率；

(2) 如果抽到一件是次品，问此件球衣是乙厂生产的概率是多少？

第五节 事 件 的 独 立 性

一、相互独立的事件

一般来说，条件概率 $P(A|B)$ 与概率 $P(A)$ 是不相等的，但在某些情况下，它们是相等的，先举一例说明.

【例 1】 袋中有 4 个白球和 2 个红球，从中接连摸取两次，每次摸取 1 个，观看颜色后仍放回袋中搅匀，设 $B=\{$第一次取到白球$\}$，$A=\{$第二次取得红球$\}$，则求 $P(A|B)$．

解 $P(A|B)=P(A)=\dfrac{2}{6}=\dfrac{1}{3}$．

[例 1] 说明，事件 B 的发生与否并不影响事件 A 的概率，从直观上说这是很自然的，因为这里采用的是有放回的摸球，第二次摸球时的条件与第一次摸球时完全相同，即第一次摸球的结果，完全不影响第二次摸球的结果，在这种情况下，称这两个事件之间具有某种"独立性".

定义 如果事件 B 的发生不影响事件 A 的概率，即

$$P(A|B) = P(A)$$

则称事件 A 对事件 B 是独立的，否则称为不独立的.

显然，若 A 对于 B 独立，则 B 对于 A 也一定独立，则称 A、B 两事件相互独立.

当 A、B 相互独立时，乘法公式可写为

$$P(AB) = P(A)P(B) \tag{10-11}$$

同时，可以推出：A 与 $\bar{B}$，$\bar{A}$ 与 B，$\bar{A}$ 与 $\bar{B}$ 中每一对事件都是相互独立的.

对于 n 个事件 A_1，A_2，…，A_n，若其中任一事件与余下的 $n-1$ 个事件中的任意 m 个

$(m=1, 2, \cdots, n-1)$ 事件的积相互独立，则称这 n 个事件是相互独立的，且

$$P(A_1 A_2 \cdots A_n) = P(A_1)P(A_2)\cdots P(A_n) \tag{10-12}$$

此外，若 $A_1, A_2, \cdots, A_n$ 相互独立，还有

$$P(A_1 + A_2 + \cdots + A_n) = 1 - P(\overline{A_1})P(\overline{A_2})\cdots P(\overline{A_n}) \tag{10-13}$$

证　由事件的对立关系及事件的对偶律，得

$$P(A_1 + A_2 + \cdots + A_n) = 1 - P(\overline{A_1 + A_2 + \cdots + A_n}) = 1 - P(\overline{A_1} \cdot \overline{A_2} \cdots \cdot \overline{A_n}),$$

而 $\overline{A_1}, \overline{A_2}, \cdots, \overline{A_n}$ 也相互独立，故

$$P(A_1 + A_2 + \cdots + A_n) = 1 - P(\overline{A_1})P(\overline{A_2})\cdots P(\overline{A_n})$$

【例 2】　甲、乙两枚空对空导弹射击一架敌机，它们击中敌机的概率分别为 0.8 和 0.7，求敌机被击中的概率．

解　(1) 设 $A=\{$甲击中敌机$\}$，$B=\{$乙击中敌机$\}$，

则 $A+B=\{$敌机被导弹击中$\}$，于是

$$P(A+B) = P(A) + P(B) - P(AB)$$

由于两枚导弹是否击中敌机是相互独立的，故

$$P(AB) = P(A)P(B) = 0.8 \times 0.7 = 0.56$$

从而，得所求的概率为

$$P(A+B) = 0.8 + 0.7 - 0.56 = 0.94$$

(2) 因为事件 A、B 相互独立，由式（10-13）得

$$P(A+B) = 1 - P(\overline{A+B}) = 1 - P(\overline{A})P(\overline{B}) = 1 - 0.2 \times 0.3 = 0.94.$$

由上可见，若事件是相互独立的，则事件的概率计算可以大为简化．

【例 3】　三人独立地去破译一份密码，已知各人能译出的概率分别为 $\frac{1}{5}$，$\frac{1}{3}$，$\frac{1}{4}$．问三人中至少有一人将此密码译出的概率是多少？

解　记 A_i 为事件"第 i 个人能译出密码"，$i=1, 2, 3$. 则由式（10-13）得

$$P = 1 - P(\overline{A_1}\,\overline{A_2}\,\overline{A_3}) = 1 - P(\overline{A_1})P(\overline{A_2})P(\overline{A_3})$$

$$= 1 - \left(1 - \frac{1}{5}\right)\left(1 - \frac{1}{3}\right)\left(1 - \frac{1}{4}\right) = 1 - \frac{4}{5} \times \frac{2}{3} \times \frac{3}{4} = 0.6.$$

或由加法定理与独立性

$$P = P(A_1 + A_2 + A_3)$$

$$= P(A_1) + P(A_2) + P(A_3) - P(A_1 A_2) - P(A_1 A_3) - P(A_2 A_3) + P(A_1 A_2 A_3)$$

$$= \frac{1}{5} + \frac{1}{3} + \frac{1}{4} - \frac{1}{5} \times \frac{1}{3} - \frac{1}{5} \times \frac{1}{4} - \frac{1}{3} \times \frac{1}{4} + \frac{1}{5} \times \frac{1}{3} \times \frac{1}{4} = 0.6.$$

【例 4】　三个乡镇企业，各自研制某种新产品，它们试制成功的概率依次为 0.5，0.4，0.7，求此种新产品试制成功的概率．

解　设 $A=\{$新产品试制成功$\}$，

$$A=\{第 i 个乡镇企业试制成功\}(i=1,2,3),$$

则

$$A = A_1 + A_2 + A_3.$$

由题设条件知，$P(A_1)=0.5$，$P(A_2)=0.4$，$P(A_3)=0.7$.

因为 A_1，A_2，A_3 相互独立，由式（10-13）得

$$P(A) = P(A_1 + A_2 + A_3) = 1 - P(\overline{A_1})P(\overline{A_2})P(\overline{A_3}) = 1 - 0.5 \times 0.6 \times 0.3 = 0.91.$$

【例 5】 一电路由组件 a 与两个并联组件 b、c 串联而成（见图 10 - 9）. 设组件 a、b、c 损坏与否是相互独立的，且它们损坏的概率依次为 0.3，0.2，0.1. 求此电路间断的概率.

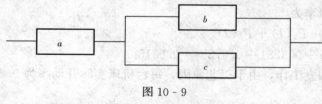

图 10 - 9

解 设 $A = \{$组件 a 损坏$\}$，$B = \{$组件 b 损坏$\}$，$C = \{$组件 c 损坏$\}$，$D = \{$电路断电$\}$，于是

$$P(A) = 0.3, \quad P(B) = 0.2,$$
$$P(C) = 0.1.$$

因为当且仅当"组件 a 损坏或者组件 b、c 同时损坏"时，电路才发生断电，因此有

$$D = A + BC$$

应用概率的加法公式及式（10 - 12），得

$$P(D) = P(A + BC) = P(A) + P(BC) - (ABC)$$
$$= P(A) + P(B)P(C) - P(A)P(B)P(C)$$
$$= 0.3 + 0.2 \times 0.1 - 0.3 \times 0.2 \times 0.1 = 0.314.$$

二、n 次重复独立试验概型

在相同条件下重复进行 n 次试验，若每次试验的结果互不影响，即每次试验的结果与其他各次试验的结果无关，则称这 n 次重复试验的模型为 n 次重复独立试验.

特别地，当每次试验只有两个相互对立的结果，即只有两个事件 A 及 $\overline{A}$，且 $P(A) = p$，$P(\overline{A}) = q = 1 - p$ 时，则称为 n 重伯努利试验概型，简称伯努利概型.

伯努利概型是重复独立试验概型中最简单的一种情形，有着广泛的实际应用，尤其是在工业产品的质量检验中占有重要地位. 下面通过实例来说明它的意义并引进伯努利概型的计算公式.

【例 6】 大炮对目标进行 4 次独立射击，每次命中的概率为 p，不中的概率为 q，求 4 次射击中恰有两次命中目标的概率.

解 设 $A_i = \{$第 i 次命中目标$\}$（$i = 1, 2, 3, 4$），$B = \{4$ 次射击恰有两次命中目标$\}$，4 次射击恰有 2 次命中共有 C_4^2 个互不相容事件，即

$$B = A_1 A_2 \overline{A_3} \, \overline{A_4} + A_1 \, \overline{A_2} A_3 \, \overline{A_4} + A_1 \, \overline{A_2} \, \overline{A_3} A_4 + \overline{A_1} A_2 A_3 \, \overline{A_4} + \overline{A_1} A_2 \, \overline{A_3} A_4 + \overline{A_1} \, \overline{A_2} A_3 A_4.$$

由概率的可加性和事件的独立性，有

$$P(B) = 6P(A)P(A)P(\overline{A})P(\overline{A}) = 6p^2 q^2,$$
$$P(B) = C_4^2 p^2 q^{4-2}.$$

一般地，在伯努利概型中，如果事件 A 发生的概率 $P(A) = p$，A 不发生的概率 $P(\overline{A}) = q$，则在 n 次试验中事件 A 恰好发生 k 次的概率为

$$P_n(k) = C_n^k p^k q^{n-k} \quad (k = 0, 1, 2, \cdots, n) \tag{10 - 14}$$

式（10 - 14）称为伯努利概型计算公式，简称伯努利公式. 由于式（10 - 14）恰好是 $(p + q)^n$ 按二项公式展开时的各项，所以又称为二项概率公式.

【例 7】 一批产品有 10% 的次品，进行重复抽样 5 次，每次抽取 1 个观察后再放回去，求：

（1）5 次抽样中恰有 2 个是次品的概率；

（2）5 次抽样中次品不超过 2 个的概率.

解 这种试验属于伯努利概型，且已知 $n=5$，$p=0.1$. 按伯努利公式有：

（1）5 次的抽样中恰有 2 个是次品的概率为

$$P_5(2) = C_5^2 p^2 q^3 = 10 \times 0.1^2 \times 0.9^3 = 0.0729;$$

（2）5 次抽样次品不超过 2 个的概率为

$$P(B) = P_5(0) + P_5(1) + P_5(2)$$
$$= 0.5905 + 0.3281 + 0.0729 = 0.9915.$$

【例 8】 某车间有 5 台车床彼此独立工作，由于工艺原因，每台机床实际开动率为 0.8，求任一时刻，

（1）5 台车床中恰有 4 台开动的概率；

（2）5 台车床中至少有 1 台开动的概率.

解 因为各台车床开动相互独立，且开动的概率相同. 可以看成是 $n=5$，$p=0.8$ 的伯努利概型. 由式（10 - 14）得：

（1）5 台车床中恰有 4 台开动的概率为

$$P_5(4) = C_5^4 p^4 q = 10 \times 0.8^4 \times 0.2 = 0.4096;$$

（2）设 $A = \{5$ 台中至少有 1 台开动$\}$，则

$$\overline{A} = \{5 \text{ 台中没有 1 台车床开动}\},$$

而 $P(\overline{A}) = P_5(0) = C_5^0 \times 0.8^0 \times 0.2^5 = 0.00032$，

故 $P(A) = 1 - P(\overline{A}) = 0.99968$.

显然，由式（10 - 14）知，每个基本事件出现的概率是不一样的，由此可知，n 次伯努里试验（概型）是不同于古典概型的. 在实际问题中要注意区别.

习 题 10 - 5

1. 某产品的次品率是 0.1，每次抽 1 个检验，有放回地接连取四次，问：

（1）抽到的 4 个产品中恰有 1 个次品的概率是多少？

（2）抽到的 4 个产品中至少有 2 个是次品的概率是多少？

2. 三名学生同时独立地求解一道难题，设在 1h 内他们能解出此题的概率分别为 0.3、0.6 和 0.55，试求 1h 内难题被解出的概率.

3. 靶上安置指示灯，中靶时灯就亮，今有四名骑兵同时对靶射击，他们中靶的概率分别为 0.2、0.3、0.4 和 0.5. 求指示灯能亮的概率.

4. 某型号地对空导弹击落敌机的概率为 0.7. 今同时向一敌机发射两枚此种导弹，问能否有 0.9 的把握将此敌机击落？为什么？

5. 某种灯泡耐用时间在 1500h 以上的概率为 0.2，求 3 个这种灯泡在使用 1500h 以后最多只有 1 个损坏的概率.

第六节　随机变量及其概率分布

一、随机变量的概念

前面用事件来表示随机试验的各种结果，可以逐个地研讨它们发生的统计规律性，但是

这种方法只能得到随机现象某些局部性质. 为了更深入地研究随机现象, 需要把随机试验结果"数量化", 也就是用一个变量来描述随机试验的各种结果, 这是一种简便的方法.

在许多情况下的试验结果是可用数值表示的. 例如, 在检验 n 件产品中含有次品的件数 ξ 时, 可以用数 0, 1, 2, $\cdots$, n 表示. 又如, 测试一只灯泡的寿命 ξ(h) 时, 可取 $[0, +\infty)$ 内的任一实数. 而在另一些情况下, 试验结果虽然不是与数值直接有关, 但也可以用数值来描述. 例如, 掷一枚硬币试验, 可用 $\{\xi=1\}$ 来表示出现"正面向上", 而用 $\{\xi=0\}$ 来表示出现"正面向下". 这样, 随机试验总可以用一个变量取某一范围内的值来描述, 变量的取值依赖于试验的可能结果, 在试验前取哪一个值是不能确切知道的, 即取值具有随机性, 称这种变量为随机变量, 常用希腊字母 ξ、η、ζ 或用大写字母 X、Y、Z 表示.

通过大量观察发现, 在概率计算中, 用随机变量 ξ 表示试验结果要比用事件描述具有更大的优越性, 现通过实例说明这种方法的可行性和必要性.

【例 1】 5 台电冰箱中有 2 台是优质品, 从中任取 3 台, 考察取得的 3 台含有优质品台数的各种可能性.

解 (方法一) 用事件表示试验结果:

试验共有三个基本事件, 设
$$A = \{\text{取得的 3 台中没有 1 台是优质品}\},$$
$$B = \{\text{取得的 3 台中恰有 1 台是优质品}\},$$
$$C = \{\text{取得的 3 台中恰有 2 台是优质品}\}.$$
根据古典概型计算公式, 容易算出
$$P(A) = \frac{C_2^0 C_3^3}{C_5^3} = 0.1, P(B) = \frac{C_2^1 C_3^2}{C_5^3} = 0.6, P(C) = \frac{C_2^2 C_3^1}{C_5^3} = 0.3.$$

(方法二) 用随机变量 ξ 表示试验结果:

用 $\{\xi=0\}$, $\{\xi=1\}$, $\{\xi=2\}$ 分别表示取得的 3 台电冰箱中含有优质品的台数, 则有
$$P(\xi = 0) = 0.1, \quad P(\xi = 1) = 0.6, \quad P(\xi = 2) = 0.3.$$

显然, 方法 2 比较简单明了, 更重要的是, 利用随机变量 ξ, 就能用一个数值关系式来表述试验的一切结果及其相互联系. 例如, $\{$优质电冰箱不超过 1 台$\}$ 这个事件就能用 $\{\xi \leqslant 1\}$ 来表示, 于是 $P(\xi \leqslant 1) = P(\xi = 0) + P(\xi = 1) = 0.1 + 0.6 = 0.7$, 又如, 能用关系式 $\{1 \leqslant \xi \leqslant 2\}$ 表示 $\{$取得的 3 台电冰箱中含有优质品$\}$ 这个事件, 同样有
$$P(1 \leqslant \xi \leqslant 2) = P(\xi = 1) + P(\xi = 2) = 0.9$$

[例 1] 表明, 有了随机变量, 就可以把对事件的研究转化成对随机变量的研究, 从而, 能够全面探讨随机现象的统计规律性, 而且便于运用已学过的数学方法进行讨论.

应当指出, "随机变量"与前面所学过的"普通变量"有着本质的区别. "随机变量"是受一定的概率控制的变量. 例如, 在 [例 1] 中, 随机变量 ξ 取到三个可能值的概率分别为 $P(\xi=0)=0.1$, $P(\xi=1)=0.6$, $P(\xi=2)=0.3$, 即 ξ 取到 1 的可能性是 ξ 取到 0 的可能性的六倍; 而"普通变量"的取值没有这种限制, 只要在它的定义域内都能取到一切可能取的值. 随机变量取值受概率约束的这种特性, 就是今后讨论的主要对象.

随机变量按照其取值状况的不同, 一般分为两类: 一类随机变量, 它所可能取的值可以一一列举出来, 即 ξ 的可能值为有限多个或可数多个, 这类随机变量称为离散型随机变量. 例如, 一批产品的次品数; 一小时内接听手机的次数等. 另一类称为非离散型随机变量, 其

中，如果它所可能取的值连续地充满了某个区间，则称为连续型随机变量，例如，灯泡的寿命、机械零件的硬度、测量的误差等.

二、离散型随机变量的分布列

要掌握离散型随机变量的变化规律，首先要了解它可能取哪些值，更重要的是，还要知道取各个值的概率. 例如，要了解一位射手的实弹射击水平，用离散型随机变量 ξ 表示"命中环数"，则 ξ 的取值范围是 $\{0, 1, 2, \cdots, 10\}$. 显然，只知道这些还不能作出判断，如果把他在一段时间内射击命中的概率统计出来，如表 10-4 所示.

表 10-4   **命 中 概 率**

命中环数 ξ	0	1	2	3	4	5	6	7	8	9	10
概率 p	0	0	0	0	0	0.02	0.12	0.30	0.35	0.15	0.06

由此，就对这位射手的射击水平有了一个全面了解.

一般地，由离散型随机变量 ξ 的所有可能值 $x_1, x_2, \cdots, x_n, \cdots$ 与其对应的概率 $P(\xi = x_k) = p_k (k = 1, 2, \cdots)$ 所组成的表格

$\xi = x_k$	x_1	x_2	$\cdots$	x_k
p_k	p_1	p_2	$\cdots$	p_k

称为离散型随机变量 ξ 的概率分布，或分布列，简称分布.

分布列也可用 $p_k = P(\xi = k) (k = 1, 2, \cdots)$ 表示.

根据概率的性质，分布列具有两条性质：

(1) 非负性　$0 \leqslant p_k \leqslant 1$；

(2) 归一性　$\displaystyle\sum_{k=1}^{\infty} p_k = 1$.

【例 2】 写出 ［例 1］ 中抽到优质电冰箱台数的分布列.

解　设从 3 台电冰箱中取得优质品台数为 ξ，由 ［例 1］ 的计算结果得 ξ 的分布列为

ξ	0	1	2
p_k	0.1	0.6	0.3

【例 3】 "掷一颗均匀骰子"是随机现象，用随机变量 ξ 表示出现的点数，求：

(1) ξ 的取值范围；

(2) 写出 ξ 的概率分布；

(3) 求 $P(\xi \leqslant 4)$ 和 $P(3 \leqslant \xi < 5)$.

解　(1) ξ 可取 1，2，3，4，5，6.

(2) ξ 的概率分布为

$\xi = x_k$	1	2	3	4	5	6
$P(\xi = x_k)$	$\dfrac{1}{6}$	$\dfrac{1}{6}$	$\dfrac{1}{6}$	$\dfrac{1}{6}$	$\dfrac{1}{6}$	$\dfrac{1}{6}$

(3) 因为 $\{\xi \leqslant 4\} = \{\xi = 1\} + \{\xi = 2\} + \{\xi = 3\} + \{\xi = 4\}$，所以

$$P\{\xi \leqslant 4\} = P\{\xi = 1\} + P\{\xi = 2\} + P\{\xi = 3\} + P\{\xi = 4\}$$

$$= \frac{1}{6} + \frac{1}{6} + \frac{1}{6} + \frac{1}{6} = \frac{2}{3}.$$

同理 由$\{3\leqslant\xi<5\}=\{\xi=3\}+\{\xi=4\}$，可得

$$P\{3\leqslant\xi<5\}=P\{\xi=3\}+P\{\xi=4\}=\frac{1}{6}+\frac{1}{6}=\frac{1}{3}.$$

下面介绍两种常见的离散型随机变量的分布列.

1. 两点分布

如果随机变量ξ的可能值只有 0 和 1，且其对应的概率为$1-p$和p，即

ξ	0	1
p_k	$1-p$	p

则称ξ服从两点分布，记为$\xi\sim(0,1)$.

两点分布十分简单，但很有用，它可作为描述试验只包含两个基本事件的概率分布. 例如，一次试车是否成功，抽检一件产品是否合格等随机试验的结果都服从两点分布.

2. 二项分布

在伯努利概型中，如果每次试验时事件A发生的概率为p，设k为随机变量ξ在n次试验中事件A发生的次数，由二项概率公式可得ξ的概率分布为

$$P(\xi=k)=C_n^k p^k q^{n-k} \quad (k=0,1,2,\cdots,n;q=1-p),$$

则称ξ服从以n，p为参数的二项分布，简记为$\xi\sim B(n,p)$.

【例 4】 四枚反坦克导弹同时对一坦克射击，每枚导弹命中坦克的概率为 0.9.

(1) 求命中枚数ξ的概率分布；

(2) 若命中两枚后坦克被摧毁，求摧毁坦克的概率.

解 四枚导弹命中坦克与否是相互独立的，命中坦克的枚数服从二项分布，即$\xi\sim B(4,0.9)$. 由二项分布的定义，得

$$P(\xi=k)=C_4^k 0.9^k \cdot 0.1^{4-k}(k=0,1,2,3,4).$$

(1) 将$k=0$，1，2，3，4 分别代入上式算出相应的值，便得ξ的分布列

ξ	0	1	2	3	4
ξ	0.0001	0.0036	0.0486	0.2961	0.6561

(2) 设$B=\{$坦克被摧毁$\}$，

则
$$P(B)=P(\xi\geqslant2)=P(\xi=2)+P(\xi=3)+P(\xi=4)$$
$$=0.0486+0.2916+0.6561=0.9963$$

或
$$P(B)=1-P(\xi<2)=1-0.0036-0.0001=0.9963.$$

【例 5】 从次品率为 10％的大批产品中，随机抽取三件，求所取得的产品中含有次品数ξ的分布列.

解 随机地取三件可看作无放回抽样三次，但由于产品数量很大，又可以近似看作有放回重复抽样，即试验可近似当作伯努利概型. 所以$\xi\sim B(n,p)$，且$n=3$，$p=0.1$，从而

$$P(\xi=k)=C_3^k 0.1^k 0.9^{3-k} \quad (k=0,1,2,3)$$

由此可得ξ的分布列为

ξ	0	1	2	3
P_k	0.729	0.243	0.027	0.001

二项分布是离散型随机变量中的一个最重要的分布，它有广泛的应用. 一般在考虑某种

属性的"有"或"无"，以及许多有关"正"或"反"的实际问题中，常会遇到服从二项分布的随机变量．

在二项分布中，当 $n=1$ 时，便是两点分布．

三、连续型随机变量的密度函数

对于连续型随机变量，由于其可能取的值不能一一列举出来，因此不能像离散型随机变量那样用分布列来描述其取值的概率．例如，车床上加工出来的零件尺寸与图纸规定尺寸的偏差值是一个连续型随机变量，它的取值是充满某个区间 $[a, b]$ 的，不能一一列举．比较可行的办法是考虑其"取值落在某一区间的概率"．人们从大量社会实践中发现连续型随机变量落在任一区间 $[a, b]$ 内的概率，可用某一函数 $f(x)$ 在 $[a, b]$ 区间上的定积分来计算，并由此引入随机变量的密度函数的概念．

定义 1 对于随机变量 ξ，若存在一个非负函数 $f(x)(-\infty<x<+\infty)$，使得对任意实数 a、$b(a<b)$，均有

$$P(a\leqslant\xi<b) = \int_a^b f(x)\mathrm{d}x \tag{10-15}$$

则称 ξ 为连续型随机变量，称 $f(x)$ 为 ξ 的概率密度函数，又称分布密度．

根据定积分的几何意义，$P(a\leqslant\xi<b)$ 的值恰好等于曲线 $y=f(x)$ 与 x 轴之间对应于 $a\leqslant x<b$ 部分的曲边梯形的面积，如图 10-10 所示．

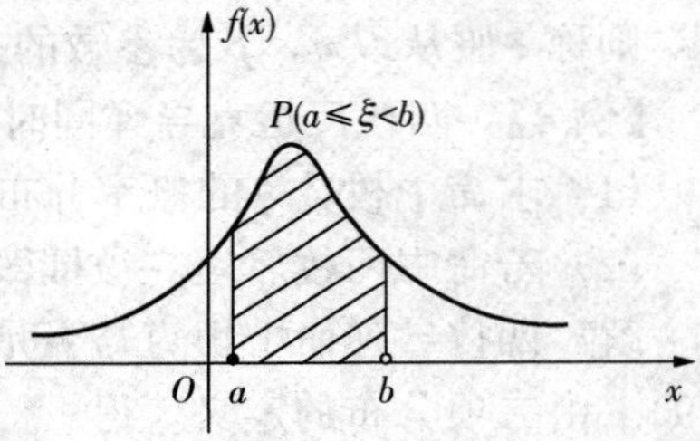

由定义可知，密度函数 $f(x)$ 具有如下两条性质：

(1) $f(x)\geqslant0$ $(-\infty<x<+\infty)$；

(2) $\displaystyle\int_{-\infty}^{+\infty}f(x)\mathrm{d}x = 1.$ (10-16)

图 10-10

性质（1）是显然的，对于性质（2），因为

$$\int_{-\infty}^{+\infty}f(x)\mathrm{d}x = P(-\infty<\xi<+\infty) = P(\Omega) = 1$$

一个函数 $f(x)$ 是否构成随机变量 ξ 的密度函数，必须检验它是否满足上述两条性质．

【例 6】 判断下列函数是不是密度函数．

(1) $f(x)=\begin{cases}\dfrac{1}{2\sqrt{x}}, & x\in(0, 1) \\ 0, & \text{其他}\end{cases}$；

(2) $f(x)=\begin{cases}\sin x, & x\in(0, \pi) \\ 0, & \text{其他}\end{cases}$．

解 (1) 因 $f(x)\geqslant0$，且

$$\int_{-\infty}^{+\infty}f(x)\mathrm{d}x = \int_{-\infty}^0 f(x)\mathrm{d}x + \int_0^1 f(x)\mathrm{d}x + \int_1^{+\infty}f(x)\mathrm{d}x$$

$$= \int_{-\infty}^0 0\cdot\mathrm{d}x + \int_0^1\frac{1}{2\sqrt{x}}\mathrm{d}x + \int_1^{+\infty}0\cdot\mathrm{d}x$$

$$= \sqrt{x}\,\big|_0^1 = 1,$$

所以，它是密度函数．

(2) 虽然 $f(x)\geqslant0$，但

$$\int_{-\infty}^{+\infty} f(x)\mathrm{d}x = \int_{-\infty}^{0} f(x)\mathrm{d}x + \int_{0}^{\pi} f(x)\mathrm{d}x + \int_{\pi}^{+\infty} f(x)\mathrm{d}x$$

$$= \int_{-\infty}^{0} 0 \cdot \mathrm{d}x + \int_{0}^{\pi} \sin x\mathrm{d}x + \int_{\pi}^{+\infty} 0 \cdot \mathrm{d}x$$

$$= -\cos x \big|_{0}^{\pi} = 2,$$

所以它不是密度函数.

【例7】　设随机变量 ξ 的密度函数

$$f(x) = \begin{cases} A\cos x, -\dfrac{\pi}{2} \leqslant x < \dfrac{\pi}{2} \\ 0, 其他 \end{cases}$$

求：(1) 系数 A；(2) 作出密度函数 $f(x)$ 的图像；(3) ξ 落入区间 $\left[0, \dfrac{\pi}{4}\right]$ 内的概率.

解　(1) 由式（10-16），得

$$\int_{-\infty}^{+\infty} f(x)\mathrm{d}x = \int_{-\frac{\pi}{2}}^{\frac{\pi}{2}} A\cos x\mathrm{d}x = 2A = 1, 由此解出 A = \dfrac{1}{2}.$$

(2) 由 (1) 的结果得出 ξ 的密度函数为

$$f(x) = \begin{cases} \dfrac{1}{2}\cos x, -\dfrac{\pi}{2} \leqslant x < \dfrac{\pi}{2} \\ 0, 其他 \end{cases}$$

其图像如图 10-11 所示.

(3) $P\left(0 \leqslant \xi < \dfrac{\pi}{4}\right) = \int_{0}^{\frac{\pi}{4}} \dfrac{1}{2}\cos x\mathrm{d}x = \dfrac{\sqrt{2}}{4}.$

由密度函数定义及图 10-10 可知，当积分区间 $[a, b]$ 缩成一点时，其对应的面积为 0，因此

$$P(\xi = a) = 0 \tag{10-17}$$

从而有下列等式成立：

$$P(a < \xi < b) = P(a \leqslant \xi < b) = P(a < \xi \leqslant b)$$

$$= P(a \leqslant \xi \leqslant b) = \int_{a}^{b} f(x)\mathrm{d}x.$$

式（10-17）说明，连续型随机变量落在某一区间内的概率，不必区分该区间是否开闭. 在定义中采用半开区间 $[a, b)$，仅仅是为了理论计算式子严密的需要.

下面先介绍两种常见的连续型随机变量的概率分布.

1. 均匀分布

如果随机变量 ξ 的密度函数为

$$f(x) = \begin{cases} \dfrac{1}{b-a}, a \leqslant x \leqslant b \\ 0, 其他 \end{cases}$$

则称 ξ 在区间 $[a, b]$ 上服从均匀分布（见图 10-12）.

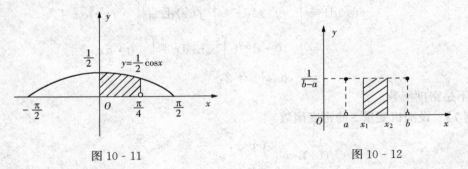

图 10 - 11   图 10 - 12

对于满足 $a \leqslant c < d \leqslant b$ 的任意区间 $[c, d]$，有

$$P(c \leqslant \xi \leqslant d) = \int_c^d \frac{1}{b-a} dx = \frac{d-c}{b-a}$$

上式表明 ξ 落在 $[a, b]$ 中任一子区间内的概率与该子区间的长度成正比，而与该子区间的具体位置无关，这便是均匀分布的概率意义.

【例 8】 设公共汽车每隔 15min 一班，乘客到站时间是随机的，而等车时间 ξ 服从 $[0, 15]$ 上的均匀分布，求其密度函数及等候时间不超过 5min 的概率.

解 其密度函数为

$$f(x) = \begin{cases} \dfrac{1}{15}, 0 \leqslant x \leqslant 15 \\ 0, 其他 \end{cases}$$

于是，乘客等候时间不超过 5min 的概率为

$$P(0 \leqslant \xi \leqslant 5) = \int_0^5 \frac{1}{15} dx = \frac{1}{3}$$

2. 指数分布

如果随机变量 ξ 的密度函数为

$$f(x) = \begin{cases} \lambda e^{-\lambda x}, x \geqslant 0 \\ 0, x < 0 \end{cases}$$

则称 ξ 服从以 λ 为参数的指数分布. 对任何 $0 \leqslant a < b$，有

$$P(a < \xi < b) = \int_a^b \lambda e^{-\lambda x} dx = e^{-\lambda a} - e^{-\lambda b}$$

在连续型随机变量中，应用最广泛的一种分布是正态分布. 关于正态分布将在后面专门讨论.

四、分布函数

由上面所述，离散型随机变量取值的概率分布情况可用分布列来描述；连续型随机变量取值的概率分布情况则利用密度函数的积分来描述. 而这两种类型的不同分布规律还可以用"分布函数"这一概念来统一表达.

定义 2 设 ξ 为一随机变量，对任意实数 x，令

$$F(x) = P(\xi < x)$$

则称函数 $F(x)$ 为随机变量 ξ 的分布函数.

分布函数的函数值就是 ξ 落在区间 $(-\infty, x)$ 上的概率.

对于任何实数 a、b，且 $a < b$，有

$$P(a \leqslant \xi < b) = F(b) - F(a) \tag{10-18}$$

对于离散型随机变量 ξ，其分布函数可按概率的加法公式而得

$$F(x) = P(\xi < x) = \sum_{x_k < x} P(\xi = x_k) = \sum_{x_k < x} p_k \quad (k = 1, 2, \cdots)$$

对于连续型随机变量 ξ，其分布函数为

$$F(x) = P(\xi < x) = \int_{-\infty}^{x} f(x) \mathrm{d}x$$

下面着重讨论连续型随机变量的分布函数及有关性质.

连续型随机变量分布函数 $F(x)$ 的几何意义，就是位于点 x 的左边、分布密度曲线 $f(x)$ 下面的阴影部分的面积（见图 10-13）.

由微积分学知，连续型随机变量的分布函数，有如下性质：

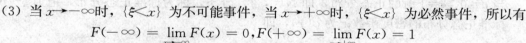

图 10-13

(1) $F(x)$ 是 x 的连续函数；

(2) $F'(x) = f(x)$.

一般地，分布函数有如下性质：

(1) $0 \leqslant F(x) \leqslant 1$；

(2) $F(x)$ 是单调不减函数，即

$$F(x_1) \leqslant F(x_2) (当 \ x_1 < x_2)$$

(3) 当 $x \to -\infty$ 时，$\{\xi < x\}$ 为不可能事件，当 $x \to +\infty$ 时，$\{\xi < x\}$ 为必然事件，所以有

$$F(-\infty) = \lim_{x \to -\infty} F(x) = 0, F(+\infty) = \lim_{x \to +\infty} F(x) = 1$$

(4) $F(x)$ 为左连续，即 $\lim_{x \to x_0^-} F(x) = F(x_0)$.

【例9】 设随机变量 ξ 的分布函数为

$$F(x) = A + B \arctan x \quad (-\infty < x < +\infty)$$

求：(1) 系数 A、B；(2) ξ 落在区间 $(-1, 1)$ 上的概率；(3) ξ 的密度函数 $f(x)$.

解 (1) 由分布函数的性质 3 得

$$\begin{cases} A + B\left(-\dfrac{\pi}{2}\right) = 0 \\ A + B\left(\dfrac{\pi}{2}\right) = 1 \end{cases}, \quad 解出 \begin{cases} A = \dfrac{1}{2} \\ B = \dfrac{1}{\pi} \end{cases},$$

于是 $F(x) = \dfrac{1}{2} + \dfrac{1}{\pi} \arctan x \ (-\infty < x < +\infty)$；

(2) 由式（10-17）和式（10-18）得

$$P(-1 < \xi < 1) = F(1) - F(-1) = \dfrac{1}{2}$$

(3) ξ 的密度函数为

$$f(x) = F'(x) = \dfrac{1}{\pi(1 + x^2)}$$

五、正态分布

对于连续型随机变量来说，最重要的也是最常用的是正态分布，自然界及社会生活、生

产实际中的很多随机变量都服从或近似地服从正态分布．例如，产品的各种质量指标、测量误差、某地区的年降雨量、成年人的身高等．

1. 参数为 μ、σ 的正态分布

如果连续型随机变量 ξ 的密度函数为

$$f(x) = \frac{1}{\sqrt{2\pi}\sigma}e^{-\frac{(x-\mu)^2}{2\sigma^2}} \quad (-\infty < x < +\infty)$$

其中 μ、$\sigma(\sigma>0)$ 为常数，则称随机变量 ξ 服从参数为 μ、σ 的正态分布，记为 $\xi \sim N(\mu,\ \sigma^2)$．密度函数 $f(x)$ 的图形如图 10 - 14 所示，称为正态曲线．正态曲线有如下性质：

（1）它是单峰曲线，中间高、两边低，在 $x=\mu$ 处取得最大值

$$f(\mu) = \frac{1}{\sqrt{2\pi}\sigma};$$

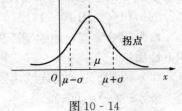

图 10 - 14

（2）曲线以 $x=\mu$ 为对称轴，当 $x \to \pm\infty$ 时，以 x 轴为渐近线；

（3）曲线在 $x=\mu\pm\sigma$ 处有拐点；

（4）正态分布的参数 μ 决定其分布的中心位置，参数 σ 决定曲线的尖陡或平缓（见图 10 - 15）．

2. 标准正态分布

当 $\mu=0$、$\sigma=1$ 时的正态分布，即 $N(0，1)$ 分布，称为标准正态分布，记为 $\xi \sim N(0，1)$．标准正态分布的密度函数记为 $\varphi(x)$，即

$$\varphi(x) = \frac{1}{\sqrt{2\pi}}e^{-\frac{x^2}{2}} \quad (-\infty < x < +\infty)$$

标准正态分布的分布函数记为 $\Phi(x)$，即

$$\Phi(x) = \frac{1}{\sqrt{2\pi}}\int_{-\infty}^{x} e^{-\frac{t^2}{2}}\mathrm{d}t$$

利用密度函数 $\varphi(x)$ 的对称性和分布函数 $\Phi(x)$ 的概率意义，由图 10 - 16 可知，$\Phi(x)$ 满足下列关系式

$$\Phi(-x) = 1-\Phi(x) \tag{10 - 19}$$

分布函数 $\Phi(x)$ 不能用初等函数表示，为了使用方便，人们编制了标准正态分布表 [$\Phi(x)$ 的函数值表] 可供查用（见附表 2）．

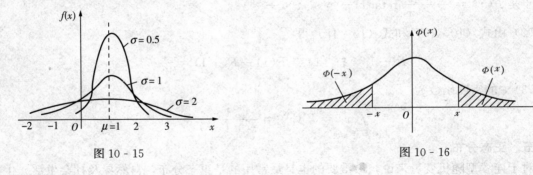

图 10 - 15

图 10 - 16

下面介绍标准正态分布表的用法：

当 $x \geqslant 0$ 时，求 $\Phi(x)$ 的值可由附表 2 中直接查得；当 $x < 0$ 时，可由 $\Phi(-x) = 1 - \Phi(x)$ 求出.

【例10】 已知 $\xi \sim N(0, 1)$，求：

(1) $P(0.5 < \xi < 1.5)$;

(2) $P(-2 < \xi < 1)$;

(3) $P(|\xi| > 1.96)$.

解 查标准正态分布表并应用式 (10 - 18)、式 (10 - 19)，可得

(1) $P(0.5 < \xi < 1.5) = \Phi(1.5) - \Phi(0.5) = 0.9332 - 0.6915 = 0.2417$;

(2) $P(-2 < \xi < 1) = \Phi(1) - \Phi(-2) = \Phi(1) - [1 - \Phi(2)] = 0.8413 - 1 + 0.9772 = 0.8185$;

(3) $P(|\xi| > 1.96) = P[(\xi < -1.96) \cup (\xi > 1.96)] = P(\xi < -1.96) + P(\xi > 1.96)$

$$= \Phi(-1.96) + 1 - \Phi(1.96) = 2[1 - \Phi(1.96)]$$

$$= 2(1 - 0.9750) = 0.05,$$

或

$$P(|\xi| > 1.96) = 1 - P(|\xi| \leqslant 1.96) = 1 - [2\Phi(1.96) - 1]$$

$$= 2 - 2 \times 0.9750 = 0.05.$$

3. 一般正态分布的标准化

对于一般正态分布 $N(\mu, \sigma^2)$，可通过变量替换将其标准化，再查标准正态分布表，并有如下计算公式.

设 $\xi \sim N(\mu, \sigma^2)$，则 ξ 落入区间 (x_1, x_2) 内的概率为

$$P(x_1 < \xi < x_2) = \Phi\left(\frac{x_2 - \mu}{\sigma}\right) - \Phi\left(\frac{x_1 - \mu}{\sigma}\right) \tag{10 - 20}$$

证 作变量代换 $t = \dfrac{x - \mu}{\sigma}$，则有

$$P(x_1 < \xi < x_2) = \int_{x_1}^{x_2} \frac{1}{\sqrt{2\pi}\sigma} e^{\frac{(x-\mu)^2}{2\sigma^2}} dx = \frac{1}{\sqrt{2\pi}} \int_{\frac{x_1-\mu}{\sigma}}^{\frac{x_2-\mu}{\sigma}} e^{-\frac{t^2}{2}} dt$$

$$= \frac{1}{\sqrt{2\pi}} \int_{-\infty}^{\frac{x_2-\mu}{\sigma}} e^{-\frac{t^2}{2}} dt - \frac{1}{\sqrt{2\pi}} \int_{-\infty}^{\frac{x_1-\mu}{\sigma}} e^{-\frac{t^2}{2}} dt$$

$$= \Phi\left(\frac{x_2 - \mu}{\sigma}\right) - \Phi\left(\frac{x_1 - \mu}{\sigma}\right).$$

通常把变换 $t = \dfrac{x - \mu}{\sigma}$ 称为标准化变换.

【例11】 某炮弹的射程 ξ（m）服从正态分布 $N(1200, 40^2)$，试求射出的炮弹落入 $1260 \sim 1280$m 范围之内的概率.

解 ξ 服从正态分布，且已知 $\mu = 1200$，$\sigma = 40$，由式 (10 - 20) 得所求概率为

$$P(1260 < \xi < 1280) = \Phi\left(\frac{1280 - 1200}{40}\right) - \Phi\left(\frac{1260 - 1200}{40}\right) = \Phi(2) - \Phi(1.5)$$

$$= 0.9772 - 0.9332 = 0.044.$$

【例12】 设成年男子的身高 ξ（cm）服从正态分布 $N(175, 6^2)$，为使男性乘客与公共汽车的车门顶部碰头的机会小于 1%，问公共汽车的车门应设计为多高？

解 设车门的高为 h（cm），则该问题转化为求满足关系式 $P(\xi \geqslant h) < 0.01$ 中的 h 的

值，而

$$P(\xi \geqslant h) = 1 - P(\xi < h) = 1 - \Phi\left(\frac{h-175}{6}\right)$$

欲使 $P(\xi \geqslant h) < 0.01$，即要 $1 - \Phi\left(\frac{h-175}{6}\right) < 0.01$，亦即 $\Phi\left(\frac{h-175}{6}\right) > 0.99$．反查正态分布

表，得 $\frac{h-175}{6} > 2.326$，从中解出 $h > 189$．所以，公共汽车车门的高度最低应设计

为 189cm．

　　4. "3σ 规则" 及其在质量管理中的应用

　　通过下面的例子来说明 "3σ 规则" 的意义．

　　【例 13】　由某种机器生产的螺栓长度（mm）服从参数为 $\mu = 99.5$、$\sigma = 0.6$ 的正态分布，规定长度范围在 99.5 ± 1.8 内为合格品，求该机器生产的螺栓的合格率是多少．

　　解　设螺栓的长为 ξ，则 $\xi \sim N(99.5, 0.6^2)$，按题意合格品的长度 ξ 必须满足 $|\xi - 99.5| < 1.8$，因此所求螺栓的合格率为

$$P(|\xi - 99.5| < 1.8) = P(99.5 - 1.8 < \xi < 99.5 + 1.8) = \Phi\left(\frac{1.8}{0.6}\right) - \Phi\left(\frac{-1.8}{0.6}\right)$$

$$= 2\Phi(3) - 1 = 2 \times 0.9987 - 1 = 0.9974.$$

　　【例 14】　设 $\xi \sim N(\mu, \sigma^2)$，求 ξ 落在关于分布中心 μ 的对称区间 $(\mu - k\sigma, \mu + k\sigma)$（$k = 1, 2, 3$）内的概率．

　　解　应用式（10-20）及附表 2，分别算得

$$P(\mu - \sigma < \xi < \mu + \sigma) = \Phi\left(\frac{\mu + \sigma - \mu}{\sigma}\right) - \Phi\left(\frac{\mu - \sigma - \mu}{\sigma}\right) = \Phi(1) - \Phi(-1)$$

$$= 2\Phi(1) - 1 = 0.6826;$$

$$P(\mu - 2\sigma < \xi < \mu + 2\sigma) = \Phi\left(\frac{\mu + 2\sigma - \mu}{\sigma}\right) - \Phi\left(\frac{\mu - 2\sigma - \mu}{\sigma}\right) = \Phi(2) - \Phi(-2)$$

$$= 2\Phi(2) - 1 = 0.9544;$$

$$P(\mu - 3\sigma < \xi < \mu + 3\sigma) = \Phi\left(\frac{\mu + 3\sigma - \mu}{\sigma}\right) - \Phi\left(\frac{\mu - 3\sigma - \mu}{\sigma}\right) = \Phi(3) - \Phi(-3)$$

$$= 2\Phi(3) - 1 = 0.9973（或 0.9974）.$$

　　图 10-17 给出了以上三个概率的直观意义，这说明能以 95.44% 的概率保证 ξ 落在 $(\mu - 2\sigma, \mu + 2\sigma)$ 之内，能以 99.73% 的概率落在 $(\mu - 3\sigma, \mu + 3\sigma)$ 之内，而 ξ 落在 $(\mu - 3\sigma, \mu + 3\sigma)$ 之外的概率仅有 0.0027，通常可以认为服从正态分布的随机变量 ξ 的可能值几乎全部落在区间 $(\mu - 3\sigma, \mu + 3\sigma)$ 之内这个重要性质也就是现代企业管理质量控制中的 "3σ 规则"．根据这个规则，产品的质量指标应落在上、下管理限 $\mu - 3\sigma$ 和 $\mu + 3\sigma$ 之间，由此可以通过抽样

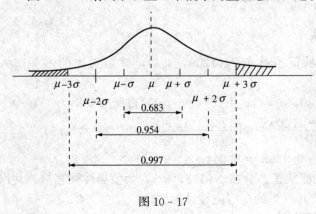

图 10-17

检查来判断生产过程是否出现异常. 比如,〔例 13〕中的螺栓长度服从 3σ 规则,如果抽样检验中发现螺栓长度多次落在 $(\mu-3\sigma,\ \mu+3\sigma)$ 之外,则可认为此时机器出现异常,需要停机检查.

习 题 10 - 6

1. 下列两表是否可以作为某个随机变量的分布列? 为什么?

(1)

ξ	1	3	5	7
p_k	0.1	0.2	0.5	0.2

(2)

ξ	0	1	2
p_k	0.15	0.4	0.35

2. 设某运动员每次投篮的命中率为 0.6,写出他在三次投篮中命中次数 ξ 的概率分布.

3. 一盒电器组件中有 7 只合格品和 3 只废品,从中任取 1 只接入电路. 如果取出的是废品就不再放回去,求在电路接通(取得合格品)前已取出废品数 ξ 的概率分布.

4. 设事件 A 在一次试验中发生的概率为 0.2,当 A 发生达到 2 次时,指示灯就会发出信号. 现进行 5 次独立试验,求:(1) A 发生次数 ξ 的分布列;(2) 指示灯会发出信号的概率.

5. 证明函数 $f(x)=\dfrac{1}{2}e^{-|x|}$ $(-\infty<x<+\infty)$ 是一个密度函数.

6. 设随机变量 ξ 的密度函数为 $f(x)=\dfrac{A}{1+x^2}$ $(-\infty<x<+\infty)$,求:

(1) 系数 A; (2) $P(|\xi|<1)$.

7. 设某种显像管的寿命 ξ(小时)具有密度函数

$$f(x)=\begin{cases}\dfrac{5000}{x^2},x>5000\\0,x\leqslant 5000\end{cases}$$

问在 7500h 内,(1) 三只显像管中没有一只损坏的概率是多少?(2) 三只显像管全部损坏的概率是多少?

8. 设随机变量 ξ 的分布函数为

$$F(x)=\begin{cases}0,x<0\\Ax^2,0\leqslant x<1\\1,x\geqslant 1\end{cases}$$

试求:(1) 系数 A;(2) ξ 落在 $(0.3,\ 0.7)$ 内的概率;(3) ξ 的密度函数.

9. 设 $\xi\sim N(0,\ 1)$,查表计算:

(1) $P(\xi<2.2)$; (2) $P(\xi>1.76)$; (3) $P(\xi<-0.78)$;

(4) $P(|\xi|<1.55)$; (5) $P(|\xi|>2.5)$; (6) $P(-1.8<\xi<2)$.

10. 设 $\xi\sim N(-1,\ 4^2)$,查表计算:

(1) $P(\xi < 2.44)$；   (2) $P(\xi > -1.5)$；   (3) $P(\xi < -2.8)$；
(4) $P(|\xi| < 4)$；   (5) $P(-5 < \xi < -2)$；   (6) $P(|\xi - 1| > 1)$.

11. 某校学生身高 ξ（m）近似服从 $\mu = 1.72$、$\sigma = 0.06$ 的正态分布，试估计该校学生中身高超过 1.75m 的学生，约占学生总数的百分之几.

12. 测量某一距离，测量误差 ξ（m）服从正态分布 $\xi \sim N(6, 36)$，试求：
(1) $P(|\xi| < 12)$；   (2) $P(\xi \leqslant 5)$.

13. 某产品的质量指标 $\xi \sim N(10, 2^2)$，求 x 的值，使 $P(|\xi - 10| < x) = 0.9$.

第七节　随机变量的数字特征

随机变量的分布完整地描述了随机变量取值的统计规律，但在许多实际问题中它的概率分布很难确定，或者并不需要知道随机变量的一切统计特性，只要知道它的某些特征就够了. 例如，在测量某条高速公路的长度时，由于种种偶然因素的影响，每次测量的结果是一个随机变量，此时只需知道这些测量数值的平均值和测量结果的精确程度，即只要知道各次测量数的平均值和它对平均值的离散程度. 像平均长度和离散程度这样能够用来描述随机变量某个特征的数值，称为随机变量的数字特征. 本节介绍数学期望和方差这两个常用的随机变量的数字特征.

一、随机变量的数学期望

先看一个例子来理解数学期望（简称期望）的实际意义.

【例1】　一批灯泡 5 万只，为了评估灯泡的使用寿命，设每只灯泡的寿命是一个随机变量 ξ(h)，现从中随机抽取 100 只，测试结果如表 10 - 5 所示.

表 10 - 5　　　　　　　　　　　　　　测　试　结　果

寿命（h）	1050	1100	1150	1200	1250	合计
灯泡数（频数）	6	20	32	26	16	100
频率 ω_k	$\dfrac{6}{100}$	$\dfrac{20}{100}$	$\dfrac{32}{100}$	$\dfrac{26}{100}$	$\dfrac{16}{100}$	1

(1) 确定该 100 只灯泡的平均寿命 $\bar{x}$；

(2) 对该批灯泡的使用寿命提出精确的估计.

解　(1) 由测试结果可得 100 只灯泡的平均寿命为

$$\bar{x} = 1050 \times \frac{6}{100} + 1100 \times \frac{20}{100} + 1150 \times \frac{32}{100} + 1200 \times \frac{26}{100} + 1250 \times \frac{16}{100} = 1163(\text{h})$$

或　　　　　　　　　　　　　　　$$\bar{x} = \sum_{k=1}^{5} x_k \omega_k.$$

即平均寿命可由 ξ 的各可能值 x_k 乘以对应的频率 ω_k 相加而得.

(2) 如果从这批灯泡中另抽 100 只进行测试，则其平均寿命就不一定是 1163h，这是由于在不同的测试中，频率要发生变化，其均值也随之发生变化，即测试结果具有随机性，但在大量试验下，频率稳定于概率. 因此，如果用相应的概率 p_k 代替频率 ω_k，那么所得的平均值就能精确代表这 5 万只灯泡的平均寿命，此时可以"期望"这批灯泡使用寿命稳定在常

数 $\sum\limits_{k=1}^{5} x_k p_k$ 附近.

一般地，随机变量的一切可能值与相应概率乘积之和可以作为随机变量取值的平均状况的数字特征.

1. 离散型随机变量的数学期望

定义 1 设离散型随机变量 ξ 的概率分布为

ξ	x_1	x_2	$\cdots$	x_k	$\cdots$
p_k	p_1	p_2	$\cdots$	p_k	$\cdots$

如果 $\sum\limits_{k=1}^{\infty} |x_k| p_k$ 存在，则称 $\sum\limits_{k=1}^{\infty} x_k p_k$ 为 ξ 的数学期望（或均值）记为 $E(\xi)$，即

$$E(\xi) = \sum_{k=1}^{\infty} x_k p_k = x_1 p_1 + x_2 p_2 + \cdots + x_k p_k + \cdots \tag{10-21}$$

【**例 2**】 甲、乙两个工人生产同一种产品，在相同条件下，生产 100 件产品所出的废品数分别用 ξ_1、ξ_2 表示，它们的概率分布如下：

ξ_1	0	1	2	3
p_k	0.6	0.2	0.1	0.1

ξ_2	0	1	2	3
p_k	0.5	0.3	0.2	0

问这两个工人谁的技术好?

解 技术好坏，可从所出的废品数进行比较，由式（10-21）得

$$E(\xi_1) = 0 \times 0.6 + 1 \times 0.2 + 2 \times 0.1 + 3 \times 0.1 = 0.6;$$
$$E(\xi_2) = 0 \times 0.5 + 1 \times 0.3 + 2 \times 0.2 + 3 \times 0 = 0.7.$$

由 $E(\xi_1) < E(\xi_2)$，即甲工人生产出废品的均值较小，从这个意义上讲，甲的技术比乙好.

2. 连续型随机变量的数学期望

对于连续型随机变量 ξ，若它的密度函数为 $f(x)$，注意到 $f(x)\mathrm{d}x$ 相当于离散型随机变量中的 p_k，于是，有如下定义：

定义 2 如果连续型随机变量 ξ 具有密度函数 $f(x)$，且积分 $\int_{-\infty}^{+\infty} |x| f(x)\mathrm{d}x$ 存在，则称积分 $\int_{-\infty}^{+\infty} x f(x)\mathrm{d}x$ 为 ξ 的数学期望，记为 $E(\xi)$，即

$$E(\xi) = \int_{-\infty}^{+\infty} x f(x)\mathrm{d}x \tag{10-22}$$

【**例 3**】 已知 ξ 的密度函数为

$$f(x) = \begin{cases} \dfrac{1}{2}\sin x, & 0 \leqslant x \leqslant \pi \\ 0, & \text{其他} \end{cases}$$

求 $E(\xi)$.

解 由连续型随机变量数学期望定义，得

$$E(\xi) = \int_{-\infty}^{+\infty} x f(x)\mathrm{d}x = \int_0^\pi \frac{1}{2} x \sin x \mathrm{d}x$$

$$= \left[-\frac{1}{2} x \cos x \right]_0^\pi + \frac{1}{2} \int_0^\pi \cos x \mathrm{d}x = \frac{\pi}{2}.$$

3. 数学期望的性质

数学期望有下列简单性质（k 为常数）：

(1) $E(k)=k$，特别地，$E[E(\xi)]=E(\xi)$；

(2) $E(k\xi)=kE(\xi)$；

(3) $E(\xi+\eta)=E(\xi)+E(\eta)$；

(4) 若两随机变量 ξ、η 相互独立，则

$$E(\xi \cdot \eta) = E(\xi) \cdot E(\eta).$$

下面介绍随机变量平方的数学期望 $E(\xi^2)$ 的计算公式.

【例 4】 设 ξ 的概率分布为

ξ	1	2	3
p_k	0.2	0.5	0.3

试求 ξ^2 的数学期望.

解 因为当 ξ 分别取 1，2，3 时，ξ^2 的对应值分别取 1，4，9. 一般地，当 $\{\xi=x\}$ 发生时，对应的 $\{\xi^2=x^2\}$ 也发生，且这两个事件发生的概率是等价的，所以有

ξ^2	1	4	9
p_k	0.2	0.5	0.3

故 $E(\xi^2)=1^2 \times 0.2 + 2^2 \times 0.5 + 3^2 \times 0.3 = 4.9.$

一般地，有如下计算公式.

(1) 若离散型随机变量 ξ 的分布列为

ξ	x_1	x_2	$\cdots$	x_k	$\cdots$
p_k	p_1	p_2	$\cdots$	p_k	$\cdots$

则
$$E(\xi^2) = x_1^2 p_1 + x_2^2 p_2 + \cdots + x_k^2 p_k + \cdots = \sum_{k=1}^\infty x_k^2 p_k \tag{10-23}$$

(2) 若连续型随机变量 ξ 的密度函数为 $f(x)$，则

$$E(\xi^2) = \int_{-\infty}^{+\infty} x^2 f(x) \mathrm{d}x \tag{10-24}$$

二、随机变量的方差

随机变量的数学期望，体现了随机变量取值平均的大小，但是，有的随机变量取值比较密集，有的则比较分散，因此还需知道随机变量取值在均值附近的分散程度. 例如，有两包棉花，它们的纤维平均长度都一样，但一包比较整齐，而另一包长短差别很大，当然认为前者的质量要好一些.

反映随机变量取值的分散程度的量是另一个重要的数字特征. 通常用随机变量 ξ 与其均值 $E(\xi)$ 的离差 $[\xi-E(\xi)]$ 的平方的期望值，即 $E\{[\xi-E(\xi)]^2\}$，来度量它的分散程度，于是有下面的定义：

定义 3 设 ξ 是一个随机变量，则称期望值

$$E\{[\xi-E(\xi)]^2\}$$

为随机变量 ξ 的方差，记为 $D(\xi)$，即

$$D(\xi) = E\{[\xi - E(\xi)]^2\} \qquad (10-25)$$

并称方差的算术平方根为 ξ 的标准差（或均方差），记为 $\sigma(\xi)$，即

$$\sigma(\xi) = \sqrt{D(\xi)} \qquad (10-26)$$

如果 ξ 是离散型随机变量，它的分布列为

ξ	x_1	x_2	$\cdots$	x_k	$\cdots$
p_k	p_1	p_2	$\cdots$	p_k	$\cdots$

则其方差为

$$D(\xi) = E\{[\xi - E(\xi)]^2\} = \sum_{k=1}^{\infty} [x_k - E(\xi)]^2 \cdot p_k \qquad (10-27)$$

如果连续型随机变量 ξ 的密度函数为 $f(x)$，则

$$D(\xi) = \int_{-\infty}^{+\infty} [x - E(\xi)]^2 f(x) \mathrm{d}x \qquad (10-28)$$

其中，方差的量纲是随机变量 ξ 量纲的平方，而标准差的量纲与 ξ 的量纲相同.

定义 3 中采用离差 $[\xi - E(\xi)]$ 的平方，是为了保证所有离差都取正值，否则正负离差就会相互抵消. 这样，方差总是一个正数，方差大表示随机变量取值比较分散；方差小则取值比较集中，并且集中于期望值的附近. 因此，方差是反映随机变量取值对于期望值的分散程度的数字特征.

【例 5】 甲、乙两台自动车床加工某种零件，设产品的长度（mm）分别为随机变量 ξ_1 和 ξ_2，且它们的分布如下：

ξ_1	98	99	100	101	102		ξ_2	98	99	100	101	102
p_k	0.05	0.2	0.5	0.2	0.05		p_k	0.15	0.2	0.3	0.2	0.15

试比较两台车床的加工质量

解 （1）因为

$E(\xi_1) = 98 \times 0.05 + 99 \times 0.2 + 100 \times 0.5 + 101 \times 0.2 + 102 \times 0.05 = 100(\text{mm})$，

$E(\xi_2) = 98 \times 0.15 + 99 \times 0.2 + 100 \times 0.3 + 101 \times 0.2 + 102 \times 0.15 = 100(\text{mm})$，

即 $E(\xi_1) = E(\xi_2)$，所以，从期望来看，质量相当.

（2）由式（10-27），得

$$\begin{aligned}
D(\xi_1) &= \sum_{k=1}^{\infty} [x_k - E(\xi)]^2 \cdot p_k \\
&= (98-100)^2 \times 0.05 + (99-100)^2 \times 0.2 + (100-100)^2 \times 0.5 \\
&\quad + (101-100)^2 \times 0.2 + (102-100)^2 \times 0.05 = 0.8(\text{mm})^2, \\
D(\xi_2) &= \sum_{k=1}^{\infty} [x_k - E(\xi)]^2 \cdot p_k \\
&= (98-100)^2 \times 0.15 + (99-100)^2 \times 0.2 + (100-100)^2 \times 0.3 \\
&\quad + (101-100)^2 \times 0.2 + (102-100)^2 \times 0.15 = 1.6(\text{mm})^2.
\end{aligned}$$

可见 $D(\xi_1) < D(\xi_2)$，因此，ξ_1 的取值比较集中，所以，从方差来看，甲车床加工质量比乙车床要好.

在实际计算中，除了直接用定义计算方差外，还常用下面的简捷公式

$$D(\xi) = E(\xi^2) - [E(\xi)]^2.\tag{10-29}$$

下面利用数学期望的性质给出证明.

证　$D(\xi) = E[\xi - E(\xi)]^2 = E[\xi^2 - 2\xi E(\xi) - (E(\xi))^2]$

$$= E(\xi^2) - 2E(\xi)E(\xi) + [E(\xi)]^2 = E(\xi^2) - [E(\xi)]^2.$$

【例 6】　设随机变量 ξ 的密度函数为

$$f(x) = \begin{cases} \dfrac{1}{\pi\ \sqrt{1-x^2}}, & |x| < 1 \\ 0, & |x| \geqslant 1 \end{cases}$$

试求：(1) $E(\xi)$；(2) $D(\xi)$；(3) $\sigma(\xi)$.

解　(1) 由式（10-22）并利用函数的对称性，得

$$E(\xi) = \int_{-\infty}^{+\infty} x f(x)\mathrm{d}x = \int_{-1}^{1} \frac{x}{\pi\ \sqrt{1-x^2}}\mathrm{d}x = 0;$$

(2) 由式（10-29）、式（10-24）及上面结果，得

$$D(\xi) = E(\xi^2) - [E(\xi)]^2 = \int_{-1}^{1} \frac{x^2}{\pi\ \sqrt{1-x^2}}\mathrm{d}x$$

$$= \int_{-1}^{1} \frac{1-(1-x^2)}{\pi\ \sqrt{1-x^2}}\mathrm{d}x = 1 - \frac{1}{2} = \frac{1}{2};$$

(3) $\sigma(\xi) = \sqrt{D(\xi)} = \dfrac{\sqrt{2}}{2}.$

利用数学期望的性质，还可推出方差有下列简单性质：

当 k、c 都为常数时，有

(1) $D(k) = 0$；

(2) $D(k\xi) = k^2 D(\xi)$；

(3) $D(k\xi + c) = D(k\xi) + D(c) = k^2 D(\xi)$；

(4) 若随机变量 ξ 和 η 相互独立，则 $D(\xi + \eta) = D(\xi) + D(\eta)$.

三、几个常用分布的数学期望和方差

1. 两点分布的期望和方差

设 ξ 服从两点分布，其分布列为：

ξ	0	1
p_k	q	p

其中 $q = 1 - p$，

则期望 $E(\xi) = 0 \times q + 1 \times p = p$，

又 $E(\xi^2) = 0^2 \times q + 1^2 \times p = p$，

所以方差 $D(\xi) = E(\xi^2) - [E(\xi)]^2 = p - p^2 = pq$.

2. 二项分布的期望和方差

设 $\xi \sim B(n, p)$，其分布列为

$$p_k = P(\xi = k) = C_n^k p^k q^{n-k}(k = 0,1,2,\cdots,n)，其中 q = 1 - p，$$

由式（10-21）得

$$E(\xi) = \sum_{k=0}^{n} kp_k = \sum_{k=1}^{n} kC_n^k p^k q^{n-k}$$

$$= \sum_{k=1}^{n} k \frac{n!}{k!(n-k)!} p^k q^{n-k}$$

$$= np \sum_{k=1}^{n} \frac{(n-1)!}{(k-1)!(n-k)!} p^{k-1} q^{n-k} (令 h = k-1)$$

$$= np \sum_{h=0}^{n-1} \frac{(n-1)!}{h!(n-1-h)!} p^h q^{(n-1)-h}$$

$$= np(p+q)^{n-1} = np.$$

又由式（10-23），可以算得

$$E(\xi^2) = \sum_{k=0}^{n} k^2 p_k = \sum_{k=0}^{n} k^2 C_n^k p^k q^{n-k}$$

$$= np \sum_{k=1}^{n} kC_{n-1}^{k-1} p^{k-1} q^{n-k}$$

$$= np \sum_{k=1}^{n} [(k-1)+1] C_{n-1}^{k-1} p^{k-1} q^{n-k}$$

$$= np \sum_{k=1}^{n} (k-1) C_{n-1}^{k-1} p^{k-1} q^{(n-1)-(k-1)} + \sum_{k=1}^{n} C_{n-1}^{k-1} p^{k-1} q^{(n-1)-(k-1)}$$

$$= np[(n-1)p+1] = n^2 p^2 + npq,$$

于是 $D(\xi) = E(\xi^2) - [E(\xi)]^2 = npq.$

3. 泊松分布

如果随机变量 ξ 的概率分布为

$$P(\xi = k) = \frac{\lambda^k}{k!} e^{-\lambda} \quad (\lambda > 0, k = 0,1,2,3,\cdots) \tag{10-30}$$

则称随机变量 ξ 服从参数为 λ 的**泊松分布**，记为 $\xi \sim P(\lambda)$.

在二项分布中，当 n 很大时其概率的计算是很繁杂的．当 n 很大，p 很小且 $np \leqslant 10$ 时，可用泊松分布近似代替二项分布，即 $P(\xi = k) = C_n^k p^k q^{n-k} \approx \frac{\lambda^k}{k!} e^{-\lambda}$，其中，$\lambda = np$.

所以，泊松分布是二项分布当 n 很大时的一种极限分布．在实际应用中，当 $n \geqslant 10$，$p \leqslant 0.1$ 时，就可用泊松分布近似代替二项分布．

服从泊松分布的随机变量的概率分布图如图 10-18 所示．

下面计算泊松分布的均值和方差．

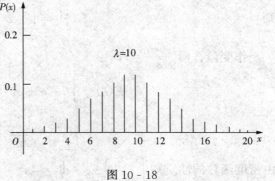

图 10-18

$$E(\xi) = \sum_{k=0}^{\infty} k \frac{\lambda^k}{k!} e^{-\lambda}$$

$$= \sum_{k=1}^{\infty} \frac{\lambda \lambda^{k-1}}{(k-1)!} e^{-\lambda}$$

$$= \lambda \sum_{k=1}^{\infty} \frac{\lambda^{k-1}}{(k-1)!} e^{-\lambda},$$

令 $m = k - 1$，于是

$$E(\xi) = \lambda \sum_{m=0}^{\infty} \frac{\lambda^m}{m!} e^{-\lambda} = \lambda \sum_{m=0}^{\infty} p_m = \lambda.$$

（注：由概率分布的性质知，$\sum_{k=0}^{\infty} p_k = 1$）

同理可得 $\qquad\qquad\qquad D(\xi) = \lambda.$

泊松分布的适用范围很广，它可作为大量独立试验中小概率事件发生的次数的概率分布. 例如，布匹上的疵点数，大量产品中少数不合格品出现的件数，在一段时间内发生事故、灾害性事件的次数，一段时间内商店出售某种商品的件数等随机变量，都是近似服从泊松分布的.

【例 7】 设某商店每月销售某商品的数量服从参数为 $\lambda = 7$ 的泊松分布，当月初进货时应进多少件这种商品，才能保证当月不脱销的概率不小于 0.998？

解 设随机变量 ξ 表示该店某种商品的月销售量，按题意有

$$P(\xi = k) = \frac{7^k}{k!} e^{-7}$$

查附表 3（$\lambda = 7$）可得

$$P(\xi \leqslant 16) = \sum_{k=0}^{16} \frac{7^k}{k!} e^{-7} = 0.9990$$

即月销售量不大于 16 件的概率为 0.9990，那么月初进 16 件这种商品，就能保证当月不脱销的概率不小于 0.998.

4. 正态分布的期望和方差

设 $\xi \sim N(\mu, \sigma^2)$，其密度函数为

$$f(x) = \frac{1}{\sqrt{2\pi}\sigma} e^{\frac{(x-\mu)^2}{2\sigma^2}} \ (\mu, \sigma > 0)$$

则 $\qquad\qquad E(\xi) = \int_{-\infty}^{+\infty} x \frac{1}{\sqrt{2\pi}\sigma} e^{\frac{(x-\mu)^2}{2\sigma^2}} \, dx,$

作变量替换 $\frac{x-\mu}{\sigma} = t$，得

$$E(\xi) = \int_{-\infty}^{+\infty} (\mu + \sigma t) \frac{1}{\sqrt{2\pi}} e^{-\frac{t^2}{2}} \, dt$$

$$= \mu \int_{-\infty}^{+\infty} \frac{1}{\sqrt{2\pi}} e^{-\frac{t^2}{2}} \, dt + \frac{\sigma}{\sqrt{2\pi}} \int_{-\infty}^{+\infty} t e^{-\frac{t^2}{2}} \, dt,$$

由密度函数的性质知 $\int_{-\infty}^{+\infty} \frac{1}{\sqrt{2\pi}} e^{-\frac{t^2}{2}} \, dt = 1$，

由广义积分的知识，得 $\int_{-\infty}^{+\infty} t e^{-\frac{t^2}{2}} \, dt = 0$，

所以 $\qquad\qquad\qquad E(\xi) = \mu.$

根据连续型随机变量方差的定义，得

$$D(\xi) = \int_{-\infty}^{+\infty} [x - E(\xi)]^2 f(x)\mathrm{d}x = \int_{-\infty}^{+\infty} (x - \mu)^2 \frac{1}{\sqrt{2\pi}\sigma} \mathrm{e}^{-\frac{(x-\mu)^2}{2\sigma^2}}\mathrm{d}x,$$

令 $\dfrac{x-\mu}{\sigma} = t$，代入上式

$$D(\xi) = \frac{\sigma^2}{\sqrt{2\pi}} \int_{-\infty}^{+\infty} t^2 \mathrm{e}^{-\frac{t^2}{2}}\mathrm{d}t = -\frac{\sigma^2}{\sqrt{2\pi}} \int_{-\infty}^{+\infty} t\mathrm{e}^{-\frac{t^2}{2}}\mathrm{d}(\mathrm{e}^{-\frac{t^2}{2}})$$

$$= -\frac{\sigma^2}{\sqrt{2\pi}} \left[t\mathrm{e}^{-\frac{t^2}{2}} \right]\Big|_{-\infty}^{+\infty} + \sigma^2 \int_{-\infty}^{+\infty} \frac{1}{\sqrt{2\pi}}\mathrm{e}^{-\frac{t^2}{2}}\mathrm{d}t$$

$$= 0 + \sigma^2 \times 1 = \sigma^2.$$

计算结果表明，正态分布的参数 μ 就是随机变量 ξ 的数学期望，另一个参数 σ 是 ξ 的标准差，而 σ^2 就是随机变量 ξ 的方差.

统计中最常用的一些随机变量的分布，它们的参数都可用数学期望和方差来表示，所以，随机变量的这两个数学特征在以后的数理统计中将占有重要地位.

为了查阅应用的方便，现将常用的随机变量的概率分布及其数字特征列成表，如表 10 - 6 所示.

表 10 - 6 　　　　　　　　　常用的随机变量的概率分布及其数字特征

分布名称	分布列或密度函数			期望	方差
两点分布	$\begin{array}{c\|ccc} \xi & 0 & 1 & 0<p<1 \\ \hline p_k & 1-p & p & p+q=1 \end{array}$			p	pq
二项分布 $\xi \sim B(n, p)$	$p_k = P(\xi = k) = C_n^k p^k q^{n-k}$ $(k = 0, 1, 2, \cdots, n, q = 1-p)$			np	npq
泊松分布 $\xi \sim P(\lambda)$	$P(\xi = k) = \dfrac{\lambda^k}{k!}\mathrm{e}^{-\lambda}$ $(\lambda > 0, k = 0, 1, 2, 3, \cdots)$			λ	λ
均匀分布	$f(x) = \begin{cases} \dfrac{1}{b-a}, & a \leqslant x \leqslant b \\ 0, & 其他 \end{cases}$			$\dfrac{a+b}{2}$	$\dfrac{(b-a)^2}{12}$
正态分布 $\xi \sim N(\mu, \sigma^2)$	$f(x) = \dfrac{1}{\sqrt{2\pi}\sigma}\mathrm{e}^{-\frac{(x-\mu)^2}{2\sigma^2}}$ $(\mu, \sigma > 0$ 为常数$)$			μ	σ^2
指数分布	$f(x) = \begin{cases} \lambda\mathrm{e}^{-\lambda x}, & x \geqslant 0 \\ 0, & x < 0 \end{cases}, \lambda > 0$			$\dfrac{1}{\lambda}$	$\dfrac{1}{\lambda^2}$

习 题 10 - 7

1. 设 ξ 的分布列为

ξ	-1	0	$\dfrac{1}{2}$	1	2
p_k	$\dfrac{1}{3}$	$\dfrac{1}{6}$	$\dfrac{1}{6}$	$\dfrac{1}{12}$	$\dfrac{1}{4}$

求 $E(\xi)$ 和 $E(\xi^2)$.

2. 某乳品厂生产的奶粉，由自动包装机包装，根据长期统计，每袋奶粉的重量 $\xi(\mathrm{g})$ 的分布列为

ξ	494	498	500	503
p_k	0.1	0.2	0.5	0.2

求 ξ 的期望值.

3. 设随机变量 ξ 的密度函数为

$$f(x) = \begin{cases} \dfrac{1}{4}x\mathrm{e}^{-\frac{x}{2}}, & x \geqslant 0, \\ 0, & x < 0 \end{cases},$$

试求 $E(\xi)$.

4. 设 ξ_1 和 ξ_2 是两个相互独立的随机变量，其密度函数分别为

$$f_1(x) = \begin{cases} 2x, & 0 \leqslant x \leqslant 1 \\ 0, & 其他 \end{cases}, \quad f_2(x) = \begin{cases} x, & 0 \leqslant x \leqslant 1 \\ 2-x, & 1 < x \leqslant 2. \\ 0, & 其他 \end{cases}$$

试求：(1) $E(\xi_1+\xi_2)$；(2) $E(\xi_1-\xi_2)$；(3) $E(\xi_1\xi_2)$.

5. 一批零件有 9 个合格品和 3 个废品，安装机器时从这批零件中每次任取一个试装，如果每次取出的废品又再放回，直到取得合格品安装成功为止. 求在安装成功前已取出的废品数 ξ 的概率分布及其数学期望和方差.

6. 设随机变量 ξ 的密度函数为

$$f(x) = \begin{cases} Ax^2(x-1)^2, & 0 \leqslant x \leqslant 2 \\ 0, & 其他 \end{cases},$$

求 ξ 的数学期望、方差和标准差.

7. ξ_1 和 ξ_2 的密度函数与第 4 题相同，ξ_1 与 ξ_2 相互独立. 求：

(1) $D(\xi_1+\xi_2)$；   (2) $D(2\xi_1-3\xi_2)$.

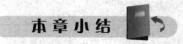

本 章 小 结

一、基本要求

1. 理解随机事件的基本概念.

2. 理解概率统计定义，掌握古典概型.

3. 掌握概率的加法公式.

4. 理解条件概率，掌握概率的乘法公式.

5. 掌握相互独立的事件与伯努利概型.

6. 掌握离散型随机变量的分布列，理解连续随机变量的密度函数与分布函数，掌握标准正态分布函数.

7. 掌握随机变量的数学期望与方差.

二、常用公式

1. 加法公式

$$P(A+B) = P(A) + P(B).$$

2. 乘法公式

$$P(AB) = P(B)P(A|B)(P(B) > 0)$$

或

$$P(AB) = P(A)P(B|A)(P(A) > 0).$$

3. 全概率公式

$$P(A) = \sum_{i=1}^{n} P(H_i)P(A|H_i).$$

4. 伯努利概型

$$p_k = P(\xi = k) = C_n^k p^k q^{n-k} \quad (k = 0, 1, 2, \cdots, n, q = 1 - p).$$

5. 标准正态分布的分布函数

$$\Phi(-x) = 1 - \Phi(x).$$

6. 数学期望

$$E(\xi) = \sum_{k=1}^{\infty} x_k p_k = x_1 p_1 + x_2 p_2 + \cdots + x_k p_k + \cdots.$$

7. 方差

$$D(\xi) = E(\xi^2) - [E(\xi)]^2.$$

复习题十

1. 判断下列命题或问题正确与否:

(1) 基本事件不是随机事件;　　　　　　　　　　　　　　　　　　　　　( )

(2) 在 n 次重复试验中,事件 A 发生了 m 次,则事件 A 的频率 $\dfrac{m}{n}$ 就是事件 A 发生的概率;　　　　　　　　　　　　　　　　　　　　　　　　　　　　　　( )

(3) 基本事件空间仅含有限个样本点的试验属古典概型;　　　　　　　　( )

(4) 在一个随机试验中,已知事件 A 的概率为 5%,则做一百次该试验,事件 A 必然发生 5 次;　　　　　　　　　　　　　　　　　　　　　　　　　　　( )

(5) "若 $P(A+B) = 1$,则 $P(AB) = P(\overline{AB})$" 成立;　　　　　　　　( )

(6) 数人排队抓阄,其中只有一阄为有物之阄,则先抓的人抓中的概率要大些;( )

(7) 随机变量的方差 $D(\xi)$ 反映了 ξ 的离散状态,方差 $D(\xi)$ 小则离散程度小,反之则离散程度大.　　　　　　　　　　　　　　　　　　　　　　　　　( )

2. 选择题:

(1) 5 张电影票中有 2 张是甲票,5 名学生顺序抓取,每人抓 1 张,则第二个学生抓到甲票的概率是 ( ).

A. $\dfrac{1}{4}$　　　　　　B. $\dfrac{2}{5}$　　　　　　C. $\dfrac{1}{2}$　　　　　　D. $\dfrac{3}{5}$

(2) 设两事件 A 和 B 相互独立,则有 ( ).

A. 两事件 A、B 互斥　　　　　　　　B. $P(AB) = P(A)P(B)$

C. $P(A+B) = P(A) + P(B)$　　　　　　D. $\overline{A}$、$\overline{B}$ 互斥

3. 填空:

(1) 掷两颗均匀骰子的试验，其点数之和为 10 这一事件的概率是＿＿＿＿＿；

(2) 若 $AB=\Phi$，则称事件 A 与 B ＿＿＿＿＿，且有 $P(A+B)=$ ＿＿＿＿＿，若 $AB\neq\Phi$，则有 $P(A+B)=$ ＿＿＿＿＿；

(3) 设 A 与 B 是两相互独立的事件，则 $P(A|B)=$ ＿＿＿＿＿，$P(\overline{A}B)=$ ＿＿＿＿＿；

(4) 已知 $P(A)=0.3$，$P(B)=0.4$，$P(A|B)=0.32$，则

$P(AB)=$ ＿＿＿＿＿，　　　　$P(A+B)=$ ＿＿＿＿＿，

$P(\overline{AB})=$ ＿＿＿＿＿，　　　　$P(\overline{A}\cdot\overline{B})=$ ＿＿＿＿＿；

(5) 设 $\xi\sim B(n,\ p)$，则 $P(\xi=k)=$ ＿＿＿＿＿，$E(\xi)=$ ＿＿＿＿＿，$D(\xi)=$ ＿＿＿＿＿；

(6) 正态分布的密度函数 $f(x)=$ ＿＿＿＿＿，分布函数 $F(x)=$ ＿＿＿＿＿，标准正态分布的分布函数 $\Phi(x)=$ ＿＿＿＿＿；

(7) 函数 $f(x)$ 能够作为 ξ 的密度函数的条件是：① ＿＿＿＿＿，② ＿＿＿＿＿；

(8) 设 $\xi\sim B(n,\ p)$，a，b 是常数，则 $E(a\xi+b)=$ ＿＿＿＿＿，$D(a\xi+b)=$ ＿＿＿＿＿；

(9) 设 $\xi\sim N(2,\ 0.5^2)$，则 $E(2\xi+3)=$ ＿＿＿＿＿，$D(2\xi+3)=$ ＿＿＿＿＿；

(10) 设 $\xi\sim N(16,\ 4^2)$，且已知 $\Phi(1)=0.843$，则 $P(12<\xi<20)=$ ＿＿＿＿＿．

4. 从 1，2，⋯，10 这十个数码中任取三个，求此三个数码中最大者是 5 的概率．

5. 从 1 到 100 的自然数中任取一数，求被取到的数能被 3 或 4 整除的概率．

6. 20 台电视机中有一半是彩色的，现从中任取 3 台，求其中至少有 2 台是彩色的概率．

7. 某种型号的自行车可能有 A（脱漆）和 B（电镀不匀）两类缺陷，且 $P(A)=0.05$，$P(B)=0.03$，从中任取一辆，求它有下列情况的概率：

(1) A 和 B 都有；(2) 有 A 没有 B；(3) A、B 中至少有一个．

8. 在记有 1，2，3，4，5 这五个数字的卡片中，不放回地抽取两次，每次一张，求：

(1) 已知第一次取到偶数卡，求第二次抽到奇数卡的概率；

(2) 第二次才取到奇数卡的概率；

(3) 第二次取到奇数卡的概率．

9. 三人独立地破译一个密码，他们能译出的概率分别为 $\dfrac{1}{5}$，$\dfrac{1}{3}$，$\dfrac{1}{4}$．问能将此密码译出的概率是多少？

10. 三台机床加工同类零件，它们出现废品的概率依次为 3%、2% 和 5%．又知第一台加工的零件比第二台多 1 倍，第二台加工的零件又比第三台多 1 倍．现将三台机床加工出来的零件放在一起，求该种零件的废品率．

11. 已知一本书每页的印刷错字个数 $\xi\sim P(0.2)$，求：（1）ξ 的概率分布列；（2）每页印刷错字不多于一个的概率．

12. 某射手射出一次命中的概率为 0.9，如果命中目标就停止射击，如果不中就继续射击，直到子弹用尽．求耗用子弹数 ξ 的概率分布．

13. 已知连续型随机变量 ξ 的密度函数为

$$f(x)=Ae^{-|x|}\quad(-\infty<x<+\infty)$$

求：（1）系数 A；（2）ξ 的落在区间（0，1）的概率；（3）ξ 的分布函数 $F(x)$．

14. 随机变量 ξ 的密度函数为 $f(x)=\begin{cases}6x(1-x),&0\leqslant x<1\\0,&\text{其他}\end{cases}$，求 ξ 的数学期望和方差．

第十一章 向量和复数

复数和向量法不仅用于简化计算，而且可在图上直观表示．本章介绍复数和向量的概念、表示法和简单的运算．

第一节 平面向量的概念

一、向量的定义及模

对许多量而言，用一个实数是不能完全表示的．例如力，用同样大小的力，是推车前进，还是拉车后退，或从侧面把车推倒，其结果很不一样，显然力的方向在起作用．像这样既有大小、又有方向的量称为**向量或矢量**，如加速度、位移、电流强度等．

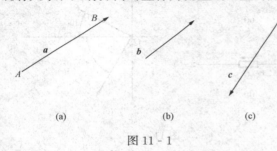

图 11 - 1

为了形象地表示出向量的大小和方向，常用一个有方向的线段（简称有向线段）来表示向量．如图 11 - 1 所示，用以 A 为起点，B 为终点的线段表示向量，记为 $\overrightarrow{AB}$．这条线段的长度表示向量的大小，它的方向（从 A 指向 B），表示向量的方向．还可用粗体字母 a、b、c … 表示．

向量 $\overrightarrow{AB}$ 的大小，即有向线段的长度，称为向量 $\overrightarrow{AB}$（或 a）的**模**，记为 $|\overrightarrow{AB}|$ 或 $|a|$，它是一个非负实数．

二、向量的平行与相等

一个向量在平面上经过平移（即保持大小、方向不变，而起点可以任意选择）得到的向量，可以认为是同一向量．也就是说，向量与起点无关．一组向量，如果平行移动到同一起点时，它们都在同一直线上，则称这一组向量**共线**．

定义 两向量 a 与 b 共线，称 a 与 b 平行，用 $a /\!/ b$ 表示．两个向量，如果模相等，方向相同，则称为这两个向量**相等**．

特别地，和 a 的模相等，方向相反的向量，称为 a 的**反（负）向量**，记为 $-a$．模为 1 的向量称为**单位向量**．模为 0 的向量称为**零向量**，记为 $\mathbf{0}$．

三、向量的坐标表示

如图 11 - 2 所示，在平面上建立直角坐标系，设 x 轴正方向上的单位向量为 i，y 轴正方向上的单位向量为 j．称 i、j 为**坐标向量**．a 为平面上任一向量，把它平移，使起点为原点，终点 P 的坐标为$(x，y)$，那么有 $\overrightarrow{OP}=\overrightarrow{OP'}+\overrightarrow{P'P}$，因为

$$\overrightarrow{OP'} = xi，\quad \overrightarrow{P'P} = yj$$

所以

$$\overrightarrow{OP} = xi + yj．$$

上式称为向量 a 的**坐标表示式**．x，y 分别称为向量 a 在 x 轴、y 轴上的投影．xi 叫作 a 在 x 轴方向的分向量，yj 叫作 a 在 y 轴方向的分向量．有序数组$(x，y)$称为向量 a 的坐

标（见图 11 - 2）.

一般地，如图 11 - 2 所示，如果已知 a 的模 $|a|$，a 和 x 轴正方向的夹角 φ，则 $x = |a|\cos\varphi$，$y = |a|\sin\varphi$，即

$$a = |a|(i\cos\varphi + j\sin\varphi)$$

在实际电路中，通常将 a 表示为

$$\boldsymbol{a} = |a|\underline{/\varphi}$$

因为用正弦曲线和三角函数式计算正弦电流电路一般比较烦琐，下面来看如何用向量表示正弦量.

【例 1】 图 11 - 3（a）中正弦电流和正弦电压分别为

$$i(t) = 141.4\sin(\omega t + 30°) \text{ A}$$
$$u(t) = 311.1\sin(\omega t - 60°) \text{ V}$$

试用向量表示电流、电压并作向量图.

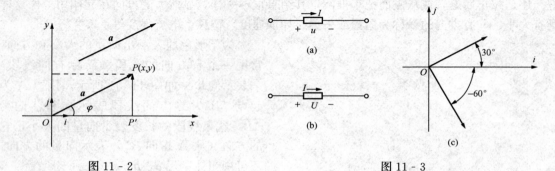

图 11 - 2　　　　　　　　　　　　　　　　　图 11 - 3

解　图 11 - 3（a）中的瞬时值电流和电压可用向量表示，如图 11 - 3（b）所示，这就是用向量表示正弦量时的参考方向.

对应于图 11 - 3（b）的参考方向，i 和 u 的向量分别可写作

$$\dot{I} = \frac{141.4}{\sqrt{2}}\underline{/30°} = 100\underline{/30°} \text{ A}$$

$$\dot{U} = \frac{311.1}{\sqrt{2}}\underline{/-60°} = 220\underline{/-60°} \text{ V}$$

它们的向量图如图 11 - 3（c）所示，在图中可清晰地看出两者之间的相位关系. 电流 $\dot{I}$ 超前电压 $\dot{U}$，相位差为 $30° - (-60°) = 90°$.

四、用坐标计算向量的加减法和数乘

设 $a = a_1 i + a_2 j$，$b = b_1 i + b_2 j$，由运算定律可得

$$a \pm b = (a_1 \pm b_1)i + (a_2 \pm b_2)j, \tag{11-1}$$

$$ka = ka_1 i + ka_2 j \tag{11-2}$$

这些公式把向量的运算化成了对数量的计算.

利用向量减法可将起点不在原点的向量化为起点在原点的向量. 设一向量 $\overrightarrow{AB}$，A 点坐标为 (x_1, y_1)，B 点坐标为 (x_2, y_2)，则

$$\overrightarrow{AB} = (x_2 - x_1)i + (y_2 - y_1)j \tag{11-3}$$

【例 2】　设向量 a 的起点是 $A(2, 4)$，终点是 $B(-2, 1)$. 写出 a 的坐标表示式.

解　由式（11 - 3）得

$$a = (-2-2)i + (1-4)j = -4i - 3j$$

习 题 11 - 1

1. $\overrightarrow{AB}$ 和 $\overrightarrow{BA}$ 相等吗？它们有何关系？

2. （1）用有向线段表示两个相等的向量，如果它们有相同的起点，问它们的终点是否相同？

（2）用有向线段表示两个方向相同但长度不同的向量，如果它们有相同的起点，问它们的终点是否相同？

3. 在平面直角坐标系中，以原点为起点作出下列向量：

（1）$a = 4i - 2j$；　（2）$b = -2i - 3j$；　（3）$c = -5j$；　（4）$d = -2j - i$.

4. 设 $a = 3i - 2j$，$b = -2j$，$c = -i + 3j$，求 $2a - 3b - 5c$.

5. 已知 $A(2, 0)$ 点和 $\overrightarrow{AB} = i + 4j$，求 B 点的坐标.

第二节　向量的线性运算

一、向量的加法

定义 1　设有 a、b 两向量，在平面内任取一点 A，作 $\overrightarrow{AB} = a$，$\overrightarrow{AD} = b$ 以 $\overrightarrow{AB}$、$\overrightarrow{AD}$ 为邻边作平行四边形 $ABCD$，则以 a、b 同起点的对角线向量 $\overrightarrow{AC}$ 就是 a、b 的和，记为 $a+b$（见图 11 - 4），即 $a+b = \overrightarrow{AB} + \overrightarrow{AD} = \overrightarrow{AC}$.

上述法则称为**向量加法的平行四边形法则**.

将 AD 平移到 BC，从 A 指向 C 为 $a+b$，此法则称为**向量加法的三角形法则**（见图 11 - 5）.

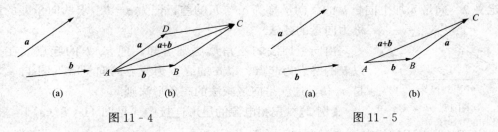

(a)　　　　(b)　　　　　　　(a)　　　　(b)

图 11 - 4　　　　　　　图 11 - 5

【例 1】　已知两个同频率正弦电流分别为

$$i_1(t) = 70.7\sqrt{2}\sin(\omega t + 45°)\ \text{A}$$

$$i_2(t) = 42.4\sqrt{2}\sin(\omega t - 30°)\ \text{A}$$

试求 $i_1(t)$、$i_2(t)$ 之和.

解　用向量表示 $i_1(t)$、$i_2(t)$：

$$\dot{I}_1 = 70.7\underline{/45°}\ \text{（A）},$$

$$\dot{I}_2 = 42.4\underline{/-30°}\ \text{（A）}$$

将向量 $\dot{I}_1$、$\dot{I}_2$ 相加，得

$$\boldsymbol{i} = \boldsymbol{i}_1 + \boldsymbol{i}_2 = 70.7\underline{/45°} + 42.4\underline{/-30°}$$
$$= (50\mathbf{i} + 50\mathbf{j})\mathrm{A} + (36.7\mathbf{i} - 21.2\mathbf{j})\mathrm{A}$$
$$= (86.7\mathbf{i} + 28.8\mathbf{j})\mathrm{A} = 91.4\underline{/18.4°}(\mathrm{A}).$$

将 $\boldsymbol{i}$ 写成它代表的正弦量（有相同的角频率）

$$i(t) = 91.4\sqrt{2}\sin(\omega t + 18.4°)\ \mathrm{A}$$

它就是 $\boldsymbol{i}_1(t)$、$\boldsymbol{i}_2(t)$ 的和.

图 11 - 6 (a) 和图 11 - 6 (b) 分别用平行四边形法则和三角形法则求 $\boldsymbol{i}_1(t)$ 与 $\boldsymbol{i}_2(t)$ 的和，显然后者较简单些.

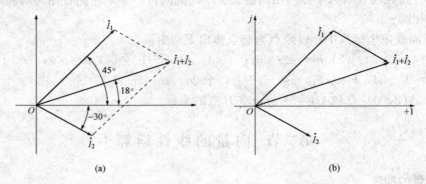

图 11 - 6

不难证明，向量的加法满足下列运算规律：

1. 交换律　$a+b=b+a$；
2. 结合律　$(a+b)+c=a+(b+c)$.

二、向量的减法

定义 2　向量 a 加上向量 b 的反向量称为 a 与 b 的差，记为 $a-b$. 求两向量差的运算，称为向量的**减法**.

图 11 - 7

由向量加法的三角形法则可知，把 a、b 的起点放在一起，以 b 的终点为起点，以 a 的终点为终点的向量（见图 11 - 7）就是 $a-b$，这就是向量减法的三角形法则.

【例 2】　三相电源的星形连接中［见图 11 - 8 (a)］，根据基尔霍夫定理，线电压和相电压之间有如下关系

$$\dot{U}_{\mathrm{AB}} = \dot{U}_{\mathrm{A}} - \dot{U}_{\mathrm{B}}$$
$$\dot{U}_{\mathrm{BC}} = \dot{U}_{\mathrm{B}} - \dot{U}_{\mathrm{C}}$$
$$\dot{U}_{\mathrm{CA}} = \dot{U}_{\mathrm{C}} - \dot{U}_{\mathrm{A}}$$

对于对称的三相电源，如设 $\dot{U}_{\mathrm{A}} = U_{\mathrm{P}}\underline{/0°}$，则 $\dot{U}_{\mathrm{B}} = U_{\mathrm{P}}\underline{/-120°}$，$\dot{U}_{\mathrm{C}} = U_{\mathrm{P}}\underline{/120°}$（下标 P 表示相），代入上式可得：

$$\dot{U}_{\mathrm{AB}} = U_{\mathrm{P}}\underline{/0°} - U_{\mathrm{P}}\underline{/-120°} = \sqrt{3}U_{\mathrm{P}}\underline{/30°}$$
$$\dot{U}_{\mathrm{BC}} = U_{\mathrm{P}}\underline{/-120°} - U_{\mathrm{P}}\underline{/120°} = \sqrt{3}U_{\mathrm{P}}\underline{/-90°}$$

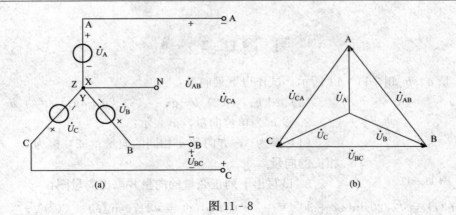

图 11 - 8

$$\dot{U}_{CA} = U_P\underline{/120°} - U_P\underline{/0°} = \sqrt{3}U_P\underline{/150°}$$

上式可写成

$$\left.\begin{aligned} \dot{U}_{AB} &= \sqrt{3}\dot{U}_A\underline{/30°} \\ \dot{U}_{BC} &= \sqrt{3}\dot{U}_B\underline{/30°} \\ \dot{U}_{CA} &= \sqrt{3}\dot{U}_C\underline{/30°} \end{aligned}\right\}$$

其向量图如图 11 - 8（b）所示.

三、数乘向量

定义 3 实数 k 与向量 $\boldsymbol{a}$ 的乘积 $k\boldsymbol{a}$ 是一个向量，它的模 $|k\boldsymbol{a}| = |k||\boldsymbol{a}|$，$k\boldsymbol{a}$ 的方向是：当 $k>0$ 时，与 $\boldsymbol{a}$ 相同；当 $k<0$ 时，与 $\boldsymbol{a}$ 相反. 如图 11 - 9 所示.

【例 3】 在图 11 - 10（a）所示电路图中，已知 $\dot{U}_C = 1\underline{/0°}$V，求外施电压 $\dot{U}$.

解 本题用向量作图可求解，解法如下：

图 11 - 9

选择 $\dot{U}_C$ 为参考向量，将 $\dot{U}_C$ 画在水平方向. $\dot{I}_1$ 是电阻支路电流，它与 $\dot{U}_C$ 同相位；$\dot{I}_2$ 是电容支路电流，它超前 $\dot{U}_C$ 的角度为 90°. $\dot{I}_1$ 与 $\dot{I}_2$ 相加得 $\dot{I}$. 将电流 I 在电阻、电抗上产生的电位降加在 $\dot{U}_C$ 向量上就得到外施电压的向量 $\dot{U}$. 如图 11 - 10（b）所示.

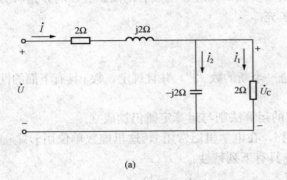

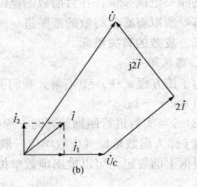

图 11 - 10

习　题 11 - 2

1. 向量 **a**、**b** 如图 11 - 11 所示，试作出下列向量：

图 11 - 11

　　　　　　(1) **a**+**b**；　(2) **b**−**a**；　(3) 2**a**+4**b**；　(4) **b**−2**a**.

2. 设 **a°** 为单位向量，试表示：

(1) 模为 3，方向和 **a°** 相同的向量；(2) 模为 3，方向和 **a°** 相反的向量.

3. 试写出下列正弦量的向量并画出向量图：

(1) $u_1(t) = \sqrt{2}220\sin(\omega t + 30°)\text{V}$；　　　(2) $u_2(t) = \sqrt{2}176\sin(\omega t + 60°)\text{V}$；

(3) $i_1(t) = \sqrt{2}4.4\sin(\omega t - 6.87°)\text{A}$；　(4) $i_2(t) = \sqrt{2}2\sin(\omega t)\text{A}$.

4. 用向量的平行四边形法则和三角形法则求：

(1) $u_1(t) + u_2(t)$；　(2) $i_2(t) - i_1(t)$.

第三节　复 数 的 概 念

一、数的概念的扩展

数的概念是从生产实践中产生和发展起来的，随着科学技术的发展，数的概念逐渐扩展.

数的每一次扩展，通常是在原有数集中补充新元素，从而构成新的数集，并在新的数集中建立有关运算法则. 如通过在有理数中补充无理数，从而构成实数集 **R**，并建立实数中的运算法则. 以前学过的数系统如下：

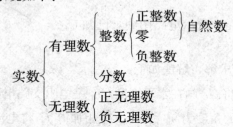

以前都说方程 $x^2+1=0$ 无解，难道说这种方程真的无解吗？事实并不是这样，而是看在数的哪一范围来说，在目前数的范围内（实数）无解，当数的范围扩展以后，这种方程就会有解，所以有必要将数的范围进一步扩充.

二、复数的有关概念

1. 虚数单位 j

为了使方程 $x^2+1=0$ 有解，我们引进一个新的数"j"，并且规定，数 j 具有下面的性质：

(1) $j^2=-1$；

（2）j 与实数进行四则运算时，原有的运算法则与运算定律仍然成立.

数 j 称为**虚数单位**（虚数单位一般用 i，在电学里通常用 j，这里虚数单位用 j）.

根据上面规定，可以推出虚数单位 j 具有下列特性：

$$j^1=j; \qquad\qquad\qquad j^2=-1;$$
$$j^3=j^2\times j=-j; \qquad\qquad j^4=(j^2)^2=1;$$

$$j^5 = j^4 \times j = j; \qquad\qquad j^6 = j^4 \times j^2 = -1;$$
$$j^7 = j^4 \times j^3 = -j; \qquad\qquad j^8 = (j^4)^2 = 1;$$
$$\cdots \qquad\qquad\qquad\qquad \cdots$$

规定：$j^0 = 1$，$j^{-n} = \dfrac{1}{j^n}$（$n \in \mathbf{N}$），一般有以下结论：

$$j^{4n} = 1, \quad j^{4n+1} = j, \quad j^{4n+2} = -1, \quad j^{4n+3} = -j \, (n \in \mathbf{Z}) \qquad (11\text{-}4)$$

【例1】 计算：

(1) $j^{97} + j^{102} + j^{303} - j^{27}$ ；(2) $(2j) \times (-3j^3) \times (4j^5)$.

解 (1) 原式 $= j^{4 \times 24+1} + j^{4 \times 25+2} + j^{4 \times 75+3} - j^{4 \times 6+3} = j - 1 - j - (-j) = -1 + j$；

(2) 原式 $= (2 \times (-3) \times 4) j^{1+3+5} = -24 j^9 = -24 j^{4 \times 2+1} = -24j$.

【例2】 解方程：

(1) $x^2 + 4 = 0$；(2) $x^2 + 4x + 13 = 0$.

解 (1) 因 $x^2 = -4$，而 $(\pm 2j)^2 = -4$，所以，$x = \pm 2j$；

(2) 因 $x^2 + 4x + 4 + 9 = 0$，$(x+2)^2 = -9 = (\pm 3j)^2$，$x + 2 = \pm 3j$，所以 $x = -2 \pm 3j$.

【例3】 在复数范围内分解下列各式成一次因式的乘积.

(1) $a^2 + b^2$；(2) $x^2 - 4x + 5$.

解 (1) 原式 $= a^2 - (-b^2) = a^2 - (bj)^2 = (a+bj)(a-bj)$；

(2) 原式 $= x^2 - 4x + 4 + 1 = (x-2)^2 - j^2 = (x-2+j)(x-2-j)$.

2. 复数

定义1 形如 $a+bj$（$a, b \in \mathbf{R}$）的数称为**复数**（其中 a、b 称为复数的**实部**、**虚部**），记为 z，即 $z = a+bj$. 这种形式称为复数的**代数形式**.

当 $b = 0$ 时，复数 $a+bj$ 是一个实数；$b \neq 0$ 时，$a+bj$ 称为**虚数**；$a = 0$，$b \neq 0$，bj 称为**纯虚数**.

现将复数的分类（按 a、b 是否为零分类）列表如下：

$$\text{复数 } a+bj \begin{cases} \text{实数 } a \ (b=0) \\ \text{虚数 } a+bj \ (b \neq 0) \text{ ——纯虚数 } bj \ (a=0, b \neq 0) \end{cases}$$

全体虚数组成的集合用 I 表示，全体复数组成的集合用 C 表示，由上可见：$C = I \bigcup \mathbf{R}$，$I \bigcap \mathbf{R} = \Phi$.

【例4】 实数 m 取何值时，复数 $z = (m^2 - 3m + 2) + (m^2 + 3m - 4) j$ 为

(1) 实数；(2) 虚数；(3) 纯虚数.

解 (1) $m^2 + 3m - 4 = 0$，$(m+4)(m-1) = 0$，解之得：$m = -4$ 或 $m = 1$；

(2) $m^2 + 3m - 4 \neq 0$，$(m+4)(m-1) \neq 0$，解之得：$m \neq -4$ 或 $m \neq 1$；

(3) $m^2 - 3m + 2 = 0$ 且 $m^2 + 3m - 4 \neq 0$，解之得：$m = 2$.

3. 共轭复数与复数的相等

定义2 若 $z = a+bj$，则称 $a-bj$ 为 z 的**共轭复数**，记为 $\bar{z}$，即 $\bar{z} = a-bj$.

例如：$3+4j$ 的共轭复数为 $3-4j$，-7 的共轭复数为 -7，$5j$ 的共轭复数为 $-5j$.

定义3 设有两个复数 $z_1 = a+bj$，$z_2 = c+dj$，如果它们的实部和虚部分别相等，即 $a = c$，$b = d$，则称两个复数**相等**，记为 $z_1 = z_2$.

在复数集合中，虚部不全为零的两个复数（即虚数与虚数或实数）不能比较大小，例

如：$3+2j$ 与 $3-3j$，2 与 $2j$ 等都不能比较大小.

【例 5】 已知 $(2x-2)+j=y-(3-y)j$，求实数 x，y.

解 由复数相等的定义得 $\begin{cases} 2x-2=y \\ 1=-(3-y) \end{cases}$，解之得 $\begin{cases} x=3 \\ y=4 \end{cases}$.

三、复数的几何表示法

1. 用复平面的点表示复数

初等数学中曾经用平面直角坐标系的点 $P(a, b)$ 表示一对有序实数. 我们也可用平面直角坐标系的点 $M(a, b)$ 来表示复数 $a+bj$（见图 11 - 12），并规定横轴 x 为**实轴**，单位为 1；纵轴 y 为**虚轴**，单位为 j. 这种用来表示复数的平面称为复平面. 这样

$$a+bj \leftrightarrow M(a, b)$$

很明显，当 $b=0$ 时，点 $M(a, 0)$ 都在 x 轴上；当 $a=0$ 时，点 $M(0, b)$ 都在 y 轴上，即表示实数的点都在 x 轴上，表示纯虚数的点都在 y 上，如图 11 - 13 所示.

显然，复平面内表示两个互为共轭复数的点关于实轴对称，如图 11 - 14 所示.

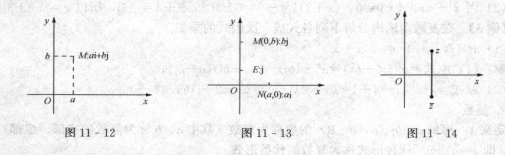

图 11 - 12　　　　　　　　　图 11 - 13　　　　　　　　　图 11 - 14

【例 6】 （1）用复平面内的点表示复数：$-2+3j$，$5j$，-3，0；

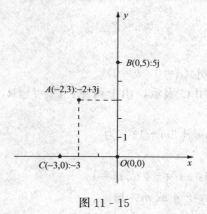

图 11 - 15

（2）复平面内的点 $M_1(3, 2)$，$M_2(-2, 3)$，$M_3(0, -5)$，$M_4(4, 0)$ 各表示什么复数？

解 （1）如图 11 - 15 所示.

（2）点 M_1，M_2，M_3，M_4 分别表示复数：$3+2j$、$-2+3j$、$-5j$、4.

2. 复数的向量表示法

复数也可以用平面表示（见图 11 - 16）. 在复平面内，设点 $M(a, b)$ 表示复数 $z=a+bj$. 连接 OM（方向由 O 到 M）得向量 $\overrightarrow{OM}$. 这样就把复数同向量联系起来了. 很明显，向量 $\overrightarrow{OM}\leftrightarrow$ 点 $M(a, b)\leftrightarrow$ 复数 $a+bj$.

因此，可以用向量表示复数.

向量 $\overrightarrow{OM}$ 的长度 r 称为复数的模或绝对值，记为 $|z|$. 显然 $|z|=\sqrt{a^2+b^2}$ 是一个非负数，并且两共轭复数的模相等.

向量 $\overrightarrow{OM}$ 与 x 轴的正半轴所夹的角 θ 称为复数的幅角. 一个不等于零的复数的幅角有无限多个，这些值相差 2π 的整数倍，例如 j 的幅角是 $2k\pi+\dfrac{\pi}{2}$（$k\in\mathbf{Z}$）. 一般规定适合 $-\pi\leqslant\theta<\pi$ 的幅角 θ 的值

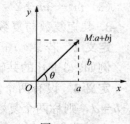

图 11 - 16

称为幅角的主值，记为 argz.

零向量没有确定的幅角.

习 题 11 - 3

1. 计算：j^{11}，j^{25}，j^{35}，j^{101}.

2. 计算：

(1) $j^k+j^{k+1}+j^{k+2}+j^{k+3}+j^{k+4}$ $(k\in\mathbf{Z})$；

(2) $1+j+j^2+j^3+\cdots+j^{100}$；

(3) $\left(\dfrac{3}{2}j\right)\times\left(-\dfrac{1}{3}j\right)\times(-9j)$.

3. 已知复数：$-2+12j$，$-\sqrt{3}j$，j，0，$\sqrt{3}j$. 分别写出它们的实部、虚部、模、共轭复数.

4. 如图 11 - 17 所示，写出图中各点所表示的复数（方格边长等于 1 个单位长）.

5. 写出下列各复数的共轭复数，并在复平面上将每一对复数表示出来：$4-3j$，$-1+j$，$4j$.

6. 判断下列各命题的真假，并说明理由：

(1) $0j$ 是纯虚数；　　　　　　　　　　（　　　）

(2) 实数的共轭复数一定是实数，虚数的共轭复数一定是虚数；　　　　　　　　　　　　　（　　　）

(3) 任意两个复数不能比较大小；　　　　（　　　）

(4) $3j$ 是正虚数，$-3j$ 是负虚数；　　　（　　　）

(5) $\sqrt{3}j$ 不是无理数.　　　　　　　　（　　　）

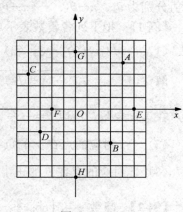

图 11 - 17

7. 求证：复数 $z_1=1+2j$，$z_2=2-j$，$z_3=\sqrt{2}+\sqrt{3}j$，$z_4=1-2j$ 在复平面内对应的四点 z_1，z_2，z_3，z_4 共圆.

8. 把下列各式分解成一次因式：

(1) x^2+9；　　　　(2) $x^2+6x+25$.

9. 解方程：(1) $4x^2+1=0$；(2) $x^2+2x+10=0$.

10. 用向量表示下列各复数：

(1) $4-3j$；　　　(2) $5j$；　　　(3) -3；　　　(4) $-3-2j$.

11. m 是什么实数时，下列各复数是实数、虚数还是纯虚数？

(1) $z_1=(2m^2+5m-3)-(6m^2-m-1)j$；

(2) $z_2=(2m^2-3m-2)+(m^2-3m+2)j$.

12. 如果复数 x^2+y^2-xyj 是 $13+6j$ 的共轭复数，求实数 x，y 的值.

第四节　复数的三种表示法

一、复数的三角形式与代数形式

设复数 $a+bj$ 的模为 r，幅角为 θ，

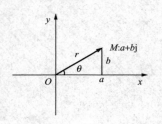

图 11 - 18

由图 11 - 18 可以看出：$\begin{cases} a = r\cos\theta \\ b = r\sin\theta \end{cases}$，$a + bj = r\cos\theta + rj\sin\theta = r$ $(\cos\theta + j\sin\theta)$，其中

$$\begin{cases} r = \sqrt{a^2 + b^2} \\ \tan\theta = \dfrac{b}{a}(a \neq 0) \end{cases} \qquad (11 - 5)$$

θ 所在的象限，由复数 $a + bj$ 相对应的点 $M(a，b)$ 所在象限确定.

在复数的三角形式中，幅角 θ 的大小可以用弧度表示，也可以用度表示. 可以用主值，也可以在主值上加上 $2k\pi$ 或 $k \times 360°(k \in \mathbf{Z})$. 为方便起见，化复数的代数形式为三角形式时一般用幅角的主值.

求幅角的主值时，取绝对值求锐角 θ_0，即 $\tan\theta_0 = \left| \dfrac{b}{a} \right|$；在 Ⅰ、Ⅱ、Ⅲ、Ⅳ 象限的幅角主值分别为 θ_0、$\pi - \theta_0$、$-(\pi - \theta_0)$、$-\theta_0$.

【例1】 把下列各复数表示成三角形式：

(1) $1 - \sqrt{3}j$；(2) -3；(3) $4j$.

解 (1) $r = \sqrt{1^2 + (-\sqrt{3})^2} = 2$，$\tan\theta = \dfrac{-\sqrt{3}}{1} = -\sqrt{3}$. $\tan\theta_0 = \sqrt{3}$，$\theta_0 = \dfrac{\pi}{3}$，$1 - \sqrt{3}j$ 对应的点在第 Ⅳ 象限，所以 $\theta = -\dfrac{\pi}{3}$，故 $1 - \sqrt{3}j = 2\left[\cos\left(-\dfrac{\pi}{3}\right) + j\sin\left(-\dfrac{\pi}{3}\right) \right]$.

(2) -1 对应的点在 x 的负半轴上，所以 $-1 = \cos\pi + j\sin\pi$.

(3) $4j$ 对应的点在 y 的正半轴上，所以 $4j = 4\left(\cos\dfrac{\pi}{2} + j\sin\dfrac{\pi}{2} \right)$.

【例2】 复数 $z = 5\left(\cos\dfrac{\pi}{4} - j\sin\dfrac{\pi}{4} \right)$ 是不是复数的三角形式？如果不是，将它化成三角形式.

解 这不是复数的三角形式.

三角形式为 $z = 5\left(\cos\dfrac{\pi}{4} - j\sin\dfrac{\pi}{4} \right) = 5\left[\cos\left(-\dfrac{\pi}{4}\right) + j\sin\left(-\dfrac{\pi}{4}\right) \right]$.

二、复数的指数形式

复数除了三角形式与代数形式外，在科学技术，特别是在无线电和电子技术中，还要用到另外一种形式.

根据 Euler（欧拉）公式：$\cos\theta + j\sin\theta = e^{j\theta}$，可得

$$z = r(\cos\theta + j\sin\theta) = re^{j\theta} \qquad (11 - 6)$$

定义 把 $re^{j\theta}$ 称为复数的**指数形式**，其中 r 是复数的**模**，θ 是复数的**幅角**，指数形式中的幅角单位只能是弧度.

【例3】 将下列各复数表示为指数形式：

(1) $6(\cos120° + j\sin120°)$；(2) $2\left(\cos\dfrac{\pi}{6} - j\sin\dfrac{\pi}{6} \right)$.

解 (1) 原式 $= 6\left(\cos\dfrac{2\pi}{3} + j\sin\dfrac{2\pi}{3} \right) = 6e^{j\frac{2\pi}{3}}$；

(2) 原式 $=2\left[\cos\left(-\dfrac{\pi}{6}\right)+\mathrm{j}\sin\left(-\dfrac{\pi}{6}\right)\right]=2\mathrm{e}^{-\mathrm{j}\frac{\pi}{6}}$.

三、复数三种形式互化举例

复数的三种形式可以相互转化. 通过三角形式可以转化为代数形式；通过三角形式可以转化为指数形式. 三角形式是复数形式转化的桥梁，所以三角形式是很重要的一种形式.

【例4】 把复数 $-2+2\mathrm{j}$ 化成三角形式和指数形式.

解 原式 $=2\sqrt{2}\left(\cos\dfrac{3\pi}{4}+\mathrm{j}\sin\dfrac{3\pi}{4}\right)=2\sqrt{2}\mathrm{e}^{\mathrm{j}\frac{3\pi}{4}}$.

【例5】 把复数 $\sqrt{2}\mathrm{e}^{-\mathrm{j}\frac{\pi}{4}}$ 化成三角形式和代数形式.

解 原式 $=\sqrt{2}\left[\cos\left(-\dfrac{\pi}{4}\right)+\mathrm{j}\sin\left(-\dfrac{\pi}{4}\right)\right]$

$\qquad =\sqrt{2}\left(\cos\dfrac{\pi}{4}-\mathrm{j}\sin\dfrac{\pi}{4}\right)=1-\mathrm{j}$.

【例6】 用 $\mathrm{e}^{\mathrm{j}\theta}$ 和 $\mathrm{e}^{-\mathrm{j}\theta}$ 表示 $\cos\theta$ 和 $\sin\theta$.

解 $\mathrm{e}^{\mathrm{j}\theta}=\cos\theta+\mathrm{j}\sin\theta,\ \mathrm{e}^{-\mathrm{j}\theta}=\cos(-\theta)+\mathrm{j}\sin(-\theta)=\cos\theta-\mathrm{j}\sin\theta,$
将上两式相减或相加，即得

$$\sin\theta=\frac{\mathrm{e}^{\mathrm{j}\theta}-\mathrm{e}^{-\mathrm{j}\theta}}{2\mathrm{j}},\quad \cos\theta=\frac{\mathrm{e}^{\mathrm{j}\theta}+\mathrm{e}^{-\mathrm{j}\theta}}{2} \tag{11-7}$$

上面两个公式，也称为欧拉公式. 欧拉公式揭示了三角函数与复数的指数形式之间的联系.

习 题 11 - 4

1. 求下列各复数的幅角主值：

(1) $-1+\sqrt{3}\mathrm{j}$; $\qquad$ (2) $\sqrt{3}-\mathrm{j}$; $\qquad$ (3) $2+2\mathrm{j}$; $\qquad$ (4) $-1-\mathrm{j}$.

2. 将下列各复数表示成三角形式：

(1) $3-3\sqrt{3}\mathrm{j}$; $\qquad$ (2) $5+5\mathrm{j}$; $\qquad$ (3) -1; $\qquad$ (4) $2\mathrm{j}$.

3. 化下列复数为代数形式：

(1) $4\left(\cos\dfrac{\pi}{3}+\mathrm{j}\sin\dfrac{\pi}{3}\right)$; $\qquad$ (2) $3\left(\cos\dfrac{\pi}{2}+\mathrm{j}\sin\dfrac{\pi}{2}\right)$.

4. 下列各复数是不是三角形式？若不是，试将它们化成三角形式，并指出它们的模与幅角主值：

(1) $2\left(\cos\dfrac{\pi}{6}-\mathrm{j}\sin\dfrac{\pi}{6}\right)$; $\qquad$ (2) $-3\left(\cos\dfrac{\pi}{4}+\mathrm{j}\sin\dfrac{\pi}{4}\right)$;

(3) $\sqrt{3}\ (\cos15°+\mathrm{j}\sin165°)$; $\qquad$ (4) $-\cos\dfrac{5\pi}{4}+\mathrm{j}\sin\dfrac{5\pi}{4}$.

5. 已知 $z=a+b\mathrm{j}=r(\cos\theta+\mathrm{j}\sin\theta)$，用复数的三角形式表示它的共轭复数 $\bar{z}$.

6. 将下列各复数表示成三角形式及代数形式：

(1) $\mathrm{e}^{-\mathrm{j}\frac{\pi}{2}}$; $\qquad$ (2) $\sqrt{2}\mathrm{e}^{\mathrm{j}\frac{2\pi}{3}}$; $\qquad$ (3) $4\mathrm{e}^{\mathrm{j}\frac{\pi}{6}}$; $\qquad$ (4) $3\mathrm{e}^{\mathrm{j}\pi}$.

7. 化下列各复数为指数形式：

(1) $\sqrt{2}\ (\cos135°+\mathrm{j}\sin135°)$; $\qquad$ (2) $\dfrac{1}{2}\left(\cos\dfrac{\pi}{3}-\mathrm{j}\sin\dfrac{\pi}{3}\right)$.

第五节 复数的四则运算

一、代数形式的四则运算

代数形式的加、减、乘跟多项式的运算法则相同.

1. 加、减法

设 $z_1=a+b\mathrm{j}$，$z_2=c+d\mathrm{j}$，则 $z_1\pm z_2=(a\pm c)+(b\pm d)\mathrm{j}$.

即复数的代数形式相加（减）就是实部与虚部分别相加（减）.

【例1】 计算：$(5-6\mathrm{j})+(-2-2\mathrm{j})-(3+4\mathrm{j})$.

解 原式 $=(5-2-3)+(-6-2-4)\mathrm{j}=-12\mathrm{j}$.

【例2】 $(x+y\mathrm{j})-(y-2x\mathrm{j})-(6-3\mathrm{j})=0$，求实数 x 和 y 的值.

解 原式可变为：$(x-y)+(2x+y)\mathrm{j}=6-3\mathrm{j}$，

由复数相等有：$\begin{cases} x-y=6 \\ 2x+y=-3 \end{cases}$，

解之得：$\begin{cases} x=1 \\ y=-5 \end{cases}$.

2. 乘法

$z_1=a+b\mathrm{j}$，$z_2=c+d\mathrm{j}$，则 $z_1z_2=(ac-bd)+(bc+ad)\mathrm{j}$.

【例3】 计算：$(3+4\mathrm{j})(2-3\mathrm{j})$.

解 原式 $=6+8\mathrm{j}-9\mathrm{j}-12\mathrm{j}^2=6+12-\mathrm{j}=18-\mathrm{j}$.

【例4】 求共轭复数 $a+b\mathrm{j}$ 与 $a-b\mathrm{j}$ 的和与乘积（$b\neq0$）.

解 $(a+b\mathrm{j})+(a-b\mathrm{j})=2a$；$(a+b\mathrm{j})(a-b\mathrm{j})=a^2+b^2$.

因此，两共轭复数 z、$\bar{z}$ 的积是一个实数，这个数就是复数 z 的模的平方.

3. 除法

$z_1=a+b\mathrm{j}$，$z_2=c+d\mathrm{j}\neq0$，则

$$\frac{z_1}{z_2}=\frac{a+b\mathrm{j}}{c+d\mathrm{j}}=\frac{(a+b\mathrm{j})(c-d\mathrm{j})}{(c+d\mathrm{j})(c-d\mathrm{j})}=\frac{(ac+bd)+(bc-ad)\mathrm{j}}{c^2+d^2}=\frac{ac+bd}{c^2+d^2}+\frac{bc-ad}{c^2+d^2}\mathrm{j}.$$

两个复数相除（除数不为零），先把分子和分母都乘分母的共轭复数，然后进行化简写成复数的一般形式.

【例5】 计算：$\dfrac{2+\mathrm{j}}{3+2\mathrm{j}}$.

解 原式 $=\dfrac{(2+\mathrm{j})(3-2\mathrm{j})}{(3+2\mathrm{j})(3-2\mathrm{j})}=\dfrac{6+3\mathrm{j}-4\mathrm{j}-2\mathrm{j}^2}{3^2+2^2}=\dfrac{8-\mathrm{j}}{13}=\dfrac{8}{13}-\dfrac{1}{13}\mathrm{j}$.

二、三角形式的乘除法

设 $z_1=r_1(\cos\theta_1+\mathrm{j}\sin\theta_1)$，$z_2=r_2(\cos\theta_2+\mathrm{j}\sin\theta_2)$，则

$$z_1z_2=r_1r_2[\cos(\theta_1+\theta_2)+\mathrm{j}\sin(\theta_1+\theta_2)],$$

$$\frac{z_1}{z_2}=\frac{r_1}{r_2}[\cos(\theta_1-\theta_2)+\mathrm{j}\sin(\theta_1-\theta_2)].$$

【例6】 计算：(1) $2(\cos42°-\mathrm{j}\sin42°)\times5(\cos72°+\mathrm{j}\sin72°)$；

(2) $\dfrac{2\mathrm{j}}{\cos150°-\mathrm{j}\sin150°}$.

解　(1) 原式 $= 2[\cos(-42°)+\text{j}\sin(-42°)]\times 3(\cos72°+\text{j}\sin72°)$

$\qquad\qquad = 6[\cos(72°-42°)+\text{j}\sin(72°-42°)]=6(\cos30°+\text{j}\sin30°)$

$\qquad\qquad = 3\sqrt{3}+3\text{j};$

(2) 原式 $= \dfrac{2(\cos90°+\text{j}\sin90°)}{\cos(-150°)+\text{j}\sin(-150°)}=2[\cos(90°+150°)+\text{j}\sin(90°+150°)]$

$\qquad\qquad = 2(\cos240°+\text{j}\sin240°)=2[\cos(180°+60°)+\text{j}\sin(180°+60°)]$

$\qquad\qquad = 2(-\cos60°-\text{j}\sin60°)=-1-\sqrt{3}\text{j}.$

三、指数形式的乘除法

设 $z_1=r_1\text{e}^{\theta_1}$，$z_2=r_2\text{e}^{\theta_2}$，则

$$z_1 z_2 = r_1 r_2 \text{e}^{\text{j}(\theta_1+\theta_2)};\frac{z_1}{z_2}=\frac{r_1}{r_2}\text{e}^{\text{j}(\theta_1-\theta_2)}.$$

【例 7】　计算：$28\text{e}^{\text{j}\frac{5\pi}{3}}\div 7\text{e}^{\text{j}\frac{\pi}{6}}.$

解　原式 $=\dfrac{28}{7}e^{\text{j}(\frac{5\pi}{3}-\frac{\pi}{6})}=4e^{\text{j}\frac{3\pi}{2}}.$

四、复数的乘方

1. 三角形式

设 $z=r(\cos\theta+\text{j}\sin\theta)$，则

$$z^n = r^n(\cos n\theta + \text{j}\sin n\theta)(n\in\mathbf{N}).$$

2. 指数形式

设 $z=r\text{e}^{\text{j}\theta}$，则 $z^n=r^n\text{e}^{\text{j}n\theta}$ $(n\in\mathbf{N}).$

【例 8】　(1) $(1+\text{j})^{20}$；(2) $(\sqrt{3}-\text{j})^6$；(3) $(\sqrt{2}\text{e}^{\text{j}\frac{\pi}{18}})^{12}.$

解　(1) 原式 $=[(1+\text{j})^2]^{10}=(2\text{j})^{10}=-1024$，或

原式 $=\left[\sqrt{2}\left(\cos\dfrac{\pi}{4}+\text{j}\sin\dfrac{\pi}{4}\right)\right]^{20}=(\sqrt{2})^{20}\left[\cos\left(20\times\dfrac{\pi}{4}\right)+\text{j}\sin\left(20\times\dfrac{\pi}{4}\right)\right]$

$\qquad\qquad = 2^{10}(\cos5\pi+\text{j}\sin5\pi)=1024(\cos\pi+\text{j}\sin\pi)=-1024;$

(2) 原式 $=\left\{2\left[\cos\left(-\dfrac{\pi}{6}\right)+\text{j}\sin\left(-\dfrac{\pi}{6}\right)\right]\right\}^6=2^6\left[\cos\left(-\dfrac{\pi}{6}\times6\right)+\text{j}\sin\left(-\dfrac{\pi}{6}\times6\right)\right]$

$\qquad\qquad = 64[\cos(-\pi)+\text{j}\sin(-\pi)]=64(\cos\pi+\text{j}\sin\pi)=-64;$

(3) 原式 $=(\sqrt{2})^{12}\text{e}^{\text{j}\frac{\pi}{18}\times12}=2^6\text{e}^{\text{j}\frac{2\pi}{3}}.$

需要说明的是：(1) 复数三角形式的乘、除、乘方运算是特殊角的就化到代数形式，不是特殊角的就保留成三角形式.

(2) 指数形式的乘、除、乘方运算，结果就保留指数形式.

(3) 复数的运算没有规定用哪种形式运算时，读者自己可以多练，以便灵活掌握. 比如，[例 8] 中 (1) 用代数形式较为简单.

习 题 11-5

1. 计算：

(1) $(-6+3\text{j})-(6+3\text{j})$；

(2) $(1-2\text{j}^7)+(2+49\text{j}^9)-(3-5\text{j}^8)$；

（3） $\sqrt{2}(\cos315°+j\sin315°)+2(\cos90°+j\sin90°)$.

2. 计算：

（1） $(1+j)(2+j)(3+j)$；

（2） $\dfrac{-1+j}{1+j}$；

（3） $3\left[\cos\dfrac{\pi}{4}+j\sin\dfrac{\pi}{4}\times\sqrt{3}\left(\cos\dfrac{5\pi}{6}+j\sin\dfrac{5\pi}{6}\right)\right]$；　（4） $\dfrac{1+j}{\sqrt{3}\left(\cos\dfrac{3\pi}{4}+j\sin\dfrac{3\pi}{4}\right)}$；

（5） $(1-j)\left(\cos\dfrac{\pi}{4}-j\sin\dfrac{\pi}{4}\right)$；

（6） $\dfrac{(1-\sqrt{3}j)\left(\cos\dfrac{\pi}{3}+j\sin\dfrac{\pi}{3}\right)}{\cos\dfrac{\pi}{3}-j\sin\dfrac{\pi}{3}}$；

（7） $2e^{-j\frac{\pi}{3}}\times3e^{-j\frac{7\pi}{6}}$；

（8） $\dfrac{1}{2e^{j\pi}}$；

（9） $\dfrac{4e^{j\frac{2\pi}{3}}\times10e^{j\frac{5\pi}{3}}}{\sqrt{3}e^{-j\frac{\pi}{4}}\times5e^{j\pi}}$.

3. 求出适合下列各等式的 x、$y(x,\ y\in\mathbf{R})$ 的值：

（1） $(x+yj)-2+4j=(x-yj)(1+j)$；　　　（2） $(x+y)^2j-\dfrac{6}{j}=-y+5j(x+y)-1$.

4. 求出适合下列各等式的复数 z：

（1） $|z|+z=9-3j$；

（2） $|z|+\bar{z}=2+j$；

5. 已知 $z_1=2\left(\cos\dfrac{\pi}{3}+j\sin\dfrac{\pi}{3}\right)$，$z_2=\cos\dfrac{2\pi}{3}+j\sin\dfrac{2\pi}{3}$，$\dfrac{1}{z}=\dfrac{1}{z_1}+\dfrac{1}{z_2}$，求复数 z.

6. 在复数范围内解下列各方程：

（1） $(4-3j)x=30-10j$；

（2） $\left(\cos\dfrac{\pi}{4}+j\sin\dfrac{\pi}{4}\right)x=1+j$；

（3） $x^4+x^2-6=0$；

（4） $x^2-2x\cos\alpha+1=0$.

7. 已知复数 $f(z)=\dfrac{z^2-z+1}{z^2+z+1}$，求：

（1） $f(2+3j)$；

（2） $f\left[\sqrt{2}\left(\cos\dfrac{7\pi}{4}+j\sin\dfrac{7\pi}{4}\right)\right]$.

8. 计算：

（1） $\left[\sqrt{2}\ (\cos10°+j\sin10°)\right]^6$；

（2） $\left(\dfrac{2+2j}{1-\sqrt{3}j}\right)^8$；

（3） $(2e^{-j\frac{\pi}{4}})^4$；

（4） $(\sqrt{3}j-1)\left(-\dfrac{1}{2}+\dfrac{\sqrt{3}}{2}j\right)^{20}$；

（5） $(1-j)^4(\cos18°+j\sin18°)^5\times e^{-j\frac{3\pi}{4}}$；　　（6） $\left[\sqrt{3}\left(\cos\dfrac{\pi}{4}-j\sin\dfrac{\pi}{4}\right)\right]^6$.

本 章 小 结

一、基本要求
（1）理解向量和复数的概念，掌握向量的坐标表示.

（2）用平行四边形法则和三角形法则作向量的线性运算.

（3）理解复数的相关概念，掌握复数的向量表示法.

（4）能熟练地进行复数的三种形式的相互转换.

（5）掌握复数的四则运算.

二、常用公式

1. 三角形式 $z = r(\cos\theta + j\sin\theta)$，其中

$$\begin{cases} r = \sqrt{a^2 + b^2} \\ \tan\theta = \dfrac{b}{a}(a \neq 0) \end{cases}$$

2. 复数的代数形式的除法

$$\frac{a+bj}{c+dj} = \frac{(a+bj)(c-dj)}{(c+dj)(c-dj)} = \frac{ac+bd}{c^2+d^2} + \frac{bc-ad}{c^2+d^2}j$$

3. 复数的乘除运算

（1）三角形式：设 $z_1 = r_1(\cos\theta_1 + j\sin\theta_1)$，$z_2 = r_2(\cos\theta_2 + j\sin\theta_2)$，则

$$z_1 z_2 = r_1 r_2 [\cos(\theta_1 + \theta_2) + j\sin(\theta_1 + \theta_2)];$$

$$\frac{z_1}{z_2} = \frac{r_1}{r_2}[\cos(\theta_1 - \theta_2) + j\sin(\theta_1 - \theta_2)].$$

（2）指数形式：设 $z_1 = r_1 e^{j\theta_1}$，$z_2 = r_2 e^{j\theta_2}$，则

$$z_1 z_2 = r_1 r_2 e^{j(\theta_1 + \theta_2)}; \qquad \frac{z_1}{z_2} = \frac{r_1}{r_2} e^{j(\theta_1 - \theta_2)}.$$

4. 复数的乘方

（1）三角形式：设 $z = r(\cos\theta + j\sin\theta)$，则 $z^n = r^n(\cos n\theta + j\sin n\theta)(n \in \mathbf{N})$.

（2）指数形式：设 $z = r e^{j\theta}$，则 $z^n = r^n e^{jn\theta}$ $(n \in \mathbf{N})$.

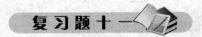

复习题十一

1. 判断题：

（1）若 a 和 b 是正方形相邻的两边，则 $a+b = a-b$；　　　　　　　　（　　）

（2）若 $ac = ca$，且 $c \neq 0$，则 $a = b$；　　　　　　　　　　　　　（　　）

（3）$(ab)^2 = a^2 b^2$；　　　　　　　　　　　　　　　　　　　　　　（　　）

（4）$\dfrac{a}{|a|} = \dfrac{b}{|b|}$；　　　　　　　　　　　　　　　　　　　　　　（　　）

（5）$|3j| = |-3j|$；　　　　　　　　　　　　　　　　　　　　　　　　（　　）

（6）两共轭复数的和、积是实数；　　　　　　　　　　　　　　　　　　（　　）

（7）两共轭复数之差是纯虚数；　　　　　　　　　　　　　　　　　　　（　　）

（8）两共轭复数之商是虚数；　　　　　　　　　　　　　　　　　　　　（　　）

（9）设 α，β 是两复数，则 $\overline{\alpha\beta} = \overline{\beta}\,\overline{\alpha}$；　　　　　　　　　　　　（　　）

（10）虚数无正负之分；　　　　　　　　　　　　　　　　　　　　　　（　　）

（11）复数集 C 与复平面所有向量的集合一一对应.　　　　　　　　　（　　）

2. 填空：

(1) 设 $|\boldsymbol{a}-\boldsymbol{b}|=|\boldsymbol{a}|+|\boldsymbol{b}|$，则 $\boldsymbol{a}$，$\boldsymbol{b}$ 满足_____；

(2) 设 $\boldsymbol{a}=6i-5j$，$\boldsymbol{b}=2i+7j$，则 $|2\boldsymbol{a}-3\boldsymbol{b}|=$_____；

(3) 已知 $\boldsymbol{a}=-2i+5j$ 的终点在 $(1，2)$，则起点坐标是_____；

(4) 设 $A(-1，3)$，$B(4，-2)$ 则向量 $\overrightarrow{AB}$ 的模为_____，幅角为_____；

(5) 设 $\boldsymbol{a}=12i-5j$，则与 $\boldsymbol{a}$ 同方向的单位向量是_____，$\boldsymbol{a}$ 用它的单位向量表示为_____；

(6) 与自身平方共轭的复数有_____个，它们是_____；

(7) 若 $(1+j)^n$ 是纯虚数，则最小的正整数 n 的值是_____；

(8) 已知方程 $x^2-2x-m=0$ 的两根为 α、β，若 α、β 为虚根时，则实数 $m=$_____，若 α、β 为实根时，则实数 $m=$_____；

(9) 分解因式 $x^2-2x\sin\theta+1=$_____.

3. 单项选择题：

(1) 设 $\boldsymbol{a}=2i-j$，$\boldsymbol{b}=3i+6j$，则 $\boldsymbol{a}$ 与 $\boldsymbol{b}$（　　）；

A. 平行　　　　　B. 垂直　　　　　C. 斜交　　　　　D. 重合

(2) 设 $\boldsymbol{a}=i+2j$，$\boldsymbol{b}=ki-4j$，且 $\boldsymbol{a}//\boldsymbol{b}$，则 k 的值为（　　）；

A. 2　　　　　B. 4　　　　　C. -2　　　　　D. -4

(3) 已知向量 $\boldsymbol{a}=-2i+5j$ 的起点在 $(1，2)$，则它的终点是（　　）；

A. $(7，1)$　　　B. $(-1，7)$　　　C. $(1，-7)$　　　D. $(-1，-7)$

(4) 设 $\boldsymbol{a}=5i-12j$，则与 $\boldsymbol{a}$ 反方向的单位向量是（　　）；

A. $\dfrac{1}{13}(5i+12j)$　　　　　　　B. $\dfrac{1}{13}(-5i-12j)$

C. $\dfrac{1}{13}(-5i+12j)$　　　　　　D. $\dfrac{1}{13}(5i-12j)$

(5) 复数 $\cos50°-j\sin50°$ 的幅角主值是（　　）；

A. $50°$　　　　　B. $130°$　　　　　C. $310°$　　　　　D. $-50°$

(6) 复数 $(m^2+m-2)+(m^2-m-6)j(m\in\mathbf{R})$ 是纯虚数的条件为（　　）；

A. $m=1$　　　　　　　　　B. $m=1$ 或 $m=-2$

C. $m=-1$ 或 $m=2$　　　　D. $m=2$

(7) 复数 $\cos30°-j\sin30°$ 的模是（　　）；

A. $\dfrac{3}{4}$　　　　　B. $\dfrac{\sqrt{3}}{2}$　　　　　C. 1　　　　　D. $\dfrac{\sqrt{6}}{2}$

(8) 复数 $(1+j)^3$ 的虚部是（　　）.

A. 2　　　　　B. 2j　　　　　C. -2　　　　　D. $-2j$

4. 平行四边形的一个顶点在原点，经过这个顶点的两边为 $\boldsymbol{a}=2i$，$\boldsymbol{b}=3i-2j$，求它的其余三个顶点的坐标和两条对角线的长.

5. 从 $A(2，-1)$ 沿向量 $\boldsymbol{a}=i-j$ 的方向取线段长 $|AB|=\sqrt{2}$，求 B 点的坐标.

6. 已知作用于一点的所有合力为 0，那么称这些力是平衡的. 现已知作用于原点的四个力 F_1、F_2、F_3、F_4，其中 $F_1=-3j$，$F_2=5i$，$F_3=-4i-5j$，求 F_4.

7. 求适合下列各方程中的 x 与 y 的值（x，$y \in \mathbf{R}$）：

(1) $(1+2j)x+(3-10j)y=5-6j$；

(2) $x^2+y^2j-3(1+j)=2(x+yj)$；

(3) $\dfrac{x}{1-j}+\dfrac{y}{1-2j}=\dfrac{5}{1-3j}$.

8. 下列各题中，哪些是实数？哪些是虚数？

(1) $(1+j)^2$；　　　　　(2) $(3+j)(3-j)$；

(3) $\sqrt{2}\,(\cos270°+j\sin270°)$；　(4) $|3-2j|$.

9. 已知 $z=x+yj$（x，$y \in \mathbf{R}$），求下列各复数的实部和虚部：

(1) z^2；　　　(2) z^3；　　　(3) $\dfrac{1}{z}$.

10. 已知 x、y 为共轭复数，且 $(x+y)^2-3xyj=4-6j$，求实数 x，y 的值.

11. 计算：

(1) $\dfrac{1}{2j+\dfrac{1}{2j+\dfrac{1}{j}}}$；

(2) $\dfrac{(\sqrt{3}-j)^3\left(\cos\dfrac{\pi}{3}+j\sin\dfrac{\pi}{3}\right)}{\left(\cos\dfrac{5\pi}{12}+j\sin\dfrac{5\pi}{12}\right)^2}$；

(3) $\left(\dfrac{1+j}{\sqrt{2}}\right)^{100}$；

(4) $\dfrac{3-4j}{1+2j}+[4+j^{11}-(1-j^{10})]$.

附表 I　　简 易 积 分 表

一、含有 $a+bx$ 的积分

1. $\displaystyle\int\frac{\mathrm{d}x}{a+bx}=\frac{1}{b}\ln|a+bx|+c$

2. $\displaystyle\int(a+bx)^{\alpha}\mathrm{d}x=\frac{1}{b(\alpha+1)}(a+bx)^{\alpha}+c(\alpha\neq-1)$

3. $\displaystyle\int\frac{x\mathrm{d}x}{a+bx}=\frac{1}{b^2}[a+bx-a\ln|a+bx|]+c$

4. $\displaystyle\int\frac{x^2\mathrm{d}x}{a+bx}=\frac{1}{b^3}[(a+bx)^2-2a(a+bx)+a^2\ln|a+bx|]+c$

5. $\displaystyle\int\frac{\mathrm{d}x}{x(a+bx)}=-\frac{1}{a}\ln\left|\frac{a+bx}{x}\right|+c$

6. $\displaystyle\int\frac{\mathrm{d}x}{x^2(a+bx)}=-\frac{1}{ax}+\frac{b}{a^2}\ln\left|\frac{a+bx}{x}\right|+c$

7. $\displaystyle\int\frac{x\mathrm{d}x}{(a+bx)^2}=\frac{1}{b^2}\left[\ln|a+bx|+\frac{a}{a+bx}\right]+c$

8. $\displaystyle\int\frac{x^2\mathrm{d}x}{(a+bx)^2}=\frac{1}{b^3}\left[a+bx-2a\ln|a+bx|-\frac{a^2}{a+bx}\right]+c$

9. $\displaystyle\int\frac{\mathrm{d}x}{x(a+bx)^2}=\frac{1}{a(a+bx)}-\frac{1}{a^2}\ln\left|\frac{a+bx}{x}\right|+c$

10. $\displaystyle\int\frac{\mathrm{d}x}{x^2(a+bx)^2}=-\frac{a+2bx}{a^2x(a+bx)}+\frac{2b}{a^3}\ln\left|\frac{a+bx}{x}\right|+c$

二、含有 $\sqrt{a+bx}$ 的积分

11. $\displaystyle\int\sqrt{a+bx}\,\mathrm{d}x=\frac{2}{3b}\sqrt{(a+bx)^3}+c$

12. $\displaystyle\int x\sqrt{a+bx}\,\mathrm{d}x=-\frac{2(2a-3bx)}{15b^2}\sqrt{(a+bx)^3}+c$

13. $\displaystyle\int x^2\sqrt{a+bx}\,\mathrm{d}x=\frac{2(8a^2-12ab+15b^2x^2)}{105b^3}\sqrt{(a+bx)^3}+c$

14. $\displaystyle\int\frac{x}{\sqrt{a+bx}}\mathrm{d}x=-\frac{2(2a-bx)}{3b^2}\sqrt{a+bx}+c$

15. $\displaystyle\int\frac{x^2}{\sqrt{a+bx}}\mathrm{d}x=\frac{2(8a^2-4abx+3b^2x^2)}{15b^3}\sqrt{a+bx}+c$

16. $\displaystyle\int\frac{\mathrm{d}x}{x\sqrt{a+bx}}=\begin{cases}\dfrac{1}{\sqrt{a}}\ln\left|\dfrac{\sqrt{a+bx}-\sqrt{a}}{\sqrt{a+bx}+\sqrt{a}}\right|+c(a>0)\\[3mm]\dfrac{2}{\sqrt{-a}}\arctan\sqrt{\dfrac{a+bx}{-a}}+c(a<0)\end{cases}$

17. $\displaystyle\int\frac{\mathrm{d}x}{x^2\sqrt{a+bx}}=-\frac{\sqrt{a+bx}}{ax}-\frac{b}{2a}\int\frac{\mathrm{d}x}{x(a+bx)}+c$

18. $\int \dfrac{\sqrt{a+bx}}{x}\mathrm{d}x = 2\sqrt{a+bx} + a\int \dfrac{\mathrm{d}x}{x\sqrt{a+bx}} + c$

三、含有 $a^2 \pm x^2$ 的积分

19. $\int \dfrac{\mathrm{d}x}{a^2 + x^2} = \dfrac{1}{a}\arctan\dfrac{x}{a} + c$

20. $\int \dfrac{\mathrm{d}x}{(a^2+x^2)^n} = \dfrac{x}{2(n-1)a^2(a^2+x^2)^{n-1}} + \dfrac{2n-3}{2(n-1)a^2}\int \dfrac{\mathrm{d}x}{(a^2+x^2)^{n-1}} + c(n\neq 1)$

21. $\int \dfrac{\mathrm{d}x}{a^2 - x^2} = \dfrac{1}{2a}\ln\left|\dfrac{a+x}{a-x}\right| + c$

22. $\int \dfrac{\mathrm{d}x}{x^2 - a^2} = \dfrac{1}{2a}\ln\left|\dfrac{x-a}{x+a}\right| + c$

四、含有 $a \pm bx^2$ 的积分

23. $\int \dfrac{\mathrm{d}x}{a + bx^2} = \dfrac{1}{\sqrt{ab}}\arctan\sqrt{\dfrac{b}{a}}x + c(a>0, b>0)$

24. $\int \dfrac{\mathrm{d}x}{a - bx^2} = \dfrac{1}{2\sqrt{ab}}\ln\left|\dfrac{\sqrt{a}+\sqrt{b}x}{\sqrt{a}-\sqrt{b}x}\right| + c(a>0, b>0)$

25. $\int \dfrac{x\mathrm{d}x}{a + bx^2} = \dfrac{1}{2b}\ln|a+bx^2| x + c$

26. $\int \dfrac{x^2\mathrm{d}x}{a + bx^2} = \dfrac{x}{b} - \dfrac{a}{b}\int \dfrac{\mathrm{d}x}{a+bx^2}$

27. $\int \dfrac{\mathrm{d}x}{x(a+bx^2)} = \dfrac{1}{2a}\ln\left|\dfrac{x^2}{a+bx^2}\right| + c$

28. $\int \dfrac{x\mathrm{d}x}{x^2(a+bx^2)} = -\dfrac{1}{ax} - \dfrac{b}{a}\int \dfrac{\mathrm{d}x}{a+bx^2}$

29. $\int \dfrac{x\mathrm{d}x}{(a+bx^2)^2} = \dfrac{x}{2a(a+bx^2)} + \dfrac{1}{2a}\int \dfrac{\mathrm{d}x}{a+bx^2}$

五、含有 $\sqrt{x^2 \pm a^2}$ 的积分

30. $\int \sqrt{x^2 \pm a^2}\,\mathrm{d}x = \dfrac{x}{2}\sqrt{x^2 \pm a^2} \pm \dfrac{a^2}{2}\ln\left|x + \sqrt{x^2 \pm a^2}\right| + c$

31. $\int \sqrt{(x^2 \pm a^2)^3}\,\mathrm{d}x = \dfrac{x(2x^2 \pm 5a^2)}{8}\sqrt{x^2 \pm a^2} + \dfrac{3a^4}{8}\ln\left|x + \sqrt{x^2 \pm a^2}\right| + c$

32. $\int x\sqrt{x^2 \pm a^2}\,\mathrm{d}x = \dfrac{\sqrt{(x^2 \pm a^2)^3}}{3} + c$

33. $\int x^2\sqrt{x^2 \pm a^2}\,\mathrm{d}x = \dfrac{x(2x^2 \pm a^2)}{8}\sqrt{x^2 \pm a^2} - \dfrac{a^4}{8}\ln\left|x + \sqrt{x^2 \pm a^2}\right| + c$

34. $\int \dfrac{\mathrm{d}x}{\sqrt{x^2 \pm a^2}} = \ln\left|x + \sqrt{x^2 \pm a^2}\right| + c$

35. $\int \dfrac{\mathrm{d}x}{\sqrt{(x^2 \pm a^2)^3}} = \pm\dfrac{x}{a^2\sqrt{x^2 \pm a^2}} + c$

36. $\int \dfrac{x\mathrm{d}x}{\sqrt{x^2 \pm a^2}} = \sqrt{x^2 \pm a^2} + c$

37. $\displaystyle\int \frac{x^2\,\mathrm{d}x}{\sqrt{x^2 \pm a^2}} = \frac{x}{2}\sqrt{x^2 \pm a^2} \mp \frac{a^2}{2}\ln\left|x+\sqrt{x^2 \pm a^2}\right| + c$

38. $\displaystyle\int \frac{x^2\,\mathrm{d}x}{\sqrt{(x^2 \pm a^2)^3}} = -\frac{x}{\sqrt{x^2 \pm a^2}} + \ln\left|x+\sqrt{x^2 \pm a^2}\right| + c$

39. $\displaystyle\int \frac{\mathrm{d}x}{x\sqrt{x^2 + a^2}} = \frac{1}{a}\ln\left|\frac{x}{a+\sqrt{x^2+a^2}}\right| + c$

40. $\displaystyle\int \frac{\mathrm{d}x}{x^2\sqrt{x^2 - a^2}} = \frac{1}{a}\arccos\frac{a}{x} + c$

41. $\displaystyle\int \frac{\mathrm{d}x}{x^2\sqrt{x^2 \pm a^2}} = \mp\frac{\sqrt{x^2 \pm a^2}}{a^2 x} + c$

42. $\displaystyle\int \frac{\sqrt{x^2 + a^2}}{x}\,\mathrm{d}x = \sqrt{x^2 + a^2} - a\ln\left|\frac{a+\sqrt{x^2+a^2}}{x}\right| + c$

43. $\displaystyle\int \frac{\sqrt{x^2 - a^2}}{x}\,\mathrm{d}x = \sqrt{x^2 - a^2} - a\arccos\frac{a}{x} + c$

44. $\displaystyle\int \frac{\sqrt{x^2 \pm a^2}}{x^2}\,\mathrm{d}x = -\frac{\sqrt{x^2 \pm a^2}}{x} + \ln\left|x+\sqrt{x^2 \pm a^2}\right| + c$

六、含有 $\sqrt{a^2 - x^2}$ 的积分

45. $\displaystyle\int \frac{\mathrm{d}x}{\sqrt{a^2 - x^2}} = \arcsin\frac{x}{a} + c$

46. $\displaystyle\int \frac{\mathrm{d}x}{\sqrt{(a^2 - x^2)^3}} = \frac{x}{a^2\sqrt{a^2 - x^2}} + c$

47. $\displaystyle\int \frac{x}{\sqrt{a^2 - x^2}}\,\mathrm{d}x = -\sqrt{a^2 - x^2} + c$

48. $\displaystyle\int \frac{x}{\sqrt{(a^2 - x^2)^3}}\,\mathrm{d}x = \frac{1}{\sqrt{a^2 - x^2}} + c$

49. $\displaystyle\int \frac{x^2}{\sqrt{a^2 - x^2}}\,\mathrm{d}x = -\frac{x}{2}\sqrt{a^2 - x^2} + \frac{a^2}{2}\arcsin\frac{x}{a} + c$

50. $\displaystyle\int \sqrt{a^2 - x^2}\,\mathrm{d}x = \frac{x}{2}\sqrt{a^2 - x^2} + \frac{a^2}{2}\arcsin\frac{x}{a} + c$

51. $\displaystyle\int \sqrt{(a^2 - x^2)^3}\,\mathrm{d}x = \frac{x(5a^2 - 2x^2)}{8}\sqrt{a^2 - x^2} + \frac{3a^4}{8}\arcsin\frac{x}{a} + c$

52. $\displaystyle\int x\sqrt{a^2 - x^2}\,\mathrm{d}x = -\frac{\sqrt{(a^2 - x^2)^3}}{3} + c$

53. $\displaystyle\int x^2\sqrt{a^2 - x^2}\,\mathrm{d}x = \frac{x(2x^2 - a^2)}{8}\sqrt{a^2 - x^2} + \frac{a^4}{8}\arcsin\frac{x}{a} + c$

54. $\displaystyle\int \frac{x^2}{\sqrt{(a^2 - x^2)^3}}\,\mathrm{d}x = \frac{x}{\sqrt{a^2 - x^2}} - \arcsin\frac{x}{a} + c$

55. $\displaystyle\int \frac{\mathrm{d}x}{x\sqrt{a^2 - x^2}} = \frac{1}{a}\ln\left|\frac{x}{a+\sqrt{a^2 - x^2}}\right| + c$

56. $\displaystyle\int \frac{\mathrm{d}x}{x^2\sqrt{a^2 - x^2}} = -\frac{\sqrt{a^2 - x^2}}{a^2 x} + c$

57. $\displaystyle\int \frac{\sqrt{a^2-x^2}}{x}dx = \sqrt{a^2-x^2}-a\ln\left|\frac{a+\sqrt{a^2-x^2}}{x}\right|+c$

58. $\displaystyle\int \frac{\sqrt{a^2-x^2}}{x^2}dx = -\frac{\sqrt{a^2-x^2}}{x}-\arcsin\frac{x}{a}+c$

七、含有 $a+bx+cx^2$ 的积分

59. $\displaystyle\int \frac{dx}{a+bx+cx^2} = \begin{cases} \dfrac{2}{\sqrt{4ac-b^2}}\arctan\dfrac{2cx+b}{\sqrt{4ac-b^2}}+c\,(b^2<4ac) \\[4mm] \dfrac{1}{\sqrt{b^2-4ac}}\ln\left|\dfrac{2cx+b-\sqrt{b^2-4ac}}{2cx+b+\sqrt{b^2-4ac}}\right|+c\,(b^2>4ac) \end{cases}$

八、含有 $\sqrt{a+bx\pm cx^2}$ $(c>0)$ 的积分

60. $\displaystyle\int \frac{dx}{\sqrt{a+bx+cx^2}} = \frac{1}{\sqrt{c}}\ln\left|2cx+b+2\sqrt{c}\,\sqrt{a+bx+cx^2}\right|+c$

61. $\displaystyle\int \sqrt{a+bx+cx^2}\,dx$

$\displaystyle = \frac{2cx+b}{4c}\sqrt{a+bx+cx^2}-\frac{b^2-4ac}{8\sqrt{c^3}}\ln\left|2cx+b+2\sqrt{c}\,\sqrt{a+bx+cx^2}\right|+c$

62. $\displaystyle\int \frac{x}{\sqrt{a+bx+cx^2}}dx = \frac{\sqrt{a+bx+cx^2}}{c}-\frac{b}{2\sqrt{c^3}}\ln\left|2cx+b+2\sqrt{c}\,\sqrt{a+bx+cx^2}\right|+c$

63. $\displaystyle\int \frac{dx}{\sqrt{a+bx-cx^2}} = \frac{1}{\sqrt{c}}\arcsin\frac{2cx-b}{\sqrt{b^2+4ac}}+c$

64. $\displaystyle\int \sqrt{a+bx-cx^2}\,dx = \frac{2cx-b}{4c}\sqrt{a+bx-cx^2}+\frac{b^2+4ac}{8\sqrt{c^3}}\arcsin\frac{2cx-b}{\sqrt{b^2+4ac}}+c$

65. $\displaystyle\int \frac{x}{\sqrt{a+bx-cx^2}}dx = -\frac{\sqrt{a+bx-cx^2}}{c}+\frac{b}{2\sqrt{c^3}}\arcsin\frac{2cx-b}{\sqrt{b^2+4ac}}+c$

九、含有 $\sqrt{\dfrac{a\pm x}{b\pm x}}$ 的积分、含有 $\sqrt{(x-a)(b-x)}$ 的积分

66. $\displaystyle\int \sqrt{\frac{a+x}{b+x}}\,dx = \sqrt{(a+x)(b+x)}+(a-b)\ln\left|\sqrt{a+x}+\sqrt{b+x}\right|+c$

67. $\displaystyle\int \sqrt{\frac{a-x}{b+x}}\,dx = \sqrt{(a-x)(b+x)}+(a+b)\arcsin\sqrt{\frac{x+b}{a+b}}+c$

68. $\displaystyle\int \sqrt{\frac{a+x}{b-x}}\,dx = -\sqrt{(a+x)(b-x)}-(a+b)\arcsin\sqrt{\frac{b-x}{a+b}}+c$

69. $\displaystyle\int \frac{dx}{\sqrt{(x-a)(b-x)}} = 2\arcsin\sqrt{\frac{x-a}{b-a}}+c$

十、含有三角函数的积分

70. $\displaystyle\int \sin x\,dx = -\cos x+c$

71. $\displaystyle\int \cos x\,dx = \sin x+c$

72. $\displaystyle\int \tan x\,dx = -\ln|\cos x|+c$

73. $\int \cot x \mathrm{d}x = \ln|\sin x| + c$

74. $\int \sec x \mathrm{d}x = \ln|\sec x + \tan x| + c$

75. $\int \csc x \mathrm{d}x = \ln|\csc x - \cot x| + c$

76. $\int \sec^2 x \mathrm{d}x = \tan x + c$

77. $\int \csc^2 x \mathrm{d}x = -\cot x + c$

78. $\int \sec x \tan x \mathrm{d}x = \sec x + c$

79. $\int \csc x \cot x \mathrm{d}x = -\csc x + c$

80. $\int \sin^2 x \mathrm{d}x = \dfrac{x}{2} - \dfrac{1}{4}\sin 2x + c$

81. $\int \cos^2 x \mathrm{d}x = \dfrac{x}{2} + \dfrac{1}{4}\sin 2x + c$

82. $\int \sin^n x \mathrm{d}x = -\dfrac{\sin^{n-1} x \cos x}{n} + \dfrac{n-1}{n}\int \sin^{n-2} x \mathrm{d}x$

83. $\int \cos^n x \mathrm{d}x = \dfrac{\cos^{n-1} x \sin x}{n} + \dfrac{n-1}{n}\int \cos^{n-2} x \mathrm{d}x$

84. $\int \dfrac{\mathrm{d}x}{\sin^n x} = -\dfrac{1}{n-1} \cdot \dfrac{\cos x}{\sin^{n-1} x} + \dfrac{n-2}{n-1}\int \dfrac{\mathrm{d}x}{\sin^{n-2} x}$

85. $\int \dfrac{\mathrm{d}x}{\cos^n x} = \dfrac{1}{n-1} \cdot \dfrac{\sin x}{\cos^{n-1} x} + \dfrac{n-2}{n-1}\int \dfrac{\mathrm{d}x}{\cos^{n-2} x}$

86. $\int \cos^m x \sin^n x \mathrm{d}x = \dfrac{\cos^{m-1} x \sin^{n+1} x}{m+n} + \dfrac{m-1}{m+n}\int \cos^{m-2} x \sin^n x \mathrm{d}x$
$$= -\dfrac{\sin^{n-1} x \cos^{m+1} x}{m+n} + \dfrac{n-1}{m+n}\int \cos^m x \sin^{n-2} x \mathrm{d}x$$

87. $\int \sin mx \cos nx \mathrm{d}x = -\dfrac{\cos(m+n)x}{2(m+n)} - \dfrac{\cos(m-n)x}{2(m-n)} + c\,(m \neq n)$

88. $\int \sin mx \sin x \mathrm{d}x = -\dfrac{\sin(m+n)x}{2(m+n)} + \dfrac{\sin(m-n)x}{2(m-n)} + c\,(m \neq n)$

89. $\int \cos mx \cos nx \mathrm{d}x = \dfrac{\sin(m+n)x}{2(m+n)} + \dfrac{\sin(m-n)x}{2(m-n)} + c\,(m \neq n)$

90. $\int \dfrac{\mathrm{d}x}{a + b\sin x} = \begin{cases} \dfrac{2}{\sqrt{a^2-b^2}}\arctan \dfrac{a\tan \frac{x}{2}+b}{\sqrt{a^2-b^2}} + c\,(a^2 > b^2) \\[4mm] \dfrac{1}{\sqrt{b^2-a^2}}\ln\left|\dfrac{a\tan \frac{x}{2}+b-\sqrt{b^2-a^2}}{a\tan \frac{x}{2}+b+\sqrt{b^2-a^2}}\right| + c\,(a^2 < b^2) \end{cases}$

91. $\int \dfrac{\mathrm{d}x}{a + b\cos x} = \begin{cases} \dfrac{2}{\sqrt{a^2-b^2}}\arctan\left(\sqrt{\dfrac{a-b}{a+b}}\tan \dfrac{x}{2}\right) + c\,(a^2 > b^2) \\[4mm] \dfrac{1}{\sqrt{b^2-a^2}}\ln\left|\dfrac{\tan \frac{x}{2}+\sqrt{\frac{b+a}{b-a}}}{\tan \frac{x}{2}-\sqrt{\frac{b+a}{b-a}}}\right| + c\,(a^2 < b^2) \end{cases}$

92. $\int \dfrac{\mathrm{d}x}{a^2\cos^2 x + b^2\sin^2 x} = \dfrac{1}{ab}\arctan\left(\dfrac{b\tan x}{a}\right) + c$

93. $\int \dfrac{\mathrm{d}x}{a^2\cos^2 x - b^2\sin^2 x} = \dfrac{1}{2ab}\ln\left|\dfrac{b\tan x + a}{b\tan x - a}\right| + c$

94. $\int x\sin ax\,\mathrm{d}x = -\dfrac{x\cos ax}{a} + \dfrac{\sin ax}{a^2} + c$

95. $\int x^n\sin ax\,\mathrm{d}x = -\dfrac{x^n\cos ax}{a} + \dfrac{n}{a}\int x^{n-1}\cos ax\,\mathrm{d}x$

96. $\int x\cos ax\,\mathrm{d}x = \dfrac{x\sin ax}{a} + \dfrac{\cos ax}{a^2} + c$

97. $\int x^n\cos ax\,\mathrm{d}x = \dfrac{x^n\sin ax}{a} - \dfrac{n}{a}\int x^{n-1}\sin ax\,\mathrm{d}x$

十一、含有反三角函数的积分

98. $\int \arcsin\dfrac{x}{a}\,\mathrm{d}x = x\arcsin\dfrac{x}{a} + \sqrt{a^2 - x^2} + c$

99. $\int x\arcsin\dfrac{x}{a}\,\mathrm{d}x = \left(\dfrac{x^2}{2} - \dfrac{a^2}{4}\right)\arcsin\dfrac{x}{a} + \dfrac{x}{4}\sqrt{a^2 - x^2} + c$

100. $\int x^2\arcsin\dfrac{x}{a}\,\mathrm{d}x = \dfrac{x^3}{3}\arcsin\dfrac{x}{a} + \dfrac{x^2 + 2a^2}{9}\sqrt{a^2 - x^2} + c$

101. $\int \dfrac{\arcsin\dfrac{x}{a}}{x^2}\,\mathrm{d}x = -\dfrac{1}{x}\arcsin\dfrac{x}{a} - \dfrac{1}{a}\ln\left|\dfrac{a + \sqrt{a^2 - x^2}}{x}\right| + c$

102. $\int \arccos\dfrac{x}{a}\,\mathrm{d}x = x\arccos\dfrac{x}{a} - \sqrt{a^2 - x^2} + c$

103. $\int x\arccos\dfrac{x}{a}\,\mathrm{d}x = \left(\dfrac{x^2}{2} - \dfrac{a^2}{4}\right)\arccos\dfrac{x}{a} - \dfrac{x}{4}\sqrt{a^2 - x^2} + c$

104. $\int x^2\arccos\dfrac{x}{a}\,\mathrm{d}x = \dfrac{x^3}{3}\arccos\dfrac{x}{a} - \dfrac{x^2 + 2a^2}{9}\sqrt{a^2 - x^2} + c$

105. $\int \dfrac{\arccos\dfrac{x}{a}}{x^2}\,\mathrm{d}x = -\dfrac{1}{x}\arccos\dfrac{x}{a} + \dfrac{1}{a}\ln\left|\dfrac{a + \sqrt{a^2 - x^2}}{x}\right| + c$

106. $\int \arctan\dfrac{x}{a}\,\mathrm{d}x = x\arctan\dfrac{x}{a} - \dfrac{a}{2}\ln(a^2 + x^2) + c$

107. $\int x\arctan\dfrac{x}{a}\,\mathrm{d}x = \dfrac{x^2 + a^2}{2}\arctan\dfrac{x}{a} - \dfrac{ax}{2} + c$

108. $\int x^2\arctan\dfrac{x}{a}\,\mathrm{d}x = \dfrac{x^3}{3}\arctan\dfrac{x}{a} - \dfrac{a^2 x}{6} + \dfrac{a^3}{6}\ln(a^2 + x^2) + c$

109. $\int \dfrac{\arctan\dfrac{x}{a}}{x^2}\,\mathrm{d}x = -\dfrac{1}{x}\arctan\dfrac{x}{a} - \dfrac{1}{2a}\ln\dfrac{a^2 + x^2}{x^2} + c$

十二、含有指数函数的积分

110. $\int a^x\,\mathrm{d}x = \dfrac{a^x}{\ln a} + c$

111. $\int \mathrm{e}^{ax}\,\mathrm{d}x = \dfrac{\mathrm{e}^{ax}}{a} + c$

112. $\displaystyle\int e^{ax}\sin bx\,dx = \frac{e^{ax}}{a^2+b^2}(a\sin bx - b\cos bx) + c$

113. $\displaystyle\int e^{ax}\cos bx\,dx = \frac{e^{ax}}{a^2+b^2}(b\sin bx + a\cos bx) + c$

114. $\displaystyle\int xe^{ax}\,dx = \frac{e^{ax}(ax-1)}{a^2} + c$

115. $\displaystyle\int x^n e^{ax}\,dx = \frac{x^n e^{ax}}{a} - \frac{n}{a}\int x^{n-1}e^{ax}\,dx$

116. $\displaystyle\int x^n a^{mx}\,dx = \frac{xa^{mx}}{m\ln a} - \frac{n}{m\ln a}\int x^{n-1}a^{mx}\,dx$

117. $\displaystyle\int e^{ax}\sin^n bx\,dx = \frac{e^{ax}\sin^{n-1}bx}{a^2+b^2n^2}(a\sin bx - nb\cos bx) + \frac{n(n-1)b^2}{a^2+b^2n^2}\int e^{ax}\sin^{n-2}bx\,dx$

118. $\displaystyle\int e^{ax}\cos^n bx\,dx = \frac{e^{ax}\cos^{n-1}bx}{a^2+b^2n^2}(a\cos bx + nb\sin bx) + \frac{n(n-1)b^2}{a^2+b^2n^2}\int e^{ax}\cos^{n-2}bx\,dx$

十三、含有对数函数的积分

119. $\displaystyle\int \ln x\,dx = x\ln x - x + c$

120. $\displaystyle\int \frac{dx}{x\ln x} = \ln|\ln x| + c$

121. $\displaystyle\int x^n \ln x\,dx = x^{n+1}\left[\frac{\ln x}{n+1} - \frac{1}{(n+1)^2}\right] + c$

122. $\displaystyle\int \ln^n x\,dx = x\ln^n x - n\int \ln^{n-1}x\,dx$

123. $\displaystyle\int x^m \ln^n x\,dx = \frac{x^m \ln^n x}{m+1} - \frac{n}{m+1}\int x^m \ln^{n-1}x\,dx$

十四、定积分

124. $\displaystyle\int_{-\pi}^{\pi}\cos nx\,dx = \int_{-\pi}^{\pi}\sin nx\,dx = 0$

125. $\displaystyle\int_{-\pi}^{\pi}\cos mx\sin nx\,dx = 0$

126. $\displaystyle\int_{-\pi}^{\pi}\cos mx\cos nx\,dx = \begin{cases} 0 & (m \neq n) \\ \pi & (m = n) \end{cases}$

127. $\displaystyle\int_{-\pi}^{\pi}\sin mx\sin nx\,dx = \begin{cases} 0 & (m \neq n) \\ \pi & (m = n) \end{cases}$

128. $\displaystyle\int_{0}^{\pi}\sin mx\sin nx\,dx = \int_{0}^{\pi}\cos mx\cos nx\,dx = \begin{cases} 0 & (m \neq n) \\ \dfrac{\pi}{2} & (m = n) \end{cases}$

129. $\displaystyle I_n = \int_{0}^{\frac{\pi}{2}}\sin^n x\,dx = \int_{0}^{\frac{\pi}{2}}\cos^n x\,dx = \frac{n-1}{n}I_{n-2}$

$\displaystyle = \begin{cases} \dfrac{n-1}{n}\cdot\dfrac{n-3}{n-2}\cdot\cdots\cdot\dfrac{4}{5}\cdot\dfrac{2}{3}\,(n\text{ 为正奇数}),\, I_1 = 1 \\[2mm] \dfrac{n-1}{n}\cdot\dfrac{n-3}{n-2}\cdot\cdots\cdot\dfrac{3}{4}\cdot\dfrac{1}{2}\cdot\dfrac{\pi}{2}\,(n\text{ 为正偶数}),\, I_0 = \dfrac{\pi}{2} \end{cases}$

附表Ⅱ 正态分布数值表

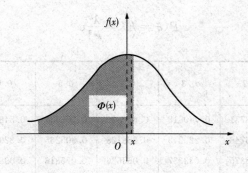

$$\Phi(x) = \frac{1}{\sqrt{2\pi}}\int_{-\infty}^{x} e^{-\frac{t^2}{2}}\,dt$$

x	0	1	2	3	4	5	6	7	8	9
0.0	0.5000	0.5040	0.5080	0.5120	0.5160	0.5199	0.5239	0.5279	0.5319	0.5359
0.1	0.5398	0.5438	0.5478	0.5517	0.5557	0.5596	0.5636	0.5675	0.5714	0.5753
0.2	0.5793	0.5632	0.5871	0.5910	0.5948	0.5987	0.6026	0.6064	0.6103	0.6141
0.3	0.6179	0.6217	0.6255	0.6293	0.6331	0.6368	0.6406	0.6443	0.6480	0.6517
0.4	0.6554	0.6591	0.6628	0.6664	0.6700	0.6736	0.6772	0.6808	0.6844	0.6879
0.5	0.6915	0.6950	0.6985	0.7019	0.7054	0.7088	0.7123	0.7157	0.7190	0.7224
0.6	0.7257	0.7291	0.7324	0.7357	0.7389	0.7422	0.7454	0.7486	0.7517	0.7549
0.7	0.7580	0.7611	0.7642	0.7673	0.7703	0.7734	0.7764	0.7794	0.7823	0.7852
0.8	0.7881	0.7910	0.7939	0.7967	0.7995	0.8023	0.8051	0.8078	0.8106	0.8133
0.9	0.8159	0.8186	0.8212	0.8238	0.8264	0.8289	0.8315	0.8340	0.8365	0.8389
1.0	0.8413	0.8438	0.8461	0.8485	0.8508	0.8531	0.8554	0.8577	0.8599	0.8621
1.1	0.8643	0.8665	0.8686	0.8708	0.8729	0.8749	0.8770	0.8790	0.8810	0.8830
1.2	0.8849	0.8869	0.8888	0.8907	0.8925	0.8944	0.8962	0.8980	0.8997	0.9015
1.3	0.9032	0.9049	0.9066	0.9082	0.9099	0.9115	0.9131	0.9147	0.9162	0.9177
1.4	0.9192	0.9207	0.9222	0.9236	0.9251	0.9265	0.9278	0.9292	0.9306	0.9319
1.5	0.9332	0.9345	0.9357	0.9370	0.9382	0.9394	0.9406	0.9418	0.9430	0.9441
1.6	0.9452	0.9463	0.9474	0.9484	0.9495	0.9505	0.9515	0.9525	0.9535	0.9545
1.7	0.9554	0.9564	0.9573	0.9582	0.9591	0.9599	0.9608	0.9616	0.9625	0.9633
1.8	0.9641	0.9648	0.9656	0.9664	0.9671	0.9678	0.9686	0.9693	0.9700	0.9706
1.9	0.9713	0.9719	0.9726	0.9732	0.9738	0.9744	0.9750	0.9756	0.9762	0.9767
2.0	0.9772	0.9778	0.9783	0.9788	0.9793	0.9798	0.9803	0.9808	0.9812	0.9817
2.1	0.9821	0.9826	0.9830	0.9834	0.9838	0.9842	0.9846	0.9850	0.9854	0.9857
2.2	0.9861	0.9864	0.9868	0.9871	0.9874	0.9878	0.9881	0.9884	0.9887	0.9890
2.3	0.9893	0.9896	0.9898	0.9901	0.9904	0.9906	0.9909	0.9911	0.9913	0.9916
2.4	0.9918	0.9920	0.9922	0.9925	0.9927	0.9929	0.9931	0.9932	0.9934	0.9936
2.5	0.9938	0.9940	0.9941	0.9943	0.9945	0.9946	0.9948	0.9949	0.9951	0.9952
2.6	0.9953	0.9955	0.9956	0.9957	0.9959	0.9960	0.9961	0.9962	0.9963	0.9964
2.7	0.9965	0.9966	0.9967	0.9968	0.9969	0.9970	0.9971	0.9972	0.9973	0.9974
2.8	0.9974	0.9975	0.9976	0.9977	0.9977	0.9978	0.9979	0.9979	0.9980	0.9981
2.9	0.9981	0.9982	0.9982	0.9983	0.9984	0.9984	0.9985	0.9985	0.9986	0.9986
3.0	0.9987	0.9990	0.9993	0.9995	0.9997	0.9998	0.9998	0.9999	0.9990	1.000

附表Ⅲ　泊松分布数值表

$$P(\xi = k) = \frac{\lambda^k}{k!}e^{-\lambda}$$

k \ λ	0.1	0.2	0.3	0.4	0.5	0.6	0.7	0.8
0	0.904837	0.818731	0.740818	0.670320	0.606531	0.548812	0.496585	0.449329
1	0.090484	0.163746	0.222245	0.268128	0.303265	0.329287	0.347610	0.359463
2	0.004524	0.016375	0.033337	0.053626	0.075816	0.098786	0.121663	0.143785
3	0.000151	0.001092	0.003334	0.007150	0.012636	0.019757	0.028388	0.038343
4	0.000004	0.000055	0.000250	0.000715	0.001580	0.002964	0.004968	0.007669
5	—	0.000002	0.000015	0.000057	0.000158	0.000356	0.000696	0.001227
6	—	—	0.000001	0.000004	0.000013	0.000039	0.000081	0.000164
7	—	—	—	—	0.000001	0.000003	0.000008	0.000019
8	—	—	—	—	—	—	0.000001	0.000002

k \ λ	0.9	1.0	1.5	2.0	2.5	3.0	3.5	4.0
0	0.406570	0.367879	0.223130	0.135335	0.082085	0.049787	0.030197	0.018316
1	0.365913	0.367879	0.334695	0.270671	0.205212	0.149361	0.150091	0.073263
2	0.164661	0.183940	0.251021	0.270671	0.256516	0.224042	0.184959	0.146525
3	0.049398	0.061313	0.125510	0.180447	0.213763	0.224042	0.215785	0.195367
4	0.011115	0.015328	0.047067	0.900224	0.133602	0.168031	0.188812	0.195367
5	0.002001	0.003066	0.014120	0.036089	0.066801	0.100819	0.132169	0.156293
6	0.000300	0.000511	0.003530	0.012030	0.027834	0.050409	0.077098	0.104196
7	0.000079	0.000073	0.000756	0.003437	0.009941	0.021604	0.038549	0.059540
8	0.000004	0.000009	0.000142	0.000859	0.003106	0.008102	0.016865	0.029770
9	—	0.000001	0.000024	0.000191	0.000863	0.002701	0.006559	0.013231
10	—	—	0.000004	0.000038	0.000216	0.000810	0.002296	0.005292
11	—	—	—	0.000007	0.000049	0.000221	0.000730	0.001925
12	—	—	—	0.000001	0.000010	0.000055	0.000213	0.000642
13	—	—	—	—	0.000002	0.000013	0.000057	0.000197
14	—	—	—	—	—	0.000003	0.000014	0.000056
15	—	—	—	—	—	0.000001	0.000003	0.000015
16	—	—	—	—	—	—	0.000001	0.000004
17	—	—	—	—	—	—	—	0.000001

续表

k \ λ	4.5	5.0	6.0	7.0	8.0	9.0	10.0
0	0.011109	0.006738	0.002479	0.000912	0.000335	0.000123	0.000045
1	0.049990	0.033690	0.014873	0.006383	0.002684	0.001111	0.000454
2	0.112479	0.084224	0.044618	0.022341	0.010735	0.004998	0.002270
3	0.168718	0.140374	0.089235	0.052129	0.028626	0.014994	0.007567
4	0.189808	0.175467	0.133853	0.091226	0.057252	0.033737	0.018917
5	0.170827	0.175467	0.150623	0.127717	0.091604	0.060727	0.037833
6	0.128120	0.146223	0.160623	0.149003	0.122138	0.091090	0.063055
7	0.082363	0.104445	0.137677	0.149003	0.139587	0.117116	0.090079
8	0.046329	0.065278	0.103258	0.130377	0.139587	0.131756	0.112599
9	0.023165	0.036266	0.068838	0.101405	0.124077	0.131756	0.125110
10	0.010424	0.018133	0.041303	0.070983	0.099262	0.118580	0.125110
11	0.004264	0.008242	0.022529	0.045171	0.072190	0.097020	0.113736
12	0.001599	0.003434	0.011264	0.026350	0.048127	0.072765	0.094780
13	0.000554	0.001321	0.005199	0.014188	0.092616	0.050376	0.072908
14	0.000178	0.000472	0.002228	0.007094	0.016924	0.032384	0.052077
15	0.000053	0.000157	0.000891	0.003311	0.009026	0.019431	0.034718
16	0.000015	0.000049	0.000334	0.001448	0.004513	0.010930	0.021699
17	0.000004	0.000014	0.000118	0.000596	0.002124	0.005786	0.012764
18	0.000001	0.000004	0.000039	0.000232	0.000944	0.002893	0.007091
19	—	0.000001	0.000012	0.000085	0.000397	0.001370	0.003732
20	—	—	0.000004	0.000030	0.000159	0.000617	0.001866
21	—	—	0.000001	0.000010	0.000061	0.000264	0.000889
22	—	—	—	0.000003	0.000022	0.000108	0.000404
23	—	—	—	0.00001	0.000008	0.000042	0.000176
24	—	—	—	—	0.000003	0.000016	0.000073
25	—	—	—	—	0.000001	0.000006	0.000029
26	—	—	—	—	—	0.000002	0.000011
27	—	—	—	—	—	0.000001	0.000004
28	—	—	—	—	—	—	0.000002
29	—	—	—	—	—	—	0.000001

部 分 参 考 答 案

习 题 1-1

2. (1) $[-5,\ -3]$; (2) $[a,\ b]$; (3) $(-3,\ 3]$; (4) $[-\pi,\ 2)$; (5) $(0,\ +\infty)$;

(6) $\left(\dfrac{k\pi}{3}-\dfrac{3\pi}{14},\ \dfrac{k\pi}{3}+\dfrac{5\pi}{42}\right)$ $(k\in\mathbf{Z})$.

3. (1) 非奇非偶; (2) 偶; (3) 奇; (4) 奇; (5) 非奇非偶.

4. (1) $f(-x)=\dfrac{1+x}{1-x}$; (2) $f\left(\dfrac{1}{x}\right)=\dfrac{x-1}{x+1}$; (3) $f(x+1)=-\dfrac{x}{x+2}$; (4) $f[f(x)]=x$.

5. (1) $f(-2)=-3$; (2) $f(0)=3$; (3) $f(a^2+1)=a^2$; (4) $f\left[f\left(-\dfrac{1}{2}\right)\right]=2$.

6. (1) $y=\sqrt{4x+3}$; (2) $y=\ln\cos(x^3-1)$; (3) $y=\mathrm{e}^{\tan^4 x}$; (4) $y=\arcsin\sqrt[3]{\dfrac{x-a}{b-a}}$.

8. $u=\begin{cases}\dfrac{2E}{\tau}t, & 0\leqslant t<\dfrac{\tau}{2}\\[2mm] -\dfrac{2E}{\tau}(t-\tau), & \dfrac{\tau}{2}\leqslant t<\tau\end{cases}$.

习 题 1-2

2. (1) 2; (2) 0; (3) 2; (4) 1; (5) 0; (6) 7; (7) 不存在; (8) 不存在.

3. (1) 8; (2) 13; (3) 2; (4) 2; (5) 0; (6) 1; (7) 0; (8) 1; (9) -1; (10) $\dfrac{\pi}{2}$.

4. $f(0+0)=f(0-0)=1$, $\lim\limits_{x\to 0}f(x)=1$.

5. $f(-1+0)=f(-1-0)=1$, $\lim\limits_{x\to -1}f(x)=1$.

6. $f(1+0)=1$, $f(1-0)=-1$, $\lim\limits_{x\to 1}f(x)$ 不存在.

习 题 1-3

4. (1) 0; (2) 0; (3) 0.

习 题 1-4

2. $\lim\limits_{x\to 0}f(x)=-3$, $\lim\limits_{x\to 3}f(x)=-6$, $\lim\limits_{x\to\infty}f(x)=\infty$.

3. (1) 4; (2) $\dfrac{7}{4}$; (3) 6; (4) 0; (5) $-\dfrac{3}{7}$; (6) ∞; (7) $\dfrac{1}{5}$; (8) 1; (9) 3; (10) $\dfrac{2}{3}$;

(11) 0; (12) 2; (13) $\dfrac{1}{3}$; (14) 0; (15) 1; (16) $\dfrac{1}{4}$; (17) 0; (18) 0; (19) $3x^2$;

(20) -1; (21) 1.

4. (1) $\dfrac{3}{2}$; (2) $\dfrac{4}{5}$; (3) $\dfrac{1}{1+x}$.

5. (1) $\dfrac{1}{3}$；(2) $\dfrac{91}{330}$；(3) $\dfrac{47}{33}$.

6. (1) x^3 是 $100x^2$ 的高阶无穷小；

(2) $\dfrac{1}{x^3}$ 是 $\dfrac{1}{x^3+10x^2}$ 的等价无穷小；

(3) $\dfrac{x-1}{x+1}$ 是 $\sqrt{x}-1$ 等价无穷小；

(4) x^2 是 $1-\cos x$ 的同阶无穷小.

7. (1) $\dfrac{3}{4}$；(2) $\dfrac{m}{n}$；(3) e^{-3}；(4) e^2.

习 题 1-5

2. (1) $\Delta y=-\dfrac{\Delta x}{x(x+\Delta x)}$；(2) $\dfrac{\Delta y}{\Delta x}=-\dfrac{1}{x(x+\Delta x)}$.

3. (1) $\lim\limits_{x\to 0}f(x)=1$；(2) $\lim\limits_{x\to 7}f(x)=9$；(3) 不存在；(4) 不连续.

4. (1) $\sqrt{5}$；(2) $\dfrac{2-e^4}{4}$；(3) 0；(4) 0；(5) 0；(6) 4；(7) $\dfrac{1}{4}$；(8) $\sqrt{2}$；(9) 12.

复 习 题 一

4. (1) $\dfrac{1}{8}$；(2) 8；(3) $\dfrac{5}{3}$；(4) $\dfrac{\sqrt{2}}{3}$；(5) 0；(6) $\dfrac{1}{2\sqrt{x}}$；(7) $\dfrac{1}{3}$；(8) $\dfrac{1}{2}$.

习 题 2-1

1. (1) a；(2) $2x$.

2. 0.

3. $\varphi(a)$.

4. (1) $2\Delta t+15$；(2) 15；(3) $4t_0+2\Delta t+3$；(4) $4t_0+3$.

5. $\rho=\lim\limits_{\Delta l\to 0}\dfrac{\Delta m}{\Delta l}$.

6. (1) $4x^3$；(2) $-\dfrac{2}{x^3}$；(3) $\dfrac{3}{2}\sqrt{x}$；(4) $\dfrac{2}{3\sqrt[3]{x}}$；(5) $\dfrac{1}{x\ln 3}$；(6) $\dfrac{1}{x\ln 10}$.

7. $y=\dfrac{\pi}{2}-x$.

8. $y=4x-4$.

9. $a=\dfrac{1}{2e}$.

习 题 2-2

1. (1) $2x+9x^2+16x^3$；(2) $2x-2\sec^2 x$；(3) $2^x x^{a-1}(x\ln 2+a)$；(4) $-\dfrac{4}{(x-2)^2}$；

(5) $2x\sin x+x^2\cos x$；(6) $\dfrac{2\sin x-x^2\cos x}{\sin^2 x}$；(7) $-x^{-2}-2x^{-3}-3x^{-4}$；

(8) $\dfrac{(x-1)\cos x-(x+1)\sin x-1}{(x-\cos x)^2}$; (9) $3x^2+6x$; (10) $(2x+x^2)\,\mathrm{e}^x$;

(11) $3x^2\ln x+x^2-x^3$; (12) $2x-\dfrac{2}{x^3}$; (13) $(\sin t+\cos t)\,\mathrm{e}^t$; (14) $\dfrac{4x}{(x^2+1)^2}$;

(15) $(x+1)\mathrm{e}^x\ln x+\mathrm{e}^x$; (16) $\dfrac{\cos x-x}{1+\sin x}$.

2. (1) $f'(0)=0,\ f'(2)=6$; (2) $y'\mid_{x=\mathrm{e}}=3\mathrm{e}$.

3. $y=2x-2$.

4. $y=-x$.

5. $(-1,\ 4)$.

6. $\left(-\dfrac{1}{2},\ -\dfrac{9}{4}\right)$、$\left(\dfrac{3}{2},\ \dfrac{7}{4}\right)$.

习　题　2-3

1. (1) $8(x+2)^7$; (2) $2\cos(2x+2)$; (3) $\dfrac{1}{2\sqrt{x+2}}$; (4) $\dfrac{2x}{\sqrt{1-x^4}}$; (5) $\dfrac{1}{x\ln 3}$;

(6) $-\tan x$; (7) $\dfrac{2x+1}{x^2+x-1}$; (8) $\dfrac{2\arcsin x}{\sqrt{1-x^2}}$.

2. (1) $2x(x+2)^7(5x+2)$; (2) $\dfrac{2x\cos 2x-\sin 2x}{x^2}$; (3) $2\mathrm{e}^{2x}(\sin 2x+\cos 2x)$;

(4) $-\dfrac{1}{x\sqrt{x^2-1}}$; (5) $\ln 2x+1$; (6) $(1+2x)\,\mathrm{e}^{2x}$; (7) $\dfrac{\cos x-\sin x}{\sin x+\cos x}$; (8) $-\dfrac{\sqrt[a]{x}\ln a}{x^2}$;

(9) $\sin 2x+2x\cos 2x-2\mathrm{e}^{-2x}$; (10) $(\cos x-2\sin x)\,\mathrm{e}^{-2x}$; (11) $\dfrac{-2}{x^2-1}$;

(12) $2\sec x$; (13) $\dfrac{2x}{x^4+1}$; (14) $\dfrac{1}{\sqrt{x+1}\,(\sqrt{x+1}+1)^2}$;

(15) $-\csc x$; (16) $\sqrt{4-x^2}$.

3. (1) $f'(\mu)=0$; (2) $y'\Big|_{x=\mathrm{e}}=\dfrac{1}{\sqrt{2}\,\mathrm{e}}$.

4. $y=x$.

5. (1) $2xf'(x^2)$; (2) $\cos xf'(\sin x)$.

习　题　2-4

1. (1) $-\dfrac{x}{y}$; (2) $-\sqrt{\dfrac{y}{x}}$; (3) $\dfrac{1}{\mathrm{e}^y-1}$ 或 $\dfrac{1}{x+y-1}$; (4) $-\dfrac{b^2 x}{a^2 y}$; (5) $\dfrac{y-\cos(x+y)}{\cos(x+y)-x}$;

(6) $\dfrac{x+y}{x-y}$.

2. (1) $y'_x=-1$; (2) $y'_x=2t$.

3. $\dfrac{\mathrm{d}y}{\mathrm{d}x}\Big|_{t=0}=1$.

4. $y=x$.

5. (1) $y'=y(\ln\sin x+x\cot x)$; (2) $y'=-\dfrac{y\ln y}{x}$; (3) $(y-x)(\ln x+1)+1$;

(4) $y'=\dfrac{1}{2}y\left[\dfrac{1}{x-1}+\dfrac{1}{2x}-\dfrac{1}{3(x+2)}\right]$.

6. $-\dfrac{3}{2}$ (m/s).

7. (1) $\dfrac{5}{4\pi}$ (cm/s); (2) $\dfrac{5}{4\pi}$ (cm/s).

习 题 2-5

1. (1) $-\dfrac{1}{x^2}$; (2) $6x$; (3) $2e^x+xe^x$; (4) $-\sin x$; (5) $\dfrac{1}{\sqrt{1-x^2}}$; (6) $\dfrac{x}{\sqrt{x^2+1}}$.

2. $-\dfrac{a^2}{y^3}$.

3. $-\dfrac{1}{a\,(1-\cos t)^2}$.

4. $f''(0)=-12$, $f'''(0)=6$.

5. 2.

6. $(-1)^n(n-2)!$.

7. (1) $\dfrac{(-1)^n n!}{(x-1)^{n+1}}$; (2) $2^n\sin\left(2x+\dfrac{n\pi}{2}\right)$.

8. $\dfrac{3\pi}{2}+2$(m/s), $-\dfrac{\sqrt{3}}{2}\pi^2$ (m/s^2).

习 题 2-6

2. (1) $(\sin2x+2x\cos2x)\mathrm{d}x$; (2) $\dfrac{1}{1+x}\mathrm{d}x$; (3) $2\cot2x\,\mathrm{d}x$; (4) $\dfrac{x}{\sqrt{a^2+x^2}}\mathrm{d}x$;

(5) $-\dfrac{\cos\dfrac{1}{x}}{x^2}\mathrm{d}x$; (6) $(2x+2\cos2x)\mathrm{d}x$; (7) $[(1-2x)\sin2x+(1+2x)\cos2x]\mathrm{d}x$;

(8) $2(e^x+e^{-x})(e^x-e^{-x})\mathrm{d}x$.

3. $-\dfrac{1}{2}\mathrm{d}x$.

4 (1) 2.721; (2) 1.0004; (3) 0.10005; (4) 1.0174.

5. $\dfrac{125\pi}{9}$; 1.31.

复 习 题 二

3. $6x-y-9=0$.

4. $x=0$, $x=\dfrac{2}{3}$.

5. (1) $2x-a-b$; (2) $x^{a-1}(ax^b+bx^b+ab)$; (3) $(\ln x+1)(1-\cos x)+x\ln x\sin x$;

(4) $6x^2-1$；(5) $3x^2-4x-1$；(6) $\dfrac{1}{x^2-1}\sqrt{\dfrac{x-1}{x+1}}$；(7) $\arctan\dfrac{x}{2}$；

(8) $-\left(2+\dfrac{2x+3}{\sqrt{x^2+3x+2}}\right)$；(9) $-\dfrac{2}{x^2}\cot\dfrac{1}{x}$；(10) $2\sqrt{x^2+1}$.

6. (1) $-\dfrac{2x+3y}{3x+2y}$；(2) $\dfrac{y}{y-x}$；(3) $\dfrac{y}{y-1}$；(4) $\dfrac{\mathrm{e}^y}{1-x\mathrm{e}^y}$.

7. (1) $-\mathrm{e}^{-2x}(5\sin3x+12\cos3x)$；(2) $\dfrac{3(1-\ln^2x)}{x^2}$；(3) $\dfrac{2-2x^2}{(1+x^2)^2}$；

(4) $2\arctan x+\dfrac{2x}{1+x^2}$.

8. $y'\Big|_{\substack{x=0\\y=1}}=-\dfrac{1}{2\pi}$，$y''\Big|_{\substack{x=0\\y=1}}=-\dfrac{1}{4\pi^2}$.

9. (1) $2(\cos2x+3x)\mathrm{d}x$；(2) $(\ln2x+1)\mathrm{d}x$；(3) $\arccos x\mathrm{d}x$；

(4) $\mathrm{e}^{2x}\left(2\ln2x+\dfrac{1}{x}\right)\mathrm{d}x$；(5) $2\cos2x\mathrm{e}^{\sin2x}\mathrm{d}x$；(6) $\dfrac{\mathrm{e}^y}{1-x\mathrm{e}^y}\mathrm{d}x$.

10. (1) 0.99；(2) 0.01；(3) 0.87476；(4) 2.0052.

12. $a=2$，$b=-3$.

习　题　3-1

2. (1) 1；(2) $\ln a-\ln b$；(3) $\dfrac{m}{n}a^{m-n}$；(4) $-\dfrac{3}{5}$；(5) 0；(6) 1；(7) $\dfrac{3}{2}$；(8) $-\dfrac{1}{6}$；

(9) $-\dfrac{2}{\pi}$；(10) $\dfrac{1}{2}$；(11) ∞；(12) e^2.

3. (1) $\dfrac{1}{2}$；(2) 1；(3) 0.

习　题　3-2

1. (1) $|x|<\sqrt{2}$时函数单调减少，其他单调增加；

(2) $(0,+\infty)$单调减少，$(-\infty,0)$单调增加；

(3) $\left(-\infty,\dfrac{1}{4}\right)$单调减少，$\left(\dfrac{1}{4},+\infty\right)$单调增加；

(4) $(-\infty,+\infty)$单调增加.

2. (1) 极小值0；(2) 极小值2，极大值-2；(3) 极大值$\dfrac{27}{16}$；(4) 极小值$2\sqrt{2}$.

4. $a=2$，极大值为$f\left(\dfrac{\pi}{3}\right)=\sqrt{3}$.

习　题　3-3

1. (1) 最大值为2，最小值为-10；

(2) 最大值为1；

(3) 最小值为$-\dfrac{2}{\mathrm{e}}$；

(4) 最大值为 132，最小值为 0.

2. $a=-2/3$，$b=-1/6$.

4. $\sqrt{3}$.

5. $r=\sqrt[3]{\dfrac{Vb}{2\pi a}}$，$h=\dfrac{2a}{b}\sqrt[3]{\dfrac{Vb}{2\pi a}}$.

6. $\sqrt{2}a$，$\sqrt{2}b$.

7. 5h，两船相距最近为 $15\sqrt{5}$ 海里.

习 题 3-4

1. (1) 凹区间为 $(-\infty,1)$，凸区间为 $(1,+\infty)$，拐点为 $(1,2)$；

(2) 凹区间为 $(-\infty,-1)$、$(1,+\infty)$，凸区间为 $(-1,1)$，拐点为 $(-1,-5)$、$(1,-5)$；

(3) 凹区间为 $(2,+\infty)$，凸区间为 $(-\infty,2)$，拐点为 $\left(2,\dfrac{2}{e^2}\right)$；

(4) 凹区间为 $(1,+\infty)$，凸区间为 $(-\infty,1)$.

2. $a=-\dfrac{3}{2}$，$b=\dfrac{9}{2}$. 凹区间为 $(-\infty,1)$，凸区间为 $(1,+\infty)$.

3. $a=0$，$b=-1$，$c=3$.

习 题 3-5

1. (1) $ds=\sqrt{1+(3x^2-1)^2}\,dx$；(2) $ds=\sqrt{1+\dfrac{p}{2x}}\,dx$；(3) $ds=\sqrt{1+\dfrac{1}{x^2}}\,dx$；

(4) $ds=\sqrt{1+\sin^2 x}\,dx$.

2. (1) $R=\dfrac{1}{K}=2\sqrt{2}$；(2) $R=\dfrac{1}{K}=2\sqrt{2}$；(3) $R=\dfrac{1}{K}=\dfrac{(1+4a^2)\sqrt{1+4a^2}}{2a}$.

3. $\left(\dfrac{\pi}{2},1\right)$，$R=1$.

4. $\left(\dfrac{\sqrt{2}}{2},-\dfrac{1}{2}\ln2\right)$.

复 习 题 三

3. (1) ∞；(2) 1；(3) 0；(4) 2；(5) e；(6) 1.

4. (1) $(-\infty,+\infty)$ 上单调增加；

(2) $\left(0,\dfrac{1}{2}\right)$ 上单调减少，$\left(\dfrac{1}{2},+\infty\right)$ 上单调增加；

(3) $(-\infty,-1)\bigcup(0,1)$ 上单调减少，$(-1,0)\bigcup(1,+\infty)$ 上单调增加；

(4) $(-\infty,0)$ 单调增加，$(0,+\infty)$ 单调减少.

5. (1) 极大值 $y\big|_{x=0}=7$，极小值 $y\big|_{x=2}=3$；

(2) 极大值 $y\big|_{x=2}=4e^{-2}$，极小值 $y\big|_{x=0}=0$；

（3）极大值 $y|_{x=-1}=0$，极小值 $y|_{x=3}=-32$；

（4）极大值 $y|_{x=-\frac{7}{3}}=\frac{4}{27}$，极小值 $y|_{x=3}=0$.

6. （1）凹区间为 $\left(-\infty,\ \frac{1}{3}\right)$，凸区间为 $\left(\frac{1}{3},\ +\infty\right)$，拐点为 $\left(\frac{1}{3},\ \frac{2}{27}\right)$；

（2）凹区间为 $(-1,\ 1)$，凸区间为 $(-\infty,\ -1)\bigcup(1,\ +\infty)$，拐点为 $(\pm1,\ \ln2)$.

7. 当两直角分别为 $30°$，$60°$时，取得最大面积.

8. 20000 件，$y=394000$ 元.

9. $V=\sqrt[3]{\dfrac{a}{2k}}$，其中 k 为比例系数.

习　题　4-1

4. $y=\frac{1}{2}x^2+1$；　5. $s=\sin t+9$；　6. $y=x-x^2+7$；　7. $s=t^3+2t^2$.

习　题　4-2

2. （1）$-\frac{3}{2}\cot x+c$；（2）$\frac{7^x}{\ln7}+x+c$；（3）$3e^x+5x+c$；（4）$\frac{(ae)^x}{1+\ln a}+c$；

（5）$\frac{a}{3}x^3+\frac{b}{2}x^2+cx+c$；（6）$-\frac{1}{x}+\ln|x|+c$；（7）$-\frac{2\sqrt{3}}{5}x^{-\frac{5}{2}}+c$；

（8）$-\cot x+x^2-x+c$；（9）$\tan x-\sec x+c$；（10）$\ln|x|+\frac{3^x}{\ln3}-4\tan x-5e^x+c$；

（11）$2u^{\frac{7}{2}}+\frac{3}{2}u^2+4\sqrt{u}+c$；（12）$x+6\ln|x|-\frac{9}{x}+c$；

（13）$\frac{2}{3}x\sqrt{x}-2x+c$；（14）$\ln|x|+2\arctan x+c$；（15）$x+\arctan x+c$；

（16）$x^3+2\arctan x+c$；（17）$-2\cos x+c$；（18）$2x-\tan x+c$.

3. $s=\frac{3}{2}t^2-2t+\frac{5}{2}$.　4. $y=-2\cos x-\sin x+3$.

习　题　4-3

3. （1）$3\sin\frac{x}{3}+c$；（2）$-\frac{1}{5}e^{-5t}+c$；（3）$-\frac{1}{3}(2x-3)^{-\frac{3}{2}}+c$；

（4）$-\frac{1}{3}(1-x^2)^{\frac{3}{2}}+c$；（5）$\frac{1}{3(1-3x)}+c$；（6）$2\sqrt{x^2+5}+c$；（7）$\frac{1}{2\cos^2x}+c$；

（8）$4\sqrt{\sin x}+c$；（9）$-\frac{2}{3}\sqrt{a^2-x^3}+c$；（10）$\frac{2}{3}(2+e^x)^{\frac{3}{2}}+c$；（11）$\frac{2}{3}(\ln x)^{\frac{3}{2}}+c$；

（12）$2\tan\sqrt{x}+c$；（13）$\frac{1}{2\ln a}a^{2x+3}+c$；（14）$\frac{3}{20}(x^4+1)^{\frac{5}{3}}+c$；（15）$-\frac{1}{2}e^{-x^2}+c$；

（16）$-\cos e^x+c$；（17）$\frac{1}{\ln a}a^{x^4}+c$；（18）$\ln|\csc2x-\cot2x|+c$；

（19）$-\frac{1}{3}\ln|\cos3x|+c$；（20）$\frac{1}{6}\ln\left|\frac{3+x}{3-x}\right|+c$；（21）$\frac{1}{2}\arcsin\frac{2x}{3}+c$；

(22) $\dfrac{1}{20}\arctan\dfrac{4x}{5}+c.$

4. (1) $\dfrac{3}{2}(\sqrt[3]{x})^2-3\sqrt[3]{x}+3\ln(1+\sqrt[3]{x})+c$; (2) $\ln\left|\dfrac{\sqrt{x+1}-1}{\sqrt{x+1}+1}\right|+c$;

(3) $\ln\left|\dfrac{\sqrt{1+e^x}-1}{\sqrt{1+e^x}+1}\right|+c$; (4) $2(\sqrt[6]{x})^3-3(\sqrt[6]{x})^2+6\sqrt[6]{x}-6\ln(\sqrt[6]{x}+1)+c$;

(5) $-\sqrt{9-x^2}+c$; (6) $\sqrt{x^2-4}-2\arccos\dfrac{2}{x}+c.$

习 题 4-4

(1) $\dfrac{1}{4}\sin2x-\dfrac{x}{2}\cos2x+c$; (2) $2x\sin\dfrac{x}{2}+4\cos\dfrac{x}{2}+c$;

(3) $-e^{-x}(x+1)+c$; (4) $\dfrac{1}{3}x^3\left(\ln x-\dfrac{1}{3}\right)+c$;

(5) $2\sqrt{x}(\ln x-2)+c$; (6) $x\ln(1+x^2)-2(x-\arctan x)+c$;

(7) $x\ln x(\ln x-2)+2x+c$; (8) $\dfrac{1}{13}e^{2x}(2\cos3x+3\sin3x)+c$;

(9) $-\dfrac{1}{5}e^{-x}(\sin2x+2\cos2x)+c$; (10) $\left(1-\dfrac{x^4}{2}\right)\cos x^2+x^2\sin x^2+c$;

(11) $\dfrac{1}{8}\sin2x-\dfrac{1}{4}x\cos2x+c$; (12) $x\tan x+\ln|\cos x|-\dfrac{1}{2}x^2+c.$

复 习 题 四

4. (1) $\dfrac{1}{4}\ln(x^4+4)+c$; (2) $-\dfrac{1}{2}e^{\frac{1}{2}}+c$; (3) $\tan x-\cot x+c$;

(4) $\arctan e^x+c$; (5) $-2\ln|\cos\sqrt{x}|+c$; (6) $\ln|x-\sin x|+c$;

(7) $\dfrac{1}{9}(3x^3-1)^{\frac{3}{2}}+c$; (8) $\dfrac{1}{8}\ln^8 x+c$; (9) $2\ln|\ln\sqrt{x}|+c$;

(10) $2\sqrt{1+\sin x}|+c$; (11) $\arctan e^x+c$; (12) $e^x+2e^{-x}+c$;

(13) $\dfrac{1}{2\sqrt{3}}\arctan\dfrac{\sqrt{3}x}{2}+c$; (14) $-\dfrac{1}{a}\arctan\dfrac{\cos x}{a}+c$;

(15) $\dfrac{1}{2}\ln(x^2+4x+6)+c$; (16) $-2x\cos\sqrt{x}+4\sqrt{x}\sin\sqrt{x}+4\cos\sqrt{x}+c$;

(17) $\dfrac{x^2}{4}-\dfrac{1}{2}x\sin x-\dfrac{1}{2}\cos x+c$; (18) $(x^2-1)\sin x+2x\cos x-2\sin x+c$;

(19) $-\dfrac{3}{10}e^{-x}\left(\cos\dfrac{x}{3}+3\sin\dfrac{x}{3}\right)+c$; (20) $-\dfrac{\sqrt{9-x^2}}{x}-\arcsin\dfrac{x}{3}+c$;

(21) $6\left[\ln\sqrt[6]{x}-\ln(\sqrt[6]{x}+1)\right]+c$; (22) $\dfrac{1}{2(x-1)^2}+\dfrac{1}{x-1}+c$;

(23) $\dfrac{2}{5}(\arctan x)^{\frac{5}{2}}+c$; (24) $\dfrac{2}{3}(1-e^x)^{\frac{3}{2}}-2\sqrt{1-e^x}+c.$

5. $y=\dfrac{a}{2}(e^{\frac{x}{a}}+e^{-\frac{x}{a}})$;

6. $s=\dfrac{1}{12}t^4+\dfrac{1}{2}t^2+t$.

7. $y=x^3-3x+3$.

8. $y=x^3-6x^2+9x+2$.

9. $D(p)=1000\cdot\left(\dfrac{1}{3}\right)^p$.

习 题 5-1

3. $\displaystyle\int_1^3(x^2+1)\mathrm{d}x$. 4. (1) $+$; (2) $-$; (3) $+$; (4) $-$.

习 题 5-2

2. (1) 3; (2) $6\dfrac{1}{3}$; (3) $1\dfrac{5}{6}$; (4) $3\dfrac{1}{3}$; (5) $\dfrac{\pi-2}{4}$; (6) $a+b$.

4. (1) $\displaystyle\int_3^4\ln x\mathrm{d}x<\int_3^4\ln^2x\mathrm{d}x$; (2) $\displaystyle\int_0^1\sin x\mathrm{d}x>\int_0^1\sin^2x\mathrm{d}x$.

习 题 5-3

1. (1) $\dfrac{1}{a+1}$; (2) $a^3+\dfrac{5}{2}a^2+2a+\ln(a+1)$; (3) $2\dfrac{5}{8}$; (4) $45\dfrac{1}{6}$; (5) $\dfrac{\pi}{6}$;

(6) $\dfrac{\pi}{3}$; (7) $\dfrac{\pi}{3a}$; (8) $\ln3-\dfrac{1}{2}\ln5$; (9) $\dfrac{\pi}{6}$; (10) $2+\dfrac{\pi}{2}$; (11) $\dfrac{2}{3}$; (12) 4;

(13) $\dfrac{7}{3}$; (14) 4; (15) $1-\dfrac{\pi}{4}$; (16) $\dfrac{142}{15}\sqrt{2}-\dfrac{68}{15}$; (17) $e^\pi+\dfrac{\pi}{2}-1$.

2. (1) $\ln(x^2+1)$; (2) $-\arctan(x^2-x)$; (3) $2x\sin(x^4-1)$.

习 题 5-4

1. (1) $4+2\ln2$; (2) $\dfrac{1}{6}$; (3) $\ln(e+1)$; (4) $\arctan e-\dfrac{\pi}{4}$; (5) $\dfrac{\pi}{6}$;

(6) $\dfrac{\pi}{4}+\dfrac{1}{2}$; (7) π; (8) $\dfrac{\pi}{4}-\dfrac{1}{2}$; (9) 0; (10) $4-2\arctan2$.

习 题 5-5

1. (1) $\dfrac{1}{3}$; (2) $\dfrac{1}{a}$; (3) 发散; (4) π; (5) 1; (6) $\dfrac{\pi}{2}$; (7) $\dfrac{1}{2}$; (8) 发散.

习 题 5-6

2. (a) $\displaystyle\int_0^1(\sqrt{x}-x)\mathrm{d}x$; (b) $\displaystyle\int_0^1(e-e^x)\mathrm{d}x$; (c) $\displaystyle\int_0^1x^2\mathrm{d}x+\int_1^2x\mathrm{d}x$; (d) $\displaystyle\int_{-1}^2(2x+3-x^2)\mathrm{d}x$.

3. (1) 由曲线 $y=\sqrt{4-x^2}$ 与直线 $x=-1$, $x=2$ 及 x 轴所围图形的面积; (2) 由曲线

$y=x^3$，$y=(x-2)^2$ 与 x 轴所围成图形的面积.

4. (1) $\dfrac{3}{2}-\ln 2$；(2) $e+e^{-1}-2$；(3) 5；(4) 18；(5) $\dfrac{7}{6}$.

5. (1) 36π；(2) $\dfrac{512}{15}\pi$；(3) $\dfrac{4}{3}\pi a^2 b$；(4) $\dfrac{3}{10}\pi$。

习　题　5-7

1. $\dfrac{k_1 b^2 g}{200}$ (J)；2. $\dfrac{27}{7}k^3 \sqrt{c^2 a^7}$（其中 k 为比例系数）；3. 2.82×10^4 (J)；

4. 4.9×10^3 (N)；5. $\dfrac{1}{2}I_m$.

复　习　题　五

3. (1) $\dfrac{3}{2}$；(2) $\dfrac{4}{27}(5\sqrt{10}-14)$；(3) $\sqrt{3}-\dfrac{\pi}{3}$；(4) $\dfrac{\sqrt{3}\pi}{12}+\dfrac{1}{2}$；(5) $6-2e$；(6) 0.

4. (1) $1-\dfrac{\pi}{4}$；(2) 发散.

5. $2\pi+\dfrac{4}{3}$.

6. 30 (J).

7. $\dfrac{1}{3}\rho g r^3$ (N).

习　题　6-1

1. (1) A；(2) C；(3) C；(4) D.

2. (1) 是；(2) 是；(3) 是.

3. (1) 否；(2) 是.

习　题　6-2

1. (1) 是；(2) 否；(3) 否；(4) 是；(5) 否.

2. (1) $\arcsin y-\arcsin x=C$；(2) $y=Ce^{-\cos x}$；(3) $\ln y=e^x+C$；

(4) $y^4=x^4-1$；(5) $y=2x$；(6) $y=\dfrac{1}{1+\ln|1-x^2|}$；(7) $4-y^2=Ce^{\frac{1}{2x}}$；

(8) $\dfrac{y}{y+3}=Ce^{\frac{3x^2}{2}}$；(9) $\ln y=Ce^{\arctan x}$；(10) $\ln y=\csc x-\cot x$；

(11) $\sqrt{x^2+y^2}\,e^{\arctan\frac{y}{x}}=C$；(12) $y=Ce^{\frac{y}{x}}$；(13) $\sin\dfrac{y}{x}=Cx$；(14) $y=Ce^{\frac{y}{2x}}$.

3. $xy=6$.

4. $U_C=U_0 e^{-\frac{t}{RC}}$.

习　题　6-3

2. (1) $y=Ce^{\frac{3}{2}x^2}-1$；(2) $y=Ce^{2x}-\dfrac{1}{2}\left(x^2+x+\dfrac{1}{2}\right)$；

(3) $y=Ce^x+\dfrac{1}{2}(\sin x-\cos x)$; (4) $y=C(x+1)+\dfrac{1}{3}(x+1)^4$.

3. (1) $y=\dfrac{e^x-e^a+ab}{x}$; (2) $y=x^{-3}(2x-1)$; (3) $y=\dfrac{x}{\cos x}$.

4. (1) $y=x(\sin x+C)$; (2) $y=Ce^{x^2}-(x^2+1)$; (3) $x=\dfrac{C-\cos y}{\sqrt{1+y^2}}$; (4) $y=\dfrac{1}{x(C-x)}$.

5. $y=3(e^x-x-1)$.

6. $t=0.025\text{s}$.

习　题　6 - 4

2. (1) $y=C_1e^{-x}+C_2e^{-3x}$; (2) $y=C_1e^{\frac{x}{2}}+C_2e^{2x}$; (3) $y=C_1+C_2e^{2x}$;

(4) $y=(C_1+C_2x)e^x$; (5) $y=C_1\cos 2x+C_2\sin 2x$;

(6) $y=(C_1+C_2x)e^{-5x}$; (7) $y=e^{-x}(C_1\cos\sqrt{2}x+C_2\sin\sqrt{2}x)$;

(8) $y=e^{-\frac{1}{2}x}\left(C_1\cos\dfrac{\sqrt{7}}{2}x+C_2\sin\dfrac{\sqrt{7}}{2}x\right)$.

3. (1) $u_C=A_1e^{-t}+A_2e^{-3t}$, $i=C(A_1e^{-t}+3A_2e^{-3t})$;

(2) $u_C=(A_1+A_2t)e^{-2t}$, $i=-C(A_2-2A_1-2A_2t)e^{-2t}$;

(3) $u_C=A_1\cos 2t+A_2\sin 2t$, $i=-C(2A_2\cos 2t-2A_1\sin 2t)$;

(4) $u_C=e^{-2t}(A_1\cos 2t+A_2\sin 2t)$,

$i=-Ce^{-2t}[(3A_2-2A_1)\cos 2t-(3A_1+2A_2)\sin 3t]$.

习　题　6 - 5

2. (1) $y=C_1e^{-2x}+C_2e^x+\left(\dfrac{1}{2}x^2-\dfrac{1}{3}x\right)e^x$; (2) $y=C_1e^x+C_2e^{2x}-\dfrac{e^{2x}}{2}(\cos x+\sin x)$;

(3) $y=C_1e^{-x}+C_2e^{3x}+\dfrac{1}{5}e^{4x}$; (4) $y=C_1\cos x+C_2\sin x+2(x-1)e^x$;

(5) $y=C_1\cos x+C_2\sin x-2x\cos x$;

(6) $y=e^{2x}(C_1\cos 2x+C_2\sin 2x)+\left(\dfrac{1}{5}x^2+\dfrac{4}{25}x-\dfrac{2}{125}\right)e^x$.

3. $u_C=(10.8e^{-268t}-0.77e^{-3732t})$ V; $u_R=11.6(e^{-268t}-e^{-3732t})$ V;

$i=2.9(e^{-268t}-e^{-3732t})$ mA; $u_L=(10.8e^{-3732t}-0.77e^{-268t})$V.

复　习　题　六

3. (1) $Ce^t=\dfrac{-e^s}{e^s-1}$; (2) $y=Ce^x-\dfrac{1}{2}(\cos x+\sin x)$; (3) $y=C_1e^{6x}-\dfrac{1}{3}e^{3x}$;

(4) $y=C_1e^{-x}+C_2e^{2x}-\dfrac{1}{4}(2x^2-2x+3)$; (5) $y=(C_1+C_2x)e^{2x}+\dfrac{6}{25}\cos x-\dfrac{8}{25}\sin x$;

(6) $y=e^x(C_1\cos 2x+C_2\sin 2x)-\dfrac{1}{4}xe^x\cos 2x$.

4. (1) $y=\left(1-2x+\dfrac{1}{2}x^2\right)e^{3x}+\dfrac{1}{9}x+\dfrac{2}{27}$; (2) $y=\dfrac{1}{4}-\dfrac{3}{4}\cos 2x-\left(\dfrac{1}{4}x-1\right)\sin 2x$;

(3) $e^{-y}(y+1) = \ln(1+e^x) - x - \ln 2 + 1$.

5. $10e^{-1.25t}$V, $-2.5e^{-1.25t}$mA.

6. 100Ω, 2μF.

7. $u = 12.1e^{-10(t-0.1)}$V $(t \geqslant 0.1\text{s})$.

8. $u_C(t) = (117e^{-382t} - 17.1e^{-2618t})$ V, $i(t) = 0.045(e^{-382t} - e^{-2618t})$ A.

习　题　7-1

1. (1) 对；(2) 错；(3) 错；(4) 对.

2. (1) $\displaystyle\sum_{n=1}^{\infty} n!$；(2) $\displaystyle\sum_{n=1}^{\infty} \frac{(-1)^{n+1}}{2n-1}$；(3) $\displaystyle\sum_{n=1}^{\infty} \frac{1}{n\ln(n+1)}$；(4) $\displaystyle\sum_{n=1}^{\infty} \frac{n-2}{n+1}$.

3. (1) 收敛，和为 $\frac{1}{2}$；(2) 发散；(3) 收敛，和为 $\frac{4}{11}$；(4) 发散；(5) 发散；

(6) 发散.

习　题　7-2

1. (1) 收敛；(2) 发散；(3) 收敛；(4) 发散.

2. (1) 收敛；(2) 收敛；(3) 发散；(4) 发散；(5) 收敛；(6) 收敛；(7) 发散；

(8) 收敛.

3. (1) 收敛；(2) 收敛；(3) 发散；(4) 发散.

习　题　7-3

1. (1) $[-1, 1)$；(2) $(-3, 3)$；(3) 0；(4) $[-1, 1]$；(5) $(-\sqrt{2}, \sqrt{2})$；

(6) $[-4, 2)$.

2. (1) $\frac{1}{2}\ln\frac{1+x}{1-x}$；(2) $\frac{1}{(1-x)^2}$；(3) $(1-x)\ln(1-x) + x$；(4) $\frac{2}{(1-x)^2}$.

习　题　7-4

(1) $e^{2x} = \displaystyle\sum_{n=0}^{\infty} \frac{2^n}{n!}x^n$ $(-\infty < x < +\infty)$；(2) $3^x = \displaystyle\sum_{n=0}^{\infty} \frac{\ln^n 3}{n!}x^n$ $(-\infty < x < +\infty)$；

(3) $\sin\frac{x}{2} = \displaystyle\sum_{n=0}^{\infty} \frac{(-1)^n}{(2n+1)!2^{2n+1}}x^{2n+1}$ $(-\infty < x < +\infty)$；

(4) $\ln(2+x) = \ln 2 + \displaystyle\sum_{n=1}^{\infty} \frac{(-1)^{n-1}}{n2^n}x^n$ $(-2 < x \leqslant 2)$；

(5) $(1+x)\ln(1+x) = x + \displaystyle\sum_{n=1}^{\infty} \frac{(-1)^{n-1}}{n(n+1)}x^{n+1}$ $(-1 \leqslant x \leqslant 1)$；

(6) $\displaystyle\int_0^x \frac{\mathrm{d}t}{1+t^4} = x - \displaystyle\sum_{n=1}^{\infty} \frac{(-1)^n}{4n+1}x^{4n+1}$ $(-1 < x \leqslant 1)$；

(7) $\displaystyle\int_0^x \frac{\sin t}{t}\mathrm{d}t = \displaystyle\sum_{n=0}^{\infty} \frac{(-1)^n}{(2n+1)(2n+1)!}x^{2n+1}$ $(-\infty < x < \infty)$；

(8) $\int_0^x e^{-\frac{t^2}{2}} dt = \sum_{n=0}^{\infty} \frac{(-1)^n}{n!(2n+1)2^n} x^{2n+1}$　$(-\infty < x < \infty)$.

习　题　7-5

1. (1) 相等；(2) 0，0，1，$\frac{1}{n}(-1)^{n+1}$　$(n=1, 2, \cdots)$；

(3) π，$-\frac{4}{(2k-1)^2\pi}$ $(k \in \mathbf{Z})$，0，0.

2. (1) $u(t) = 1 + \frac{4}{\pi}\left(\sin t + \frac{1}{3}\sin 3t + \frac{1}{5}\sin 5t + \cdots\right)$　$(-\infty < t < +\infty; \; t \neq k\pi, \; k \in \mathbf{Z})$；

(2) $f(x) = \left(2 + \frac{4}{\pi}\right)\sin x - \sin 2x + \left(\frac{2}{3} + \frac{4}{3\pi}\right)\sin 3x - \frac{1}{2}\sin 4x + \cdots$　$(-\infty < x < +\infty;$ $x \neq k\pi, \; k \in \mathbf{Z})$；

(3) $f(t) = \frac{\pi}{2} + \frac{4}{\pi}\left(\cos t + \frac{1}{3^2}\cos 3t + \frac{1}{5^2}\cos 5t + \cdots\right)$　$(-\infty < t < +\infty)$.

习　题　7-6

1. (1) $\frac{lx}{2\pi}$；(2) $\frac{2}{l}\int_{-\frac{l}{2}}^{\frac{l}{2}} f(x)\mathrm{d}x$；(3) $\frac{2}{l}\int_{-\frac{l}{2}}^{\frac{l}{2}} f(x)\cos\frac{2n\pi x}{l}\mathrm{d}x$ $(n = 1, 2, \cdots)$；

(4) $\frac{2}{l}\int_{-\frac{l}{2}}^{\frac{l}{2}} f(x)\sin\frac{2n\pi x}{l}\mathrm{d}x$ $(n = 1, 2, \cdots)$.

2. (1) $f(x) = \sum_{n=1}^{\infty}\left[\frac{4\sin\frac{n\pi}{2}}{n^2\pi^2} + \frac{2(-1)^{n+1}}{n\pi}\right]\sin\frac{n\pi x}{2}$　$(-\infty < x < +\infty; x \neq \pm 2 \pm 6, \cdots)$；

(2) $f(x) = \frac{11}{12} + \frac{1}{\pi^2}\sum_{n=1}^{\infty}\frac{(-1)^{n-1}\cos 2n\pi x}{n^2}$　$(-\infty < t < +\infty)$.

3. $f(x) = -1 + \frac{4}{\pi}\sum_{n=1}^{\infty}\frac{(-1)^{n-1}\sin\frac{n\pi x}{2}}{n}$　$(-2 < x < 2)$.

4. $f(x) = 4\sum_{n=1}^{\infty}\frac{(-1)^{n-1}\sin nx}{n}$　$(0 < x < \pi)$；

$f(x) = \pi - \frac{8}{\pi}\sum_{n=1}^{\infty}\frac{\cos(2n-1)x}{(2n-1)^2}$　$(0 \leqslant x \leqslant \pi)$.

习　题　7-7

$f(x) = \frac{e}{4} + \frac{e}{\pi}\sum_{\substack{n=-\infty \\ (n \neq 0)}}^{+\infty}\frac{1}{n}\sin\frac{n\pi}{4}e^{\frac{n\pi x}{2}}$　$\left(-\infty < x < +\infty, x \neq 4k \pm \frac{1}{2}, k \in \mathbf{Z}\right)$.

复 习 题 七

1. (1) 错；(2) 对；(3) 对；(4) 对；(5) 错.

2. (1) 发散；(2) 收敛；(3) 收敛；(4) 收敛；(5) 发散.

3. (1) A；(2) C；(3) B；(4) B；(5) C.

4. (1) $a>1$ 时收敛，$a\leqslant 1$ 时发散；(2) 收敛；(3) 收敛；(4) 收敛；(5) 发散；
(6) 收敛.

5. (1) $\sum\limits_{n=0}^{\infty}\dfrac{(-1)^n}{n!}x^{n+3}$；$x\in(-\infty,+\infty)$；(2) $1+\sum\limits_{n=1}^{\infty}\dfrac{(-1)^n 2^{2n-1}}{(2n)!}x^{2k}$，$x\in(-\infty,+\infty)$；

(3) $1+\dfrac{1}{2}x^2+\dfrac{1\cdot3}{2\cdot4}x^4+\dfrac{1\cdot3\cdot5}{2\cdot4\cdot6}x^6+\dfrac{1\cdot3\cdot5\cdot7}{2\cdot4\cdot6\cdot8}x^8+\cdots$，$x\in(-1,1)$；

(4) $-\dfrac{1}{4}\left[\left(\dfrac{1}{3}+1\right)+\left(\dfrac{1}{3^2}-1\right)x+\left(\dfrac{1}{3^3}+1\right)x^2+\cdots+\left(\dfrac{1}{3^{n+1}}+(-1)^n\right)x^n+\cdots\right]$，
$x\in(-1,1)$.

6. (1) $\dfrac{1}{2}+\dfrac{x-2}{2^2}+\dfrac{(x-2)^2}{2^3}+\cdots+\dfrac{(x-2)^n}{2^{n+1}}+\cdots$，$x\in(0,4)$；

(2) $\ln2+\dfrac{1}{2}(x-2)-\dfrac{1}{2^2\cdot2}(x-2)^2+\cdots+\dfrac{(-1)^{n-1}}{2^n\cdot n}(x-2)^n+\cdots$，$x\in(0,4]$.

7. (1) $\dfrac{2\sin a\pi}{\pi}\sum\limits_{n=1}^{\infty}\dfrac{(-1)^n n\sin nx}{a^2-n^2}$，$x\in(-\infty,+\infty)$；

(2) $\dfrac{2}{3}\pi^2+4\sum\limits_{n=1}^{\infty}\dfrac{(-1)^{n+1}\cos nx}{n^2}$，$x\in(-\infty,+\infty)$.

8. $\dfrac{3}{4}+\sum\limits_{n=1}^{\infty}\left[-\dfrac{1}{n^2\pi^2}(1-\cos n\pi)\cos\dfrac{n\pi x}{2}+\dfrac{1}{n\pi}\sin\dfrac{n\pi x}{2}\right]$，$(-\infty<x<+\infty,\ x\neq4k,\ k\in\mathbf{Z})$.

9. $1-x^2=\sum\limits_{n=1}^{\infty}\left[\dfrac{7}{2(2n-1)\pi}+\dfrac{2}{(2n-1)^3\pi^3}\right]\sin2(2n-1)x+\dfrac{1}{2\pi}\sum\limits_{n=1}^{\infty}\dfrac{1}{n}\sin4nx$，$x\in\left(0,\dfrac{1}{2}\right)$；

$1-x^2=\dfrac{11}{12}+\dfrac{1}{\pi^2}\sum\limits_{n=1}^{\infty}\dfrac{(-1)^{n+1}}{n^2}\cos2n\pi x$，$x\in\left[0,\dfrac{1}{2}\right]$.

10. $f(x)=\sum\limits_{n=1}^{\infty}\dfrac{1}{2n-1}\sin(2n-1)x$，$x\in(-\pi,0)\bigcup(0,\pi)$

11. $\dfrac{4}{\pi}\sum\limits_{n=1}^{\infty}\dfrac{(-1)^{n-1}}{(2n-1)^2}\sin(2n-1)x$，$x\in(-\infty,+\infty)$.

12. $\dfrac{e}{\pi}+\dfrac{e}{2}\sin\dfrac{2}{3}\pi t-\dfrac{2e}{\pi}\sum\limits_{n=1}^{\infty}\dfrac{1}{(4n^2-1)}\cos\dfrac{4}{3}n\pi t$，$t\in(-\infty,+\infty)$.

习　题　8-1

1. (1) $\dfrac{3}{3s-1}$；(2) $\dfrac{1}{s+2}$；(3) $\dfrac{3}{3s^2+1}$；(4) $\dfrac{\sqrt{2}}{s^2+2}$；(5) $\dfrac{4}{s^2+16}$；(6) $\dfrac{\lambda}{\lambda s-s^2}$.

2. (1) $[I(t)-I(t-\pi)]\sin t$；(2) $2I(t-2)-I(t)$；

(3) $I(t-1)-I(t-2)$；(4) $I(t)\cos t+(t-\cos t)I(t-\pi)$.

4. (a) $f(t)=I(t)+I(t-1)+I(t-2)+I(t-3)+\cdots$；

(b) $f(t)=\dfrac{E}{T}tI(t)-E[I(t-T)+I(t-2T)+I(t-3T)+\cdots]$；

(c) $f(t)=A[I(t)-2I(t-b)+2I(t-2b)-2I(t-3b)+\cdots]$；

(d) $f(t)=I(t)\sin t+2I(t-\pi)\sin(t-\pi)+2I(t-2\pi)\sin(t-2\pi)+\cdots$.

习　题　8-2

1. (1) $\dfrac{1}{1-s}$；(2) $\dfrac{1}{3}\dfrac{1}{(s+1)}$；(3) $\dfrac{12}{4s-3}$；(4) $\dfrac{8-3s}{3s^2+5s-2}$；(5) $\dfrac{4s+2}{s^2}$；

(6) $\dfrac{9s^2-6s+2}{s^3}$；(7) $\dfrac{2-7s}{s^2+1}$；(8) $\dfrac{2}{(s-7)^3}$；(9) $-\dfrac{6s}{(s^2+9)^2}$.

2. (1) $\dfrac{1+2\mathrm{e}^{-2s}}{s}$；(2) $\dfrac{2}{s}+\dfrac{\mathrm{e}^{-2s}}{s^2}$；(3) $\dfrac{1}{s}+\left(\dfrac{1}{s}+\dfrac{1}{s^2}\right)(\mathrm{e}^{-2s}-\mathrm{e}^{-4s})$；

(4) $\dfrac{s}{s^2+1}+\mathrm{e}^{-\pi s}\left(\dfrac{\pi}{s}+\dfrac{1}{s^2}+\dfrac{s}{s^2+1}\right)$.

3. (1) $\dfrac{200}{s(s^2+100)}$；(2) $\dfrac{3}{s^2+36}$；(3) $\dfrac{3\sqrt{\pi}}{\sqrt{s}}-\dfrac{2}{s}+\dfrac{\sqrt{\pi}}{2s\sqrt{s}}$；(4) $\dfrac{6-4s}{s^2+4}+7-\dfrac{2}{s}$；

(5) $\dfrac{s-2}{(s-2)^2+3^2}$；(6) $\dfrac{120}{(s-3)^6}$；(7) $\dfrac{2s^2-8}{(s^2+4)^2}$；(8) $\dfrac{2s^3-24s}{(s^2+4)^3}$；

(9) $\dfrac{1}{s}\arctan\dfrac{1}{s}$；(10) $\dfrac{6s+12}{s[(s+2)^2+9]^2}$.

4. (1) $\dfrac{3}{s+2}$；(2) $\dfrac{1}{s(s+4)(s^2+1)}$；(3) $\dfrac{\omega^2}{s(s^2+\omega^2)}$；(4) $\dfrac{\omega}{s^2+\omega^2}$.

习　题　8-3

1. (1) e^{2t}；(2) $\dfrac{1}{2}\mathrm{e}^{-\frac{3}{2}t}$；(3) $2\cos 5t$；(4) $\dfrac{1}{3}\sin\dfrac{3}{2}t$；(5) $3\cos 4t-\dfrac{5}{4}\sin 4t$；

(6) $t-\dfrac{t^2}{2}+\dfrac{t^3}{6}-\dfrac{t^4}{24}$；(7) $2\mathrm{e}^{-3t}(1-3t)$；(8) $\mathrm{e}^{-2t}(\cos t+\sin t)$；(9) $6\mathrm{e}^{-3t}-4\mathrm{e}^{-2t}$.

2. (1) $1+\mathrm{e}^{-t}$；(2) $\dfrac{1}{3}(\mathrm{e}^{3t}-1)$；(3) $\dfrac{1}{6}t^3\mathrm{e}^{2t}$；(4) $\mathrm{e}^{-t}(3\cos 3t+2\sin 3t)$；

(5) $2\mathrm{e}^{-t}-2\mathrm{e}^{2t}-4t\mathrm{e}^{2t}$；(6) $\dfrac{1}{2}t+\dfrac{1}{4}\mathrm{e}^{-2t}-\dfrac{1}{4}$；(7) $\dfrac{1}{2}(7\sin t+\cos t-\mathrm{e}^{-t})$；

(8) $\dfrac{1}{2}(1-\cos 2t)$；(9) e^t-1-t；(10) $\dfrac{1}{3}\sin t-\dfrac{1}{6}\sin 2t$.

习　题　8-4

1. (1) $y(t)=2+4\mathrm{e}^t-3\mathrm{e}^{2t}$；(2) $y(t)=-\sin 4t+3\cos 4t+2t$；

(3) $y(t)=(3t^2+4t-2)\mathrm{e}^{-2t}$；(4) $y(t)=\dfrac{5}{2}\mathrm{e}^t-2\mathrm{e}^{2t}+\dfrac{1}{2}\mathrm{e}^{3t}$.

2. (1) $\begin{cases}x=\mathrm{e}^t\\y=\mathrm{e}^t\end{cases}$；(2) $\begin{cases}x=\mathrm{e}^{-t}\sin t\\y=\mathrm{e}^{-t}\cos t\end{cases}$.

复　习　题　八

2. (1) $\dfrac{1}{2}t^2$；(2) $\dfrac{1}{2}(1-\mathrm{e}^{-2t})$；(3) $\dfrac{2s}{2s^2+1}$；(4) $\dfrac{2}{s^2+4}$；(5) $\dfrac{1}{s^2+4}$；(6) $F(s-\lambda)$；

(7) $f(t-a)$；(8) $2\cos 3t$.

3. (1) $\dfrac{5s+6}{s^2+9}$; (2) $\dfrac{s+1}{s^2+2s+5}$; (3) $\dfrac{3(s^2-4)}{(s^2+4)^2}$; (4) $\dfrac{30}{s^2+36}$.

4. (1) $te^{5t}+\dfrac{5}{2}t^2e^{5t}$; (2) $\dfrac{1}{2}(\sin t+t\cos t)$; (3) $\dfrac{1}{2}-e^{-t}+\dfrac{1}{2}e^{-2t}$;

(4) $\cos 2\sqrt{2}t+\sqrt{2}\sin 2\sqrt{2}t-e^t$; (5) $\dfrac{3}{8}(e^{2t}-2t^2-2t-1)$; (6) te^{-t}.

5. (1) $y(t)=e^t-2e^{2t}+e^{3t}$; (2) $y(t)=-2\sin t-\cos 2t$;

(3) $y(t)=\dfrac{13}{5}e^{-2t}\sin 5t-e^{-2t}\cos 5t$.

6. (1) $\begin{cases} x=3-e^{-t}-e^{-2t} \\ y=2-4e^{-t}+2e^{-2t} \end{cases}$; (2) $\begin{cases} x=\dfrac{1}{5}\cos 2t \\ y=\dfrac{3}{5}\sin 2t \end{cases}$.

习 题 9 - 1

1. (1) 38; (2) 1; (3) a^2; (4) -1; (5) -2.

2. (1) $x=2$, $y=8$; (2) $x_1=\dfrac{21}{11}$, $x_2=-\dfrac{3}{11}$; (3) $x=\dfrac{3k}{2}$, $y=-2k$;

(4) $x_1=6$, $x_2=4$.

3. (1) 33; (2) -135; (3) 0; (4) $-2abc$.

4. (1) $x_1=1$, $x_2=2$, $x_3=7$; (2) $x=1$, $y=-2$, $z=2$; (3) $x_1=x_2=x_3=0$;

(4) $x_1=\dfrac{b+c-a}{2a}$, $x_2=\dfrac{a+c-b}{2b}$, $x_3=\dfrac{a+b-c}{2c}$.

习 题 9 - 2

1. (1) 0; (2) 0.

习 题 9 - 3

1. (1) 0; (2) 27; (3) -1; (4) $(n-1)!$.

习 题 9 - 4

1. (1) $x_1=1$, $x_2=2$, $x_3=3$, $x_4=-1$; (2) $x_1=x_3=x_5=-1$, $x_2=x_4=1$;

(3) $x_1=3$, $x_2=2$, $x_3=-2$, $x_4=1$.

习 题 9 - 5

1. $\begin{bmatrix} 3 & -5 & 0 \\ 8 & 5 & -6 \\ 2 & -1 & 7 \end{bmatrix}$, $\begin{bmatrix} 2 & -2.5 & 2.5 \\ 4.5 & 5 & -4 \\ 5.5 & 1 & 5.5 \end{bmatrix}$.

2. $\boldsymbol{B}=\begin{bmatrix} 1 & 3 & 5 \\ 3 & 1 & -4 \\ 5 & -4 & 1 \end{bmatrix}$, $\boldsymbol{C}=\begin{bmatrix} 0 & 2 & -4 \\ -2 & 1 & 1 \\ 4 & -1 & 2 \end{bmatrix}$.

3. $X=\dfrac{1}{5}\begin{bmatrix} 17 & 6 & -14 \\ -9 & -35 & -38 \end{bmatrix}$, $Y=\dfrac{1}{5}\begin{bmatrix} -8 & 16 & 16 \\ 16 & 40 & 32 \end{bmatrix}$.

4. (1) $\begin{bmatrix} -1 & 1 \\ -1 & -1 \\ 4 & 0 \end{bmatrix}$; (2) $\begin{bmatrix} -1 & 0 & 2 \\ 2 & 0 & -4 \\ -1 & 0 & 2 \\ 3 & 0 & -6 \end{bmatrix}$; (3) $\begin{bmatrix} 3 & -3 \\ -11 & -4 \end{bmatrix}$; (4) $\begin{bmatrix} 3 & 1 & 2 & 4 \\ 5 & 1 & 0 & 1 \\ 29 & 9 & 16 & 27 \\ 4 & 1 & 2 & 2 \end{bmatrix}$.

7. $\begin{bmatrix} 4 & -3 \\ -3 & 4 \end{bmatrix}$, $\begin{bmatrix} 3 & -4 \\ -4 & 3 \end{bmatrix}$, $\begin{bmatrix} -3 & 4 \\ 4 & -3 \end{bmatrix}$, $\begin{bmatrix} -4 & 3 \\ 3 & -4 \end{bmatrix}$.

8. $\begin{bmatrix} -1 & -1 & -3 \\ 1 & -1 & 0 \\ 2 & 0 & -3 \end{bmatrix}$, $\begin{bmatrix} 0 & -1 \\ 2 & 1 \end{bmatrix}$. 9. $A-B=\begin{bmatrix} 21 & 34 & 50 & 28 \\ 25 & 17 & 39 & 36 \\ 28 & 19 & 48 & 37 \end{bmatrix}$.

11. $\begin{bmatrix} 810 & 170 \\ 580 & 118 \\ 990 & 202 \\ 550 & 113 \end{bmatrix}$.

习 题 9-6

1. (1) $\dfrac{1}{2}\begin{bmatrix} 4 & -2 & 2 \\ 8 & -4 & 2 \\ -3 & 2 & -1 \end{bmatrix}$; (2) $\begin{bmatrix} -4 & 3 & -2 \\ -8 & 6 & -5 \\ -7 & 5 & -4 \end{bmatrix}$;

(3) $\begin{bmatrix} 1 & 0 & 0 & 0 \\ -2 & 1 & 0 & 0 \\ 1 & -2 & 1 & 0 \\ 0 & 1 & -2 & 1 \end{bmatrix}$; (4) $\begin{bmatrix} 1 & 0 & 0 & 0 & 0 \\ 0 & 2^{-1} & 0 & 0 & 0 \\ 0 & 0 & 3^{-1} & 0 & 0 \\ 0 & 0 & 0 & 4^{-1} & 0 \\ 0 & 0 & 0 & 0 & 5^{-1} \end{bmatrix}$.

2. $x=1$, $y=2$, $z=-1$; (2) $x_1=2$, $x_2=x_3=-1$.

3. (1) $\begin{bmatrix} -13 & 18 \\ 8 & -10 \end{bmatrix}$; (2) $\begin{bmatrix} 2.5 & 0.5 \\ 2 & 1 \end{bmatrix}$.

4. (1) $\begin{bmatrix} -8 & 29 & -11 \\ -5 & 18 & -7 \\ 1 & -3 & 1 \end{bmatrix}$; (2) $\dfrac{1}{9}\begin{bmatrix} 1 & 2 & 2 \\ 2 & 1 & -2 \\ 2 & -2 & 1 \end{bmatrix}$; (3) $\begin{bmatrix} 1 & 1 & -2 & -4 \\ 0 & 1 & 0 & -1 \\ -1 & -1 & 3 & 6 \\ 2 & 1 & -6 & -10 \end{bmatrix}$.

习 题 9-7

1. (1) 2; (2) 3; (3) 4; (4) 4.
2. (1) 都为 3; (2) 3 和 4.

习 题 9-8

1. (1) $x_1=-8$, $x_2=3$, $x_3=6$, $x_4=0$; (2) $x_1=1$, $x_2=-1$, $x_3=-1$, $x_4=1$;

(3) $x_1=x_3=x_5=-1$, $x_2=x_4=1$.

2. 10、20、30.

习　题　9-9

1. (1) 无解；(2) $x=1$, $y=2$, $z=-2$；

(3) 令 $x_3=a$, $x_4=b$, $x_5=c$, 则 $x_1=a+b+5c-16$, $x_2=-2a-2b-6c+23$；

(4) 令 $z=a$, 则 $x=-\dfrac{1}{2}a$, $y=\dfrac{5}{2}a$；(5) 令 $x_5=a$, 则 $x_1=x_2=x_4=0$, $x_3=a$.

2. $m=5$, 解为：令 $x_3=a$, $x_4=b$, 则 $x_1=-\dfrac{1}{5}a-\dfrac{6}{5}b+\dfrac{4}{5}$, $x_2=\dfrac{3}{5}a-\dfrac{7}{5}b+\dfrac{3}{5}$.

3. (1) $\lambda=-4$, 解为：令 $z=a$, 则 $x=-a$, $y=3a$. (2) $\lambda=0$, 解为：令 $z=a$, 则 $x=y=-a$；$\lambda=-1$, 解为：令 $y=a$, 则 $x=-a$, $z=0$；$\lambda=9$, 解为：令 $z=a$, 则 $x=y=\dfrac{1}{2}a$.

复　习　题　九

4. (1) 0；(2) $(x-a)(x-b)(x-c)$；(3) 848；(4) 0.

6. (1) $x_1=2$, $x_2=-3$, $x_3=4$, $x_4=-5$；(2) $x_1=1$, $x_2=-1$, $x_3=1$, $x_4=-1$.

7. (1) $\begin{bmatrix} 19 & -9 & -3 \\ -6 & 3 & 1 \\ -4 & 2 & 1 \end{bmatrix}$；(2) $\dfrac{1}{4}\begin{bmatrix} 1 & 1 & 1 & 1 \\ 1 & 1 & -1 & -1 \\ 1 & -1 & 1 & -1 \\ 1 & -1 & -1 & 1 \end{bmatrix}$.

8. $\begin{bmatrix} 2 & 0 & 0 \\ 0 & 1 & 0 \\ 0 & 0 & 2 \end{bmatrix}$.

9. (1) $x_1=1$, $x_2=2$, $x_3=-1$, $x_4=-2$. (2) 令 $x_4=a$, 则 $x_1=-\dfrac{13}{7}a$, $x_2=0$, $x_3=\dfrac{4}{7}a$.

10. (1) $m\neq5$；(2) $m=5$, $k\neq-2$, $\begin{cases} x_1=-20 \\ x_2=13 \\ x_3=0 \end{cases}$；

(3) $m=5$, $k=-2$, $\begin{cases} x_1=-20+7a \\ x_2=13-5a \\ x_3=a \end{cases}$.

习　题　10-1

2. (1) $\Omega=\{1, 2, 3, 4, 5, 6\}$；(2) $\Omega=\{$ "黑、黑", "白、白", "黑、白"$\}$.

3. (1) $n=3$；(2) $n=4$；(3) $n=10$.

5. (1) A_1 包含 A_2、A_3、A_4；(2) $A_2+A_3=A_1$；(3) $A_1A_5=A_2$；

(4) 是；(5) $\overline{A_1}=A_7$，$\overline{A_6}=A_4$．

6. AB 表示取出的数是小于 50 的 5 的倍数；

ABC 表示取出的数是大于 30 而小于 50 的 5 的倍数；

$B+C$ 表示取出的数是 1 到 100 的任一自然数；

$(A+C)B$ 表示取出的数是小于 50 的 5 的倍数或是大于 30 且小于 50 的自然数；

$B-C$ 表示取出的数是小于 30 的自然数．

习　题　10 - 2

1. 0.518.　　2. 0.105.　　3. 0.77.

4. (1) $\dfrac{7}{15}$；(2) $\dfrac{7}{15}$；(3) $\dfrac{1}{15}$.　　5. $\dfrac{3}{8}$；$\dfrac{9}{16}$.　　6. $\dfrac{P_8^5}{8^5}$.　　7. 0.0001.

习　题　10 - 3

1. $\dfrac{7}{9}$.　　2. 0.6244.　　3. 0.124.　　4. 0.4.　　5. $\dfrac{5}{8}$.

习　题　10 - 4

1. $P(B|A)=\dfrac{1}{3}$；$P(AB)=\dfrac{7}{30}$.　　2. $\dfrac{15}{28}$.　　3. 0.0084.

4. 0.3. 5. (1) $\dfrac{3}{10}$；(2) $\dfrac{3}{10}$.　　6. (1) 0.0175；(2) 0.4.

习　题　10 - 5

1. (1) 0.2916.　(2) 0.0523.　　2. 0.874.　　3. 0.832.

4. 提示：P（敌机被击落）$=0.91$.　　5. 0.104.

习　题　10 - 6

1. (1) 可以；(2) 不可以，因为 $\sum P_k \neq 1$.

2.

ξ	0	1	2	3
P_k	0.064	0.288	0.432	0.216

3.

ξ	0	1	2	3
p_k	$\dfrac{7}{10}$	$\dfrac{7}{30}$	$\dfrac{7}{120}$	$\dfrac{1}{120}$

4. (1) $P\{\xi=k\}=C_5^k(0.2)^k(0.8)^{5-k}$ $(k=0,1,2,3,4,5)$；

(2) $P\{\xi \geqslant 2\}=0.2627$.

6. (1) $A=\dfrac{1}{\pi}$；(2) $P\{|\xi|<1\}=\dfrac{1}{2}$.

7. (1) $\dfrac{8}{27}$; (2) $\dfrac{1}{27}$.

8. (1) $A=1$; (2) 0.4; (3) $f(x)=\begin{cases}2x, & 0\leqslant x\leqslant 1\\ 0, & \text{其他}\end{cases}$.

9. (1) 0.9861; (2) 0.0392; (3) 0.2177; (4) 0.8788; (5) 0.0124; (6) 0.9485.

10. (1) 0.8051; (2) 0.5498; (3) 0.3264; (4) 0.6678; (5) 0.6147; (6) 0.8253.

11. 30.85%. 12. (1) 0.8400; (2) 0.4344. 13. $x=3.29$.

习 题 10-7

1. $\dfrac{1}{3}$; $\dfrac{35}{24}$. 2. 499.6(g). 3. $E(\xi)=4$.

4. (1) $\dfrac{5}{3}$; (2) $-\dfrac{5}{3}$; (3) $\dfrac{2}{3}$.   5. 0.3; 0.3191.

6. $\dfrac{7}{4}$; $\dfrac{9}{112}$; $\dfrac{3\sqrt{7}}{28}$.   7. (1) $\dfrac{2}{9}$; (2) $\dfrac{31}{18}$.

复 习 题 十

2. (1) A; (2) B.

3. (1) $\dfrac{1}{12}$; (2) 互不相容, $P(A)+P(B)$, $P(A)+P(B)-P(AB)$;

(3) $P(A)$, $P(\overline{A})P(B)$; (4) 0.128, 0.572, 0.872, 0.428;

(5) $c_n^k p^k q^{n-k}$, np, npq;

(6) $\dfrac{1}{\sqrt{2\pi}\sigma}e^{-\frac{(x-\mu)^2}{2\sigma^2}}$, $\displaystyle\int_{-\infty}^{x}\dfrac{1}{\sqrt{2\pi}\sigma}e^{-\frac{(t-\mu)^2}{2\sigma^2}}dt$, $\displaystyle\int_{-\infty}^{x}\dfrac{1}{\sqrt{2\pi}}e^{-\frac{t^2}{2}}dt$;

(7) $f(x)\geqslant 0$, $\displaystyle\int_{-\infty}^{+\infty}f(x)=1$;

(8) $anp+b$, a^2npq; (9) 7, 1; (10) 0.6826.

4. 0.05.   5. 0.5.   6. 0.5.

7. (1) 0.0015; (2) 0.0485; (3) 0.0785.

8. (1) 0.75; (2) 0.3; (3) 0.6.   9. 0.6   10. 0.03.

11. (1)

ξ	0	1	2	3	$\geqslant 4$
p_k	0.819	0.164	0.016	0.001	≈ 0

(2) $P(\xi\leqslant 1)=0.983$.

12.

ξ	1	2	3	$\cdots$	n	$\cdots$
p_k	0.9	0.09	0.009	$\cdots$	$0.9\,(0.1)^{n-1}$	$\cdots$

13. (1) $\dfrac{1}{2}$; (2) $\dfrac{1}{2}\left(1-\dfrac{1}{e}\right)$; (3) $F(x)=\begin{cases}\dfrac{1}{2}e^x, & x\leqslant 0\\[2mm] 1-\dfrac{1}{2}e^{-x}, & x>0\end{cases}$.

14. $\dfrac{1}{2}$; $\dfrac{1}{20}$.

习　题　11-1

4. $11i-13j$; 5. $(3,4)$.

习　题　11-3

1. $-j$, j, $-j$, j.

2. (1) j^k; (2) 1; (3) $-\dfrac{9}{2}$.

8. (1) $(x+\sqrt{3}j)(x-\sqrt{3}j)$; (2) $(x+3+4j)(x+3-4j)$.

9. (1) $x=\pm\dfrac{1}{2}j$; (2) $x=-1+3j$ 或 $x=-1-3j$.

11. (1) 当 $m=-\dfrac{1}{3}$ 或 $m=\dfrac{1}{2}$ 时是实数，当 $m\neq-\dfrac{1}{3}$ 且 $m\neq\dfrac{1}{2}$ 时是虚数，当 $m=-3$ 时是纯虚数；(2) 当 $m=1$ 或 $m=2$ 时是实数，当 $m\neq 1$ 且 $m\neq 2$ 时是虚数，当 $m=-\dfrac{1}{2}$ 时是纯虚数.

12. $\begin{cases}x_1=2\\y_1=3\end{cases}$, $\begin{cases}x_2=-2\\y_2=-3\end{cases}$, $\begin{cases}x_3=3\\y_3=2\end{cases}$, $\begin{cases}x_4=-3\\y_4=-2\end{cases}$.

习　题　11-4

1. (1) $\dfrac{2\pi}{3}$; (2) $-\dfrac{\pi}{6}$; (3) $\dfrac{\pi}{4}$; (4) $\dfrac{5\pi}{4}$.

2. (1) $6\left[\cos\left(-\dfrac{\pi}{3}\right)+j\sin\left(-\dfrac{\pi}{3}\right)\right]$; (2) $5\sqrt{2}\left(\cos\dfrac{\pi}{4}+j\sin\dfrac{\pi}{4}\right)$;

(3) $\cos\pi+j\sin\pi$; (4) $2\left[\cos\dfrac{\pi}{2}+j\sin\dfrac{\pi}{2}\right]$.

3. (1) $2+2\sqrt{3}j$; (2) $3j$.

4. (1) $2\left(\cos\dfrac{11\pi}{6}+j\sin\dfrac{11\pi}{6}\right)$; (2) $3\left(\cos\dfrac{5\pi}{4}+j\sin\dfrac{5\pi}{4}\right)$;

(3) $\sqrt{36}(\cos 15°+j\sin 15°)$; (4) $\cos\dfrac{7\pi}{4}+j\sin\dfrac{7\pi}{4}$.

5. $\bar{z}=r[\cos(-\theta)+j\sin(-\theta)]$.

6. (1) $\cos\left(-\dfrac{\pi}{2}\right)+j\sin\left(-\dfrac{\pi}{2}\right)=-j$; (2) $\sqrt{2}\left(\cos\dfrac{2\pi}{3}+j\sin\dfrac{2\pi}{3}\right)=-\dfrac{\sqrt{2}}{2}+\dfrac{\sqrt{6}}{2}j$;

(3) $4\left(\cos\dfrac{\pi}{6}+j\sin\dfrac{\pi}{6}\right)=2\sqrt{3}+2j$; (4) -3.

7. (1) $\sqrt{2}e^{j\frac{3\pi}{4}}$; (2) $\frac{1}{2}e^{-j\frac{\pi}{3}}$.

习 题 11-5

1. (1) -12; (2) $5+51j$; (3) $1+j$.

2. (1) $10j$; (2) j; (3) $3\sqrt{3}\left(\cos\frac{13}{12}\pi+j\sin\frac{13}{12}\pi\right)$; (4) $-\frac{\sqrt{6}}{3}j$;

(5) $-\sqrt{2}j$; (6) $1+\sqrt{3}j$; (7) $6j$; (8) $-\frac{1}{2}$; (9) $\frac{8\sqrt{3}}{3}e^{j\frac{19\pi}{12}}$.

3. (1) $\begin{cases}x=0\\y=-2\end{cases}$; (2) $\begin{cases}x=3\\y=-1\end{cases}$ 或 $\begin{cases}x=4\\y=-1\end{cases}$.

4. (1) $4-3j$; (2) $z=\frac{3}{4}-j$.

5. $z=\frac{1}{7}(-1+3\sqrt{3}j)$.

6. (1) $6+2j$; (2) $\sqrt{2}$; (3) $\pm\sqrt{2}$, $\pm\sqrt{3}j$; (4) $\cos\alpha\pm j\sin\alpha$.

7. (1) $\frac{147}{229}+\frac{72}{229}j$; (2) $\frac{3}{13}-\frac{2}{13}j$.

8. (1) $4+4\sqrt{3}j$; (2) $-8+8\sqrt{3}$; (3) -16;

(4) 2; (5) $-2\sqrt{2}+2\sqrt{2}j$; (6) $27j$.

复习题 十一

4. 三个顶点的坐标: $(2,0)$、$(5,-2)$、$(3,-2)$, 两条对角线长: $\sqrt{29}$、$\sqrt{5}$.

5. $(1,0)$ 或 $(3,-2)$. 6. $-i+8j$.

7. (1) $\begin{cases}x=2\\y=1\end{cases}$; (2) $\begin{cases}x_1=3\\y_1=3\end{cases}$, $\begin{cases}x_2=-1\\y_2=-1\end{cases}$, $\begin{cases}x_3=3\\y_3=-1\end{cases}$, $\begin{cases}x_4=-1\\y_4=3\end{cases}$; (3) $\begin{cases}x=-1\\y=5\end{cases}$.

9. (1) 实部 x^2-y^2, 虚部 $2xy$; (2) 实部 x^3-3xy^2, 虚部 $3x^2y-y^3$;

(3) 实部 $\frac{x}{x^2+y^2}$, 虚部 $-\frac{y}{x^2+y^2}$.

10. $\begin{cases}x_1=1+j\\y_1=1-j\end{cases}$, $\begin{cases}x_2=1-j\\y_2=1+j\end{cases}$, $\begin{cases}x_3=-1+j\\y_3=-1-j\end{cases}$, $\begin{cases}x_4=-1-j\\y_4=-1+j\end{cases}$.

11. (1) $-j$; (2) -8; (3) -1; (4) $1-3j$.

参 考 文 献

［1］工科类数学教材编写组. 高等数学. 北京：高等教育出版社，2003.
［2］工科类数学教材编写组. 工程数学. 北京：高等教育出版社，2003.
［3］侯风波. 高等数学. 北京：科学出版社，2007.